工程力学

（第2版）

主　编　张超平
副主编　杨　柳　刘　阳
主　审　孙利民

西南交通大学出版社
·成　都·

图书在版编目（CIP）数据

工程力学 / 张超平主编. —2 版. —成都：西南交通大学出版社，2022.8
ISBN 978-7-5643-8895-9

Ⅰ. ①工… Ⅱ. ①张… Ⅲ. ①工程力学 Ⅳ. ①TB12

中国版本图书馆 CIP 数据核字（2022）第 158339 号

Gongcheng Lixue
工程力学
（第 2 版）

主　编 / 张超平
责任编辑 / 姜锡伟
封面设计 / 何东琳设计工作室

西南交通大学出版社出版发行
（四川省成都市金牛区二环路北一段 111 号西南交通大学创新大厦 21 楼　610031）
发行部电话：028-87600564
网址：http://www.xnjdcbs.com
印刷：成都中永印务有限责任公司

成品尺寸　185 mm×260 mm
印张　20.5　字数　512 千
版次　2017 年 9 月第 1 版
　　　2022 年 8 月第 2 版
印次　2022 年 8 月第 4 次

书号　ISBN 978-7-5643-8895-9
定价　48.00 元

课件咨询电话：028-81435775

第2版前言

近年来，随着我国高速铁路和城市轨道交通的应用普及，对轨道类各专业的人才需求不断深化。本次修订紧紧围绕轨道类应用和维护各专业高职高专人才培养方案的新要求，保持了原教材在突出素质教育和实践应用能力方面的特色及教材编排基本结构，本着以培养学生能力为主线，以实际应用为目的，做到理论指导实践，重点培养学生解决工程实际问题的能力。本次修订着重从以下几个方面对教材内容进行整合：

（1）突出了工程力学各知识点在轨道交通行业的应用，强化学习目标。

（2）进一步简化了教材中公式的理论推导过程，力求文字简洁、内容深入浅出。

（3）在例题和配图的选择上更加注重生产和生活实例，易于学生理解工程力学在解决工作和生活实际问题时的作用，增强学生的学习兴趣。

本书由郑州铁路职业技术学院张超平担任主编并负责全书的统稿和校核，杨柳、刘阳担任副主编。参加本书修订的有郑州铁路职业技术学院张超平（前言、绪论、附录）、杨柳（第1章、第3章）、张月玥（第2章）、杜玲霞（第4章、第5章）、樊苗（第6章）、刘阳（第7章）、代红涛（第8章、第9章）、唐华瑞（第10章）、郭营飞（第11章）、苏丹娜（第12章、第13章），徐刚涛负责全书插图的绘制。

本书由河南省力学学会秘书长、郑州大学孙利民教授担任主审。

本书在修订过程中得到了许多同行专家的帮助，在此表示感谢。

由于编者水平和经验有限，书中难免存在不足之处，恳请广大读者提出宝贵意见，以期改正。

编　者

2022年5月

第1版前言

本书根据教育部制定的高职高专机电类专业工程力学课程教学基本要求，并紧紧围绕铁道机电类专业高职高专人才培养目标和要求编排教材内容，适合作为高职高专院校、本科学校举办的二级职业技术学院、成人高等学校开设的铁道（城市轨道）机车、铁道（城市轨道）车辆、铁道（城市轨道）供电、铁道（城市轨道）机电设备、动车组应用技术、铁道（城市轨道）工程机械等专业参考学时为70～80学时的工程力学课程教学用书，也可作为非铁道类高职高专机电类专业工程力学课程教学用书和教学参考书。

在本书的编写过程中，我们结合了长期在铁路高职院校进行工程力学教学的实践经验，吸收了近年来高职高专院校工程力学课程教学改革的成果，突出铁路特色，以培养学生工程意识、技术应用能力为主线，在内容上既保证了必要的基本理论知识的介绍，又注重理论知识在工程实践中的应用，具体体现为以下几个特点：

（1）本书在结构上突出针对性和实用性特点，全书各章节重点内容均采用粗体印刷，章首采用“本章概述”“知识目标”“技能目标”介绍本章的主要内容、学习重点、目标要求，方便学生学习；采用“工程案例导入”方式激发学生的学习兴趣、引出学习内容；容易出错的关键内容采用“重要提示”来提醒学生特别关注；另外，采用“小疑问”的形式来扩展学生的知识面和兴趣点；最后的“本章主要内容回顾”和“练习题”方便学生复习总结。

（2）本书在内容上以“理论够用，重在应用”为原则，删除了大部分的理论公式推导、重心、静不定问题、应力集中、动载荷和交变应力等内容，简化了空间力系、应力状态和强度理论、质点和刚体的合成运动等内容。

（3）本书大量采用工程实际图片或将工程实例以立体效果图配力学模型和受力分析图呈现出来，便于培养学生建立力学模型进行受力分析的能力和增强学习兴趣，提高学生的力学素养和工程意识。

本书分3篇 13 章，由郑州铁路职业技术学院张超平担任主编并负责全书的统稿和校核，杨柳、刘阳担任副主编。具体编写分工为：张超平（绪论、第7章），杨柳（第1章、第3章），刘阳（第2章、附录），杜玲霞（第4章、第5章），代红涛（第8章、第9章），谢小山（第6章、10章），郭营飞（第11章），苏丹娜（第12章、第13章），徐刚涛负责全书插图的绘制。

本书由河南省力学学会秘书长、郑州大学孙利民教授担任主审。全书在编写过程中得到了许多同行专家的帮助，在此表示感谢。

由于我们水平有限，书中难免有不妥之处，恳请广大读者提出宝贵意见，以期改正。

编　者

2017年4月

目 录

绪 论 …… 1
0.1 工程力学课程及其主要内容 …… 1
0.2 工程力学课程的作用和目标 …… 1
0.3 工程力学课程的特点和学习方法 …… 2

第 1 篇 刚体静力学

第 1 章 静力学基础 …… 5
1.1 静力学的基本概念 …… 6
1.2 约束与约束反力 …… 11
1.3 物体的受力分析与受力图 …… 16
本章主要内容回顾 …… 19
练习题 …… 19
第 2 章 平面力系的简化与平衡 …… 23
2.1 平面汇交力系合成 …… 24
2.2 力矩、力偶和力的平移定理 …… 27
2.3 平面任意力系的简化 …… 35
2.4 平面力系的平衡方程及其应用 …… 39
2.5 物体系统的平衡 …… 47
2.6 考虑摩擦时的平衡 …… 52
本章主要内容回顾 …… 60
练习题 …… 63
第 3 章 空间力系 …… 70
3.1 力在空间直角坐标轴上的投影、力对轴之矩 …… 71
3.2 空间力系的平衡方程及其应用 …… 75
本章主要内容回顾 …… 81
练习题 …… 82

第 2 篇 材料力学

第 4 章 轴向拉伸与压缩 …… 87
4.1 材料力学概述 …… 88

4.2　轴向拉伸和压缩杆的内力 …… 91
4.3　轴向拉伸和压缩杆的应力 …… 94
4.4　轴向拉伸和压缩杆的变形 …… 100
4.5　材料在轴向拉伸和压缩时的力学性能 …… 102
4.6　轴向拉伸和压缩杆的强度计算 …… 106
本章主要内容回顾 …… 109
练习题 …… 110
第5章　剪切与挤压 …… 114
5.1　剪切与挤压的基本概念 …… 115
5.2　剪切与挤压的实用计算 …… 117
本章主要内容回顾 …… 122
练习题 …… 123
第6章　圆轴扭转 …… 126
6.1　圆轴扭转时横截面上的内力——扭矩、扭矩图 …… 127
6.2　圆轴扭转时横截面上的应力和变形 …… 130
6.3　圆轴扭转时的强度和刚度计算 …… 135
本章主要内容回顾 …… 140
练习题 …… 141
第7章　平面弯曲 …… 144
7.1　平面弯曲概述 …… 145
7.2　平面弯曲梁横截面上的内力——剪力和弯矩 …… 147
7.3　剪力图和弯矩图 …… 151
7.4　平面弯曲时横截面上的应力 …… 160
7.5　梁平面弯曲时的强度计算 …… 169
7.6　提高梁弯曲强度的主要措施 …… 172
7.7　梁的弯曲变形 …… 177
本章主要内容回顾 …… 185
练习题 …… 187
第8章　应力状态　强度理论　组合变形 …… 194
8.1　应力状态的概念及其简单分析 …… 195
8.2　强度理论简介 …… 200
8.3　组合变形时的强度计算 …… 204
本章主要内容回顾 …… 212
练习题 …… 213
第9章　压杆稳定 …… 219
9.1　压杆稳定的概念 …… 220

9.2 压杆稳定的临界力和临界应力 …… 223
9.3 压杆的稳定性计算 …… 227
9.4 提高压杆稳定性的主要措施 …… 230
本章主要内容回顾 …… 231
练习题 …… 232

第 3 篇 刚体运动力学

第 10 章 质点的运动力学 …… 237
10.1 用自然坐标法确定点的运动 …… 238
10.2 用直角坐标法确定点的运动 …… 242
10.3 质点的动力学基本方程 …… 246
本章主要内容回顾 …… 250
练习题 …… 251
第 11 章 刚体的基本运动——平动和绕定轴转动 …… 253
11.1 刚体的平行移动 …… 254
11.2 刚体绕定轴转动 …… 255
11.3 基本运动刚体的动力学基本方程 …… 262
本章主要内容回顾 …… 269
练习题 …… 269
第 12 章 点和刚体的合成运动 …… 274
12.1 合成运动的基本概念 …… 275
12.2 点的速度合成定理 …… 276
12.3 刚体平面运动的基本概念和运动分解 …… 279
12.4 平面运动刚体上各点的速度分析 …… 281
本章主要内容回顾 …… 287
练习题 …… 287
第 13 章 动能定理 …… 291
13.1 功和功率 …… 292
13.2 质点和刚体的动能 …… 298
13.3 动能定理 …… 300
本章内容回顾 …… 303
练习题 …… 304
参考文献 …… 308
附录 A 热轧型钢的截面图示及截面特性 …… 309

绪　论

0.1　工程力学课程及其主要内容

工程力学是研究物体机械运动一般规律以及构件承受载荷的能力，即构件的强度、刚度、稳定性的一门科学。它包括研究物体机械运动规律的静力学、运动力学和研究构件承载能力的材料力学等内容。

物体在空间的位置随时间的变化称为机械运动。它是人们在工作和生活中最常见的一种运动形式。本书的第 1 篇刚体静力学将研究机械运动的特殊情况——物体的平衡问题，包括如何将工程实际中比较复杂的受力问题简化成便于研究的力学模型，如何应用物体的平衡条件解决实际问题。静力学是学习材料力学和运动力学的基础。

在工程实际中，机械、设备、结构都是由构件组成的，构件工作时都要承受一定的载荷作用。为了保证构件在一定载荷作用下能够正常工作而不发生失效，即具有足够的承载能力，就要求构件具有足够的强度、刚度、稳定性。本书的第 2 篇将研究构件的强度、刚度、稳定性问题，在既安全又经济的条件下，为合理设计构件形状、尺寸和选择材料提供理论基础和计算方法。

在工程实际中，有些仪器、设备上的构件主要是对它的运动有一特定的要求，而有些机器、设备上的构件不但对它的运动有一定的要求，对它在运动中的受力也有要求。本书的第 3 篇刚体运动力学，既要研究物体的各种运动量，又要研究物体的运动变化与受力之间的关系。

0.2　工程力学课程的作用和目标

工程力学是高职高专工科机电类各专业开设的一门专业技术基础课程，对培养学生分析和解决工程实际中力学问题的能力和工程意识，以及对其他后续课程的学习具有重要的作用。通过本课程的学习，学生应具备：对工程结构、实际问题的力学抽象能力、受力分析能力和受力图、内力图的绘制能力；对静定结构平面力系平衡条件的应用能力；对空间静定轮轴结构受力平衡条件的应用能力；对工程构件的强度、刚度、稳定性的分析计算能力；对机器、设备上的构件进行基本运动分析、动力分析的能力；对工程运用与实际问题的解决能力。同时，结合本课程的学习特点，培养学生诚实、守信、善于沟通和合作的品质，认真负责、科学严谨、一丝不苟的工作作风以及踏实的生活态度，为发展职业能力、提高生活品质奠定良好的基础。

0.3 工程力学课程的特点和学习方法

工程力学课程兼有基础理论分析和工程应用技术双重性质，其研究问题、解决问题的方法在科学研究和工程应用方面亦具有代表性。本课程研究对象从刚体到变形体，研究内容从静力学到材料力学再到运动力学，研究方法从外（受力分析、平衡计算、变形）到内（内力分析、内力计算、应力分析、应力计算、应力状态）再到应用（构件的承载能力计算）、从静（静止、平衡）到动（运动方程、速度、加速度）再到产生运动的原因（运动与受力的关系），丰富多彩的内容为全面培养学生的力学素养和工程意识构建了良好的平台。

工程力学是一门理论逻辑性强、前后内容连贯性强且与工程实际联系紧密的课程。其研究方法是：对工程实际问题，找出其主要矛盾，忽略其次要因素，建立其力学模型，然后观察、分析、归纳总结力学模型受力后所表现出的各种规律、特性，再应用数学方法由表及里地进行数学演算，推导得出相应的结论，最后通过工程实践检验或试验证明，得出相关的理论公式、定理结论、计算方法。因此，学生在学习中要注意理论联系实际，要学会抓主要矛盾，忽略次要因素，要注重培养将工程实际问题向力学模型转换的能力，在理解和掌握了基本概念、基本理论和基本方法（教材中的加粗部分内容）的基础上，通过大量的训练重点掌握公式、定理、方法在工程实际中的应用。另外，需要指出的是，科学、认真、勤奋也是学好工程力学课程的基础。

第 1 篇　刚体静力学

本篇主要研究刚体的受力分析、力系的简化、平衡规律及其工程应用。

第 1 章　静力学基础

【本章概述】

本章阐述了静力学中的刚体、力、平衡、静力学公理及推论等最基础的概念以及工程上常见的几种约束及约束反力的确定方法，并在此基础上对物体进行受力分析，正确画出物体的受力图。由于受力分析、画受力图将贯穿整个工程力学的学习中，因此，受力分析、画受力图是工程力学中最关键、最基本的技能，也是本章的重点内容。

【知识目标】

（1）理解刚体、力、平衡的概念及特性。

（2）理解和掌握静力学 4 个公理及其推论。

（3）理解约束、约束反力及其方向的概念。

（4）理解和掌握常见约束类型的约束反力确定方法。

【技能目标】

（1）学会应用静力学 4 个公理及其推论对物体进行受力分析。

（2）学会根据常见约束类型的约束反力对物体进行受力分析，正确画出受力图。

【工程案例导入】

工程中的结构和机器都是由若干构件或零件通过相互接触和相互连接构成的，构件的连接方式多种多样，把其连接方式按照限制构件运动的特性抽象为理想化的力学模型，是对构件进行受力分析的基础，又是构件设计、使用、维护的基础。

如图 1-1 所示，在对桥梁进行设计时，首先应根据桥梁的约束特点、支承方式，抽象出桥梁的力学模型，为桥梁的受力分析提供基础。梁的力学模型如图 1-2 所示，梁的支座一端简化为固定铰链支座，另一端简化为可动铰链支座。桥梁为什么这样简化，约束反力如何作用等问题都是本章要讨论的内容。

图 1-1

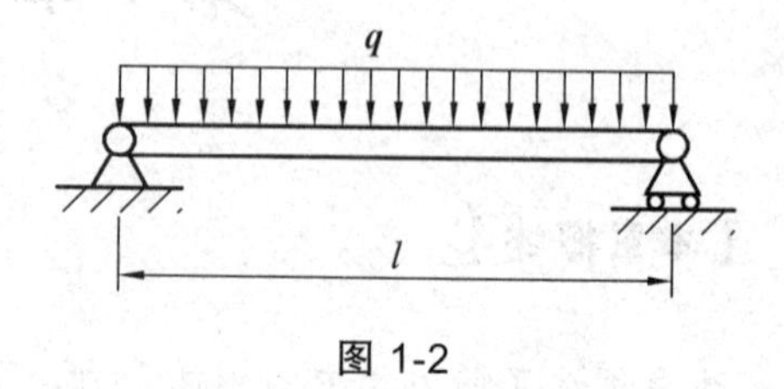

图 1-2

1.1 静力学的基本概念

1.1.1 刚体的概念

刚体是指在力的作用下，物体内任意两点之间的距离始终保持不变的物体。即刚体在力的作用下，其几何形状和大小保持不变。

在工程实际中，刚体是不存在的，是一种抽象出来的力学模型。任何物体在受到力的作用时，都会产生不同程度的变形。只是有些物体的变形十分微小，不考虑变形不但不会影响力对物体的作用效应，在进行分析计算时还会使问题大为简化，并完全能够满足工程需要。因此，许多工程实际中的物体都可以抽象为刚体。本篇刚体静力学中所涉及的物体都可以视为刚体。

1.1.2 力的概念和性质

1）力的定义

力是物体之间的相互机械作用。它对物体的作用效果有两个方面：一方面，力可以使物体的**运动状态发生改变**；另一方面，力还会使物体的**形状发生改变**。力使物体的运动状态发生改变，称为力的外效应，属理论力学研究的范畴；力使物体的形状发生改变，称为力的内效应，属材料力学研究的范畴。

2）力的三要素

物体间相互机械作用的强弱程度称之为**力的大小**，力作用的方位和指向称为**力的方向**，力作用在物体上的位置称为**力的作用点**。由实践可知，力对物体作用的效应，取决于力的大小、方向和作用点。这三个因素称为**力的三要素**。在力的三要素中，改变其中任何一个，都将改变力对物体的作用效应。

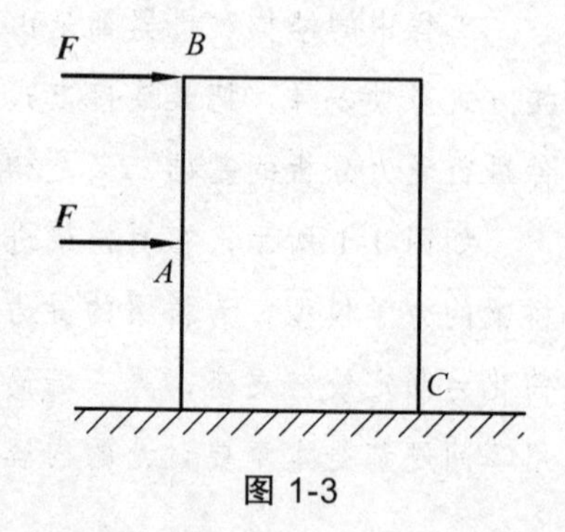

图 1-3

例如沿水平地面推一木箱，如图 1-3 所示，当推力 $\boldsymbol{F}$ 较小时，木箱不动；当推力 $\boldsymbol{F}$ 增大到某一数值时，木箱就开始滑动。如果将推力 $\boldsymbol{F}$ 的指向倒转过来变为拉力，则木箱将沿相反方向滑动；如果将推力 $\boldsymbol{F}$ 的作用点由 A 点移至 B 点，则木箱可能会绕着 C 点翻倒。这说明力对物体的作用效应，与力的大小、方向和作用点有关。

力的单位本书采用国际单位制（SI），即牛（N）或千牛顿（kN）。

小疑问：

力的单位牛顿（N）的物理意义？
使 1 kg 的物体产生 1 m/s^2 的加速度所需力的大小就是一牛顿（N）。

3）力的表示方法

力是一个既有大小又有方向的**矢量**。在表示一个力的时候要注意将力的三要素表达清楚，因为力的作用效应是由力的三要素来完全确定的。因此，力矢量可用一条带有箭头的线段来表示，如图 1-4 所示。线段的起点或终点表示力的作用点，按一定比例绘制的线段长度代表力的大小，线段所在的作用线位置表示力的方位，箭头的指向表示力的指向。

矢量符号一般用黑体字母印刷，如 $\boldsymbol{F}$ 。非黑体字母，表示相应矢量的模（大小），如 $F = 100$ N。

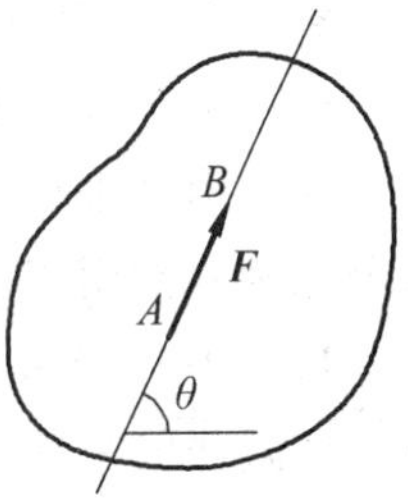

图 1-4

4）力　系

作用在物体上的若干个力总称为**力系**。对同一物体产生相同效应的两个力系互称为**等效力系**，因此，等效力系之间可以相互替代。如果一个力系与单个力等效，则此单个力称为该力系的合力，而力系中的各力则称为合力的分力。

1.1.3　平衡的概念

物体的平衡状态一般是指**物体相对于地面保持静止或做匀速直线运动**。作用于物体上使之保持平衡状态的力系称为**平衡力系**。平衡力系中的各个力对物体的作用效果相互抵消，因此，物体处于平衡状态。静力学研究物体的平衡问题，实际上就是研究作用于物体上的力系的平衡条件，并利用这些条件解决具体问题。

1.1.4　静力学公理

所谓公理，就是符合客观现实的真理。静力学公理是人类从反复实践中总结出来的，它的正确性已被人们所公认。静力学的全部理论，就是以静力学公理为依据导出的，所以，它是静力学的基础。

1）二力平衡条件

作用于刚体上的两个力，使刚体处于平衡状态的充分和必要条件是：此两力的大小相等、方向相反、作用线沿同一直线（简称等值、反向、共线）。

这个公理揭示了作用于刚体上的最简单的力系在平衡时所必须满足的条件，是静力学中最基本的平衡条件。对同一刚体来说，这个条件既是必要的又是充分的；但对于非刚体，这个条件是不充分的。例如，软绳受两个等值、反向、共线的拉力作用可以平衡，而受两个等值、反向、共线的压力作用就不能平衡，如图 1-5 所示。因此，该公理**只适用于同一刚体**。通常把**满足二力平衡原理的构件称为二力构件或二力杆**。

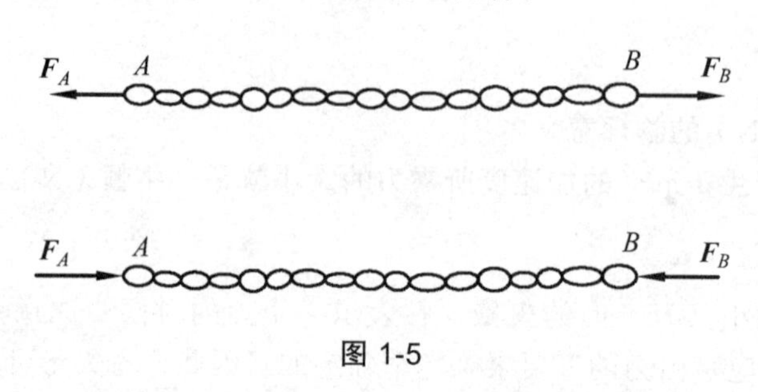

图 1-5

2）加减平衡力系公理

在作用于刚体的已知力系中，增加或减去任意一平衡力系后所构成的新力系与原力系等效。这是因为平衡力系对刚体的作用总效应等于零，它不会改变刚体的平衡或运动的状态。这个原理常被用来简化某一已知力系，是力系等效代换的重要理论依据。

与二力平衡条件相同，加减平衡力系公理只适用于同一刚体。对于需要考虑变形的物体，加减任何平衡力系，都将会改变物体的变形情况。例如，图 1-6a 所示的杆 AB，在平衡力系（$\boldsymbol{F}_1$, $\boldsymbol{F}_2$）的作用下会产生拉伸变形，如果去掉该平衡力系，则杆就没有变形；若将二力反向后再加到杆端，如图 1-6b 所示，则该杆就要产生压缩变形。拉伸与压缩是两种不同的变形效应。

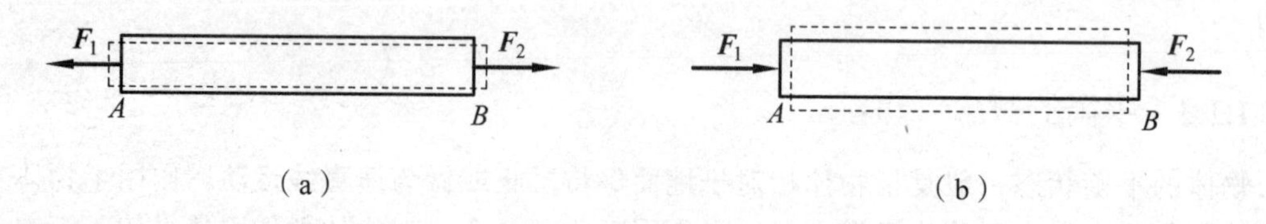

图 1-6

推论（力的可传性原理） 作用在刚体上某点的力，可沿其作用线移动到刚体内任一点，而不改变该力对刚体的作用效应。

证 （1）设力 $\boldsymbol{F}$ 作用于刚体上的 A 点，如图 1-7a 所示。

（2）在力的作用线上任取一点 B，由加减平衡力系公理在 B 点加一平衡力系（$\boldsymbol{F}_1$, $\boldsymbol{F}_2$），使 $-\boldsymbol{F}_1=\boldsymbol{F}_2=\boldsymbol{F}$，如图 1-7b。

（3）再由加减平衡力系公理从该力系中去掉平衡力系（$\boldsymbol{F}$, $\boldsymbol{F}_1$），则剩下的力 F_2（图 1-7c）与原力 $\boldsymbol{F}$ 等效。这样就把原来作用在 A 点的力 $\boldsymbol{F}$ 沿其作用线移到了 B 点，且未改变力 $\boldsymbol{F}$ 对刚体的作用效应。证毕。

例如，用小车运送物品时如图 1-8 所示，不论在车后 A 点用力 $\boldsymbol{F}$ 推车，或是在车前同一直线上的 B 点用力 $\boldsymbol{F}$ 拉车，对于车的运动而言，其效果都是一样的。

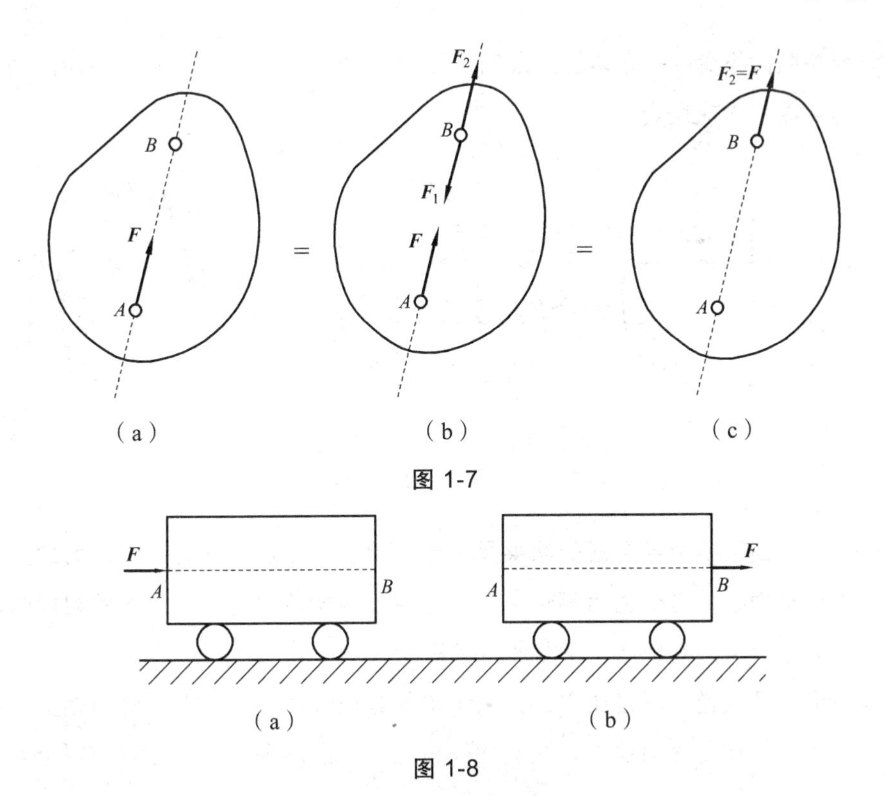

图 1-7

图 1-8

由此可见，就力对于刚体的运动效应来说，力的作用点已不再是重要因素，也就是说，我们只需知道力的作用线，至于作用线上的哪一点是力的作用点，则无关紧要。因此，作用于刚体上的力的三要素又可以说是：力的大小、方向和作用线。

应当指出的是，力的可传性原理，只适用于同一刚体，即只有在研究同一刚体的平衡或运动时才是正确的，力的可传性原理可以由加减平衡力系公理简单导出（略）。

3）力的平行四边形法则

作用在物体上同一点的两个力，可以合成为作用于该点的一个合力，合力的大小和方向由两力为邻边所构成的平行四边形的对角线确定。如图 1-9a 所示，写成矢量式为

$$\boldsymbol{F}_{\mathrm{R}} = \boldsymbol{F}_1 + \boldsymbol{F}_2$$

根据力的平行四边形公理用作图法求合力时，通常只需画出半个平行四边形就够了。如图 1-9b 所示，这称为求两汇交力合力的**三角形法则**。

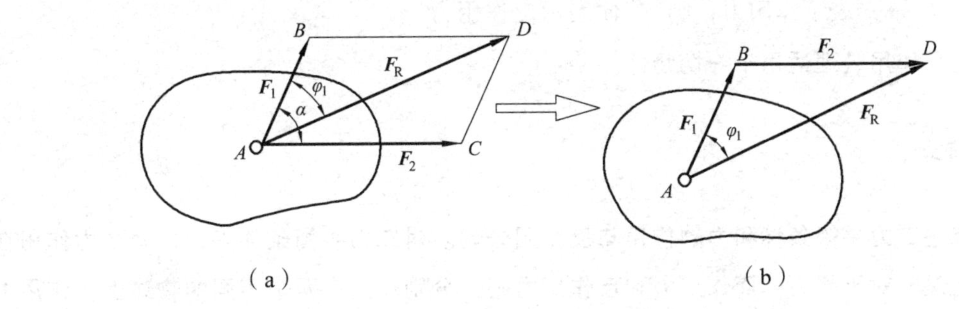

图 1-9

力三角形法则的推论——力多边形法则 如图1-10所示，作用于同一平面内同一点的多个力，其合力可以多次应用力的三角形法则得到。

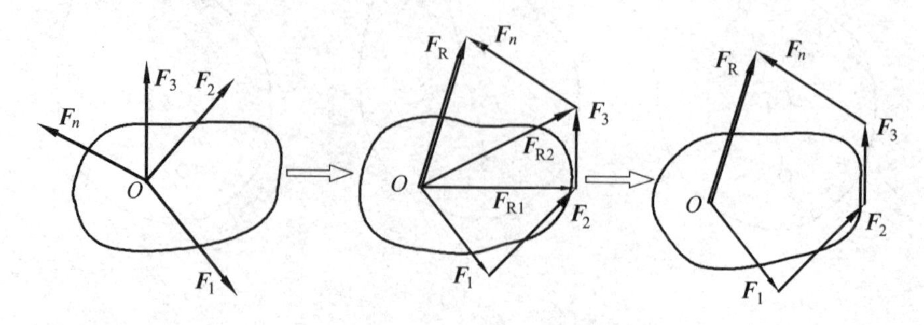

图1-10

由此可得：**平面汇交力系合成的结果是一个作用在汇交点的合力，此合力的大小和方向可以用以平面汇交力系中各个力为邻边依次首尾相接，所得到的力多边形的封闭边表示**。这就是平面汇交力系合成的几何法——**力多边形法则**。

平行四边形公理的逆定理也成立，如果不附加其他条件，一个力分解为相交的两个分力可以有无穷多个解。在工程问题中，我们往往将一个力沿两垂直方向分解为两个互相垂直的分力。

应该指出，力的这一性质无论对刚体或变形体都是适用的。但对于刚体来说，并不要求两力的作用点相同，只要两力的作用线相交，总可以根据力的可传性，分别把两力的作用点移到交点上，然后再应用力的平行四边形公理求合力。

4）作用与反作用公理

两个物体间的作用力与反作用力，总是大小相等、作用线相同、指向相反、分别作用在两个不同的物体上。

该公理指出，力总是成对出现的，有一作用力必有一反作用力，这是分析物体之间相互作用力的一条重要规律。

作用力与反作用力，一般用同一字母表示。为了便于区别，在其中一个字母的右上角加一小撇“′”，如$\boldsymbol{F}$表示作用力，则$\boldsymbol{F}'$便表示反作用力。

作用与反作用公理适用于一切物体。

重要提示：

不要混淆二力平衡条件和力的作用与反作用公理。对二力平衡条件来说，两个力作用在同一刚体上是一对平衡力；而作用力和反作用力则是分别作用在两个不同的物体上，作用力和反作用力不能平衡。

1.2　约束与约束反力

1.2.1　约束和约束反力的概念

1. 约　束

在工程结构中，每一个构件一般都根据工作要求以一定方式和周围其他构件联系，它的运动会因此而受到一定限制。例如：重物受到吊车钢丝绳的限制而不能向下运动，如图 1-11a 所示；电气化铁路接触网悬挂装置限制供电导线向下的运动，如图 1-11b 所示；桥梁支座通过桥墩限制桥梁向下的运动，如图 1-11c 所示；火车受到铁轨的限制，只能沿轨道行驶，如图 1-11d 所示；门受到合页的限制，只能绕门轴转动，如图 1-11e 所示，等等。

(a)

(b)

(c)

(d)

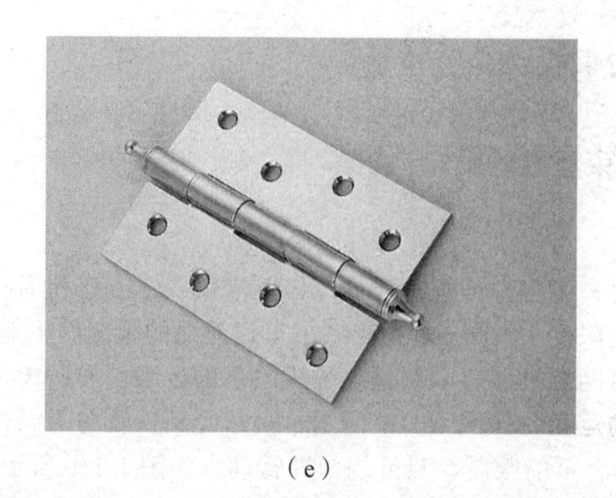

（e）

图 1-11

凡是限制物体运动的周围物体，称为该物体的约束。上面所说的吊车钢丝绳、接触网悬挂装置、桥墩支座、铁轨、合页就分别是重物、供电导线、桥梁、火车、门的约束。

2. 约束反力

约束既然限制所研究物体的运动，就必须承受该研究物体对它的来自所限制运动方向的作用力。同样，约束也对该研究物体产生反作用力。我们将**约束对研究物体的反作用力称为约束反作用力**，简称**约束反力**或约束力。

3. 约束反力的方向

约束总是限制研究物体的运动，故**约束反力的方向必与该约束所限制研究物体的运动方向相反**。如图 1-12a，当我们研究放在桌面上的重力为 $\boldsymbol{G}$ 的物体 A 时，桌面便是物体 A 的约束。桌面限制物体 A 向下运动，必然给它一个向上的约束反力，如图 1-12b 所示。

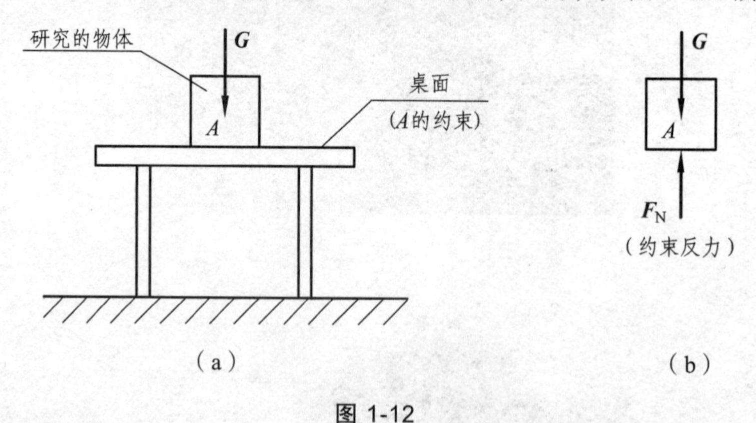

图 1-12

1.2.2 常见的约束类型及其约束反力的特点

1. 柔索约束

钢丝绳、皮带、链条等柔性可变形物体统称为**柔索约束**。这类约束只能承受拉力而不能抵抗压力和弯曲。所以**柔索约束的约束反力**一定是**通过柔索与物体的连接点，沿着柔索中心**

线而背离物体的拉力，通常用符号 $\boldsymbol{F}_{\mathrm{T}}$ 表示。图 1-13a 表示用钢绳悬挂一重物，重物的受力如图 1-13b 所示。

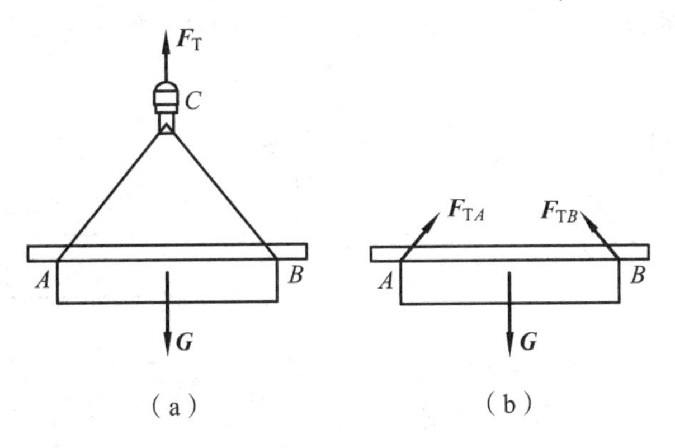

图 1-13

2. 光滑面约束

两物体相互接触，如果接触面不变形且非常光滑，摩擦力可以忽略不计，这种约束称为光滑面约束。

光滑面约束限制物体沿接触面公法线压入接触面的运动，而不限制被约束物体沿接触面的切线方向运动。要保证两物体相互接触，接触面间只能是压力，而不能是拉力。因此，**光滑面约束的约束反力是过接触点，沿接触面的公法线，并指向受力物体的压力**。这种约束反力也常称作法向反力，一般用符号 $\boldsymbol{F}_{\mathrm{N}}$ 表示，如图 1-14 所示。

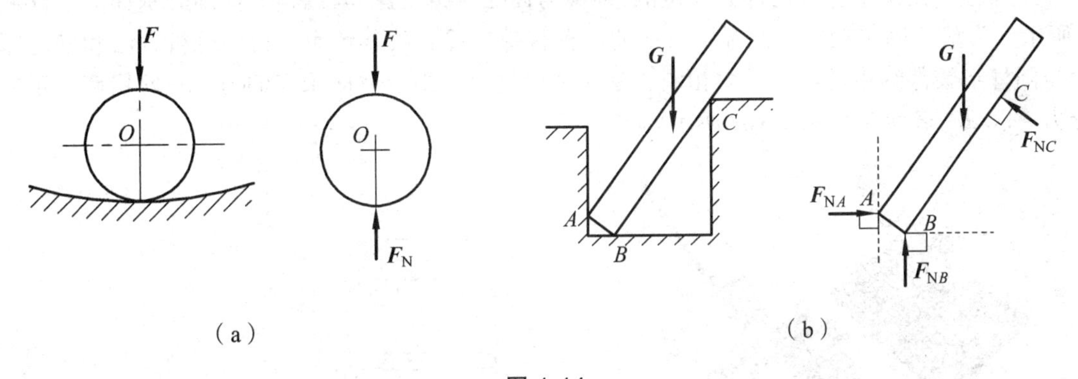

图 1-14

3. 光滑圆柱形铰链约束

光滑圆柱形铰链约束（简称为中间铰约束）是用一圆柱形销钉将两个或更多个构件连接在一起，采取的办法是在它们的连接处各钻一直径相同的孔，用销钉穿起来。图 1-15a、b 即表示 A、B 两个构件用销钉 C 连接在一起。这种铰链应用比较广泛，如门、窗的合页，活塞与连杆的连接，起重机动臂与机座的连接等。光滑圆柱形铰链约束常画成图 1-15c、d 所示的简图。

如果销钉与圆孔的接触面是光滑的，则销钉只能限制被约束构件在垂直于销钉轴线的平面内沿径向运动，而不能限制物体绕销钉转动或沿其轴线方向移动。因此，铰链的约束反力作用在圆孔与销钉的接触点 K，通过销钉中心，作用线沿接触点处的公法线，如图 1-15e 所

示的反力 F_C。由于接触点 K 的位置一般不能预先确定，所以 F_C 的方向也不能预先确定。因此，该约束的约束反力是一个通过铰链中心 C 方向未定的力，在实际计算中，**通常用过铰链中心的两个互相垂直的分力 $\boldsymbol{F}_{Cx}$、$\boldsymbol{F}_{Cy}$ 来代替 $\boldsymbol{F}_C$**，如图 1-15f 所示。

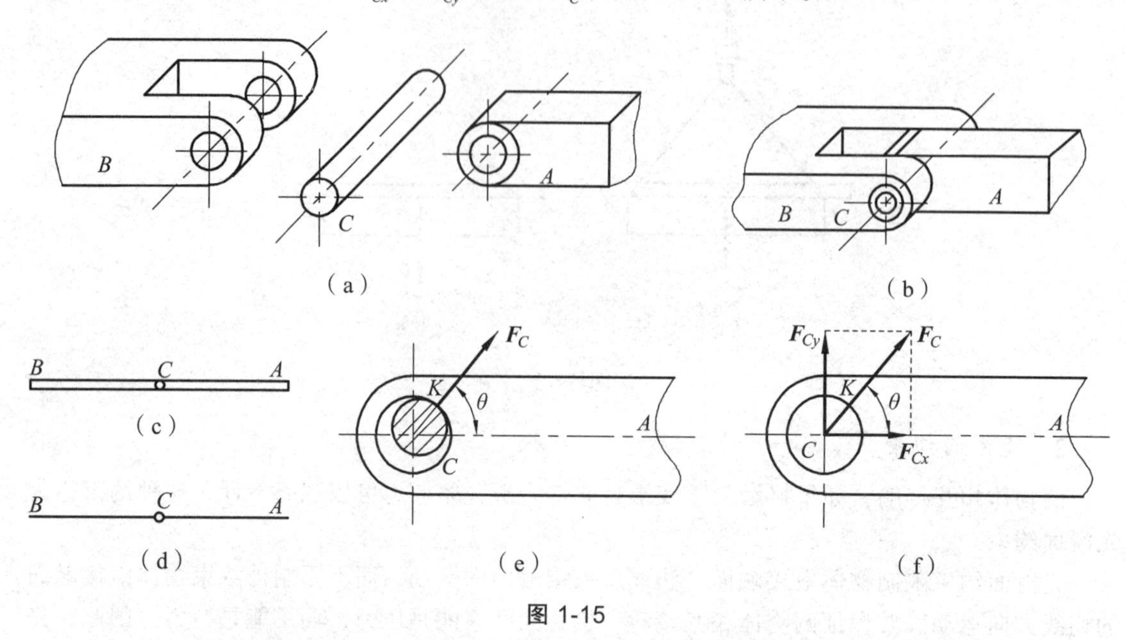

图 1-15

4. 固定铰链支座约束

当圆柱形铰链中有一构件为固定的，则称为**固定铰链支座**，其结构和简图分别如图 1-16a、b 所示。显然，固定铰链是圆柱形铰链的一种特殊情况，故其约束反力的分析方法和确定原则与圆柱形铰链约束的约束反力相同，是一个通过铰链中心方向未定的力，**一般用两个正交分力 $\boldsymbol{F}_{Ax}$、$\boldsymbol{F}_{Ay}$ 表示**，如图 1-16c 所示。

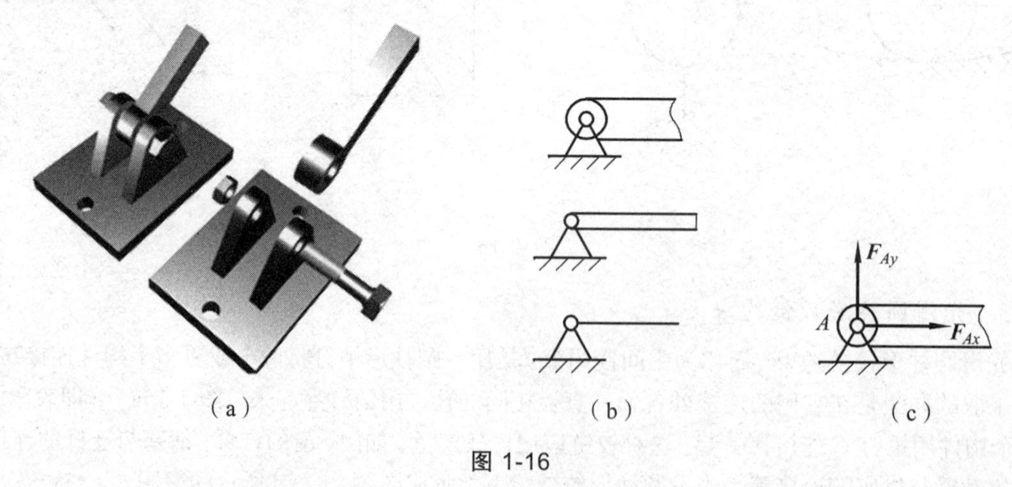

图 1-16

重要提示：

有以下两种情况可以确定中间铰和固定铰链支座约束反力的方向：

① 当约束连接的是一个二力构件（杆）时，可以根据二力平衡原理确定约束反力作用线的方位，如例 1-3；

② 当中间铰或固定铰链支座约束连接的构件受到一组平行力系作用时，该约束反力一定与平行力系平行。

5. 辊轴铰链支座约束

在大型桥梁、屋架等结构中，为保证被支承构件在温度变化和载荷作用下能自由伸缩并绕支座转动，常常使用一种放在几个圆柱形滚子上的铰链支座，支座可以在滚子上沿支承面移动，称为**辊轴铰链支座**，也称滑动铰支座或活动铰链支座，其构造如图 1-17a 所示。在力学计算中，常用图 1-17b 所示的简图来表示辊轴铰链支座。

辊轴铰链支座的约束反力常用符号 $\boldsymbol{F}_{\mathrm{N}}$ 表示，**必通过铰链中心且垂直于支承面**，如图 1-17c 所示。

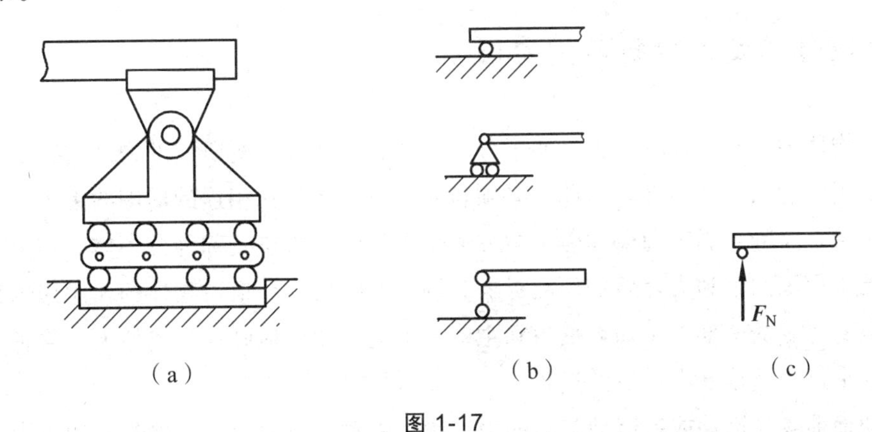

图 1-17

6. 固定端约束

如图 1-18 所示，夹紧在刀架上的车刀和楼房的阳台，都是固定不动的。这种对物体一端起固定作用，限制物体的转动和移动的约束，称为**固定端约束**或固定端支座。工程实际中，固定端约束经常可见，如卡盘夹持的工件，镗床的刀杆，埋入地基中的电线杆，跳水运动中的跳台、跳板等都可看成固定端约束。固定端约束可用一简化的力学模型来表示，即一端插入固定面内一端自由的直杆，如图 1-19a 所示。

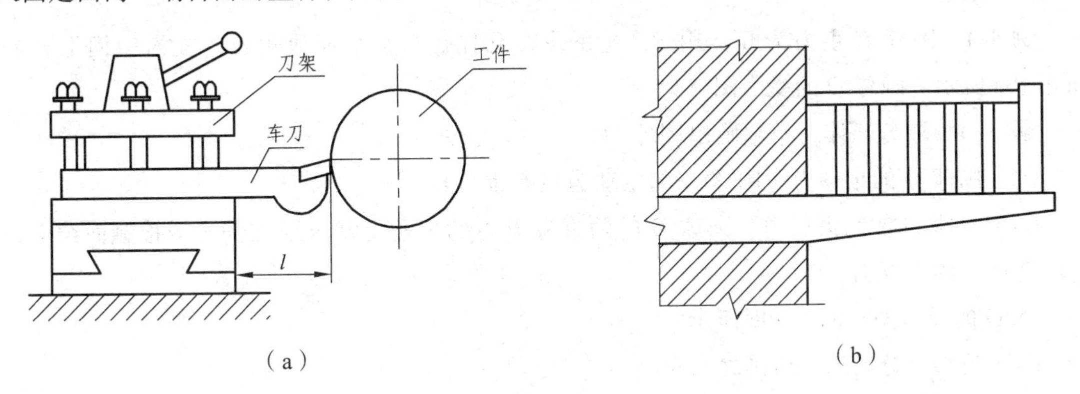

图 1-18

固定端约束的约束反力可简化为两个垂直的约束反力 $\boldsymbol{F}_{Ax}$、$\boldsymbol{F}_{Ay}$ 和一个约束反力偶 $\boldsymbol{M}_A$，如图 1-19b 所示。其中 $\boldsymbol{F}_{Ax}$、$\boldsymbol{F}_{Ay}$ 限制物体的移动，$\boldsymbol{M}_A$ 限制物体的转动。$\boldsymbol{F}_{Ax}$、$\boldsymbol{F}_{Ay}$ 的指向和 $\boldsymbol{M}_A$ 的旋向可任意假定，是否正确可通过计算确定。

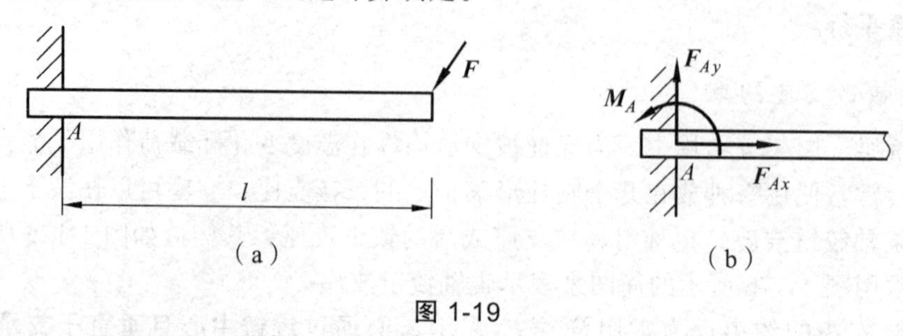

图 1-19

1.3 物体的受力分析与受力图

在研究物体的力学问题时，为了便于分析、计算，还应对所研究的物体进行受力分析，其受力情况用受力图表示出来。为此，必须将研究对象从与它相连的周围约束中“分离”出来，单独画出。这种从周围约束和受力中分离出来的研究对象，称为**分离体**。实际上，分离体就是去除了周围约束和力之后的研究对象。约束去除后，约束对物体的作用用约束反力来代替。将研究对象的全部力（约束反力和主动力）无一遗漏地画在分离体上，这种图形称为受力图，这个过程就是受力分析的过程。

能主动地使物体运动或有运动趋势的力，称为主动力或载荷。例如物体的重力，结构承受的风力、水压力，机械零件中的弹簧力等。一般来说，画受力图可按以下步骤进行：

（1）根据题意确定研究对象，并将研究对象从周围的约束中解除出来，画出研究对象的简单轮廓图（即取分离体）。

（2）在分离体上画出研究对象的全部主动力。

（3）在分离体上的解除约束处画出研究对象的全部相应的约束反力。

（4）检查。

例 1-1 圆球 O 重力为 $\boldsymbol{G}$，用 BC 绳系住，悬挂在与水平面成角 α 的光滑斜面上，如图 1-20a 所示。画球 O 的受力图。

解 （1）取分离体。单独画出圆球 O。

（2）画球 O 的主动力。圆球 O 的主动力只有重力 $\boldsymbol{G}$。

（3）画球 O 的约束反力。圆球 O 的约束有 B 点的柔索约束和 A 点的光滑接触面约束，对应有两个约束反力。

球 O 的受力图如图 1-20b 所示。

（4）检查。分离体上所画之力正确、齐全。

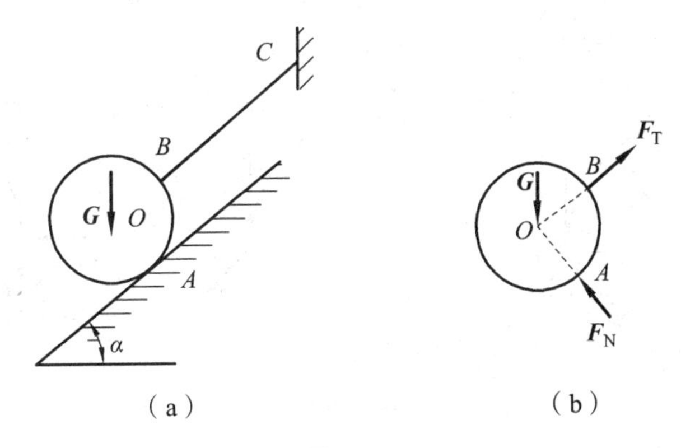

图 1-20

例 1-2　匀质杆 AB 的重力为 $\boldsymbol{G}$，A 端为光滑的固定铰链支座，B 端靠在光滑的墙面上，在 D 处受有与杆垂直的 $\boldsymbol{F}$ 力作用，如图 1-21a 所示。画 AB 杆的受力图。

解　（1）取分离体。单独画出 AB 杆。

（2）画 AB 杆的主动力。AB 杆的主动力为重力 $\boldsymbol{G}$ 和载荷 $\boldsymbol{F}$。

（3）画 AB 杆的约束反力。AB 杆的约束有 B 点的光滑接触面约束和 A 点的固定铰链约束，对应有两个约束反力。由于 A 点的反力方向不能确定，故只能进行正交分解，方向可任意假定。AB 杆的受力如图 1-21b 所示。

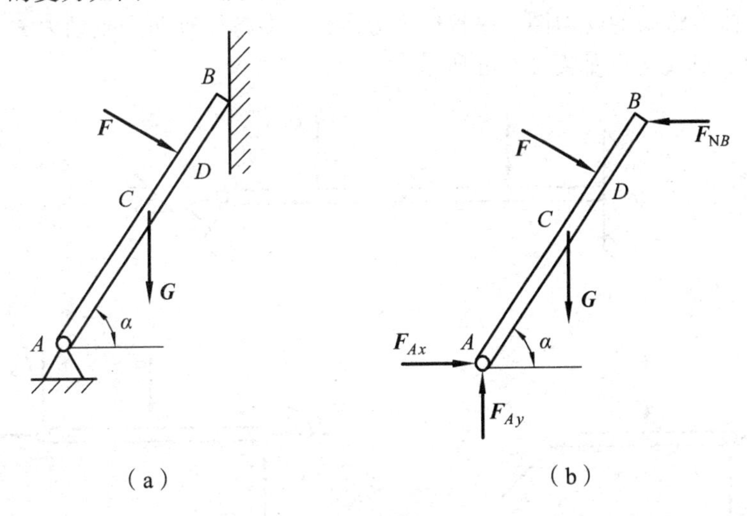

图 1-21

例 1-3　图 1-22a 所示的三铰拱桥，由左、右两个半拱铰接而成。设拱桥自重不计，在 AC 半拱上作用有载荷 $\boldsymbol{F}$，试分别画出 AC 和 CB 半拱的受力图。

解　（1）先画 BC 半拱的受力图。取 BC 半拱为分离体。由于 BC 自重不计，且只在 B、C 两处受到铰链的约束，因此 BC 半拱为二力构件，其受力图如图 1-22b 所示。

（2）再画 AC 半拱的受力图。取 AC 半拱为分离体。由于自重不计，因此主动力只有载荷 $\boldsymbol{F}$。半拱在铰链 C 处受到 BC 半拱给它的约束反力 $\boldsymbol{F}_C'$ 的作用。根据作用与反作用公理，$\boldsymbol{F}_C' = -\boldsymbol{F}_C$。半拱在 A 处的受力可进行正交分解，如图 1-22c。这里的 $\boldsymbol{F}_{Ax}$、$\boldsymbol{F}_{Ay}$ 指向可任意假定，是否正确则需通过计算确定。

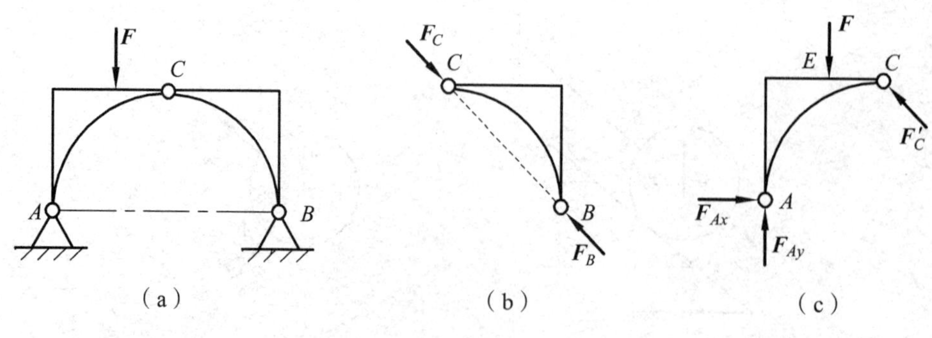

图 1-22

例 1-4 图 1-23a 所示的多跨梁由 *AB* 梁和 *BC* 梁铰接而成，支承和载荷情况如图所示。试画出 *AB* 梁、*BC* 梁和整体的受力图。

解 （1）先画 *BC* 梁的受力图。取 *BC* 梁为分离体。*BC* 梁受到一个主动力 $\boldsymbol{F}_2$ 和两处约束的约束反力 $\boldsymbol{F}_C$、$\boldsymbol{F}_{Bx}$ 和 $\boldsymbol{F}_{By}$，其受力图如图 1-23b 所示。

（2）然后画 *AB* 梁的受力图。取 *AB* 梁为分离体。*AB* 梁受到一个主动力 $\boldsymbol{F}_1$ 和 *B* 点圆柱铰链约束及 *A* 点固定端约束的约束反力作用，具体如图 1-23c 所示。

BC 杆由于只受到三个力的作用，故也可按三力平衡汇交定理画出，这时 *AB* 杆在 *B* 的受力应按作用与反作用公理相应画出。

（3）再画整体多跨梁的受力图。取整体为分离体。多跨梁有两个主动力 $\boldsymbol{F}_1$ 和 $\boldsymbol{F}_2$，还受到 *A* 和 *C* 两处约束，其受力图如图 1-23d 所示。

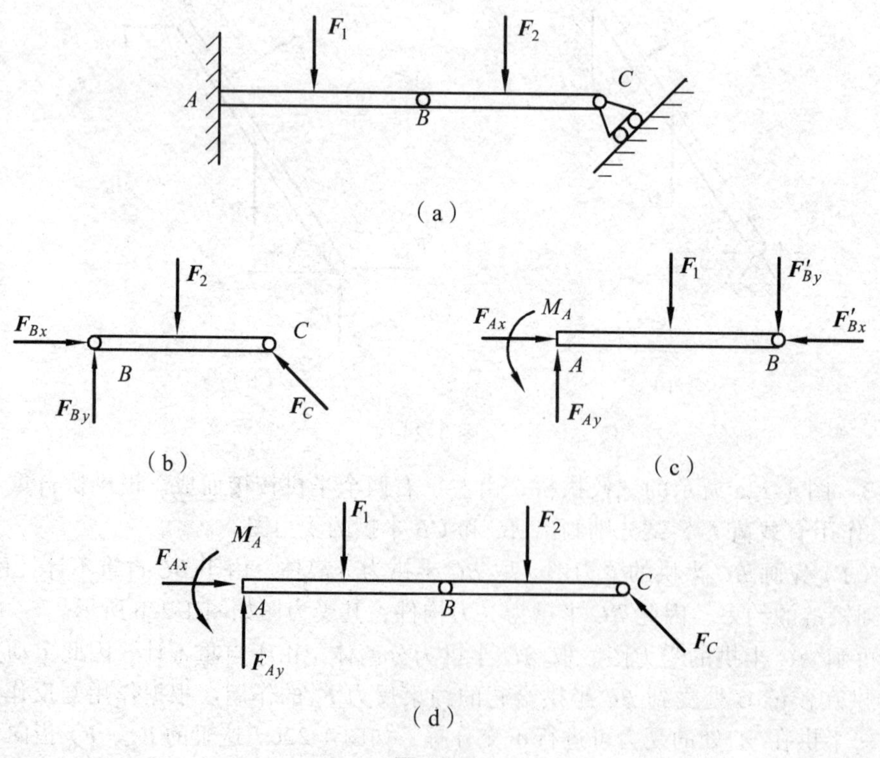

图 1-23

本章主要内容回顾

本章主要介绍刚体静力学最基本的概念和公理以及基本约束的类型、如何进行受力分析、画受力图，画受力图是本章的重点内容。本章具体内容如下：

1. 刚体静力学的基本概念和公理

（1）明确基本概念：刚体的概念、力的概念、力系的概念、等效力系的概念、平衡的概念。

（2）正确理解二力平衡条件、加减平衡力系公理、平行四边形法则及推论、作用与反作用公理等及其适用条件。

2. 约束反力及受力图

（1）正确理解约束、约束反力及方向、主动力的概念。

（2）正确理解和掌握柔索约束、光滑接触面约束、光滑圆柱形铰链（中间铰链）约束、固定铰链支座约束、辊轴铰链支座约束、固定端约束等基本约束类型、约束反力的特点和画法。

（3）受力图

① 受力图 = 分离体简图 + 主动力 + 约束反力

② 画受力图的步骤：根据题意确定研究对象，并将研究对象从周围的约束中解除出来，画出研究对象的简单轮廓图（即取分离体）；在分离体上画出研究对象的全部主动力；在分离体上的解除约束处画出全部相应约束的约束反力；检查。

练习题

1-1　试判断以下说法是否正确。

（1）物体的平衡就是指物体静止不动。

（2）力的作用效应就是使物体改变运动状态。

（3）在任意力的作用下，其内部任意两点之间的距离始终保持不变的物体称为刚体。

（4）两个力等效的条件是两力的大小相等、方向相反，且作用在同一物体上的同一点。

（5）作用在物体上某点的力，可沿其作用线移到物体内任一点，而不改变其作用效应。

（6）无论两个相互接触的物体处于何种运动状态，作用与反作用公理永远成立。

1-2　什么是平衡力系？如题 1-2 图所示，设在刚体上 A 点作用有三个均不为零的力 $\boldsymbol{F}_1$、$\boldsymbol{F}_2$、$\boldsymbol{F}_3$，其中 $\boldsymbol{F}_1$ 与 $\boldsymbol{F}_2$ 共线，问此三力能否平衡？为什么？

1-3　作用于三角架 AB 杆中点的铅垂力 $\boldsymbol{F}$，如题 1-3 图所示，能否沿其作用线移到 BC 杆的中点？要求 A、C 的支座反力大小及方向保持不变。

1-4　二力平衡条件、作用与反作用公理都涉及等值、反向的两个力，试比较一下它们有什么相似之处，在本质上又有什么不同。

1-5　如题 1-5 图所示受力图中是否有错误？如有，试改正。

1-6　画出如题 1-6 图所示中 C、E 点的受力图。

1-7　分别画出如题 1-7 图所示各圆柱体的受力图。

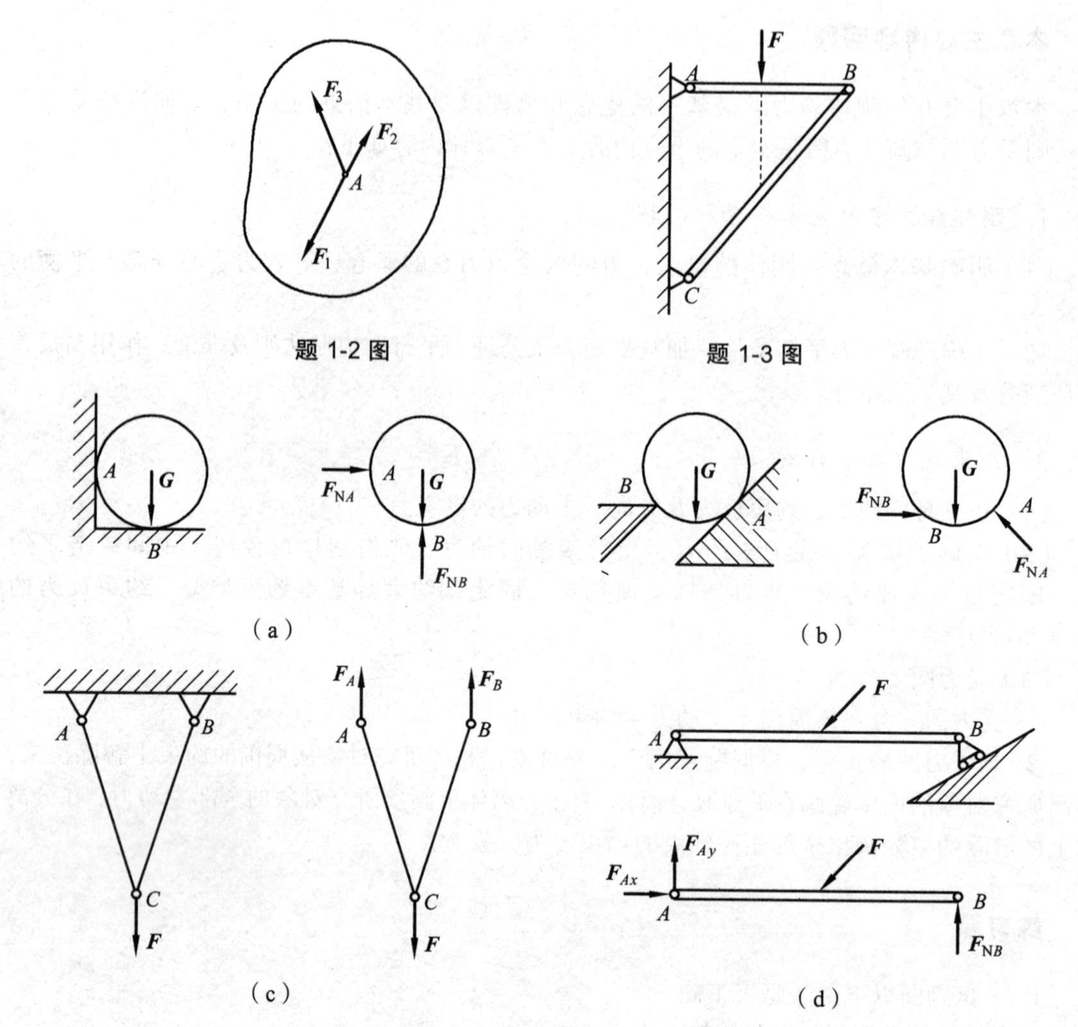

题 1-2 图　　题 1-3 图

（a）　（b）

（c）　（d）

题 1-5 图

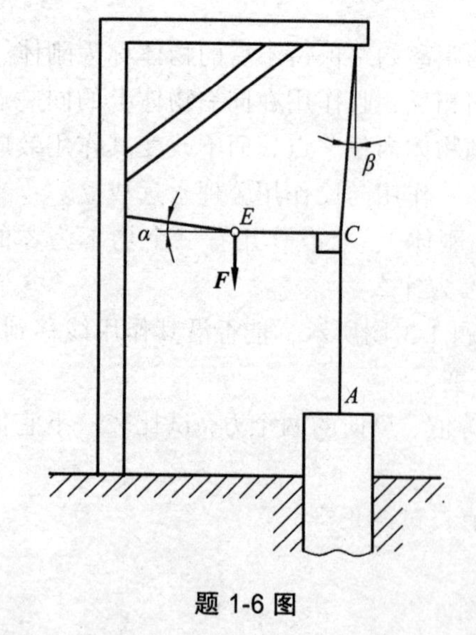

题 1-6 图

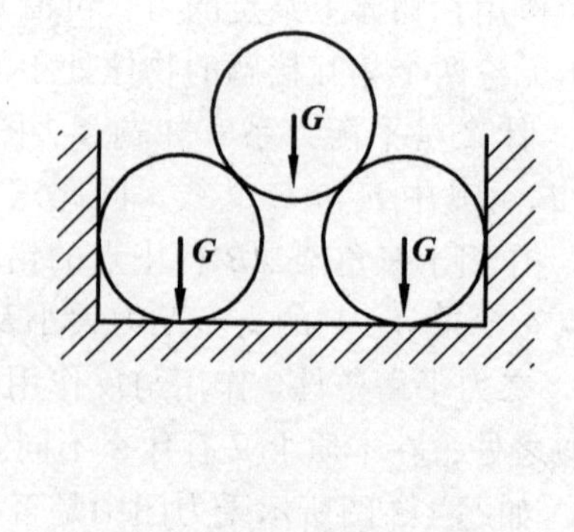

题 1-7 图

1-8　画出如题1-8图所示各托架中各构件的受力图。

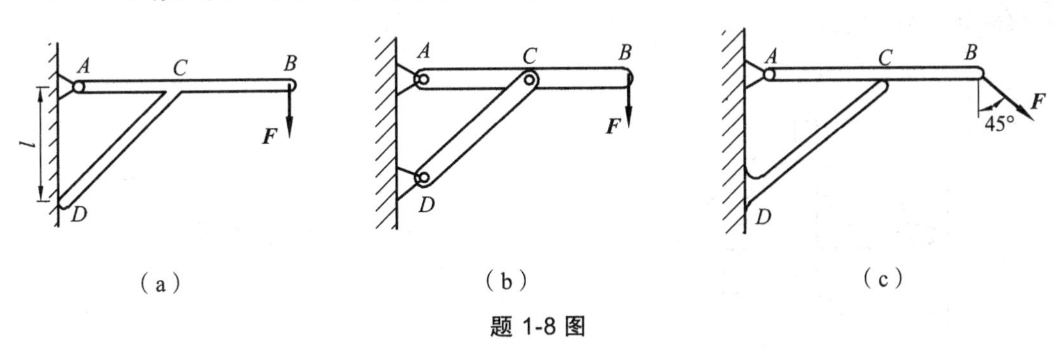

题1-8图

1-9　画出如题1-9图所示物体系中各构件及整体的受力图。未画重力的物体，均不计重量，所有接触处均为光滑接触。

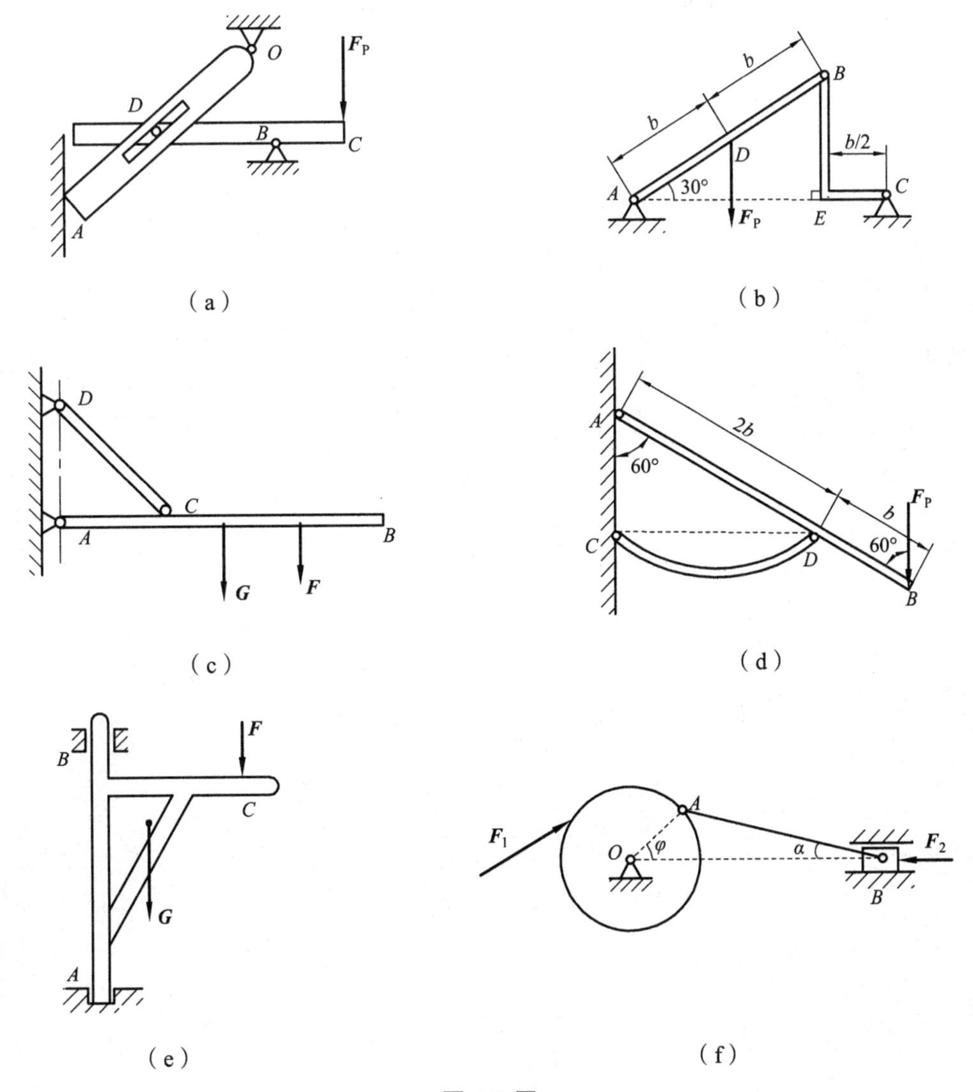

题1-9图

1-10　画出如题 1-10 图所示物体系中各构件的受力图。未画重力的物体，均不计重量，所有接触处均为光滑接触。

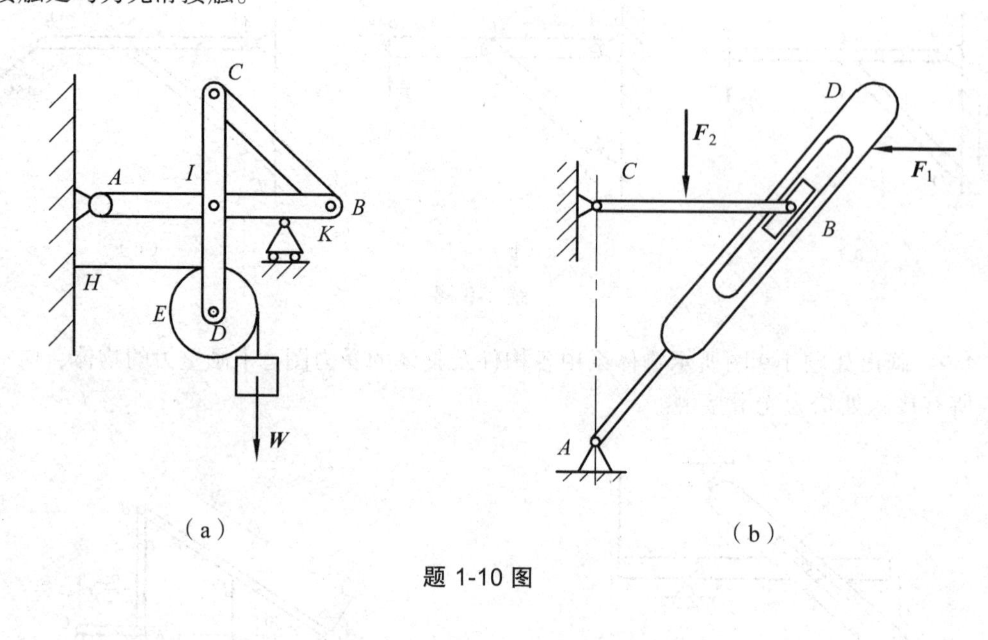

题 1-10 图

第 2 章　平面力系的简化与平衡

【本章概述】

本章介绍了力在平面直角坐标轴上的投影、力矩、力偶和力的平移定理等知识；利用这些知识对平面汇交力系、平面力偶系和平面任意力系进行了简化与合成，得出了各力系的平衡条件及平衡方程；利用这些方程去解决平衡问题。

求解平面任意力系的平衡问题时，正确选择坐标系和灵活应用平衡方程的不同形式，将会使得平衡方程大大简化，从而减少计算的难度。在学习中，学生要重点进行平衡方程应用的训练，注意力矩平衡方程的应用；在教学中，教师可以引用工程实例，采用启发式教学和对比性教学，讲练结合。

【知识目标】

（1）理解力的投影、力矩和力偶等基本概念和性质。

（2）掌握合力投影定理、合力矩定理以及力的平移定理及应用。

（3）理解和掌握常见约束类型的约束反力确定方法。

【技能目标】

（1）学会区分工程实际中各种不同的约束类型。

（2）学会运用基本概念和定理，正确地进行受力分析。

（3）运用受力分析的方法及平面力系平衡方程求解平衡问题。

【工程案例导入】

力系中各个力的作用线在同一平面内，该力系称为**平面力系**。平面力系按各力的作用线分布的情况不同，可分为平面任意力系、平面汇交力系（图 2-1）和平面平行力系（图 2-2）。其中，**当各力的作用线不汇交于一点，也不全部平行的力系称为平面任意力系**。这是在工程实践中最常见的一种力系，如图 2-3 所示的悬臂吊车的受力、图 2-4 所示火车头的受力等，其所受各力都在同一平面内或某一对称面内（图 2-4），这些均是物体受平面任意力系作用的工程实例。平面汇交力系和平面平行力系作为平面任意力系的特殊形式将在后面介绍。

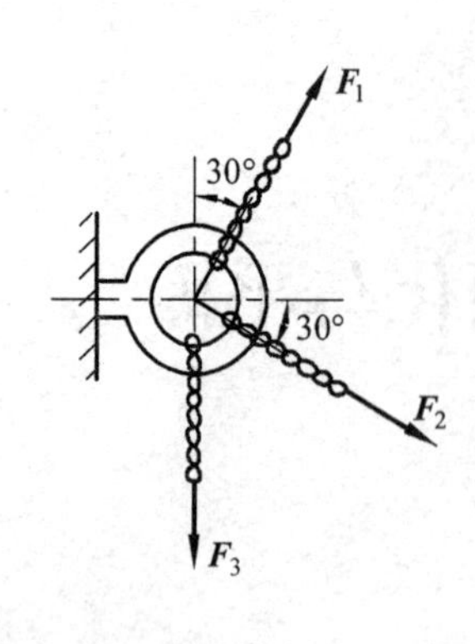

图 2-1

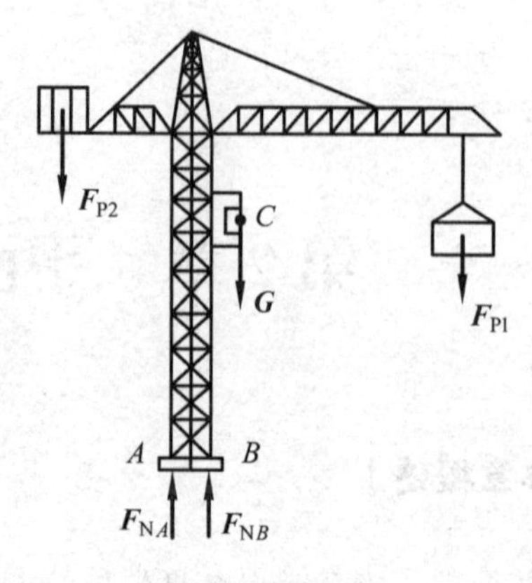

图 2-2

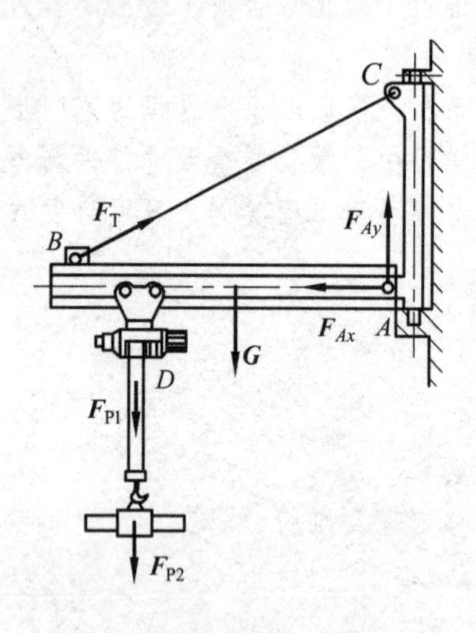

图 2-3

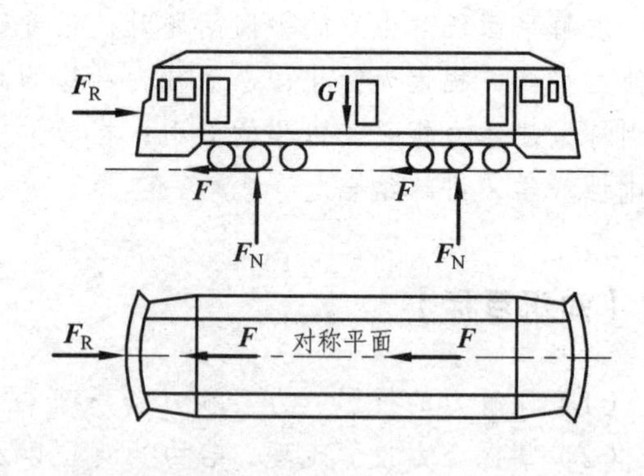

图 2-4

2.1 平面汇交力系合成

2.1.1 力在平面直角坐标轴上的投影

1. 已知力求投影

已知力 $\boldsymbol{F}$ 作用于刚体平面内 A 点，且与水平线成 α 的夹角。建立平面直角坐标系 Oxy，如图 2-5 所示。过力 $\boldsymbol{F}$ 的两端点 A、B 分别向 x、y 轴作垂线，垂足在 x、y 轴上截下的线段 ab、a_1b_1 分别称为力 $\boldsymbol{F}$ 在 x、y 轴上的投影，记作 F_x、F_y。

力在坐标轴上的投影是代数量，其正负规定为：**若力起点的投影到终点的投影指向与坐标轴的指向相一致，则力在该坐标轴上的投影为正，反之为负**。一般地，有

$$\left.\begin{aligned} F_x &= \pm F\cos\alpha \\ F_y &= \pm F\sin\alpha \end{aligned}\right\} \tag{2-1}$$

式中，α 表示力 $\boldsymbol{F}$ 与 x 轴所夹的锐角。

图 2-5 中，力 $\boldsymbol{F}$ 的投影为

$$F_x = F\cos\alpha$$

$$F_y = -F\sin\alpha$$

2. 已知投影求作用力 $\boldsymbol{F}$

如果已知一个力的投影 F_x、F_y，则这个力 $\boldsymbol{F}$ 的大小和方向为

$$\left.\begin{aligned} F &= \sqrt{F_x^2 + F_y^2} \\ \tan\alpha &= \left|\frac{F_y}{F_x}\right| \end{aligned}\right\} \tag{2-2}$$

式中，α 表示力 F 与 x 轴所夹的锐角。

力的指向由 F_x、F_y 的正负符号来确定，如图 2-6 所示。

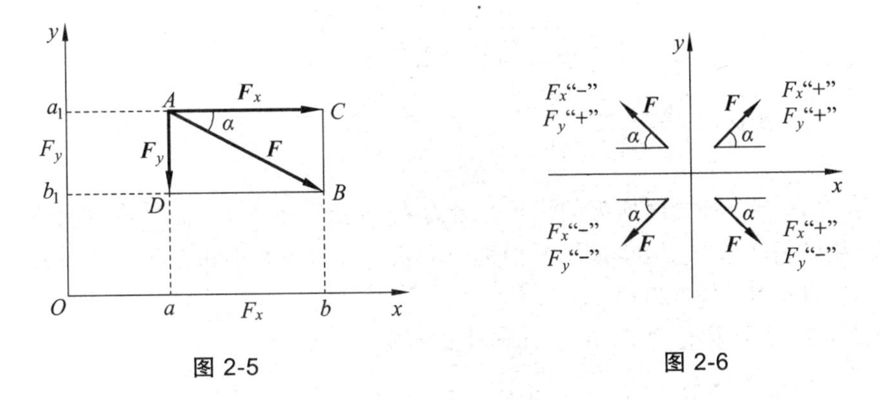

图 2-5　　　　图 2-6

小疑问：

力沿坐标轴方向的分力与该力在同一坐标轴上的投影有何区别？

力沿坐标轴方向的分力是矢量，该力在同一坐标轴上的投影是代数量。

2.1.2　平面汇交力系合成的解析法

各个力的作用线都作用在同一平面内且都汇交于一点的力系称为平面汇交力系。

设平面汇交力系 $\boldsymbol{F}_1$, $\boldsymbol{F}_2$, …, $\boldsymbol{F}_n$ 作用在刚体的 O 点处，其合力 $\boldsymbol{F}_{\mathrm{R}}$ 可以连续使用力的三角形法则求得，如图 2-7 所示。其数学表达式为

$$\boldsymbol{F}_{\mathrm{R}} = \boldsymbol{F}_1 + \boldsymbol{F}_2 + \cdots + \boldsymbol{F}_n = \sum \boldsymbol{F}_i \tag{2-3}$$

由此可得：**平面汇交力系合成的结果是一个作用在汇交点的合力，此合力等于力系中各个力的矢量和。**

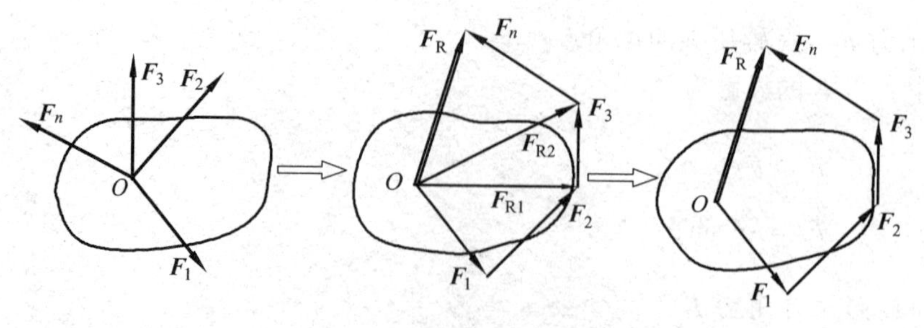

图 2-7

将（2-3）式两边分别向 x、y 轴投影，得到

$$\left.\begin{aligned} F_{Rx} &= F_{1x} + F_{2x} + \cdots + F_{nx} = \sum F_{ix} \\ F_{Ry} &= F_{1y} + F_{2y} + \cdots + F_{ny} = \sum F_{iy} \end{aligned}\right\} \tag{2-4}$$

式（2-4）表明，**合力在某一坐标轴的投影等于各分力在同一坐标轴上投影的代数和**。此即为**合力投影定理**。

若进一步按式（2-2）运算，即可求得合力 $\boldsymbol{F}_R$ 的大小及方向：

$$\left.\begin{aligned} F_R &= \sqrt{F_{Rx}^2 + F_{Ry}^2} = \sqrt{(\sum F_{ix})^2 + (\sum F_{iy})^2} \\ \tan\alpha &= \left|\frac{F_{Ry}}{F_{Rx}}\right| = \left|\frac{\sum F_{iy}}{\sum F_{ix}}\right| \end{aligned}\right\} \tag{2-5}$$

式中，α 为合力 $\boldsymbol{F}_R$ 与 x 轴之间所夹的锐角。合力 $\boldsymbol{F}_R$ 的指向由 $\sum F_{ix}$、$\sum F_{iy}$ 的正负号确定。

例 2-1 用解析法求图 2-8a 所示平面汇交力系的合力的大小和方向。已知 $F_1 = 100\ \text{N}$，$F_2 = 100\ \text{N}$，$F_3 = 150\ \text{N}$，$F_4 = 200\ \text{N}$。

解 由式（2-5）计算合力 $\boldsymbol{F}_R$ 在 x、y 轴上的投影

$$\begin{aligned} F_{Rx} &= \sum F_{ix} = F_{1x} + F_{2x} + F_{3x} + F_{4x} \\ &= F_1 + F_2\cos 50° - F_3\cos 60° - F_4\cos 20° \\ &= 100\ \text{N} + 64.28\ \text{N} - 75\ \text{N} - 187.94\ \text{N} = -98.62\ \text{N} \\ F_{Ry} &= \sum F_{iy} = F_{1y} + F_{2y} + F_{3y} + F_{4y} \\ &= 0 + F_2\sin 50° + F_3\sin 60° - F_4\sin 20° \\ &= 0 + 76.60\ \text{N} + 129.90\ \text{N} - 68.40\ \text{N} = 138.1\ \text{N} \end{aligned}$$

故合力 $\boldsymbol{F}_R$ 的大小和方向为

$$F_R = \sqrt{F_{Rx}^2 + F_{Ry}^2} = \sqrt{(-98.62\ \text{N})^2 + (138.1\ \text{N})^2} = 169.7\ \text{N}$$

$$\tan\alpha = \left|\frac{F_{Ry}}{F_{Rx}}\right| = \left|\frac{138.1\ \text{N}}{-98.62\ \text{N}}\right| = 1.4$$

$$\alpha = 80.5°$$

由于 F_{Rx} 为负值，F_{Ry} 为正值，所以合力 $\boldsymbol{F}_R$ 指向第二象限，如图 2-8b 所示，合力的作用线通过力系的汇交点 O。

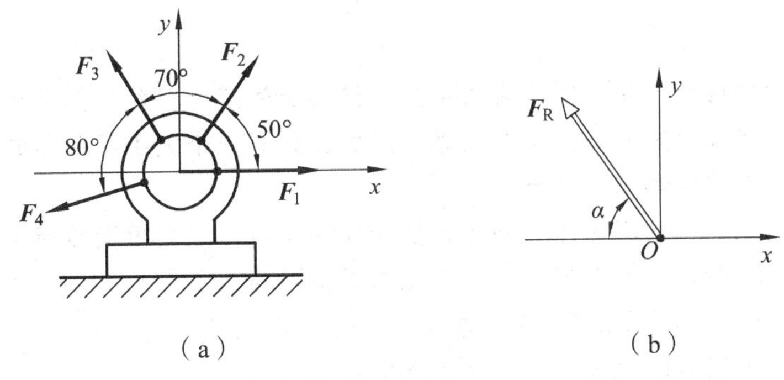

（a）　　　　（b）

图 2-8

2.2　力矩、力偶和力的平移定理

2.2.1　力对点之矩

人们在实践中知道，力除了能使物体移动外，还能使物体产生绕某一点的转动。力使物体绕某一点的转动效果，不仅与力的大小有关，还与力的作用线到这点的垂直距离有关。例如用扳手拧螺母，如图 2-9 所示。我们将转动中心（如图 2-9 中的 O 点）称为矩心，**矩心到力作用线的垂直距离称为力臂**，用符号 d 表示。

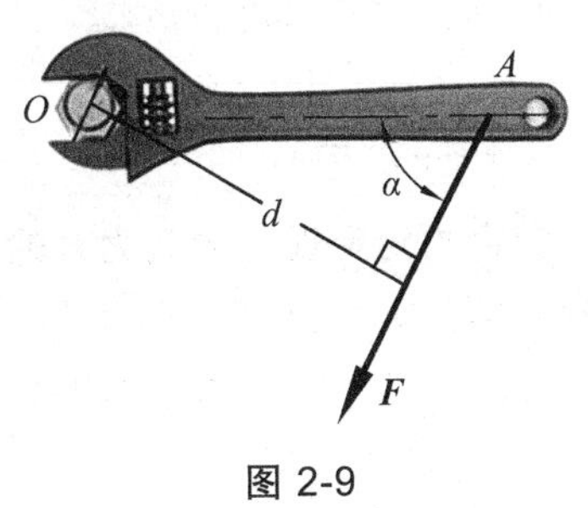

图 2-9

力使物体的转动效果与力 $\boldsymbol{F}$ 的大小有关，也与力臂 d 的长短有关。**力的大小与力臂长短的乘积，加上表示转向的正、负号**，称为力 $\boldsymbol{F}$ 对矩心 O 点的矩，简称为**力矩**，用 $M_O(\boldsymbol{F})$ 表示。即

$$M_O(\boldsymbol{F}) = \pm Fd \tag{2-6}$$

力矩衡量力 $\boldsymbol{F}$ 使物体绕某点 O 的转动效果，在平面问题中，通常规定：**力使物体绕矩心逆时针方向转动时力矩为正，反之为负**，如图 2-10 所示。

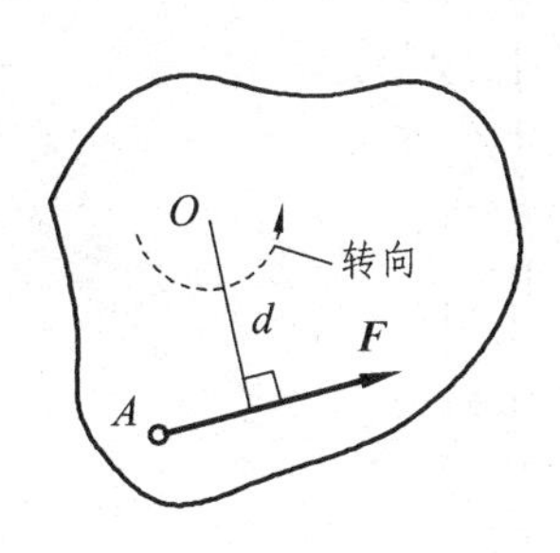

（a）力矩为正值

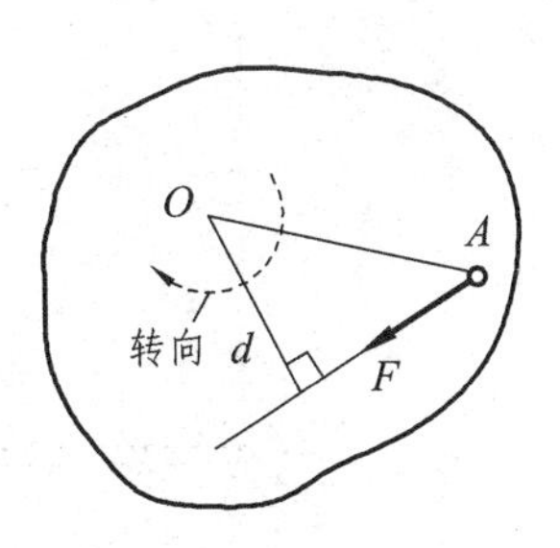

（b）力矩为负值

图 2-10

力矩的国际单位：牛米（N · m）或千牛米（kN · m）。

力矩的性质：

（1）力沿其作用线移动作用点时不会改变力对已知点的矩（符合力的可传性原理）。

（2）力的作用线如通过矩心，则力矩为零；反之，如果一个大小不为零的力，对某点的力矩为零，则这个力的作用线必过该点。

（3）相互平衡的两力，对同一点力矩的代数和为零（符合二力平衡原理）。

例 2-2 如图 2-11 所示，已知皮带紧边的拉力 $F_{T1}=2\ 000\ \text{N}$，松边的拉力 $F_{T2}=1\ 000\ \text{N}$，轮子的直径 $D=500\ \text{mm}$。试分别求皮带两边拉力对轮心 O 的矩。

解 由于皮带拉力沿着轮缘的切线，所以轮的半径就是拉力对轮心 O 的力臂，即

$$d=D/2=250\ \text{mm}=0.25\ \text{m}$$

于是

$$M_O(\boldsymbol{F}_{T1})=F_{T1}\cdot d=2\ 000\ \text{N}\times0.25\ \text{m}=500\ \text{N}\cdot\text{m}$$

$$M_O(\boldsymbol{F}_{T2})=-F_{T2}\cdot d=-1\ 000\ \text{N}\times0.25\ \text{m}=-250\ \text{N}\cdot\text{m}$$

拉力 $\boldsymbol{F}_{T1}$ 使轮逆时针转动，故其力矩为正；$\boldsymbol{F}_{T2}$ 使轮顺时针转动，故其力矩为负。

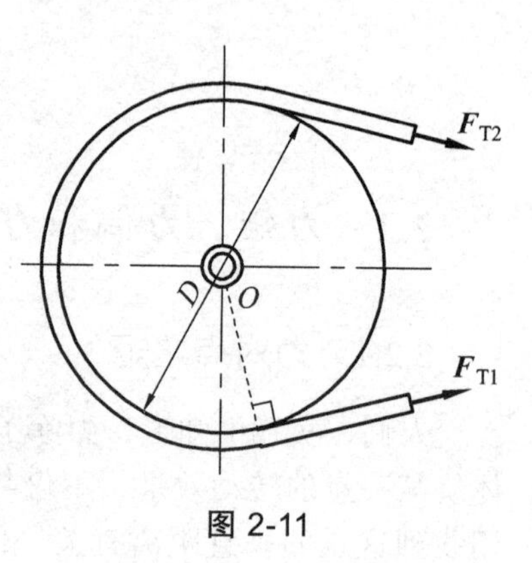

图 2-11

2.2.2 合力矩定理

合力矩定理 **平面力系的合力对平面上任一点之矩，等于所有分力对同一点力矩的代数和。**即

$$M_O(\boldsymbol{F}_R)=M_O(\boldsymbol{F}_1)+M_O(\boldsymbol{F}_2)+\cdots+M_O(\boldsymbol{F}_n)=\sum M_O(\boldsymbol{F}_i) \tag{2-7}$$

重要提示：

合力矩定理是一个普遍定理，对于有合力的其他力系，合力矩定理仍然适用。

例 2-3 如图 2-12 所示，在 ABO 弯杆上 A 点作用一力 $\boldsymbol{F}$，已知 $a=180\ \text{mm}$，$b=400\ \text{mm}$，$\alpha=60°$，$F=100\ \text{N}$。求力 $\boldsymbol{F}$ 对 O 点之矩。

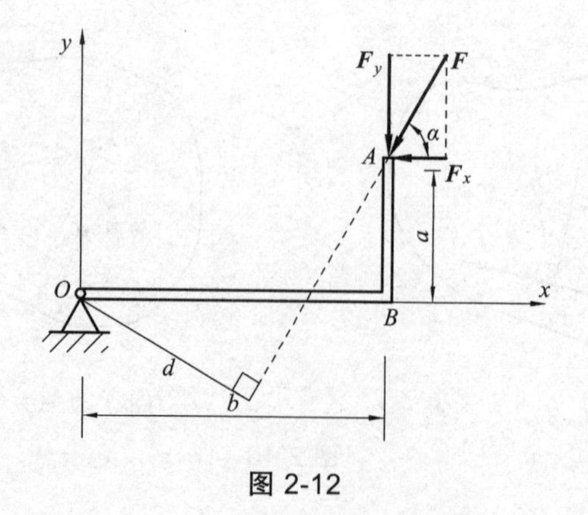

图 2-12

解　　　$M_O(\boldsymbol{F}) = -F \cdot d$

因为力臂 d 值不便计算，可将力 $\boldsymbol{F}$ 分解为 $\boldsymbol{F}_x$ 和 $\boldsymbol{F}_y$ 两个分力，应用合力矩定理则可以较方便地计算出结果：

$$M_O(\boldsymbol{F}) = M_O(\boldsymbol{F}_x) + M_O(\boldsymbol{F}_y)$$
$$\boldsymbol{F}_x = F\cos\alpha = 100\ \text{N} \times \cos 60° = 50\ \text{N}$$
$$\boldsymbol{F}_y = F\sin\alpha = 100\ \text{N} \times \sin 60° = 86.6\ \text{N}$$
$$M_O(\boldsymbol{F}_x) = F_x a = 50\ \text{N} \times 0.18\ \text{m} = 9\ \text{N}\cdot\text{m}$$
$$M_O(\boldsymbol{F}_y) = -F_y b = -86.6\ \text{N} \times 0.4\ \text{m} = -34.6\ \text{N}\cdot\text{m}$$

所以　　$M_O(\boldsymbol{F}) = M_O(\boldsymbol{F}_x) + M_O(\boldsymbol{F}_y) = 9\ \text{N}\cdot\text{m} + (-34.6)\ \text{N}\cdot\text{m} = -25.6\ \text{N}\cdot\text{m}$

例 2-4　如图 2-13 所示的圆柱齿轮，受到与它相啮合的另一齿轮的作用力 $F_n = 980\ \text{N}$，压力角 $\alpha = \pm 20°$，齿轮节圆直径 $D = 0.16\text{m}$，试求力 $\boldsymbol{F}_n$ 对齿轮轴心 O 之矩。

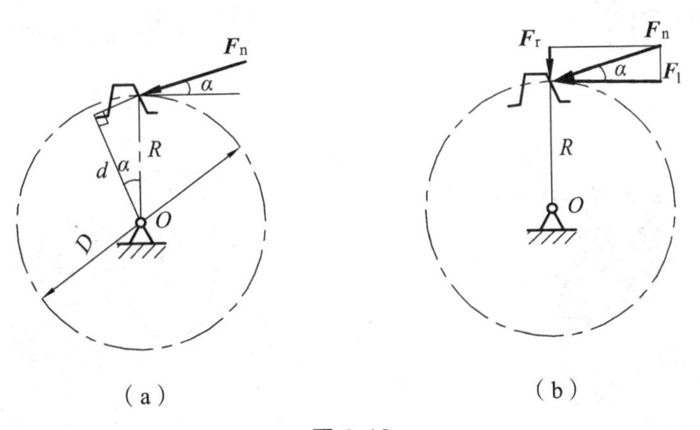

图 2-13

解　（1）应用力矩公式计算。如图 2-13a，齿轮轴心 O 为矩心，力臂 $d = \dfrac{D}{2}\cos\alpha$，则力 $\boldsymbol{F}_n$ 对 O 点之矩为

$$M_O(\boldsymbol{F}_n) = F_n \cdot d = F_n \times \frac{D}{2} \times \cos\alpha = 980\ \text{N} \times 0.08\ \text{m} \times \cos 20° = 73.7\ \text{N}\cdot\text{m}$$

（2）应用合力矩定理计算。如图 2-13b 所示，将力 $\boldsymbol{F}_n$ 分解为圆周力 $\boldsymbol{F}_t$ 和径向力 $\boldsymbol{F}_r$：

$$F_t = F_n\cos\alpha$$
$$F_r = F_n\sin\alpha$$

由合力矩定理可得

$$M_O(\boldsymbol{F}_n) = M_O(\boldsymbol{F}_t) + M_O(\boldsymbol{F}_r)$$

因为径向力 $\boldsymbol{F}_r$ 通过矩心 O，故 $M_O(\boldsymbol{F}_r) = 0$，于是

$$M_O(\boldsymbol{F}_n) = M_O(\boldsymbol{F}_t) = F_t\frac{D}{2} = F_n\cos\alpha\frac{D}{2} = 73.7\ \text{N}\cdot\text{m}$$

2.2.3 力偶及其性质

1. 力偶的概念

在日常生活和生产实践中，我们还经常遇到同时施加两个大小相等、方向相反、作用线平行且不重合的力来使物体转动。例如，用双手转动汽车的方向盘、用丝锥攻螺纹、用手开水龙头或用钥匙开锁等，如图 2-14。

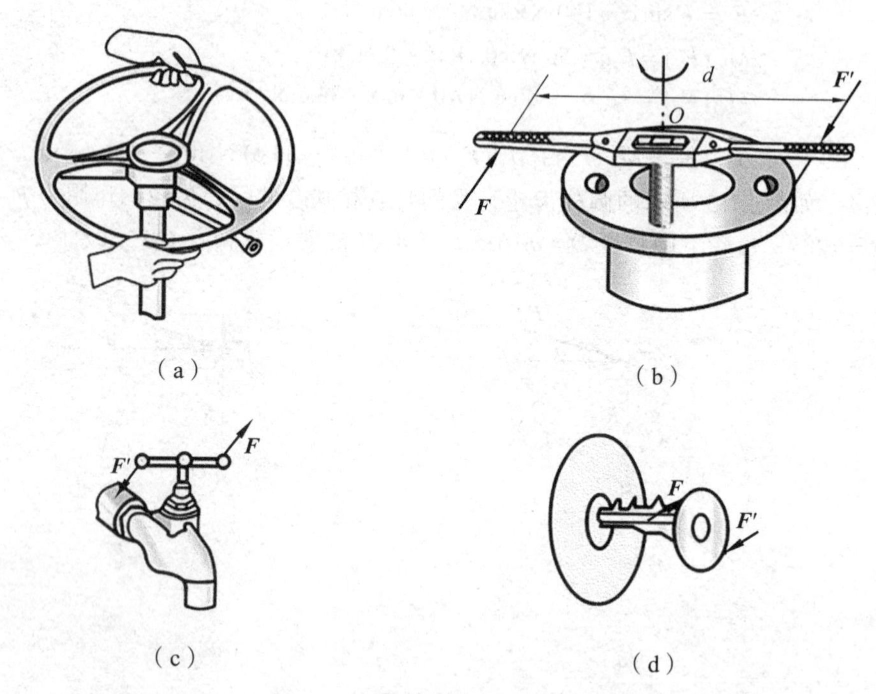

（a）（b）（c）（d）

图 2-14

（1）由两个大小相等、方向相反的平行力组成的力系，称为**力偶**，如图 2-15 所示，记作（$\boldsymbol{F}$，$\boldsymbol{F}'$）。力偶两力作用线之间的距离称为力偶臂，用 d 表示。力偶所在的平面称为力偶作用面。

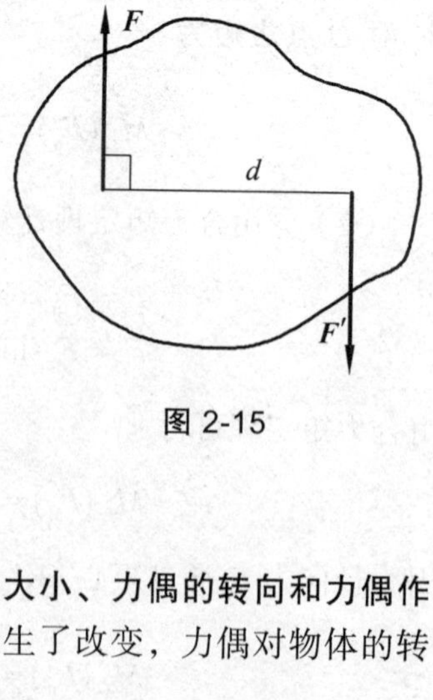

（2）力偶矩。实践证明，**力偶只对物体产生纯转动效应，**因此只改变物体的转动状态。力偶对物体的转动效应，用**力与力偶臂的乘积加上区分力偶不同转向的正负号即力偶矩**来度量，记作 $M(\boldsymbol{F},\boldsymbol{F}')$，简记为 M。

$$M(\boldsymbol{F},\boldsymbol{F}')=\pm Fd \quad 或 \quad M=\pm Fd \tag{2-8}$$

图 2-15

通常规定：**逆时针方向转动的力偶矩为正，顺时针方向转动的力偶矩为负**。

力偶矩的单位为牛米（N·m）、千牛米（kN·m）。

（3）力偶的三要素。力偶对物体的转动效应取决于**力偶矩的大小、力偶的转向和力偶作用面的方位**，这三者称为**力偶的三要素**。三要素中的任何一个发生了改变，力偶对物体的转动效应就会改变。

2. 力偶的性质

（1）**力偶对其作用面内任意点的矩恒等于此力偶的力偶矩，而与矩心的位置无关。**

如图 2-16，力偶由 $\boldsymbol{F}$ 和 $\boldsymbol{F}'$ 组成，力偶对同平面内任一点 O 的矩，根据力矩的定义有

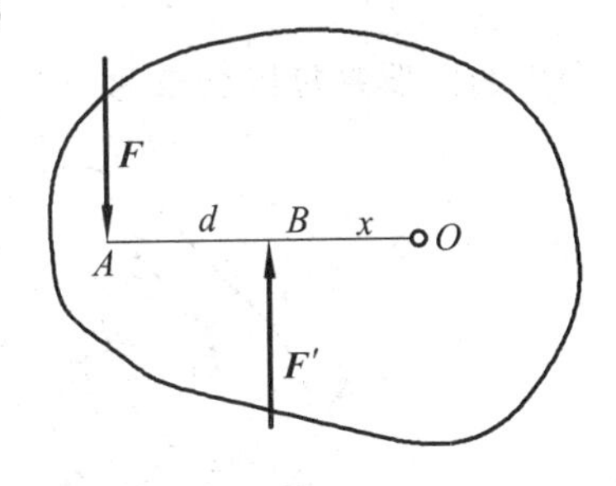

图 2-16

$$
\begin{aligned}
M_O(\boldsymbol{F},\ \boldsymbol{F}') &= M_O(\boldsymbol{F}) + M_O(\boldsymbol{F}') \\
&= F(d+x) - F'x = F(d+x-x) \\
&= Fd = M(\boldsymbol{F},\ \boldsymbol{F}')
\end{aligned}
$$

（2）**力偶在任何坐标轴上的投影为零。**

由于力偶是由两个大小相等、方向相反的平行力组成的力系，因此，这两个力在任何坐标轴上的投影代数和都是零。

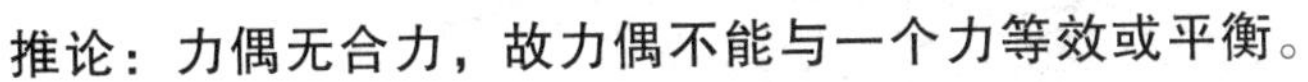

推论：力偶无合力，故力偶不能与一个力等效或平衡。

既然力偶在任何坐标轴上的投影为零，那么力偶的合力就为零，一个力偶就不能与一个力等效，也不可能与一个力所平衡，力偶只能用力偶来平衡。因此，力偶对物体只产生转动效应，不产生移动效应，即力偶只能改变物体的转动状态。力和力偶是构成力系的两种基本元素。

（3）**力偶的等效条件：两个力偶的三要素相同。**

推论 1　力偶可以在其作用面内任意移动和转动，而不改变对刚体的作用效果。

推论 2　只要保持力偶矩的大小和转向不变，在其作用面内可以同时改变力偶中力的大小和力偶臂的长短，而不改变力偶对刚体的转动效果。

力偶对物体的转动效应完全取决于力偶的三要素。因此，表示平面力偶时，可以用一带箭头的弧线表示（弧线所在的平面表示力偶的作用面），并标出力偶矩的值即可。图 2-17 所示的是力偶的几种等效表示方法。

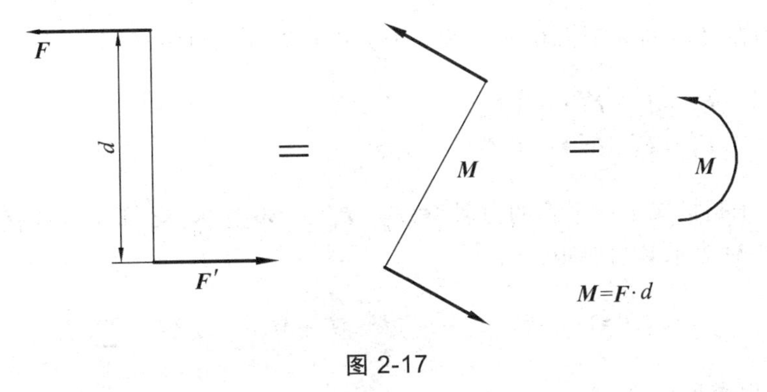

图 2-17

2.2.4　平面力偶系的合成与平衡

作用在物体上同一平面内的若干力偶组成的力系，称为**平面力偶系**。

1. 平面力偶系的合成

如图 2-18a，设在同平面内有 n 个力偶 $M(\boldsymbol{F}_1,\ \boldsymbol{F}_1')$，$M(\boldsymbol{F}_2,\ \boldsymbol{F}_2')$，…，$M(\boldsymbol{F}_n,\ \boldsymbol{F}_n')$，分析知，

其合力偶矩为

$$M = M_1 + M_2 + \cdots + M_n = \sum M_i \qquad (2\text{-}9)$$

即平面力偶系可以合成为一个合力偶，合力偶矩等于力偶系中各分力偶矩的代数和。

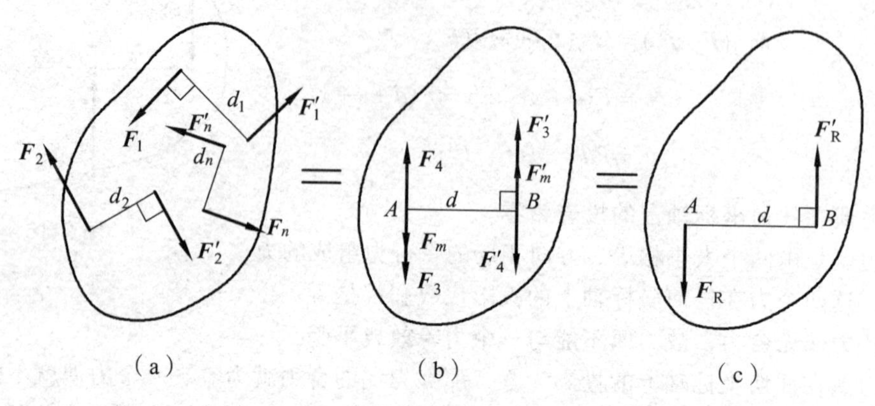

图 2-18

证明　如图 2-18（a），设在同平面内有 n 个力偶 $M(\boldsymbol{F}_1,\ \boldsymbol{F}'_1)$, $M(\boldsymbol{F}_2,\ \boldsymbol{F}'_2)$, …, $M(\boldsymbol{F}_n,\ \boldsymbol{F}'_n)$，它们的力偶臂分别为 d_1, d_2, …, d_n，则它们的力偶矩分别为

$$M_1 = F_1 d_1,\ M_2 = -F_2 d_2,\ \cdots,\ M_n = F_n d_n$$

在力偶作用面内任取一线段 $AB = d$，在力偶矩不变的条件下，同时改变这些力偶的力的大小和力偶臂的长度，使它们具有相同的力偶臂 d，并将它们在其作用面内转动和移动，使力的作用线重合，如图 2-18b 所示。于是得到与原力偶等效的新力偶，并有以下关系：

$$M_1 = F_1 d_1 = F_3 d,\ M_2 = -F_2 d_2 = -F_4 d,\ \cdots,\ M_n = F_n d_n = F_m d$$

分别将作用在 A 点的 n 个力和 B 点的 n 个力进行合成，可得

$$\boldsymbol{F}_R = \boldsymbol{F}_3 - \boldsymbol{F}_4 + \cdots + \boldsymbol{F}_m$$
$$\boldsymbol{F}'_R = \boldsymbol{F}'_3 - \boldsymbol{F}'_4 + \cdots + \boldsymbol{F}'_m$$

$\boldsymbol{F}_R$ 与 $\boldsymbol{F}'_R$ 相等，于是构成了一个新的力偶 $M(\boldsymbol{F}_R,\ \boldsymbol{F}'_R)$，如图 2-18c 所示。这就是原来 n 个力偶的合力偶，以 M 表示其力偶矩，得

$$M = F_R d = (F_3 - F_4 + \cdots + F_m)d = M_1 + M_2 + \cdots + M_n = \sum M_i$$

2. 平面力偶系的平衡

平面力偶系平衡的充分与必要条件是所有各个分力偶矩的代数和等于零。即

$$\sum M_i = 0 \qquad (2\text{-}10)$$

这就是平面力偶系的平衡方程，应用该方程可以求解一个未知量。

例 2-5　多头钻床在水平工件上钻孔如图 2-19 所示，设每个钻头作用于工件上的切削力

在水平面上构成一个力偶。$M_1=M_2=13.5\ \text{N}\cdot\text{m}$，$M_3=17\ \text{N}\cdot\text{m}$。求工件受到的主动合力偶矩。如果工件在 A、B 两处用螺栓固定，A 和 B 之间的距离 $l=0.2\ \text{m}$，试求两螺栓在工件平面内所受的力。

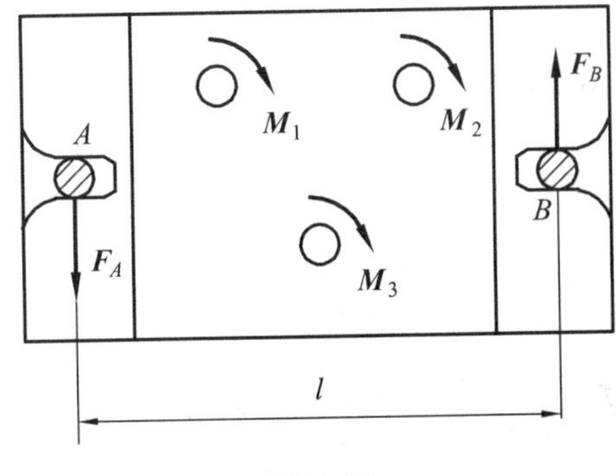

图 2-19

解 （1）求三个主动力偶的合力偶矩。

$$M=\sum M_i=-M_1-M_2-M_3=-13.5-13.5-17=-44\ \text{N}\cdot\text{m}$$

负号表示合力偶矩为顺时针方向。

（2）求两个螺栓所受的力。

选工件为研究对象，工件受三个主动力偶作用和两个螺栓的反力作用而平衡，故两个螺栓受反力作用而平衡，故两个螺栓的反力 $\boldsymbol{F}_A$ 与 $\boldsymbol{F}_B$ 必然组成为一力偶，设它们的方向如图 2-19 所示，由平面力偶系的平衡条件，有

$$\sum M_i=0$$

$$F_A l-M_1-M_2-M_3=0$$

解得
$$F_A=\frac{M_1+M_2+M_3}{l}=220\ \text{N}$$

所以 $F_A=F_B=220\,\text{N}$，方向如图 2-19 所示。

2.2.5 力的平移定理

定理　作用在刚体上某点的力 $\boldsymbol{F}$，可平行移动到刚体内任一点，但同时须附加一力偶，附加力偶矩等于原力对该点之矩。

证明　在刚体上 A 点有一力 $\boldsymbol{F}$，并在该刚体上任取一不在力 $\boldsymbol{F}$ 作用线的点 B。令 B 点到力 $\boldsymbol{F}$ 作用线的距离为 d，如图 2-20a 所示。有

$$M_B(\boldsymbol{F})=Fd$$

在 B 点加一对等值、反向、共线的力 $\boldsymbol{F}'$ 和 $\boldsymbol{F}''$，使

$$\boldsymbol{F}=\boldsymbol{F}'=-\boldsymbol{F}''$$

由加减平衡力系原理，力系 $(\boldsymbol{F},\ \boldsymbol{F}',\ \boldsymbol{F}'')$ 与力 $\boldsymbol{F}$ 等效（图 2-20b）。

力系$(\boldsymbol{F}, \boldsymbol{F}', \boldsymbol{F}'')$可以看成一个作用在$B$点的力$\boldsymbol{F}'$和一个力偶$M(\boldsymbol{F}, \boldsymbol{F}'')$。于是作用在$A$点的力$\boldsymbol{F}$，被一个作用在$B$点的力$\boldsymbol{F}'$和一个力偶$M(\boldsymbol{F}, \boldsymbol{F}'')$等效代替，如图2-20c所示。也就是说，可以把作用在A点的力$\boldsymbol{F}$平行移动到B点，但必须同时附加一个相应的力偶。附加力偶矩为

$$M = Fd = M_B(\boldsymbol{F})$$

证毕。

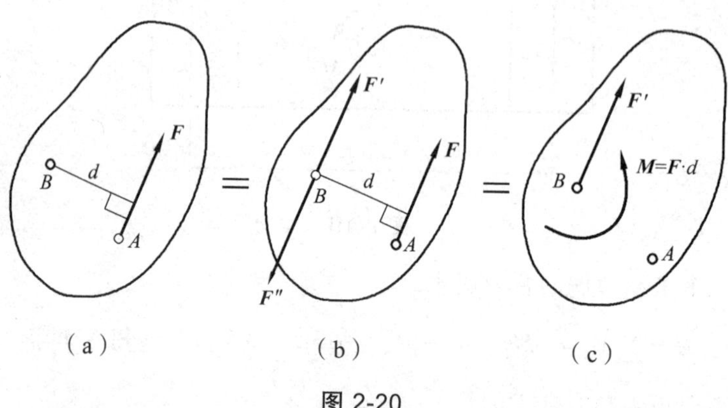

图 2-20

重要提示：

力的平移定理，也可以看成一个力分解为一个与其等值的平行力$\boldsymbol{F}'$和一个位于平移平面内的力偶M，同样，利用力的平移定理也可将一个力偶M和一个位于该力偶作用面内的力$\boldsymbol{F}$，合成为一个合力$\boldsymbol{F}_{\mathrm{R}}$。合力$F_{\mathrm{R}}$的大小和方向与力$\boldsymbol{F}$的大小方向相同，作用线距力$\boldsymbol{F}$作用线的垂直距离为

$$d = \left|\frac{M}{F}\right|$$

合力$\boldsymbol{F}_{\mathrm{R}}$的作用线的具体位置由力$\boldsymbol{F}$的方向和力偶$M$的旋向确定。力的平移定理只适用于刚体。

力的平移定理不仅是力系向一点简化的理论依据，而且常用于分析和解决工程中的力学问题。例如，用扳手和丝锥攻螺纹时，如果只用一只手在扳手的一端A加力$\boldsymbol{F}$，如图2-21a。由力的平移定理可知，这等效于在转轴O处加一与等值平行的力$\boldsymbol{F}'$和一附加力偶M，附加力偶矩的大小$= Fd = M_O(\boldsymbol{F})$，如图2-21b所示。附加力偶可以使丝锥转动，但力却使丝锥弯曲，影响攻丝精度，甚至使丝锥折断，因此这样操作是不允许的。

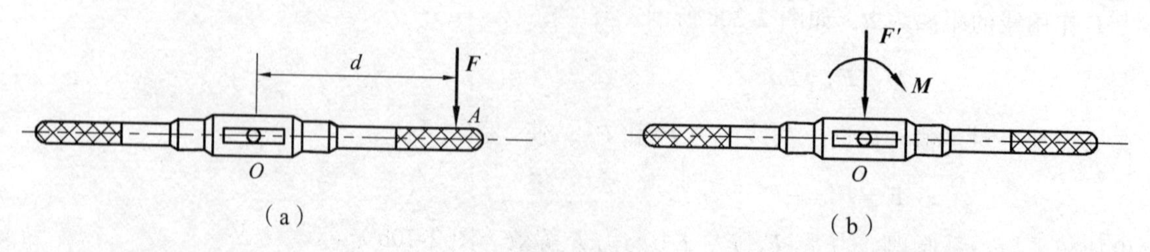

图 2-21

再例如，乒乓球比赛中的削球手打出的旋转球，球拍击球位置沿球的切线方向（作用力的方向），应用力的平移定理，将力 $\boldsymbol{F}$ 平移至球心后得到平移力 $\boldsymbol{F}'$ 和附加力偶 M，平移力 $\boldsymbol{F}'$ 使球产生移动，附加力偶 M 使球产生绕球心旋转，如图 2-22 所示。

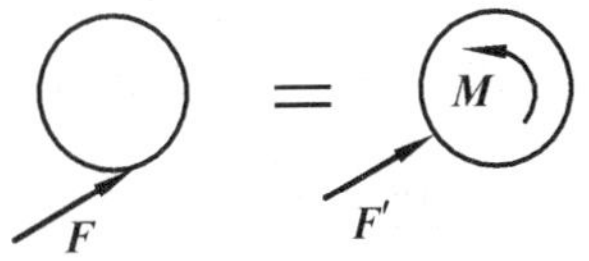

图 2-22

2.3　平面任意力系的简化

2.3.1　平面任意力系向一点简化

设在物体上作用有平面任意力系 $\boldsymbol{F}_1$, $\boldsymbol{F}_2$, …, $\boldsymbol{F}_n$，如图 2-23a 所示，力系中各力的作用点分别为 A_1, A_2, …, A_n。在平面内任取一点 O，称为简化中心。根据力的平移定理将力系中各个力的作用线平移至 O 点，这样每一个力都被分解为一个作用于 O 点的力和一个附加力偶。于是整个平面任意力系变成了两个基本力系：一个是汇交于 O 点的平面汇交力系 $\boldsymbol{F}_1'$, $\boldsymbol{F}_2'$, …, $\boldsymbol{F}_n'$，另一个是力偶矩 M_1, M_2, …, M_n 的附加力偶系，如图 2-23b 所示。

平面汇交力系中各力的大小和方向，分别与原力系中对应的力相同，即

$$\boldsymbol{F}_1'=\boldsymbol{F}_1,\ \boldsymbol{F}_2'=\boldsymbol{F}_2,\ \cdots,\ \boldsymbol{F}_n'=\boldsymbol{F}_n$$

这样得到的平面汇交力系 $\boldsymbol{F}_1'$, $\boldsymbol{F}_2'$, …, $\boldsymbol{F}_n'$，可以合成为作用于 O 点的一个力，用 $\boldsymbol{F}_{\mathrm{R}}'$ 表示，它等于原力系中各力的矢量和，即

$$\boldsymbol{F}_{\mathrm{R}}'=\boldsymbol{F}_1'+\boldsymbol{F}_2'+\cdots+\boldsymbol{F}_n'=\boldsymbol{F}_1+\boldsymbol{F}_2+\cdots+\boldsymbol{F}_n=\sum\boldsymbol{F}_i \tag{2-11}$$

矢量 $\boldsymbol{F}_{\mathrm{R}}'$ 称为原平面任意力系的主矢，如图 2-23c。一般情况下，作用于简化中心 O 点的力（主矢）不是原力系的合力。

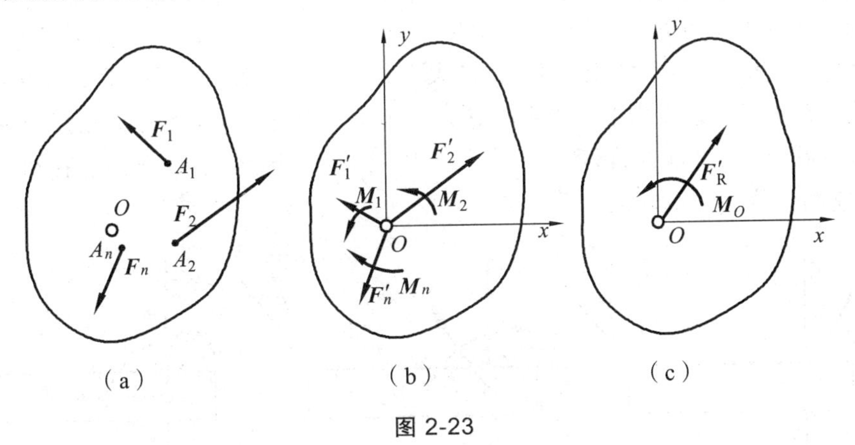

（a）　　（b）　　（c）

图 2-23

主矢的大小、方向可以采用解析法来确定。即，在平面直角坐标系 Oxy 中，如图 2-23b，有

$$\begin{aligned}F_{\mathrm{R}x}'&=F_{1x}'+\cdots+F_{2x}'+\cdots+F_{nx}'=F_{1x}+F_{2x}+\cdots+F_{nx}=\sum F_{ix}\\F_{\mathrm{R}y}'&=F_{1y}'+F_{2y}'+\cdots+F_{ny}'=F_{1y}+F_{2y}+\cdots+F_{ny}=\sum F_{iy}\end{aligned} \tag{2-12}$$

主矢的大小 $$F_R' = \sqrt{(F_{Rx}')^2 + (F_{Ry}')^2} = \sqrt{(\sum F_{ix})^2 + (\sum F_{iy})^2} \tag{2-13}$$

主矢的方向 $$\tan\alpha = \left|\frac{F_{Ry}'}{F_{Rx}'}\right| = \left|\frac{\sum F_y}{\sum F_x}\right| \tag{2-14}$$

式中，F_{Rx}'，F_{Ry}'，F_{ix}，F_{iy} 分别为主矢与各个力在 x，y 轴上的投影；夹角 $\alpha(\boldsymbol{F}_R'，x)$ 为锐角，$\boldsymbol{F}_R'$ 的指向由 $\sum F_x$ 和 $\sum F_y$ 的正负号决定。显然，**主矢 $\boldsymbol{F}_R'$ 与简化中心的位置选择无关。**

所得到的附加力偶系 M_1，M_2，…，M_n 可以合成为一个同平面的合力偶，这个合力偶之矩用 M_O 表示，它等于原力系中各力对 O 点之矩的代数和，即

$$M_O = M_1 + M_2 + \cdots + M_n = M_O(F_1) + M_O(F_2) + \cdots + M_O(F_n) = \sum M_O(F_i) \tag{2-15}$$

式（2-15）中合力偶矩 M_O 称为原平面任意力系对简化中心 O 点的主力偶矩，简称主矩。显然，如果选取不同的点为简化中心，由于各力到简化中心的距离（力臂）发生改变，各力对简化中心之矩也将随之改变，所以，一般情况下，**主矩与简化中心的位置选择有关。**

综上所述，可得如下结论：在一般情况下，**平面任意力系向作用面内一点 O 简化，可以得到一个力 $\boldsymbol{F}_R'$（主矢）和一个力偶 M_O（主矩）。这个主矢等于原力系各力的矢量和（大小、方向可采用解析法来确定）；这个主矩等于原力系各力对简化中心 O 力矩的代数和。**主矢 $\boldsymbol{F}_R'$ 体现了原力系对刚体的移动效应；主矩 M_O 体现原力系对刚体绕简化中心的转动效应。

需要指出的是，力系向一点简化的方法，是适用于任何复杂力系的普遍方法，也是分析力系对物体作用效果的一种重要的手段。

例如，试分析固定端约束的约束反力。

固定端约束在平面问题上限制了物体可能存在的三种运动，即两个相互垂直方向的平移运动和转动。由于固定端处物体的结构、受力都不清楚，固定端对物体的作用，可以认为是在接触面上作用了一群大小、方向都不相同的较复杂的约束反力，如图 2-24a 所示，当主动力为一平面力系时，这些约束反力也一定是平面力系。应用力系简化理论，将该力系向 A 点简化可得到一个约束反力 $\boldsymbol{F}_{RA}$（约束反力主矢）和一个约束反力偶 M_A（约束反力主矩），如图 2-24b 所示。一般情况下，约束反力 $\boldsymbol{F}_{RA}$ 的大小和方向均未知，可用两垂直分力 $\boldsymbol{F}_{Ax}$，$\boldsymbol{F}_{Ay}$ 来代替。因此，在平面力系作用下，固定端 A 处的约束反力可简化为两个约束反力 $\boldsymbol{F}_{Ax}$、$\boldsymbol{F}_{Ay}$ 和一个约束反力偶 M_A，如图 2-24c 所示。约束反力 $\boldsymbol{F}_{Ax}$、$\boldsymbol{F}_{Ay}$ 限制物体上下左右移动，约束反力偶 M_A 则限制物体绕 A 点的转动。

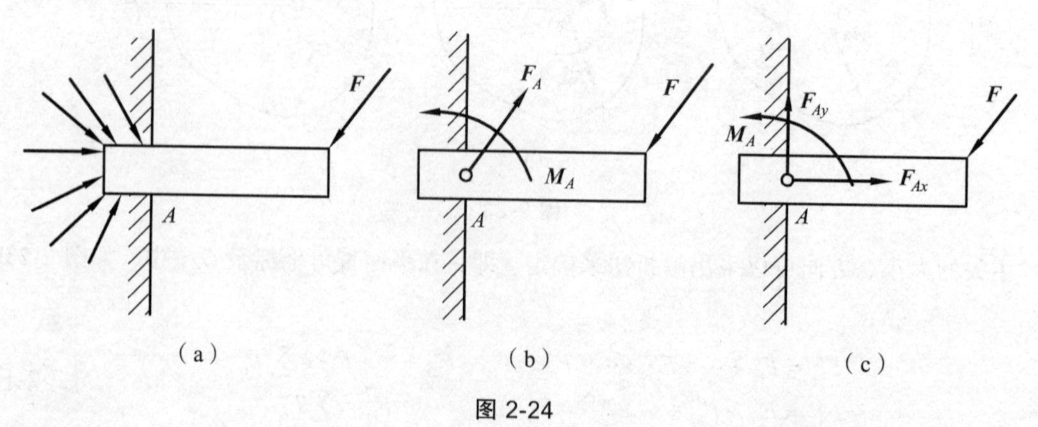

图 2-24

2.3.2　平面任意力系简化结果分析

平面任意力系向一点简化后，一般得到一个力 $\boldsymbol{F}_{\mathrm{R}}'$（主矢）和一个力偶 M_O（主矩）。根据主矢与主矩是否存在，其简化结果可能有下列四种情况：

1. 主矢和主矩都不等于零（$\boldsymbol{F}_{\mathrm{R}}' \neq 0$, $M_O \neq 0$，一般情况）

应用力的平移定理的逆定理，进一步将主矢 $\boldsymbol{F}_{\mathrm{R}}'$ 与主矩 M_O 合成为一个合力 $\boldsymbol{F}_{\mathrm{R}}$，合成过程如图 2-25 所示，主矢 $\boldsymbol{F}_{\mathrm{R}}'$ 与主矩 M_O 的关系为

$$M_O = \pm F_{\mathrm{R}}' d = \pm F_{\mathrm{R}} d$$

图 2-25c 中的 $\boldsymbol{F}_{\mathrm{R}}$ 就是原力系最后的合力，合力 $\boldsymbol{F}_{\mathrm{R}}$ 的大小、方向与原力系的主矢 $\boldsymbol{F}_{\mathrm{R}}'$ 相同，合力的作用线与简化中心 O 的垂直距离为

$$d = \frac{|M_O|}{F_{\mathrm{R}}'} \tag{2-16}$$

至于合力的作用线在 O 点的哪一侧，则需根据主矢的方向和主矩的转向来确定。

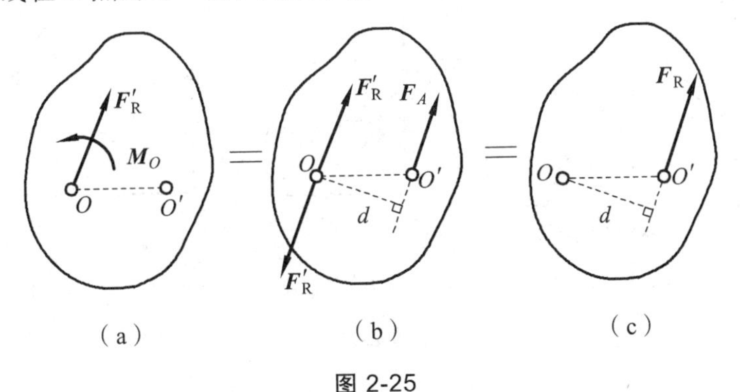

图 2-25

由式（2-15）我们知道，主矩 $M_O = \sum M_O(\boldsymbol{F}_i)$，而又有主矩 $M_O = \pm F_{\mathrm{R}}' \cdot d = \pm F_{\mathrm{R}} \cdot d = M_O(\boldsymbol{F}_{\mathrm{R}})$，所以

$$M_O = M_O(\boldsymbol{F}_{\mathrm{R}}) = \sum M_O(\boldsymbol{F}_i) \tag{2-17}$$

由于简化中心 O 是任意选取的，由式（2-17）可得如下结论：**平面任意力系的合力对平面内任意点的力矩，等于力系中各力对同一点之矩的代数和**。这就是平面任意力系的**合力矩定理**。

2. 主矢不等于零，主矩等于零 ($\boldsymbol{F}_{\mathrm{R}}' \neq 0$, $M_O = 0$)

此时附加力偶系平衡，只有一个与原力系等效的力 $\boldsymbol{F}_{\mathrm{R}}'$。显然，$\boldsymbol{F}_{\mathrm{R}}'$ 就是原力系的合力，而简化中心 O 恰好选取在了原力系合力的作用线上，或原力系为一平面汇交力系。

3. 主矢等于零，主矩不等于零 ($\boldsymbol{F}_{\mathrm{R}}' = 0$, $M_O \neq 0$)

此时作用于简化中心 O 的力 $\boldsymbol{F}_1'$, $\boldsymbol{F}_2'$, …, $\boldsymbol{F}_n'$ 相互平衡，但是，附加的力偶系并不平衡，可合成为一个力偶，即与原力系等效的合力偶（主矩），所以，原力系合成结果为一个力偶（主矩），此时，主矩与简化中心的位置选择无关。

4. 主矢和主矩都等于零（$F'_R = 0,\ M_O = 0$）

物体在原力系作用下处于平衡状态，既不转动，也不移动，原力系为一平衡力系。我们将在下一节详细讨论这种情况。

小疑问：

平面力系的合力 F_R 与主矢量 F'_R 的区别？

平面力系的合力 F_R 与主矢量 F'_R 虽然大小和方向相同，但作用位置不同，主矢量 F'_R 作用在简化中心，合力 F_R 作用在简化中心以外，离简化中心的距离为 $d = \dfrac{|M_O|}{F'_R}$。

例 2-6 铆接薄钢板的铆钉 A、B、C 上分别受到力 F_1、F_2、F_3 的作用，如图 2-26 所示。已知 $F_1 = 200$ N，$F_2 = 150$ N，$F_3 = 100$ N。图上尺寸单位为米。求这三个力的合成结果。

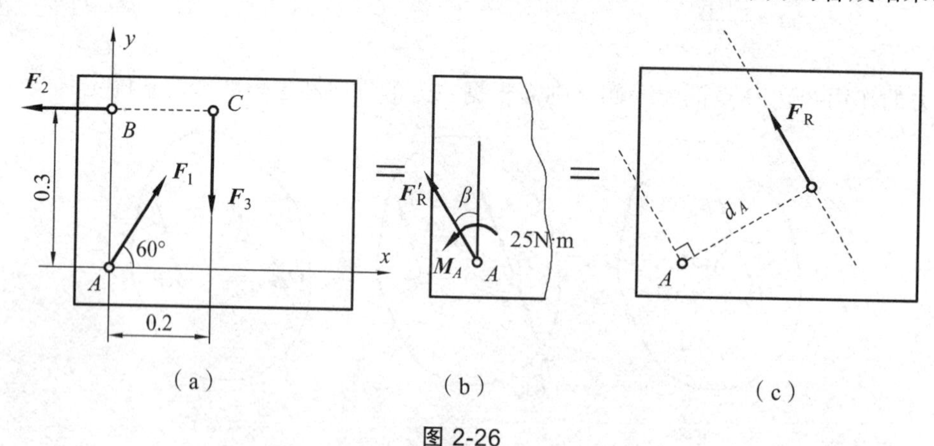

图 2-26

解 （1）将力系向 A 点简化，其主矢为 F'_R，主矩为 M_A。

主矢 F'_R 在 x、y 轴上的投影为

$$F'_{Rx} = \sum F_x = F_1\cos 60° - F_2 = 200\ \text{N}\times\cos 60° - 150\ \text{N} = -50\ \text{N}$$
$$F'_{Ry} = \sum F_y = F_1\sin 60° - F_3 = 200\ \text{N}\times\sin 60° - 100\ \text{N} = 73.21\ \text{N}$$

主矢大小 $\quad F'_R = \sqrt{(F'_{Rx})^2 + (F'_{Ry})^2} = \sqrt{(-50\ \text{N})^2 + (73.21\ \text{N})^2} = 88.65\ \text{N}$

主矢方向 $\quad \tan\alpha = \left|\dfrac{F'_{Ry}}{F'_{Rx}}\right| = \left|\dfrac{73.21\ \text{N}}{-50\ \text{N}}\right| = 1.464 \qquad \alpha = 55.66°,\ \beta = 34.34°$

主矩 $\quad M_A = \sum M_A(F) = 0.3F_2 - 0.2F_3 = 25\ \text{N}\cdot\text{m}$

（2）因为 $F'_R \neq 0,\ M_A \neq 0$，所以原力系还可以进一步简化为一个合力 F_R，其大小与方向和主矢 F'_R 相同，即 $F'_R = F_R$。

合力的作用线位置到 A 点的垂直距离为

$$d_A = \frac{|M_A|}{F'_R} = \frac{25\ \text{N}\cdot\text{m}}{88.65\ \text{N}} = 0.282\ \text{m}$$

因为 M_A 为逆时针，故最终合力的作用线在 A 点的右边，如图 2-26c 所示。

例 2-7　胶带运输机传动滚筒的半径 $R=0.325$ m，由驱动装置传来的力偶矩 $M=4.65$ kN·m，紧边皮带张力 $F_{T1}=19$ kN，松边皮带张力 $F_{T2}=4.7$ kN，皮带包角为 210°，如图 2-27a 所示。试将此力系向点 O 简化。

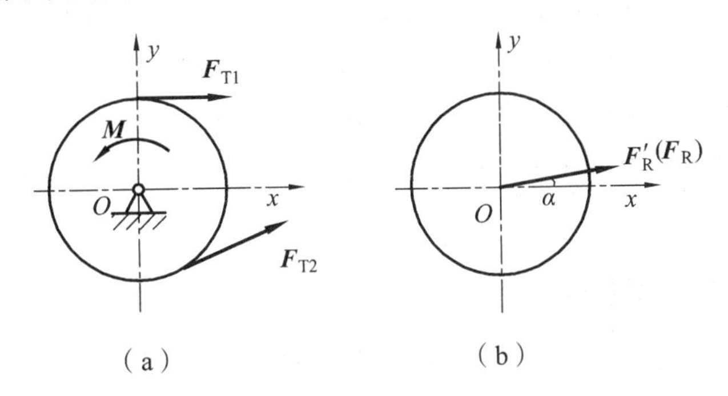

图 2-27

解　将力系向 O 点简化。

（1）求主矢。主矢 $\boldsymbol{F}'_R$ 在 x、y 轴上的投影为

$$F'_{Rx}=\sum F_x=F_{T1}+F_{T2}\times\cos 30°=19\text{ kN}+4.7\text{ kN}\times\cos 30°=23.07\text{ kN}$$

$$F'_{Ry}=\sum F_y=F_{T2}\cdot\sin 30°=4.7\text{ kN}\times\sin 30°=2.35\text{ kN}$$

主矢大小　$F'_R=\sqrt{(\sum F_x)^2+(\sum F_y)^2}=\sqrt{(23.07\text{ kN})^2+(2.35\text{ kN})^2}=23.1\text{ kN}$

主矢方向　$\tan\alpha=\left|\dfrac{\sum F_y}{\sum F_x}\right|=\left|\dfrac{2.35\text{ kN}}{23.07\text{ kN}}\right|=0.102\qquad \alpha=5°49'$

（2）求主矩。

$$M_O=\sum M_O(\boldsymbol{F})=M-F_{T1}\cdot R+F_{T2}\cdot R=4.65\text{ kN}\cdot\text{m}-19\text{ kN}\times 0.325\text{ m}+4.7\text{ kN}\times 0.325\text{ m}=0$$

由于主矩为零，故力系的合力 $\boldsymbol{F}_R$ 即等于主矢，且合力的作用线通过简化中心 O，如图 2-27b 所示。

2.4　平面力系的平衡方程及其应用

2.4.1　平面力系的平衡条件与平衡方程

平面任意力系平衡的充分与必要条件是：力系的主矢和力系对任意点的主矩都等于零。即

$$\boldsymbol{F}'_R=0,\ M_O=0 \tag{2-18}$$

由式（2-13）、（2-15）可知：$\boldsymbol{F}'_R=0$，必有 $F'_{Rx}=\sum F_{ix}=0$，$F'_{Rx}=\sum F_{ix}=0$；$M_O=0$，必有 $M_O=\sum M_O(\boldsymbol{F}_i)=0$，即平衡条件的解析式为

$$\left.\begin{aligned}\sum F_{ix}=0\\ \sum F_{iy}=0\\ \sum M_O(\boldsymbol{F}_i)=0\end{aligned}\right\}\quad(2\text{-}19)$$

式（2-19）称为平面任意力系平衡方程的**基本形式**。前两式表示力系中各力在作用面内任选的两个不相平行的坐标轴上投影的代数和等于零，称为**投影式**；第三式表示力系中各力对其作用面内任意点之矩的代数和等于零，称为**力矩式**。前者说明力系对刚体无任何方向的移动效应；后者说明力系对刚体无绕任一点的转动效应。

式（2-19）共有 3 个独立的平衡方程，可求出 3 个未知量。

2.4.2 平面力系平衡方程的应用

例 2-8 简易起重机的水平梁 AB，A 端以铰链固定，B 端用拉杆 BC 拉住，如图 2-28a 所示。水平梁 AB 自重 $G=4\ \text{kN}$，载荷 $F_P=10\ \text{kN}$，尺寸单位为米，BC 杆自重不计，求拉杆 BC 所受的拉力和铰链 A 的约束反力。

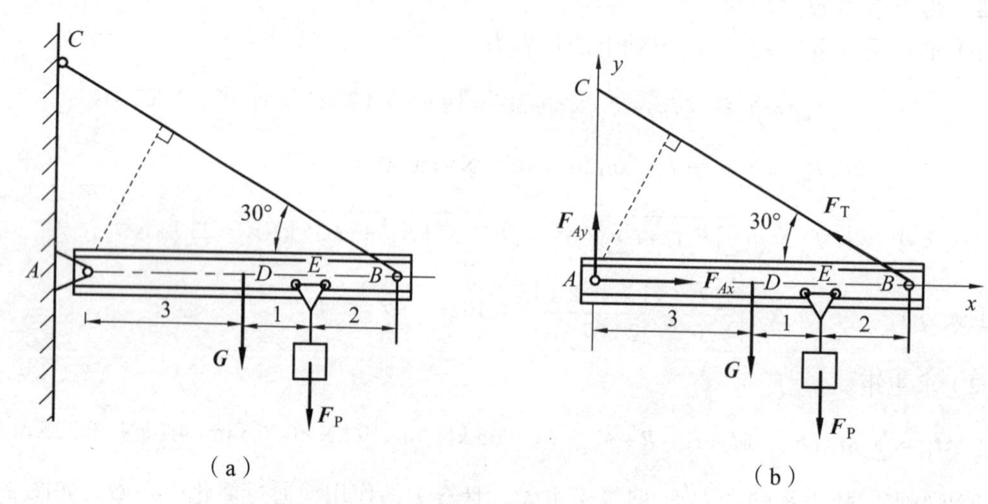

图 2-28

解 （1）选取梁 AB（包括重物）为研究对象，画其受力图。梁 AB 除受到主动力 $\boldsymbol{G}$、$\boldsymbol{F}_P$ 作用外，还有未知约束反力，包括拉杆的拉力 $\boldsymbol{F}_T$ 和铰链 A 的约束反力 $\boldsymbol{F}_{Ax}$、$\boldsymbol{F}_{Ay}$。因杆 BC 为二力杆，故拉力 $\boldsymbol{F}_T$ 沿 BC 中心线方向。这些力的作用线可近似认为分布在同一平面内,如图 2-28b 所示。

（2）选取坐标系 Axy，矩心为 A 点，如图 2-28b 所示。

（3）各个力向 x，y 轴投影，并对 A 点取力矩建立平衡方程。

$$\sum F_{ix}=0 \qquad F_{Ax}-F_T\cos 30°=0 \qquad ①$$

$$\sum F_{iy}=0 \qquad F_{Ay}+F_T\sin 30°-G-F_P=0 \qquad ②$$

$$\sum M_A(\boldsymbol{F}_i)=0 \qquad F_T\cdot AB\cdot\sin 30°-G\cdot AD-F_P\cdot AE=0 \qquad ③$$

将已知量代入③式得

$$F_{\mathrm{T}} = 17.3\ \mathrm{kN}$$

将 F_{T} 代入①、②式得

$$F_{Ax} = 15.0\ \mathrm{kN}$$
$$F_{Ay} = 5.34\ \mathrm{kN}$$

计算结果 $\boldsymbol{F}_{Ax}$、$\boldsymbol{F}_{Ay}$ 和 $\boldsymbol{F}_{\mathrm{T}}$ 皆为正值，表明这些力的实际指向与图 2-28 所示假设的指向相同。

讨论： 计算结果正确与否，可任意列一个上边未用过的平衡方程进行校核。

例如：选取 D 点为矩心，因

$$\sum M_D(\boldsymbol{F}) = -F_{Ay}AD - F_{\mathrm{P}}DE + F_{\mathrm{T}}\sin 30^\circ DB$$
$$= -5.34\ \mathrm{kN}\times 3\ \mathrm{m} - 10\ \mathrm{kN}\times 1\ \mathrm{m} + 17.3\ \mathrm{kN}\times 0.5\times 3\ \mathrm{m} = 0$$

故原计算结果正确。

例 2-9　加料小车内钢索牵引沿倾角为 α 的轨道等速上升，如图 2-29a 所示，C 为小车的重心。已知小车重量 G 和尺寸 a、b、h、e 和倾角 α。若不计小车和斜面的摩擦，试求钢索拉力 $\boldsymbol{F}_{\mathrm{T}}$ 和轨道作用于小车的约束反力。

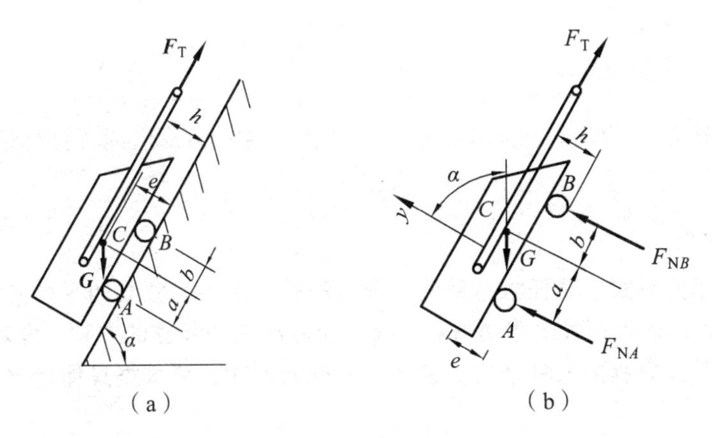

图 2-29

解　(1) 取小车为研究对象，画受力图（图 2-29b）。

(2) 本题有 2 个未知力 $\boldsymbol{F}_{\mathrm{N}A}$、$\boldsymbol{F}_{\mathrm{N}B}$ 相互平行，故取 x 轴与轨道平行，y 轴垂直于轨道。列平衡方程求解

$$\sum F_{ix} = 0 \qquad F_{\mathrm{T}} - G\sin\alpha = 0$$

得
$$F_{\mathrm{T}} = G\sin\alpha$$
$$\sum M_A(\boldsymbol{F}_i) = 0 \qquad F_{\mathrm{N}B}(a+b) - F_{\mathrm{T}}\cdot h + G\sin\alpha\cdot e - G\cos\alpha\cdot a = 0$$

得
$$F_{\mathrm{N}B} = \frac{G[a\cos\alpha + (h-e)\sin\alpha]}{a+b}$$
$$\sum F_{iy} = 0 \qquad F_{\mathrm{N}A} + F_{\mathrm{N}B} - G\cos\alpha = 0$$

得
$$F_{\mathrm{N}A} = G\cos\alpha - \frac{G[a\cos\alpha + (h-e)\sin\alpha]}{a+b}$$

平面任意力系的平衡方程还有下列两种形式：

（1）二矩式：

$$\left.\begin{aligned}\sum M_A(\boldsymbol{F}_i)=0\\ \sum M_B(\boldsymbol{F}_i)=0\\ \sum F_{ix}=0\end{aligned}\right\}\tag{2-20}$$

使用条件：**投影轴 x 不能与矩心 A、B 两点的连线相垂直。**

这是因为平面任意力系满足 $\sum M_A(\boldsymbol{F}_i)=0$，则表明该力系不可能简化为一力偶，只可能是作用线通过 A 点的一合力或平衡。若力系又满足 $\sum M_B(\boldsymbol{F}_i)=0$，同理可以断定，该力系简化结果只可能为一作用线通过 A、B 两点的一个合力（图 2-30）或平衡。如果力系又满足 $\sum F_{iy}=0$，而投影轴 x 不垂直于 AB 连线，显然力系不可能有合力，因此，力系必为平衡力系。

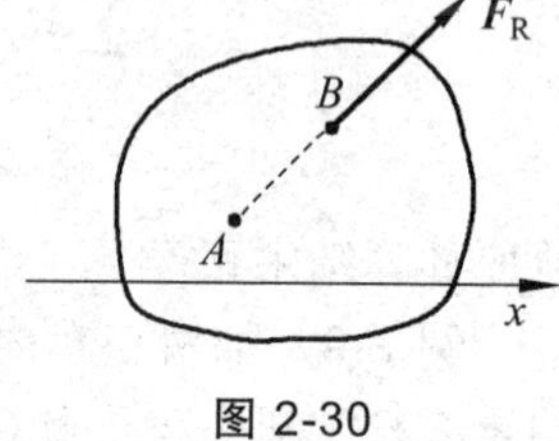

图 2-30

（2）三矩式：

$$\left.\begin{aligned}\sum M_A(\boldsymbol{F}_i)=0\\ \sum M_B(\boldsymbol{F}_i)=0\\ \sum M_C(\boldsymbol{F}_i)=0\end{aligned}\right\}\tag{2-21}$$

使用条件：**矩心 A、B、C 三点不能在一直线上。**这一结论请读者自行论证。

小疑问：

从以上三种不同形式平面任意力系的平衡方程看，是不是独立的平衡方程个数增加了？

不是！无论采用何种形式的平衡方程，都只能写出三个独立的方程，可求解三个未知量。上述只是提供了平衡方程的三种形式，在解决实际问题时，可根据具体情况选择其中某一种形式。

重要提示：

应用平衡方程求解物体在平面力系作用下平衡问题的步骤：

① 确定研究对象，画其受力图，判断平面力系的类型。

注意：一般应选取有已知力和未知力同时作用的物体为研究对象。

② 选取坐标轴和矩心位置。

由于坐标轴和矩心的选择是任意的，在选择时应遵循以下原则：

a. 坐标轴应与力系中各个力的夹角尽可能简单，最好能与未知力垂直或平行；

b. 矩心应选在有较多未知力或受力复杂的汇交点处。

③ 将各个力向两坐标轴投影，对矩心取力矩建立平衡方程求解。

④ 校核。

可选取一个不独立的平衡方程，对某一个解答作重复运算，以校核解的正确性。

2.4.3　平面特殊力系的平衡方程

1. 平面汇交力系的平衡方程

如图 2-31a 所示。显然 $M_O=\sum M_O(\boldsymbol{F}_i)=0$，则其平衡的独立方程为

$$\begin{cases}\sum F_x=0\\ \sum F_y=0\end{cases} \tag{2-22}$$

由此可见，平面汇交力系只有两个独立的平衡方程，故只能求解两个未知量。

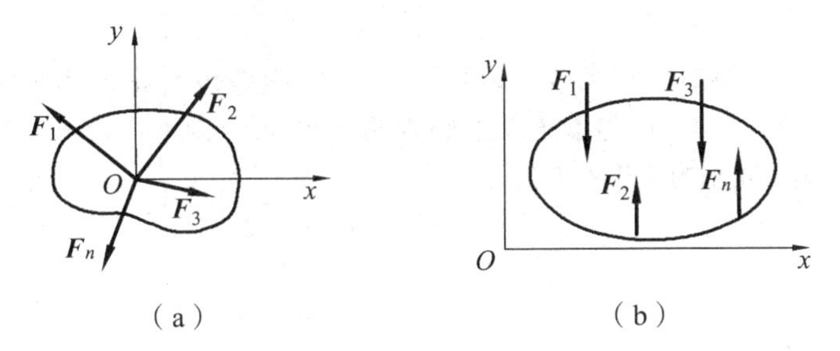

图 2-31

2. 平面平行力系的平衡方程

各个力的作用线处在同一平面内且相互平行，这种力系称为**平面平行力系**，如图 2-31b 所示。例如图 2-32 所示车轮轴的受力情况就是平面平行力系实例。

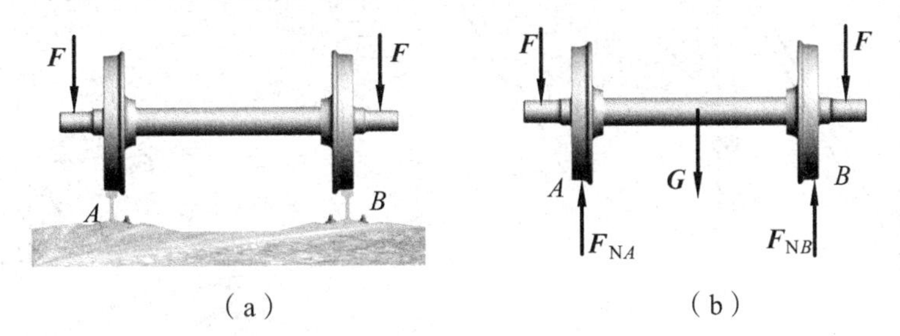

图 2-32

若平面平行力系平衡，则同样可以建立平衡方程式（2-19）。

如图 2-31b 所示，若取 x 轴与各力的作用线垂直，则不论平行力系是否平衡。各力在 x 轴上的投影均为零，即 $\sum F_{ix}=0$ 是恒等式。因此平面平行力系独立的平衡方程为

$$\left.\begin{array}{l}\sum F_{iy}=0\\ \sum M_O(\boldsymbol{F}_i)=0\end{array}\right\} \tag{2-23}$$

式（2-23）为平面平行力系平衡方程的基本形式，亦可表示为**二矩式**，即

$$\left.\begin{array}{l}\sum M_A(\boldsymbol{F}_i)=0\\ \sum M_B(\boldsymbol{F}_i)=0\end{array}\right\} \tag{2-24}$$

使用条件：**矩心 A、B 两点的连线不能与各力的作用线平行。**

平面平行力系只有两个独立的平衡方程。因此只能求解两个未知量。

在平行力系中，若力在一定范围内连续分布于物体上，则称为**分布载荷**。分布载荷的大小用**载荷集度** q（**表示载荷在单位作用长度上的大小**）来表示。若力在一定范围内连续均匀分布于物体上，则称之为**均布载荷**，即 q = **常数**。载荷集度的单位是牛每米（N/m）或千牛每米（kN/m）。如图 2-33 所示为沿杆件轴线均匀、连续分布的载荷，在进行受力分析计算时常将均布载荷简化为一个集中力 $\boldsymbol{F}$，其大小为 $F=ql$（l 为载荷作用的长度），作用线通过作用长度的中点，如图 2-33 所示。

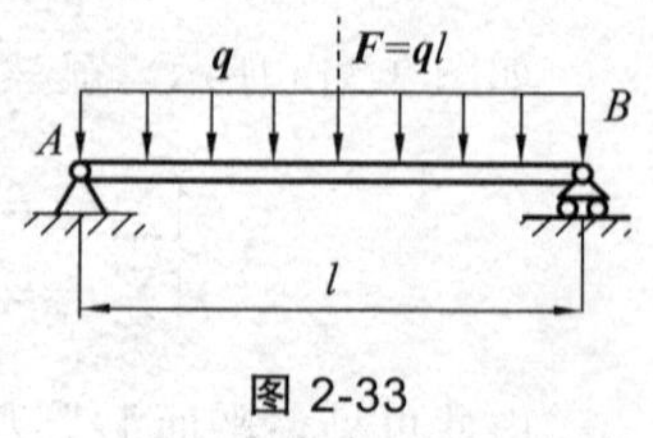

图 2-33

例 2-10　如图 2-34 所示，物重 $G=20$ kN，用钢丝绳经过滑轮 B 再缠绕在绞车 D 上。杆 AB 与 BC 铰接，并以铰链 A、C 与墙连接。设两杆和滑轮的自重不计，并略去摩擦和滑轮的尺寸，求平衡时杆 AB 和 BC 所受的力。

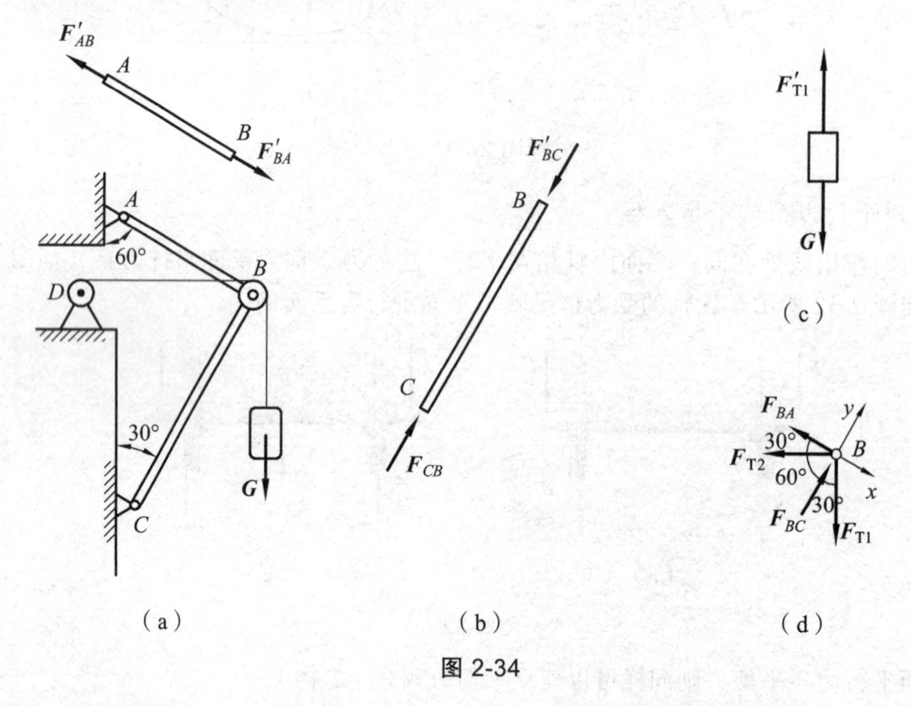

图 2-34

解　（1）由于滑轮 B 上作用着已知力和未知力，故取滑轮 B 为研究对象，画其受力图。滑轮受钢丝绳拉力 $\boldsymbol{F}_{T1}$ 与 $\boldsymbol{F}_{T2}$ 作用，且 $F_{T1}=F_{T2}=G$。滑轮同时还受到二力杆 AB 与 BC 的约束反力 $\boldsymbol{F}_{BA}$ 和 $\boldsymbol{F}_{BC}$ 作用，滑轮在四个力作用下处于平衡，由于滑轮尺寸不计，这些力可看作平衡的平面汇交力系，滑轮 B 的受力图如图 2-34d 所示。

（2）由于两未知力 $\boldsymbol{F}_{BA}$ 和 $\boldsymbol{F}_{BC}$ 相互垂直，故选取坐标轴 x，y，如图 2-34d 所示。

（3）列平衡方程并求解。

$$\sum F_{ix}=0 \qquad -F_{BA}+F_{T1}\cos 60°-F_{T2}\cos 30°=0$$

$$\sum F_{iy}=0 \qquad F_{BC}-F_{T1}\cos 30°-F_{T2}\cos 60°=0$$

$$F_{BA}=F_{T1}\frac{1}{2}-F_{T2}\frac{\sqrt{3}}{2}=\frac{1}{2}G-\frac{\sqrt{3}}{2}G=-7.32\ \text{kN}$$

$$F_{BC}=F_{T1}\frac{\sqrt{3}}{2}+F_{T2}\frac{1}{2}=\frac{\sqrt{3}}{2}G+\frac{1}{2}G=27.32\ \text{kN}$$

$\boldsymbol{F}_{AB}$ 为负值，表示此力的实际指向与图 2-34d 所示指向相反，即 AB 杆受压力。

例 2-11　在水平双伸梁上作用有集中载荷 $\boldsymbol{F}_P$、力偶矩为 M 的力偶和集度为 q 的均布载荷，如图 2-35a 所示。$F_P=20\ \text{kN}$，$M=16\ \text{kN}\cdot\text{m}$，$q=20\ \text{kN/m}$，$a=0.8\ \text{m}$。求支座 A、B 的约束反力。

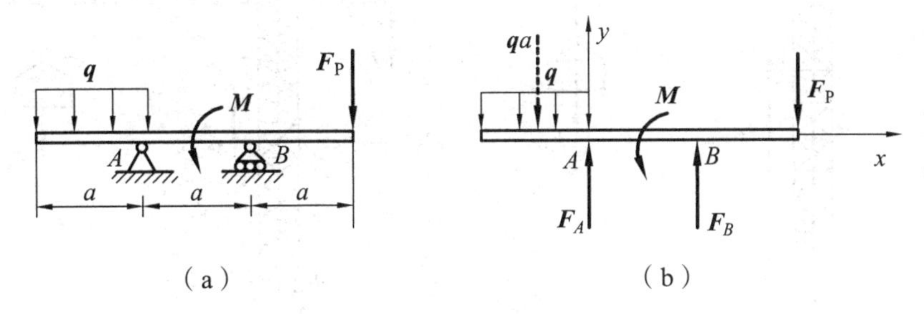

图 2-35

解　（1）取 AB 梁为研究对象，画受力图。作用于梁上的主动力有集中力 $\boldsymbol{F}_P$、力偶矩为 M 的力偶和均布载荷 q，均布载荷可以合成为一个力，其大小为 $qa=20\times0.8=16\ \text{kN}$，方向与均布载荷相同，作用于分布长度的中点，$B$ 支座反力 $\boldsymbol{F}_B$ 铅垂向上；因以上各力（力偶）均无水平分力，故 A 支座反力 $\boldsymbol{F}_A$ 必定沿铅垂方向。这些力组成一平衡的平面平行力系，如图 2-35b 所示。

（2）选取坐标系 Axy，矩心为 A，如图 2-35b 所示。

（3）列平衡方程如下：

$$\sum M_A(\boldsymbol{F}_i)=0 \qquad F_Ba+\frac{qaa}{2}+M-F_P2a=0 \qquad ①$$

$$\sum F_y=0 \qquad F_A+F_B-qa-F_P=0 \qquad ②$$

解方程①、②得

$$F_B=-\frac{qa}{2}-\frac{M}{a}+2F_P=-\frac{20\ \text{kN/m}\times0.8\ \text{m}}{2}-\frac{16\ \text{kN}\cdot\text{m}}{0.8\ \text{m}}+2\times20\ \text{kN}=12\ \text{kN}$$

$$F_A=F_P+qa-F_B=20\ \text{kN}+20\ \text{kN/m}\times0.8\ \text{m}-12\ \text{kN}=24\ \text{kN}$$

讨论：请读者思考一下，用平衡方程（2-22）求解有何特点。

例 2-12　塔式起重机如图 2-36a 所示，机身重 $G=100\ \text{kN}$，其重心 C 与右轨 B 的距离为 $b=0.6\ \text{m}$；最大起重量 $F_P=36\ \text{kN}$，与右轨 B 的距离为 $l=10\ \text{m}$；起重机上平衡铁重 $\boldsymbol{F}_{P1}$，其重心 O 与左轨 A 的距离为 $e=4\ \text{m}$；轨距 $a=3\ \text{m}$。欲使起重机满载时不向右翻倒，空载时不向左翻倒，求相应的平衡重 $\boldsymbol{F}_{P1}$ 值的大小。

解　（1）取整个起重机为研究对象，画受力图，如图 2-36b 所示。起重机上作用有主动力$\boldsymbol{G}$、$\boldsymbol{F}_{P}$、$\boldsymbol{F}_{P1}$，约束反力$\boldsymbol{F}_{NA}$、$\boldsymbol{F}_{NB}$，它们组成一平面平行力系。

（2）选坐标轴、矩心。

本题所要考虑的是满载时不向右翻倒，空载时不向左翻倒的两种临界平衡状态，应分别考虑。① 满载时（$F_{P}=36\ \mathrm{kN}$），起重机处于将要向右翻倒而未翻倒的临界状态，此时，$F_{P1}=F_{P1\min}$，$F_{NA}=0$，选取B点为矩心，如图2-36c所示。② 空载时（$F_{P}=0$），起重机处于将要向左翻倒而未翻倒的临界状态，此时，$F_{P1}=F_{P1\max}$，$F_{NB}=0$，选取A点为矩心，如图2-36d所示。

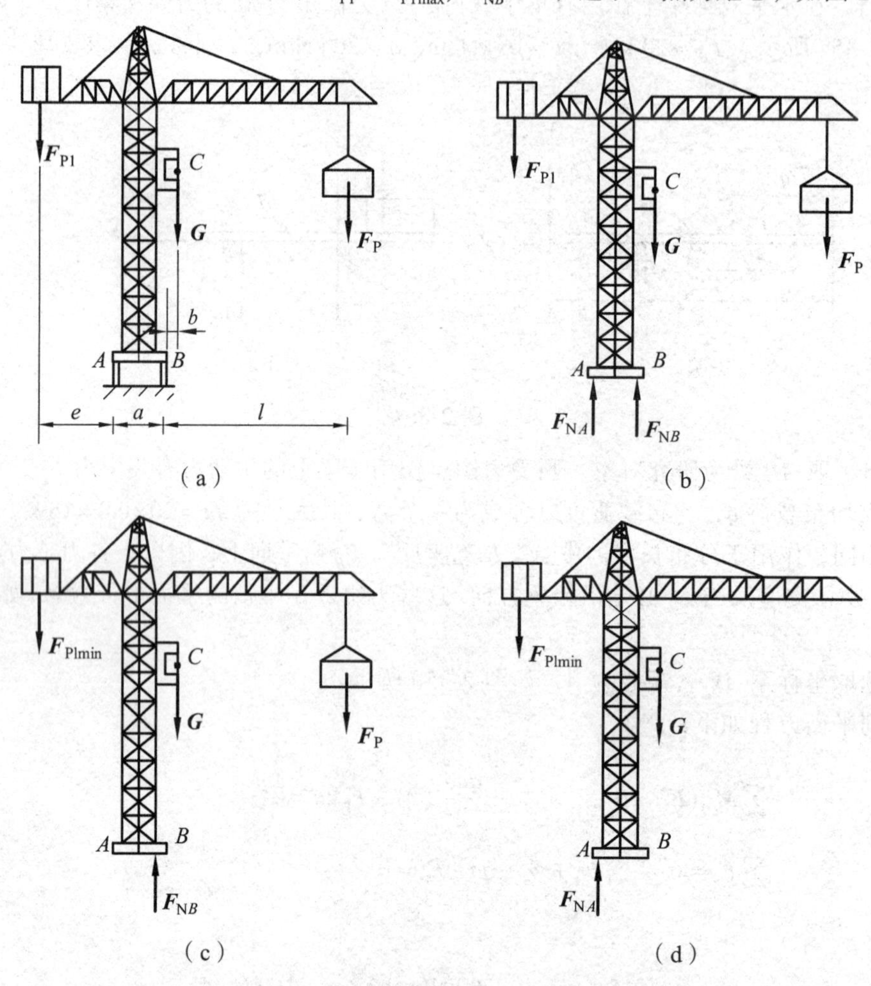

图2-36

（3）各个力分别对A、B两点取矩建立平衡方程求解。

空载时　　$\sum M_{A}(\boldsymbol{F}_{i})=0$　　$F_{P1\max}e-G(a+b)=0$

得　　$F_{P1\max}=\dfrac{G(a+b)}{e}=\dfrac{100\ \mathrm{kN}\times(3\ \mathrm{m}+0.6\ \mathrm{m})}{4\ \mathrm{m}}=90\ \mathrm{kN}$

满载时　　$\sum M_{B}(\boldsymbol{F}_{i})=0$　　$F_{P1\min}(e+a)-Gb-F_{P}l=0$

得　　$F_{P1\min}=\dfrac{Gb+F_{P}l}{e+a}=\dfrac{100\ \mathrm{kN}\times0.6\ \mathrm{m}+36\ \mathrm{kN}\times10\ \mathrm{m}}{4\ \mathrm{m}+3\ \mathrm{m}}=60\ \mathrm{kN}$

为了保证起重机正常工作，平衡重的范围值为：$60\ \mathrm{kN}<F_{P1}<90\ \mathrm{kN}$。

2.5　物体系统的平衡

2.5.1　静定和静不定问题

前面讨论了几种平面力系的简化和平衡问题。从讨论中可以看出，每一种力系独立的平衡方程数目都是一定的：平面任意力系有三个，平面汇交力系和平面平行力系各只有两个。因此，对每一种平面力系的平衡问题来说，能求解的未知量数目不得超过该力系独立的平衡方程的数目。在刚体静力分析中，**若未知量的数目少于或等于独立的平衡方程的数目，**则全部未知量都可以由平衡方程求出，这样的问题称为**静定问题**。显然，前面的例题都是静定问题。但是在工程实际中，有时为了提高构件与结构的刚度和坚固性，常常采用增加约束的办法，因而使这些构件的**未知量的数目多于独立平衡方程的数目，**这时未知量就不能全部由平衡方程求出，这样的问题称为**静不定问题或超静定问题**。未知量的数目与独立平衡方程的数目之差称为静不定次数或超静定次数。图 2-37a 表示由两根绳子悬挂一重物，物重为 G，未知约束反力有 F_{TA}、F_{TB} 两个，由于重物是受平面汇交力系作用，有两个独立的平衡方程，因此是静定的。如果用三根绳子悬挂重物，如图 2-37b 所示。则未知约束反力为 F_{TA}、F_{TB} 和 F_{TC} 三个，而独立平衡方程只有两个，因此是一次静不定问题。如图 2-38a 所示一悬臂梁 AB 共有三个未知约束反力 F_{Ax}、F_{Ay}、M_A，AB 梁受到一平面任意力系作用，有三个独立的平衡方程，因此是静定的。如果在 B 端增加一个活动铰链支座如图 2-38b 所示，则梁上有四个未知约束反力 F_{Ax}、F_{Ay}、M_A、F_{By}，而独立的平衡方程仍然只有三个，因此是一次静不定问题。

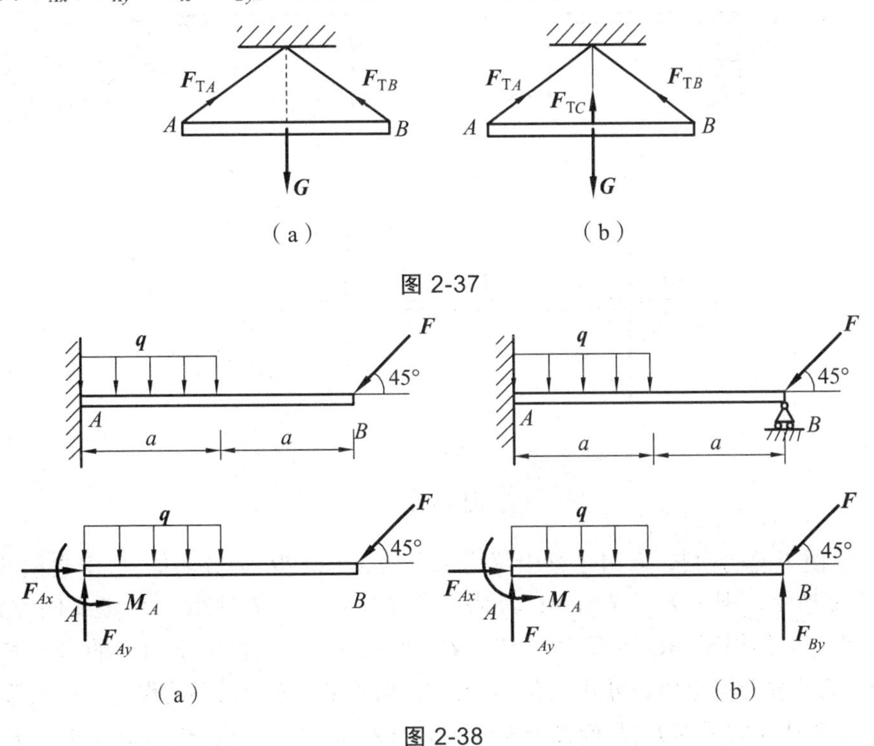

图 2-37

图 2-38

静不定问题仅用静力平衡方程是不能解决的，需要补充方程才能求解全部约束反力，解此类问题的原理和方法将在本书的第 2 篇材料力学中介绍。

2.5.2 物体系统的平衡问题

前面我们研究了单个物体的平衡问题，但在工程实际中常需要研究由几个物体组成的系统的平衡问题。当整个物体系统处于平衡状态时，组成该系统的每一物体也处于平衡状态。因此，解决物体系统平衡问题的基本途径是：**分别考察每一物体的受力情况，先从静定物体入手建立相应的平衡方程，然后再建立与之相连物体的平衡方程联立求解**。有时，考察整个系统的平衡条件，也能解出某些未知量。

下面举例来说明物体系统平衡问题的解法：

例 2-13 如图 2-39a 所示的组合梁由梁 AB 和 BC 用中间铰 B 连接而成，支承和载荷情况如图所示。已知：$F = 20\ \text{kN}$，$q = 5\ \text{kN/m}$，$\alpha = 45^\circ$。试求支座 A、C 的约束反力。

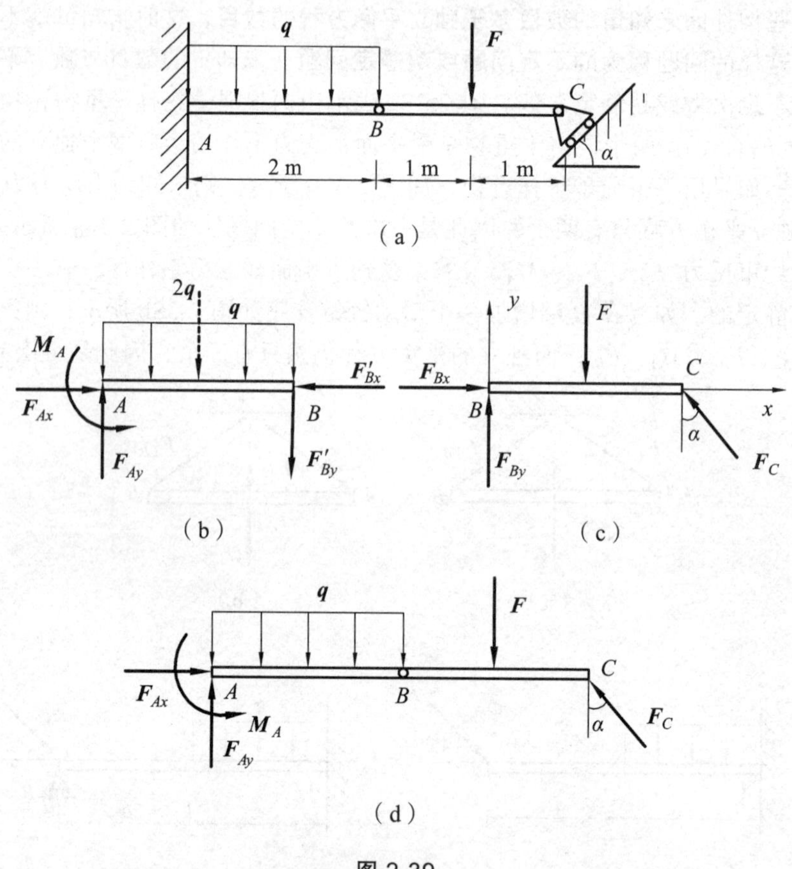

图 2-39

解 为了便于说明问题，取组合梁中每一部分梁 AB 和 BC 为分离体，作出它们的受力图，如图 2-39b、c 所示，图上 $\boldsymbol{F}_{Ax}$、$\boldsymbol{F}_{Ay}$、M_A 是固定端 A 的反力，$\boldsymbol{F}_C$ 是活动铰链支座 C 的反力，$\boldsymbol{F}_{Bx}$、$\boldsymbol{F}_{By}$ 是梁 AB 作用于 BC 的反力，$\boldsymbol{F}'_{Bx}$、$\boldsymbol{F}'_{By}$ 则是梁 BC 反作用于 AB 的力，$\boldsymbol{F}_{Bx}$、$\boldsymbol{F}_{By}$ 与 $\boldsymbol{F}'_{Bx}$、$\boldsymbol{F}'_{By}$ 应符合牛顿第三定律。可见，梁 AB 和 BC 均受平面任意力系的作用，对两部分总可以列出 $2 \times 3 = 6$ 个独立的平衡方程。而图 2-39b、c 上的未知力有：$\boldsymbol{F}_{Ax}$、$\boldsymbol{F}_{Ay}$、M_A、$\boldsymbol{F}_C$、$\boldsymbol{F}_{Bx}(=\boldsymbol{F}'_{Bx})$、$\boldsymbol{F}_{By}(=\boldsymbol{F}'_{By})$，共计 6 个。因此，本题是静定的问题。

为了确定一个合适的解题方案，不妨再作出整个组合梁的受力图（图 2-39d），以便作全面的考虑。这时，$\boldsymbol{F}_{Bx}$、$\boldsymbol{F}_{By}$、$\boldsymbol{F}'_{Bx}$、$\boldsymbol{F}'_{By}$ 属于内力，不必画出。检查 b、c、d 三图上未知力的数目，它们分别为 5、3、4 个。我们可以从未知力数目较少的图 c 着手，求出 $\boldsymbol{F}_C$ 后，再由图 d 求出其余的 3 个未知量 $\boldsymbol{F}_{Ax}$、$\boldsymbol{F}_{Ay}$、M_A。

（1）考察梁 BC 的平衡（图 2-39c），列出平衡方程。

$$\sum M_B(\boldsymbol{F}_i)=0 \qquad F_C\cdot\cos\alpha\times 2-F\times 1=0$$

解得
$$F_C=\frac{F\times 1}{2\cos\alpha}=\frac{20\ \text{kN}\times 1\ \text{m}}{2\ \text{m}\times\cos 45°}=14.14\ \text{kN} \qquad ①$$

通过另两个平衡方程可以求出 F_{Bx}、F_{By}，因题意无此要求，故不列出。

（2）考察组合梁整体的平衡（图 2-39d），列出平衡方程。

$$\sum F_{ix}=0 \qquad F_{Ax}-F_C\cdot\sin\alpha=0 \qquad ②$$

$$\sum F_{iy}=0 \qquad F_{Ay}+F_C\cdot\cos\alpha-2\times q-F=0 \qquad ③$$

$$\sum M_A(\boldsymbol{F}_i)=0 \qquad M_A+F_C\cdot\cos\alpha\times 4-2\times q\times l-F\times 3=0 \qquad ④$$

将①式代入②、③、④式分别解得

$$F_{Ax}=10\ \text{N}$$
$$F_{Ay}=20\ \text{kN}$$
$$M_A=30\ \text{kN}\cdot\text{m}$$

需要说明的是，考察梁 AB、BC 和组合梁整体的平衡（图 2-39b、c、d），总共可列出 9 个平衡方程，但其中只有 6 个是独立的。实际上，对整体列出的平衡方程可由对整体中每一物体列出平衡方程的线性组合而成。所以，计算独立平衡方程总数时，只对每个物体的平衡方程数计算后相加，而不应将整体的平衡方程数目包括在内。但是，在列写解题所需的平衡方程时，要根据具体情况，既可以选单个物体，也可以选整体作为考察对象，列出适用的平衡方程。

例 2-14　三铰拱厂房屋架如图 2-40a 所示，每一半拱架重 $G=45\ \text{kN}$，风压力的合力 $F_R=12\ \text{kN}$，各力的作用线位置如图，长度单位为米。试求铰链 A、B、C 的约束反力。

解　本题是求解由两个半拱组成的物体系统的平衡问题。最多能列出独立平衡方程数目 $2\times 3=6$ 个。经分析题中的未知量也是 6 个（图 2-40c、d），故此题是静定问题。分别取整体、左、右半拱研究发现它们都是一次静不定问题，但是取整体研究时，如图 2-40b 所示，共有四个未知力 $\boldsymbol{F}_{Ax}$、$\boldsymbol{F}_{Ay}$、$\boldsymbol{F}_{By}$、$\boldsymbol{F}_{By}$，其中 $\boldsymbol{F}_{Ax}$、$\boldsymbol{F}_{Bx}$ 共线，这样，分别以 A、B 为矩心建立力矩平衡方程，可解出约束反力 $\boldsymbol{F}_{By}$、$\boldsymbol{F}_{Ay}$。

（1）考察整体的平衡，作其受力图，如图 2-40b 所示。分别选取 A、B 为矩心，水平、垂直方向为坐标 x，y 方向，建立二矩式平衡方程求解。

$$\sum M_A(\boldsymbol{F}_i)=0 \qquad F_{By}\times 16-G\times 2-G\times 14-F_R\times 5=0$$

$$\sum M_B(\boldsymbol{F}_i)=0 \qquad G\times 14+G\times 2-F_{Ay}\times 16-F_R\times 5=0$$

解得
$$F_{By}=\frac{1}{16}(12\ \text{kN}\times 5\ \text{m}+45\ \text{kN}\times 2\ \text{m}+45\ \text{kN}\times 14\ \text{m})=48.75\ \text{kN}$$

$$F_{Ay}=\frac{1}{16}(-12\ \text{kN}\times5\ \text{m}+45\ \text{kN}\times2\ \text{m}+45\ \text{kN}\times14\ \text{m})=41.25\ \text{kN}$$

$$\sum F_{ix}=0 \qquad F_{Ax}-F_{Bx}+F_{\text{R}}=0 \qquad ①$$

尚有两个未知力 $\boldsymbol{F}_{Ax}$ 和 $\boldsymbol{F}_{Bx}$ 不能从方程①中解出。为了求解 $\boldsymbol{F}_{Ax}$ 和 $\boldsymbol{F}_{Bx}$，必须进而考察与这些未知力有关的其他物体的平衡，为了方便起见可以考察右半拱的平衡。

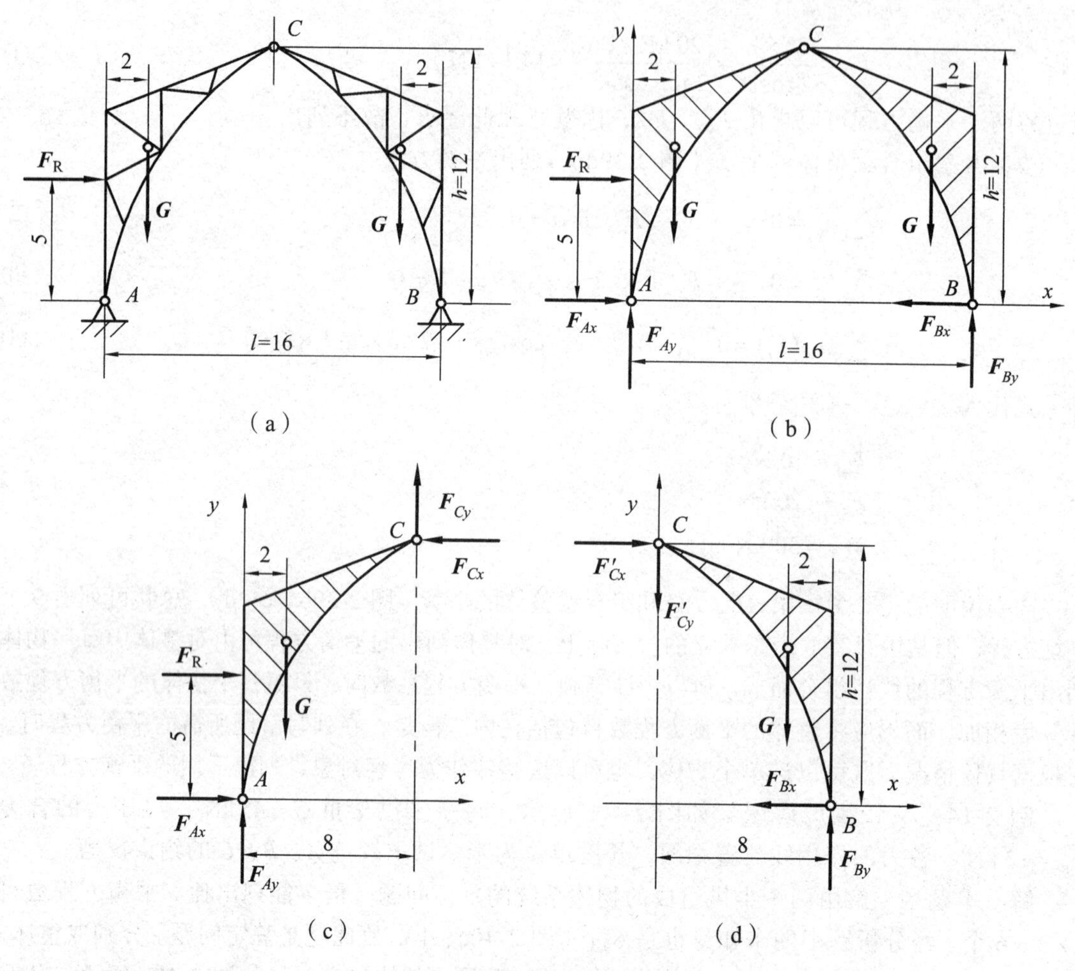

图 2-40

（2）考察右半拱 CB 的平衡，作其受力图，如图 2-40d 所示。选坐标轴 x、y，矩心为 C，建立平衡方程并求解：

$$\sum M_C(\boldsymbol{F}_i)=0 \qquad F_{By}\times8-F_{Bx}\times12-G\times6=0$$

$$\sum F_{ix}=0 \qquad F'_{Cx}-F_{Bx}=0$$

$$\sum F_{iy}=0 \qquad F'_{By}-G-F'_{Cy}=0$$

解得

$$F_{Bx}=\frac{1}{12}(48.75\ \text{kN}\times8\ \text{m}-45\ \text{kN}\times6\ \text{m})=10\ \text{kN}$$

$$F'_{Cx}=F_{Bx}=10\ \text{kN}$$

$$F'_{Cy}=F_{By}-G=48.75\ \text{kN}-45\ \text{kN}=3.75\ \text{kN}$$

将 $F_{Bx}=10\,\text{kN}$ 代入①式得

$$F_{Ax}=F_{Bx}-F_{\text{R}}=10\ \text{kN}-12\ \text{kN}=-2\ \text{kN}$$

负值表示实际方向与图示假定方向相反。

例 2-15　图 2-41a 所示为曲轴冲床简图，由轮 I、连杆 AB 和冲头 B 组成。O、A、B 三处均可看作光滑铰链。$OA=R$，$AB=l$。如忽略摩擦和物体的自重，当 OA 转到图示水平位置，冲压阻力为 F 时，求：① 作用在轮 I 上的力偶矩 M 的大小；② 轴承 O 处的约束反力；③ 连杆 AB 所受的力；④ 冲头给导轨的压力。

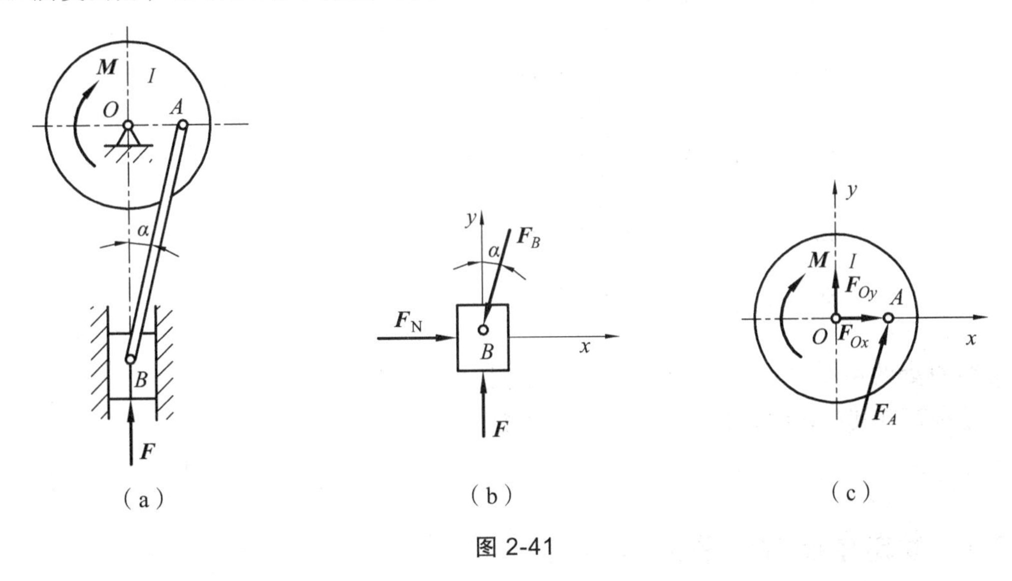

图 2-41

解　此题是由轮 I、连杆 AB、冲头 B 组成的物体系统，如图 2-41a 所示。

$$\sin\alpha=\frac{OA}{AB}=\frac{R}{l},\quad \cos\alpha=\frac{OB}{AB}=\frac{\sqrt{l^2-R^2}}{l},\quad \tan\alpha=\frac{OA}{OB}=\frac{R}{\sqrt{l^2-R^2}}$$

由于不计自重，故杆 AB 为二力杆，故冲头 B 就受到一平面汇交力系，即冲头的阻力 $\boldsymbol{F}$、导轨的反力 $\boldsymbol{F}_{\text{N}}$ 和连杆 AB 的反力 $\boldsymbol{F}_B$ 作用，如图 2-41b 所示。冲头 B 为静定物体，因此，先取冲头 B 研究，通过连杆 AB 的联系，再取轮 I 研究就可以求出全部未知量。

（1）考察冲头 B 的平衡，作其受力图如图 2-41b 所示，选坐标轴 x、y，建立平衡方程求解。

$$\sum F_{ix}=0\qquad F_{\text{N}}-F_B\sin\alpha=0 \tag{①}$$

$$\sum F_{iy}=0\qquad F-F_B\cos\alpha=0 \tag{②}$$

由②式得

$$F_B=\frac{F}{\cos\alpha}=\frac{Fl}{\sqrt{l^2-R^2}}$$

代入①式得

$$F_{\rm N}=F_B\sin\alpha=F\tan\alpha=\frac{FR}{\sqrt{l^2-R^2}}$$

冲头给导轨的压力为 $\boldsymbol{F}_{\rm N}$ 的反作用力，连杆 AB 所受的力为 $\boldsymbol{F}_B$ 的反作用力。

（2）考察轮 I 的平衡，其受力图如图 2-41c 所示。其中 $\boldsymbol{F}_{Ox}$、$\boldsymbol{F}_{Oy}$ 是固定铰链支座 O 的反力，$\boldsymbol{F}_A$ 是连杆 AB 作用于轮 I 的反力，由连杆 AB 的平衡条件和牛顿第三定律容易知道 $\boldsymbol{F}_A=-\boldsymbol{F}_B$，而 $F_A=F_B$。选坐标轴 x、y 及矩心 O 建立平衡方程并求解。

$$\sum M_O(\boldsymbol{F}_i)=0 \qquad F_A\cos\alpha R-M=0$$

得
$$M=F_A\cos\alpha R=\frac{F}{\cos\alpha}\cos\alpha R=FR$$

$$\sum F_{ix}=0 \qquad F_{Ox}+F_A\sin\alpha=0$$

得
$$F_{Ox}=-F_A\sin\alpha=-\frac{F}{\cos\alpha}\sin\alpha=-F\tan\alpha$$

$$\sum F_{iy}=0 \qquad F_{Oy}+F_A\cos\alpha=0$$

得
$$F_{Oy}=-F_A\cos\alpha=-\frac{F}{\cos\alpha}\cos\alpha=-F$$

负号说明 O 处约束反力 $\boldsymbol{F}_{Ox}$、$\boldsymbol{F}_{Oy}$ 的方向与图中假设方向相反。

本题是否有其他解题方案，请读者自己考虑。

2.6 考虑摩擦时的平衡

前面讨论物体的平衡问题时，都略去了接触表面间存在的摩擦力，这是实际情况的理想化。当问题中的摩擦力很小，对所研究的问题影响不大时，忽略摩擦力也是允许的。但是在有些问题中，摩擦却成为主要因素，例如工程上常见的带传动、摩擦制动、斜楔夹紧装置等，都是依靠摩擦力来工作的。这时，就不能再将其忽略而必须加以考虑。

2.6.1 滑动摩擦的概念

两个相互接触的物体，沿着它们的接触面相对滑动，或者有相对滑动的趋势时，在接触面上彼此作用着阻碍相对滑动的力，这种力称为**滑动摩擦力**。

我们可以通过以下实验来认识摩擦力的规律。设在一固定水平面上放一重为 $\boldsymbol{G}$ 的物块，两者的接触面是不光滑的，在物块上施加一水平力 $\boldsymbol{F}_{\rm T}$，如图 2-42a 所示。当拉力 $\boldsymbol{F}_{\rm T}$ 的大小从零开始逐渐加大时，接触面间的摩擦力将出现三种情况，分别讨论如下：

（1）静摩擦力。实验表明，在力 $\boldsymbol{F}_{\rm T}$ 的大小由零逐渐增大到某一临界值 $F_{\rm Tcr}$ 的过程中，物块将始终保持静止。分析物块的平衡条件，如图 2-42b 所示，可见水平面对物块的作用除法向反力 $\boldsymbol{F}_{\rm N}$ 外，必定还**存在着切向反力即静摩擦力** $\boldsymbol{F}$。否则，物块在水平方向不能保持平衡。

在这个过程中，**静摩擦力 F 的大小将随主动力 F_T 的增大而增大，其值可通过平衡方程（$\sum F_{ix} = F_T - F = 0$）来确定**。实验也表明，当 F_T 的大小增加到超过上述临界值 F_{Tcr} 时，物块就不能继续保持静止，而开始沿水平面滑动。这说明，静摩擦力 F 的大小不能无限增加而具有一最大值 F_{max}。最大静摩擦力 F_{max} 发生在力 F_T 增大到 $F_T = F_{Tcr}$ 时，这时物体处于将动而未动的**临界状态**。综上所述，**静摩擦力作用于两物体在接触点的公切面内，方向与两接触面相对滑动的趋势相反**。在未达到临界状态时，其大小可在一定范围内变化：

$$0 \leqslant F \leqslant F_{max} \tag{2-25}$$

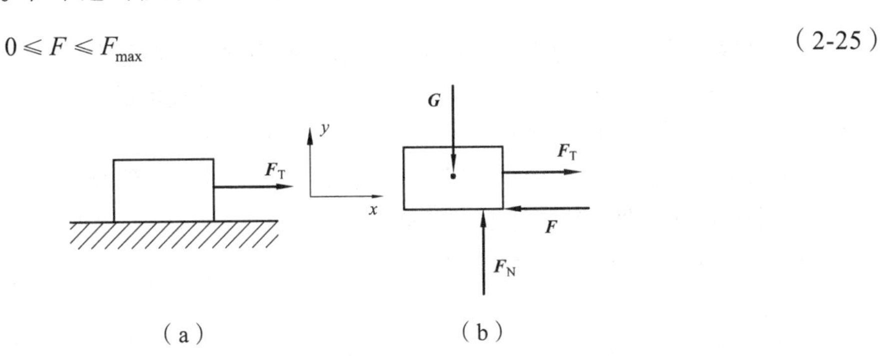

图 2-42

（2）最大静摩擦力。当达到临界状态时，静摩擦力达到最大值 F_{max}。实验证明：**最大静摩擦力的大小与两接触面间的法向压力 F_N 成正比**。这就是**静滑动摩擦定律**，又称**库仑定律**，即

$$F_{max} = f_s F_N \tag{2-26}$$

式中：f_s 是无量纲的比例常数，称为**静摩擦因数**。它与两接触物体的材料及接触表面情况（粗糙程度、温度、湿度等）有关，其大小由实验测定，与接触面积的大小无关。常用材料的 f_s 值可在机械工程手册中查得。表 2-1 列出了部分材料的 f_s 值，以供参考。

表 2-1 常用材料的滑动摩擦因数

材料名称	静摩擦因数 f_s		动摩擦因数 f	
	无润滑	有润滑	无润滑	有润滑
钢-钢	0.15	0.1～0.12	0.15	0.05～0.10
钢-软钢			0.2	0.1～0.2
钢-铸铁	0.3		0.18	0.05～0.15
钢-青铜	0.15	0.1～0.15	0.15	0.1～0.15
软钢-铸铁	0.2		0.18	0.05～0.15
软钢-青铜			0.18	0.07～0.15
铸铁-铸铁		0.18	0.15	0.07～0.12
铸铁-青铜			0.15～0.2	0.07～0.15
青铜-青铜		0.1	0.2	0.07～0.1
软钢-槲木	0.6	0.12	0.4～0.6	0.1
木材-木材	0.4～0.6	0.1	0.2～0.5	0.07～0.15
皮革-铸铁	0.3～0.5	0.15	0.3	0.15
橡皮-铸铁			0.8	0.5
麻绳-槲木	0.8		0.5	

静摩擦定律给我们指出了利用摩擦和减少摩擦的方法。要增加最大静摩擦力，可以通过加大正压力或增大静摩擦因数来实现，反之亦然。

（3）动摩擦力。当两接触面产生相对滑动时，两者之间相互作用着**动摩擦力 F'**，动摩擦力的方向与两接触面相对滑动的方向相反。

大量实验证明，**动摩擦力的大小 F' 也与接触面之间的法向压力 F_N 成正比**。即

$$F' = f F_N \tag{2-27}$$

这就是**动摩擦定律**。式中的比例常数 f 称为**动摩擦因数**。它除了与接触面的材料及表面情况等有关外，还与物体的相对滑动速度有关。它随相对滑动速度的增大而稍有减小，一般可认为是一个常数。其大小由实验测定。常用材料的 f 值参见表 2-1。

从表 2-1 的数据可知，一般情况下 $f < f_s$，这说明为什么使物体从静止开始滑动比较费力，一旦滑动起来，要维持物体继续滑动就比较省力。在一般工程中，当精确度要求不高时，可近似认为动摩擦因数与静摩擦因数相等。

由上述分析可知，静摩擦力的大小将随主动力的不同而改变，其值由平衡方程来确定；当物体处于将动而未动的临界平衡状态时，静摩擦力达到最大值。其范围如下式：

$$0 \leqslant F \leqslant F_{max} = f_s F_N$$

动摩擦力的大小基本不变，其值由 $F' = f F_N$ 来确定。

2.6.2 摩擦角与自锁

1. 摩擦角

在考虑摩擦时，支承面对物体的反力包括法向反力 $\boldsymbol{F}_N$ 和切向反力 $\boldsymbol{F}$ 两个分量。它们的合力 $\boldsymbol{F}_R (= \boldsymbol{F}_N + \boldsymbol{F})$，称为支承面对物体的**全反力**。全反力与接触面的法线成某一偏角 φ，如图 2-43a 所示。在临界状态下，$\boldsymbol{F}_{Rm} = \boldsymbol{F}_N + \boldsymbol{F}_{max}$。

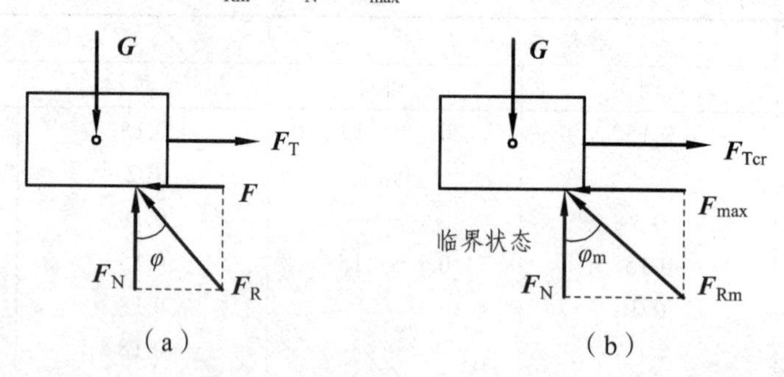

图 2-43

上述偏角达到最大值的 φ_m 称为**摩擦角**，如图 2-43b 所示。由图中几何关系可得

$$\tan\varphi_m = \frac{F_{max}}{F_N} = \frac{f_s F_N}{F_N} = f_s \tag{2-28}$$

（2-28）式表明：**摩擦角的正切等于静摩擦因数**。这说明摩擦角与静摩擦系数都是表示材料摩擦性质的物理量，只与物体接触面的材料、表面状况等因素有关。

2. 自　锁

物体静止时，静摩擦力总是小于或等于最大静摩擦力 $\boldsymbol{F}_{max}$，因而全反力 $\boldsymbol{F}_R$ 与接触面法线间的夹角 φ 也总是小于或等于摩擦角 φ_m，即

$$0 \leqslant \varphi \leqslant \varphi_m \tag{2-29}$$

式（2-29）说明：摩擦角 φ_m 表示全反力的作用线偏离接触面法线的界限。

如果把作用于物体上的主动力 $\boldsymbol{G}$ 和 $\boldsymbol{F}_T$ 合成为一合力 $\boldsymbol{F}_P$，它与接触面法线间的夹角为 α，如图 2-44 所示。当物体静止时，由二力平衡条件可知 $\boldsymbol{F}_P$ 与 $\boldsymbol{F}_R$ 应等值、反向、共线，于是有 $\alpha=\varphi$。再根据式（2-29），当物体静止时，应满足下列条件：

$$\alpha \leqslant \varphi_m \tag{2-30}$$

即：**作用于物体上的主动力的合力 $\boldsymbol{F}_P$，不论其大小如何，只要其作用线与接触面法线间的夹角 α 小于或等于摩擦角 φ_m，物体便处于静止状态**。这种现象称为**自锁**。这种与主动力的大小无关，而只和摩擦角有关的平衡条件称为**自锁条件**。

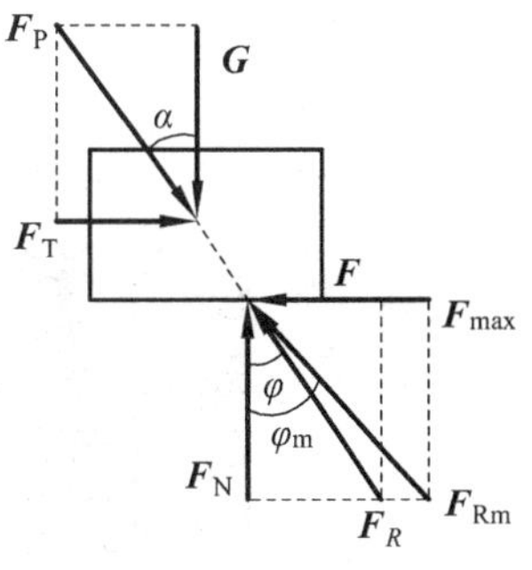

图 2-44

3. 摩擦角的应用

（1）静摩擦因数的测定。把要测定的两种材料分别制成平板 OA 和物块 B，并使接触表面符合实际情况，把物块 B 放置在斜面 OA 上，如图 2-45a 所示。当斜面的倾角 α 较小时，物块 B 不滑动，此时的受力图如图 2-45b 所示。逐渐增大斜面的倾角 α，直至物块 B 在自重作用下开始下滑，物块 B 将滑而尚未滑动临界平衡状态时的 α（记为 α_{max}）就等于摩擦角 φ_m。图 2-45c 为临界平衡时物块 B 的受力图，物块 B 在重力 $\boldsymbol{G}$ 和全反力 $\boldsymbol{F}_R$ 作用下平衡，根据二力平衡条件知 $\boldsymbol{G}$ 与 $\boldsymbol{F}_{Rm}$ 共线，从受力图上可以看出：

$$\alpha_{max} = \varphi_m$$

于是，测出 α_{max} 即可由下式计算出静摩擦因数 f_s。

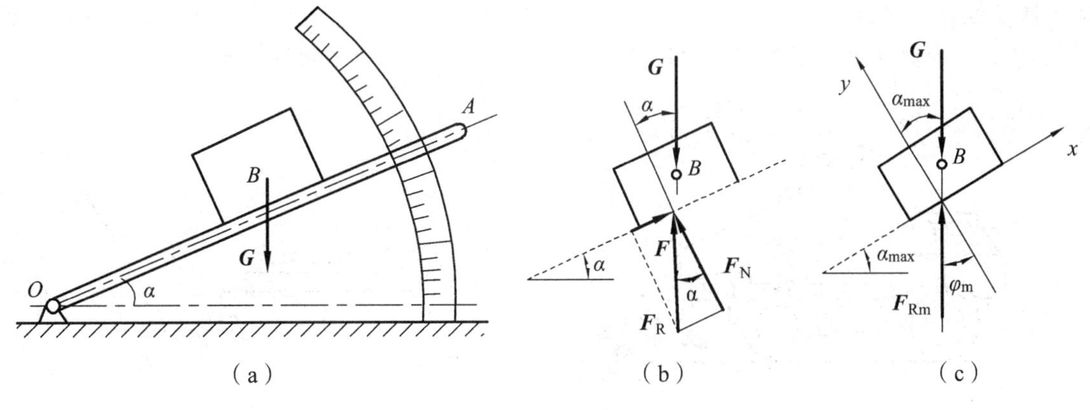

图 2-45

$$f_s = \tan\varphi_m = \tan\alpha_{max}$$

（2）斜面（螺纹）的自锁条件。从静摩擦因数的测定可知，物块不沿斜面下滑（自锁）的条件是，斜面倾角 α 必须小于或等于摩擦角 φ_m，即

$$\alpha \leqslant \varphi_m$$

而螺纹可以看成绕在圆柱上的斜面。如图 2-46 所示，螺母相当于物块 A。要保证螺母不松动（即自锁），螺纹的升角 α 必须小于等于摩擦角 φ_m。因此，螺纹的自锁条件也是式（2-30）。

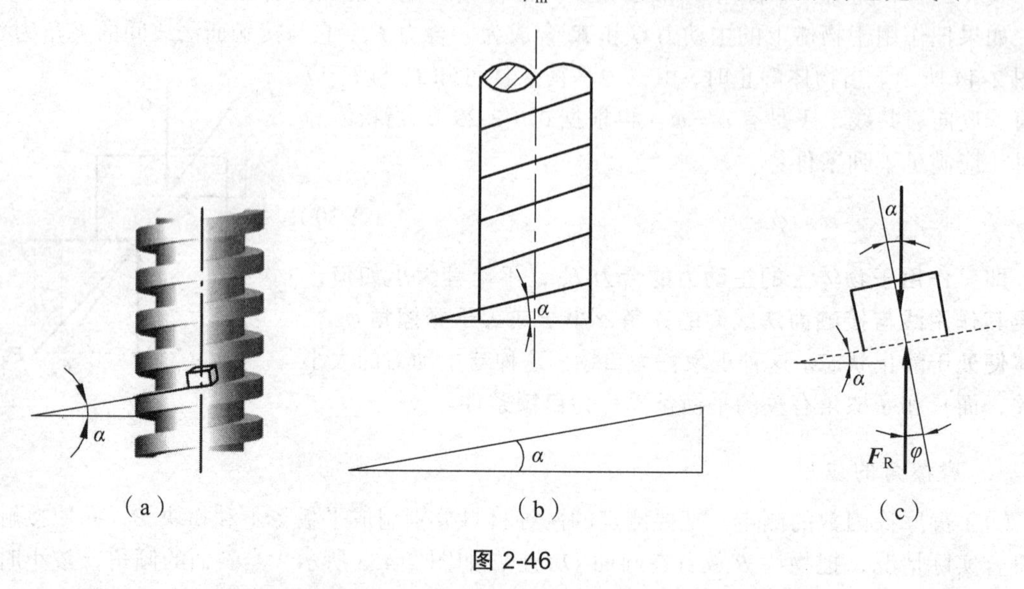

图 2-46

若螺杆与螺母之间的摩擦因数 $f_s = 0.1$，即

$$\tan\varphi_m = f_s = 0.1$$

则
$$\varphi_m = 5°43'$$

为了保证螺旋千斤顶自锁，一般取螺纹的升角 $\alpha = 4° \sim 4°30'$。

在堆放松散的物质如砂、土、煤、粮食时，能够堆起的最大坡角 α_m 称为**休止角**，它就是松散物质间的摩擦角。用休止角可以算出一定面积的场地能堆放松散物质的数量；在铁道上，需要决定铁路路基侧面的最大倾角，以防止滑坡；自卸货车的车斗能翻转的角度必须大于摩擦角 φ_m，才能保证货车车斗内的货物倾泻干净等，都要用到摩擦角的概念，如图 2-47 所示。

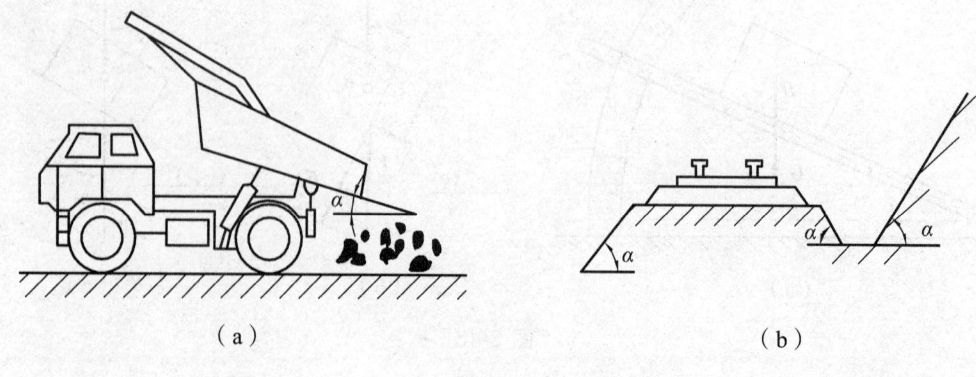

图 2-47

工程上经常利用自锁条件设计一些机构和夹具，如千斤顶、圆锥销等。它们工作时需要处于自锁状态，即通常所说的“卡住”。应用这一原理，也可以设计另外一些能避免自锁的机构，例如变速箱的滑移齿轮设计，就要求在拨叉作用下不发生“卡住”现象。

2.6.3　考虑摩擦时的平衡问题

求解考虑摩擦时物体的平衡问题，其方法和步骤与不计摩擦的平衡问题基本相同，只是在受力分析和建立平衡方程时必须考虑摩擦力。因此，关键在于正确地分析摩擦力。如前所述，摩擦力的方向与接触面相对滑动的趋势相反，其大小可在一定范围内变化：$0 \leqslant F \leqslant F_{max}$。因而在考虑摩擦的平衡问题中，物体平衡时所受主动力的值或物体的平衡位置也有一个范围，这是不同于不计摩擦的平衡问题之处。分析摩擦力的大小时，分清物体接触处是否达到临界状态非常重要。如未达到临界状态，则静摩擦力的大小是未知量，其指向可任意假定。若接触处达到临界状态，则最大静摩擦力的大小依赖于法向压力，即 $F_{max} = f_s F_N$，并不作为一个新的未知量，其方向必须正确地判断，不能随意假设。为了确定平衡范围，通常都是对物体的临界状态进行分析，以避免解不等式。

例 2-16　重量为 $G = 980$ N 的物体，放在倾角为 $\alpha = 30°$ 的斜面上，已知接触面间的摩擦系数为 $f_s = 0.2$，有一大小为 $F_P = 588$ N 的力沿斜面推物体，如图 2-48a 所示。问物体在斜面上处于静止还是滑动状态？若静止，此时摩擦力多大？

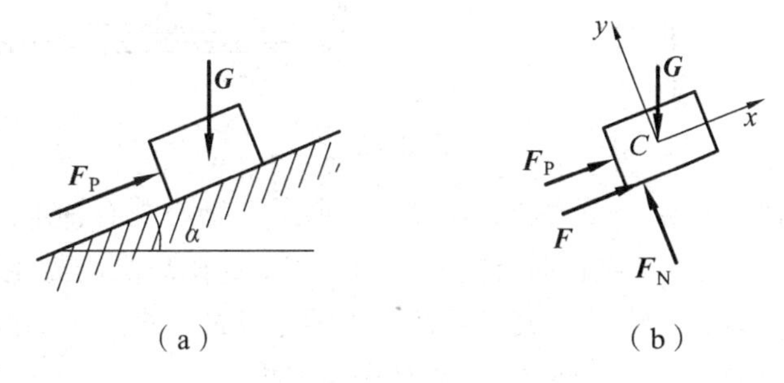

图 2-48

解　对于判断物体状态的这一类问题，可先假设物体处于静止状态，然后由平衡方程求出物体处于静止状态时所需的静摩擦力 $\boldsymbol{F}$，并计算出可能产生的最大摩擦力 F_{max}，将两者进行比较，确定 $\boldsymbol{F}$ 是否满足 $F \leqslant F_{max}$，从而判断物体静止还是滑动。

（1）设物体处于静止但沿斜面有向下滑动的趋势，则其受力图及坐标如图 2-48b 所示。

（2）列平衡方程：

$$\sum F_{ix} = 0 \qquad F_P - G\sin\alpha + F = 0$$

$$\sum F_{iy} = 0 \qquad F_N - G\cos\alpha = 0$$

解得

$$F = G\sin\alpha - F_P = 980\sin 30° - 588 = -98 \text{ N}$$

$$F_N = G\cos\alpha = 980\cos 30° = 848.7 \text{ N}$$

（3）根据静摩擦定律，可能产生的最大摩擦力为

$$F_{\max}=f_{s}F_{N}=0.2\times848.7=169.7\ \text{N}$$

将 F 与 $F_{\max}$ 进行比较得

$$F_{N}=98\ \text{N}<F_{\max}=169.7\ \text{N}$$

结果说明物体在斜面上保持静止，而此时静摩擦力 $\boldsymbol{F}$ 为 – 98 N，负号说明实际方向与假设方向相反，故物体有沿斜面向上滑动的趋势。

例 2-17 制动器的构造和主要尺寸如图 2-49a 所示，制动块与鼓轮表面间的静摩擦因数为 f_s，试求制动鼓轮转动所必需的最小力 F_P。

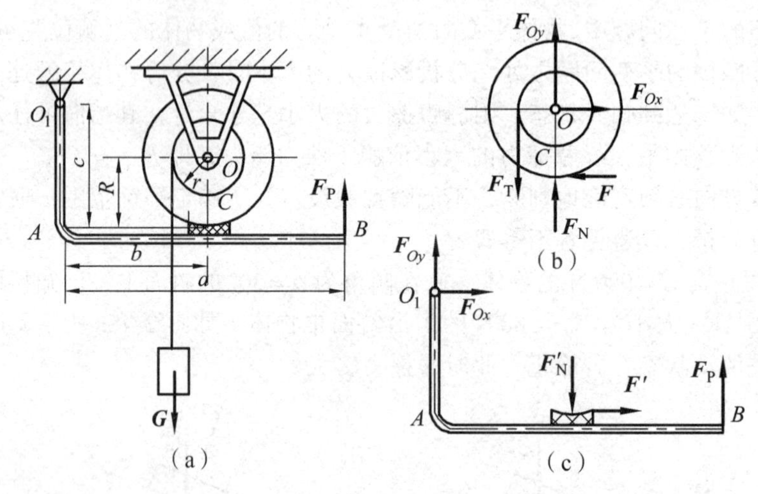

图 2-49

解 先取鼓轮为研究对象。受力图如图 2-49b 所示。轴心受有轴承反力 $\boldsymbol{F}_{Ox}$、$\boldsymbol{F}_{Oy}$ 作用。鼓轮在拉力 $F_T(F_T=G)$ 作用下，有逆时针转动趋势；因此，闸块除给鼓轮法向压力 F_N 外，还有一个水平向左的摩擦力 $\boldsymbol{F}$，诸力构成平面任意力系。当 $F_P=F_{P\min}$ 时，鼓轮处于从静止转入滑动的临界状态，摩擦力 $F=F_{\max}=f_sF_N$，建立平衡方程。

$$\sum M_O(\boldsymbol{F}_i)=0 \qquad F_T r-F_{\max}R=0$$

解得

$$F_{\max}=\frac{r}{R}F_T=\frac{r}{R}G$$

再取杠杆 O_1AB 为研究对象，其受力图如图 2-49c 所示。根据作用力和反作用力定律，$\boldsymbol{F}'_N=-\boldsymbol{F}_N$，$\boldsymbol{F}'_{\max}=-\boldsymbol{F}_{\max}$，列力矩方程：

$$\sum M_{O1}(\boldsymbol{F}_i)=0 \qquad F_{P\min}a+F'_{\max}C-F'_Nb=0$$

求解以上方程，并将 $F'_{\max}=F_{\max}=f_sF_N$ 代入，得

$$F_{P\min}=\frac{Gr}{aR}\left(\frac{b}{f_s}-c\right)$$

例 2-18 变速箱中双联滑移齿轮如图 2-50a 所示。已知齿轮孔与轴之间的摩擦因数为 f_s，双联齿轮与轴的接触长度为 b，齿轮孔径为 d，问拨叉作用在齿轮上的力 $\boldsymbol{F}_P$ 到轴线的距离 a

多大时齿轮才不会被卡住。齿轮重量忽略不计。

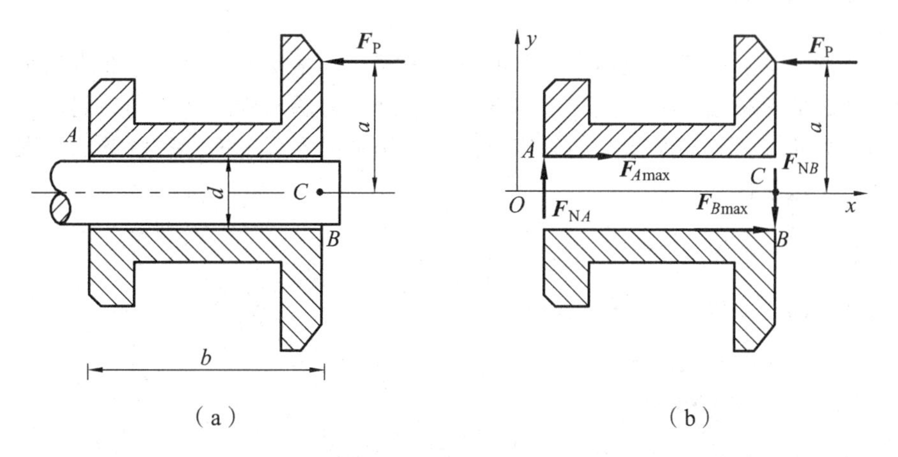

图 2-50

解　由于 $\boldsymbol{F}_{\mathrm{P}}$ 力作用，齿轮发生倾斜，齿轮上只有 A、B 两点与轴接触。接触处产生正压力 $\boldsymbol{F}_{\mathrm{N}A}$、$\boldsymbol{F}_{\mathrm{N}B}$ 和相应的摩擦力，这些力的大小与 a 值和力 $\boldsymbol{F}_{\mathrm{P}}$ 有关。设齿轮处于将滑未滑的临界状态，其受力图如图 2-50b 所示。齿轮不被卡住的条件是：A、B 两处的最大摩擦力之和小于 F_{P}，即

$$F_{A\max}+F_{B\max}<F_{\mathrm{P}} \tag{①}$$

列平衡方程　$\sum F_{iy}=0 \qquad F_{\mathrm{N}A}-F_{\mathrm{N}B}=0$　②

补充方程　$F_{A\max}=f_{\mathrm{s}}F_{\mathrm{N}A}$　③

$$F_{B\max}=f_{\mathrm{s}}F_{\mathrm{N}B} \tag{④}$$

由②、③、④式得

$$F_{\mathrm{N}A}=F_{\mathrm{N}B} \tag{⑤}$$

$$F_{A\max}=F_{B\max} \tag{⑥}$$

又由　$\sum M_C(\boldsymbol{F}_i)=0 \qquad F_{\mathrm{P}}a-F_{\mathrm{N}A}b-F_{A\max}\dfrac{d}{2}+F_{B\max}\dfrac{d}{2}=0$　⑦

得　$F_{\mathrm{N}A}=\dfrac{F_{\mathrm{P}}a}{b}$　⑧

将⑤、⑥、⑧式代入不被卡住的条件①式有

$$F_{\mathrm{P}}>(F_{A\max}+F_{B\max})=f_{\mathrm{s}}(F_{\mathrm{N}A}+F_{\mathrm{N}B})=f_{\mathrm{s}}\left(\frac{F_{\mathrm{P}}a}{b}+\frac{F_{\mathrm{P}}a}{b}\right)$$

即　$F_{\mathrm{P}}>\dfrac{2F_{\mathrm{P}}af_{\mathrm{s}}}{b}$

于是得　$a<\dfrac{b}{2f_{\mathrm{s}}}$

这就是所求的 a 值。由此式可见：加大齿轮宽度 b 或减小拨叉到轴线的距离 a 值，均有利于使齿轮在轴上顺利滑动（不发生自锁）。

本章主要内容回顾

平面力系的分析、平衡与应用是本章的重点内容。其基本方法有：力在直角坐标轴上的投影、力系合成的解析法、力对点之矩、合力矩定理、力偶的概念性质和力偶矩的计算、力的平移定理、静摩擦力和动摩擦力的确定方法、应用平面力系平衡方程解题的步骤和方法。本章主要介绍了以下内容：

1. 平面汇交力系合成

（1）力在平面直角坐标轴上的投影：

$$\left.\begin{aligned} F_x &= \pm F\cos\alpha \\ F_y &= \pm F\sin\alpha \end{aligned}\right\}$$

式中：α 是力 $\boldsymbol{F}$ 与 x 轴所夹的锐角。

（2）平面汇交力系合成的解析法

合力投影定理：
$$\left.\begin{aligned} F_{Rx} &= F_{1x}+F_{2x}+\cdots+F_{nx}=\sum F_{ix} \\ F_{Ry} &= F_{1y}+F_{2y}+\cdots+F_{ny}=\sum F_{iy} \end{aligned}\right\}$$

平面汇交力系合力 $\boldsymbol{F}_R$ 的大小及方向为

$$\left.\begin{aligned} F_R &= \sqrt{F_{Rx}^2+F_{Ry}^2}=\sqrt{(\sum F_{ix})^2+(\sum F_{iy})^2} \\ \tan\alpha &= \left|\frac{F_{Ry}}{F_{Rx}}\right| = \left|\frac{\sum F_{iy}}{\sum F_{ix}}\right| \end{aligned}\right\}$$

式中：α 为合力 $\boldsymbol{F}_R$ 与 x 轴之间所夹的锐角。合力 $\boldsymbol{F}_R$ 的指向由 $\sum F_{ix}$、$\sum F_{iy}$ 的正负号确定。

2. 力矩和力偶

（1）力对点之矩：$M_O(\boldsymbol{F})=\pm Fd$，力使物体绕矩心逆时针方向转动时力矩为正，反之为负。

（2）合力矩定理：$M_O(\boldsymbol{F}_R)=M_O(\boldsymbol{F}_1)+M_O(\boldsymbol{F}_2)+\cdots+M_O(\boldsymbol{F}_n)=\sum M_O(\boldsymbol{F}_i)$。

（3）力偶的概念。

① 由两个大小相等、方向相反的平行力组成的力系称为力偶，其作用效果是纯转动。

② 力偶矩 $M=\pm Fd$，逆时针方向转动的力偶矩为正，顺时针方向转动的力偶矩为负。

③ 力偶的三要素：力偶对物体的转动效应取决于力偶矩的大小、力偶的转向和力偶的作用面的方位。

（4）力偶的性质。

① 力偶对其作用面内任意点的矩恒等于此力偶的力偶矩，而与矩心的位置无关。

② 力偶在任何坐标轴上的投影为零。因此，力偶无合力，故力偶不能与一个力等效。

③ 力偶的等效条件是：力偶的三要素相同。

推论 1　力偶可以在其作用面内任意移动和转动，而不改变对刚体的作用效果。

推论 2　只要保持力偶矩的大小和转向不变，可以同时改变力偶中力的大小和力偶臂的长短，而不改变力偶对刚体的转动效果。

（5）平面力偶系的合成与平衡。

① 合成：$M = M_1 + M_2 + \cdots + M_n = \sum M_i$ 。

② 平衡方程：$\sum M_i = 0$ 。

（6）力的平移定理：作用在刚体上某点的力 $\boldsymbol{F}$ ，可平移到刚体内任一点，但同时须附加一力偶，附加力偶矩等于原力对该点之矩。

3．平面任意力系的简化

（1）主矢。

主矢的大小　$F'_{\mathrm{R}} = \sqrt{(F'_{\mathrm{R}y})^2 + (F'_{\mathrm{R}y})^2} = \sqrt{(\sum F_{ix})^2 + (\sum F_{iy})^2}$

主矢的方向　$\tan\alpha = \left|\dfrac{F'_{\mathrm{R}y}}{F'_{\mathrm{R}x}}\right| = \left|\dfrac{\sum F_y}{\sum F_x}\right|$

主矢 $\boldsymbol{F}'_{\mathrm{R}}$ 与简化中心的位置选择无关。

（2）主矩。

$$M_O = M_1 + M_2 + \cdots + M_n = M_O(\boldsymbol{F}_1) + M_O(\boldsymbol{F}_2) + \cdots + M_O(\boldsymbol{F}_n) = \sum M_O(\boldsymbol{F}_i)$$

主矩 M_O 与简化中心的位置选择有关。

4．平面力系的平衡方程及应用

（1）平衡方程。

① 基本形式：$\left.\begin{aligned} &\sum F_{ix} = 0 \\ &\sum F_{iy} = 0 \\ &\sum M_O(\boldsymbol{F}_i) = 0 \end{aligned}\right\}$

② 二矩式：$\left.\begin{aligned} &\sum M_A(\boldsymbol{F}_i) = 0 \\ &\sum M_B(\boldsymbol{F}_i) = 0 \\ &\sum F_{ix} = 0 \end{aligned}\right\}$

使用条件：投影轴 x 不能与矩心 A、B 两点的连线相垂直。

③ 三矩式：$\left.\begin{aligned} &\sum M_A(\boldsymbol{F}_i) = 0 \\ &\sum M_B(\boldsymbol{F}_i) = 0 \\ &\sum M_C(\boldsymbol{F}_i) = 0 \end{aligned}\right\}$

使用条件：矩心 A、B、C 三点不能在一直线上。

④ 特殊力系平衡方程。

平面汇交力系的平衡方程：$\left.\begin{aligned} &\sum F_{ix} = 0 \\ &\sum F_{iy} = 0 \end{aligned}\right\}$

平面平行力系的平衡方程：$\left.\begin{aligned} &\sum F_{iy} = 0 \\ &\sum M_O(\boldsymbol{F}_i) = 0 \end{aligned}\right\}$ 或二矩式：$\left.\begin{aligned} &\sum M_A(\boldsymbol{F}_i) = 0 \\ &\sum M_B(\boldsymbol{F}_i) = 0 \end{aligned}\right\}$

二矩式使用条件：矩心 A、B 两点的连线不能与各力的作用线平行。

（2）应用平衡方程求解物体在平面力系作用下平衡问题的步骤：

① 确定研究对象，画其受力图，判断平面力系的类型。

注意：一般应选取有已知力和未知力同时作用的物体作为考虑平衡问题的研究对象。

② 选取坐标轴和矩心。

由于坐标轴和矩心的选择是任意的，在选择时应遵循以下原则：

a. 坐标轴应与力系中各个力的夹角尽可能简单，最好能与未知力垂直或平行；

b. 矩心应选在有较多未知力或受力复杂的汇交点处。

③ 将各个力向两坐标轴投影，对矩心取力矩建立平衡方程求解。

④ 校核。

可选取一个不独立的平衡方程，对某一个解答作重复运算，以校核解的正确性。

（3）静定和静不定问题。

① 若未知量的数目少于或等于独立的平衡方程的数目，则全部未知量都可以由平衡方程求出，这样的问题称为静定问题。

② 未知量的数目多于独立平衡方程的数目，这些未知量就不能全部由平衡方程求出，这样的问题称为静不定问题或超静定问题。

（4）解决物体系统平衡问题的基本途径是：分别考察每一物体的受力情况，建立相应的平衡方程，然后联立求解。一般都要选择静定物体或可解出某些未知量的物体作为第一个研究对象。在某些情况下，考察整个系统的平衡条件，也能解出某些未知量。

5. 考虑摩擦时的平衡

（1）滑动摩擦的概念。

① 静摩擦力：在未达到临界状态时，其大小等于物体运动趋势方向上的主动力。其变化范围：

$$0 \leqslant F \leqslant F_{max}$$

② 最大静摩擦力：　　$F_{max} = f_s F_N$

③ 动摩擦力：　　$F' = fF_N$

④ 摩擦角：最大全反力与法向反力间的夹角。

$$\tan\varphi_m = \frac{F_{max}}{F_N} = \frac{f_s F_N}{F_N} = f_s$$

⑤ 自锁：作用于物体上的主动力的合力 $\boldsymbol{F}_P$，不论其大小如何，只要其作用线与接触面法线间的夹角 α 小于或等于摩擦角 φ_m，物体便处于静止状态。

自锁条件：　　$\alpha \leqslant \varphi_m$

（2）考虑摩擦时的平衡问题的解法：求解考虑摩擦时物体的平衡问题，其方法和步骤与不计摩擦的平衡问题基本相同，只是在受力分析和建立平衡方程时必须考虑摩擦力。因此，关键在于正确地分析摩擦力。分析摩擦力的大小时，分清物体接触处是否达到临界状态非常重要。如未达到临界状态，则静摩擦力的大小是未知量，其指向可任意假定。若接触处达到临界状态，则最大静摩擦力的大小依赖于法向压力，即 $F_{max} = f_s F_N$，并不作为一个新的未知量，其方向必须正确地判断，不能随意假设。为了确定平衡范围，通常都是对物体的临界状态进行分析，以避免解不等式。

练习题

2-1　题2-1图示四个力组成一平面力系，已知$F_1=F_2=F_3=F_4$，问力系向A点和B点简化的结果是什么？两者是否等效？

2-2　题2-2图示刚体在A、B、C三点各受一力作用，已知$F_1=F_2=F_3=F$、$\triangle ABC$为一等边三角形，问此力系简化的最后结果是什么？此刚体是否平衡？

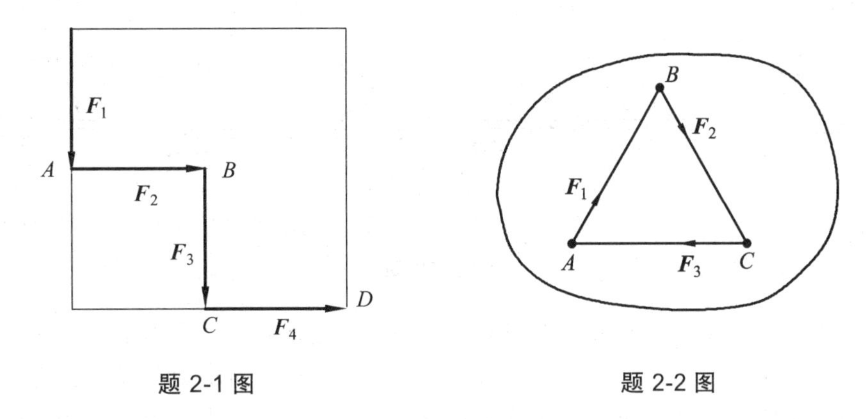

题2-1图　　题2-2图

2-3　两电线杆之间的电缆中间总是下垂，能不能将电缆拉成直线？为什么？

2-4　如题2-4图所示的绞车臂互成120°，三臂上A、B、C三点作用力均为$\boldsymbol{F}$，且$OA=OB=\ OC$，试分析此三力向铰盘中心O点的简化结果。

2-5　如题2-5图所示，一平面平行力系，若所取投影坐标轴x和y都不平行或垂直于各个力的作用线，则可否列出三个独立的平衡方程？为什么？

2-6　既然一个力偶不能和一个力平衡，那么如何解释题2-6图示中轮的平衡现象？

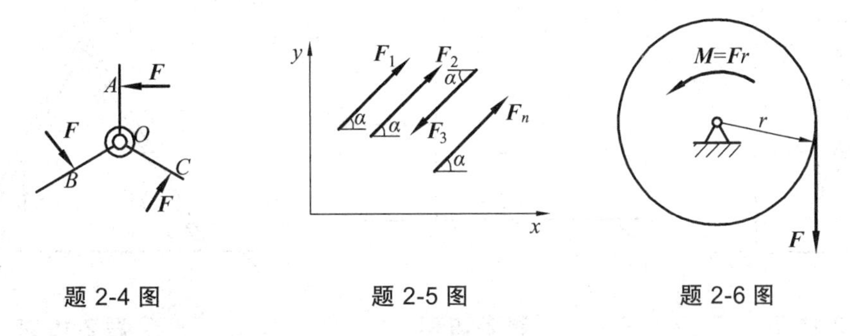

题2-4图　　题2-5图　　题2-6图

2-7　在建立平面力系的平衡方程时，其坐标轴和矩心的选择是否是任意的？一般应怎样选择才便于求解？

2-8　平面任意力系的平衡方程有几种形式？各种形式各有什么附加条件？

2-9　在平面汇交力系的平衡方程中，可否取两个力矩方程，或一个力矩方程和一个投影方程？这时，其矩心和投影轴的选择有什么限制？

2-10　试判断题2-10图所示各结构是静定还是静不定结构？不计各杆自重。

2-11　两相互接触的物体间是否一定存在有摩擦力？摩擦力是否一定是阻力？你能举出两个生活中的实例吗？请你分析汽车行驶时，前后轮摩擦力的方向，它们各起什么作用？（汽车行驶时后轮驱动，前轮从动）

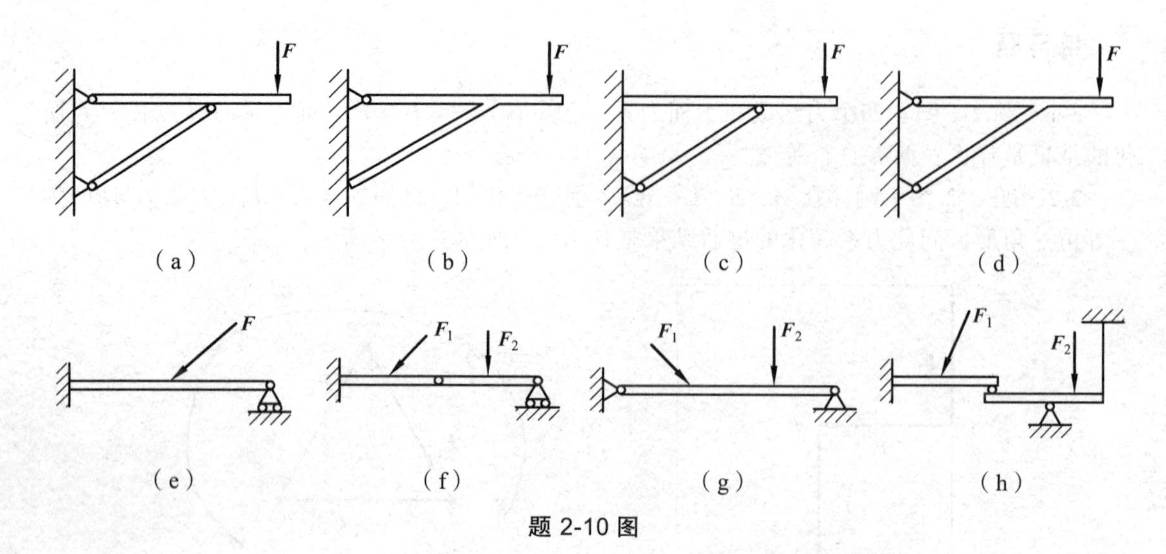

题 2-10 图

2-12　什么是摩擦角？摩擦角只与哪些因素有关？摩擦角的大小表示什么意义？

2-13　什么是自锁？影响自锁条件的因素有哪些？自锁与主动力的大小有没有关系？

2-14　重 $\boldsymbol{G}$ 的物块放在地面上，如题 2-14 图所示，有一主动力 $\boldsymbol{F}$ 刚好作用在摩擦角的范围外。若已知：$F=G,\ \varphi_{\mathrm{m}}=20°,\ \alpha=25°$，试判断该物体的运动状态，并说明原因。

2-15　如题 2-15 图所示，一均质长方体自重为 $\boldsymbol{G}$，受水平力 $\boldsymbol{F}$ 作用，物体与地面间的静摩擦因数为 f_{s}，当逐渐增大力 $\boldsymbol{F}$ 时，问在什么条件下物体先发生滑动？在什么条件下物体先翻倒？

2-16　人字结构架放在地面上，如题 2-16 图所示，A、C 处静摩擦因数分别为 f_{s1} 与 f_{s2}，设结构处于临界平衡，问是否存在 $F_{A\max}=f_{\mathrm{s1}}\cdot G,\ F_{C\max}=f_{\mathrm{s2}}\cdot G$？

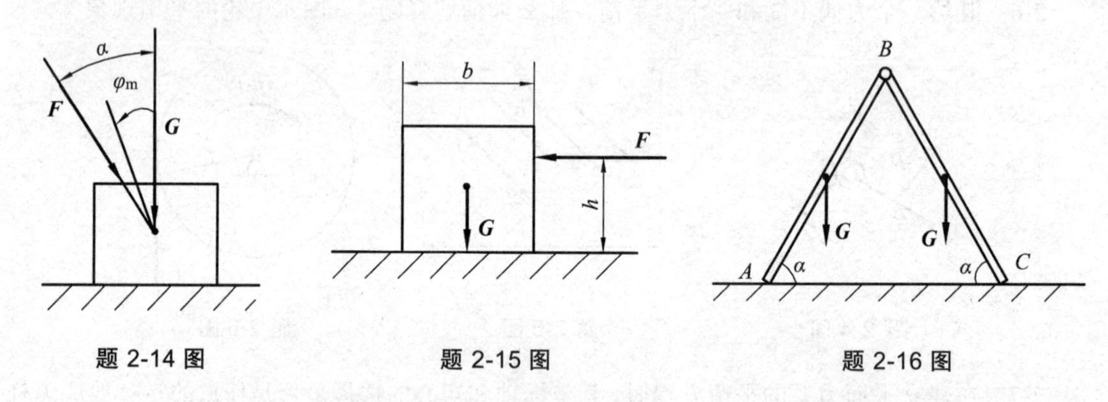

题 2-14 图　　题 2-15 图　　题 2-16 图

2-17　计算下列题 2-17 图中力 $\boldsymbol{F}$ 对 O 点的矩。

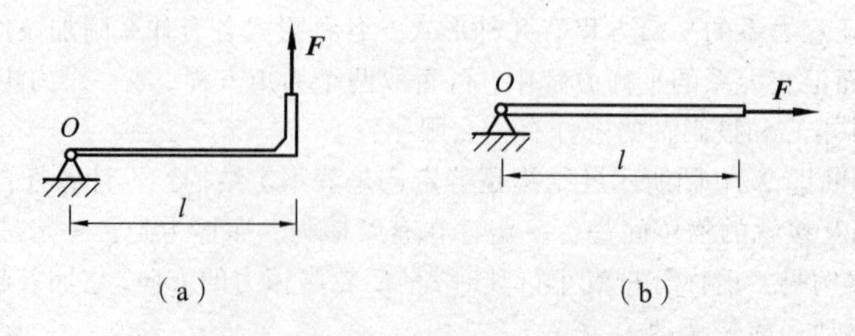

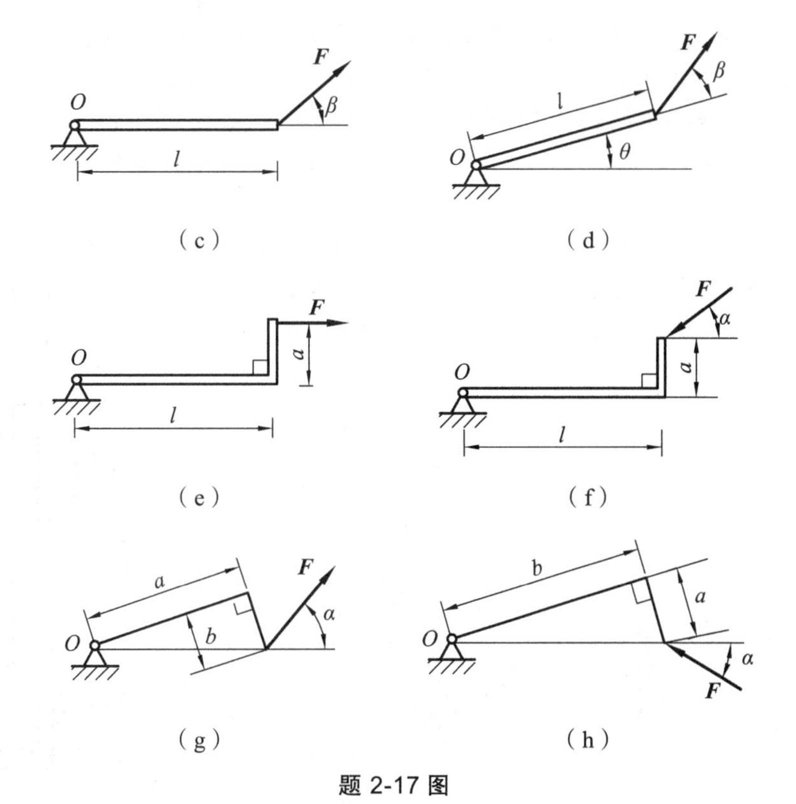

题 2-17 图

2-18　题 2-18 图示物体受两力偶 $(\boldsymbol{F}_1, \boldsymbol{F}_1')$、$(\boldsymbol{F}_2, \boldsymbol{F}_2')$ 作用，已知 $F_1 = 5$ kN，$F_2 = 3$ kN，$a = 30$，$b = 60$（单位：mm），试求其简化的最后结果。

2-19　起重机 BAC 上装一滑轮（轮重及尺寸不计）。重 $G = 20$ kN 的物体由跨过滑轮的绳子用铰车 D 吊起，A、B、C 处都是铰链，如题 2-19 图。试求当载荷匀速上升时杆 AB 和 AC 所受的力。

2-20　在安装设备时常用起重摆杆，它的简图如题 2-20 图所示。起重摆杆 AB 重 $G_1 = 1.8$ kN，作用在 C 点，且 $BC = \frac{1}{2}AB$。提升的设备重量为 $G = 20$ kN。试求系在 AD 的拉力以及 B 处的约束反力。

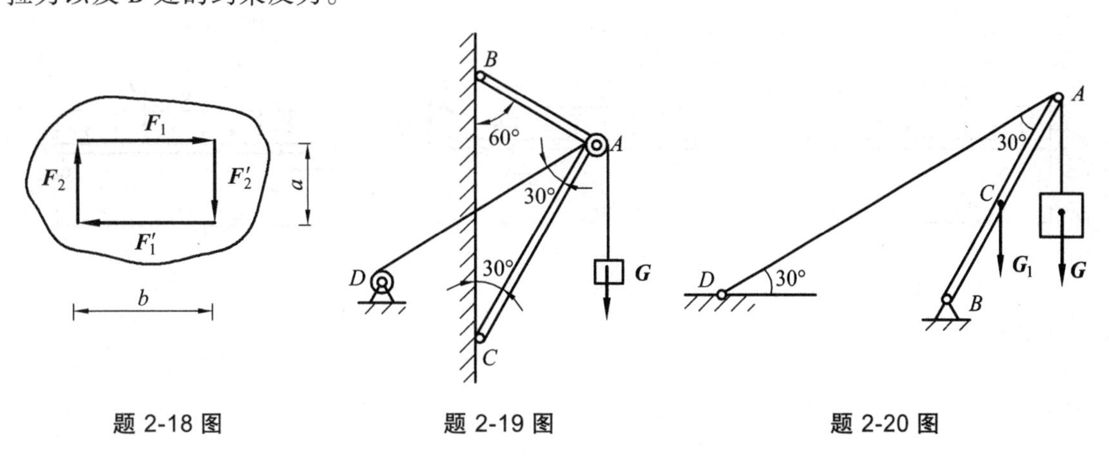

题 2-18 图　　题 2-19 图　　题 2-20 图

2-21　题 2-21 图示水平杆 AD，A 端为固定铰链支座，C 点用绳子系于墙上，已知铅直力 $G=1.2\ \text{kN}$，不计杆重，求绳子的拉力及铰链 A 的约束反力。

2-22　高炉加料小车如题 2-22 图所示，小车及料共重 $G=240\ \text{kN}$，重心在 C 点，已知 $a=1\ \text{m}$，$b=1.4\ \text{m}$，$e=1\ \text{m}$，$d=1.4\ \text{m}$，$\alpha=60°$。求钢绳拉力 $\boldsymbol{F}_\text{T}$ 及轮 A、B 处所受的约束反力。

2-23　露天厂房立柱的底部是杯形基础。立柱底部用混凝土砂浆与杯形基础固连在一起。已知吊车梁传来的铅直载荷 $F=60\ \text{kN}$，风载荷 $q=2\ \text{kN/m}$，立柱自身重 $G=40\ \text{kN}$，$a=0.5\ \text{m}$，$h=10\ \text{m}$，如题 2-23 图，试求立柱底部的约束反力。

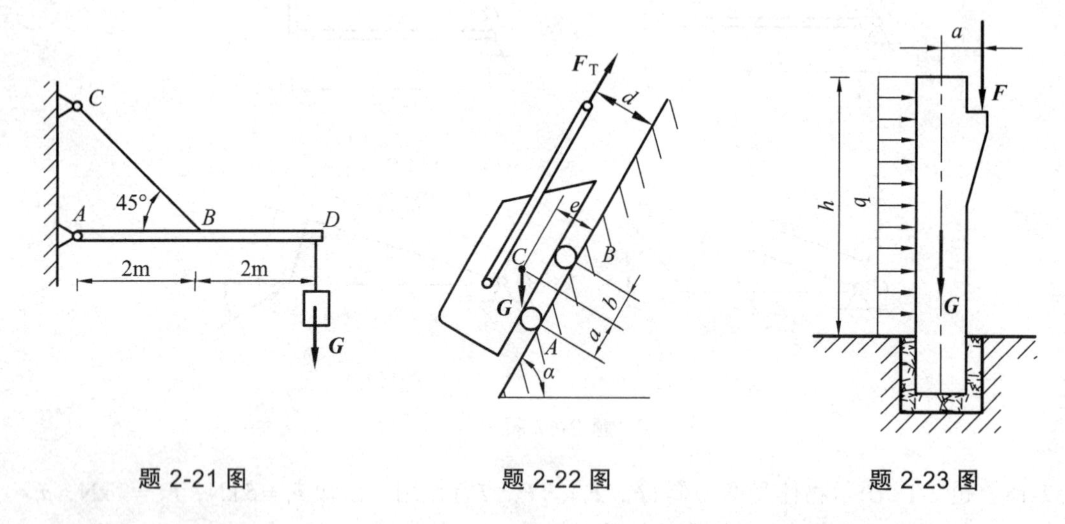

题 2-21 图　　题 2-22 图　　题 2-23 图

2-24　已知 $F=20\ \text{kN}$，$q=20\ \text{kN/m}$，$a=0.8\ \text{m}$，$M=8\ \text{kN·m}$，求题 2-24 图示各梁支座的约束反力。

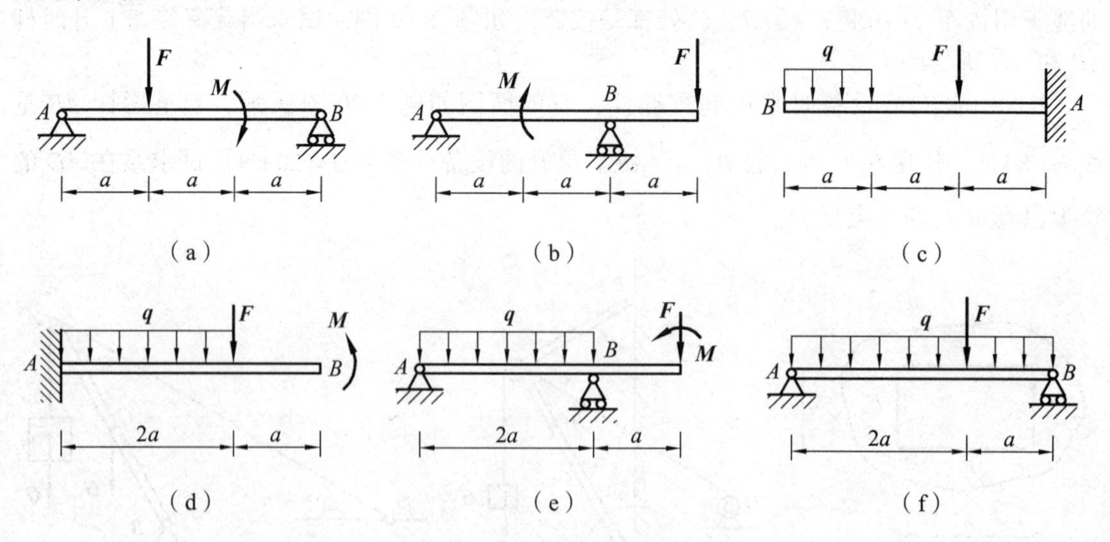

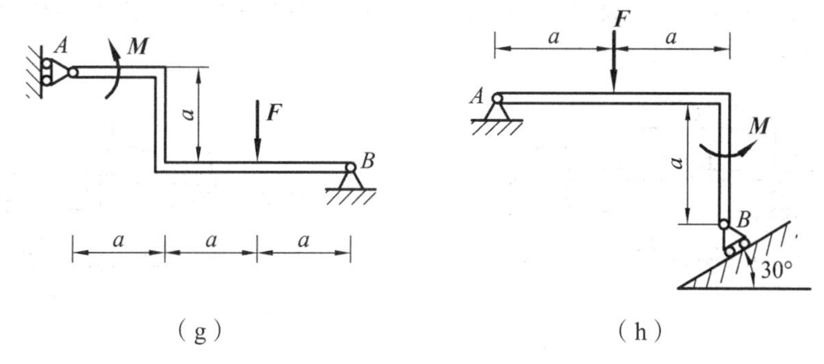

题 2-24 图

2-25　液压式汽车起重机全部固定部分（包括汽车自重）总重 $G_1 = 60\ \text{kN}$，起重臂部分重 $G_2 = 20\ \text{kN}$，结构尺寸：$a = 1.4\ \text{m}$，$b = 0.4\ \text{m}$，$l_1 = 1.85\ \text{m}$，$l_2 = 1.4\ \text{m}$。起重时，支起支撑腿 A 与 B 如题 2-25 图所示，当 $R = 5\ \text{m}$ 时，试求图示位置汽车不致翻倒的最大起重量 G。

2-26　人字梯由 AB、AC 两杆在 A 点铰接，又在 D、E 两点用水平绳连接；梯子放在光滑水平面上，其一边有一重为 $\boldsymbol{G}$ 的人站立，尺寸如题 2-26 图所示。如不计梯重，求绳的张力、铰链 A 的内力和 B、C 两处的地面反力。

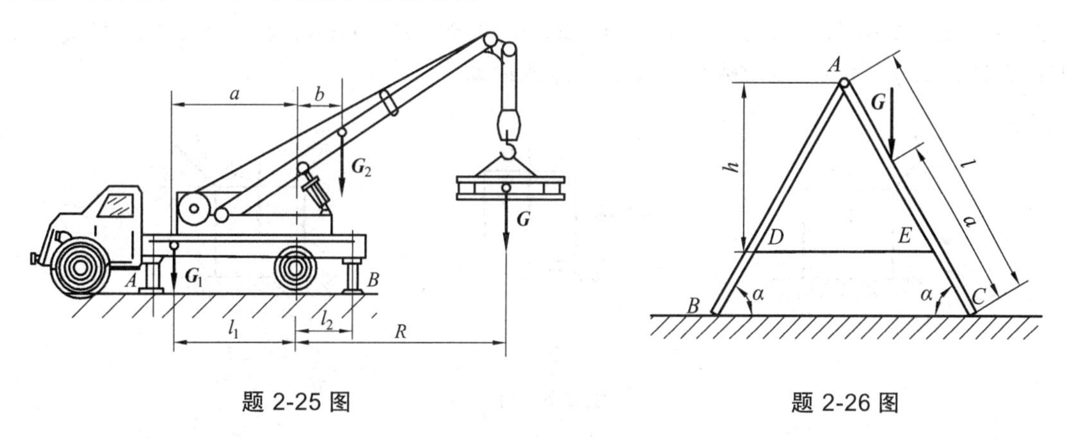

题 2-25 图　　　　　　　　　　题 2-26 图

2-27　题 2-27 图示三铰拱桥由 AC 和 BC 两部分组成，在 A、B、C 三处均以铰链连接，已知 $F_1 = 10\ \text{kN}$，$F_2 = 6\ \text{kN}$，不计拱自重，试求支座 A 和 B 的反力。

2-28　钢筋校直机构如题 2-28 图所示，如在 E 点作用水平力 $F = 90\ \text{N}$，试求在 D 处将产生多大的压力，并求铰链支座 A 处的约束反力。

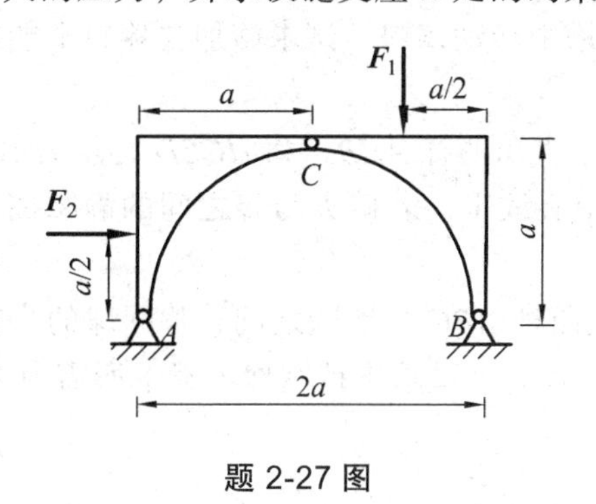

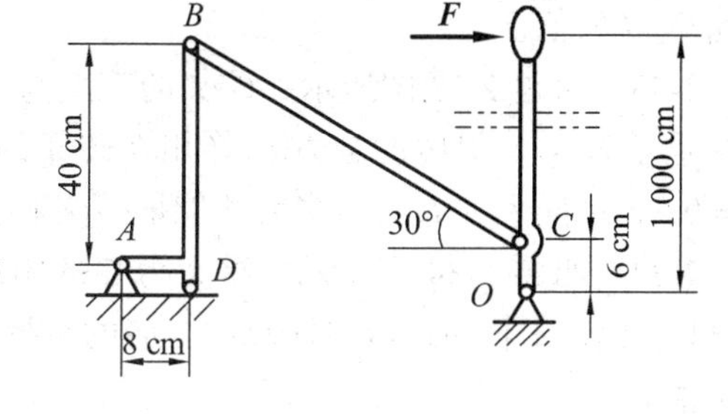

题 2-27 图　　　　　　　　　　题 2-28 图

2-29　求题 2-29 图示各组合梁支座 A、B、C、D 处的约束反力。已知：$q=10\ \text{kN/m}$，$M=40\ \text{kN}\cdot\text{m}$，$F=10\ \text{kN}$。（梁自重不计）

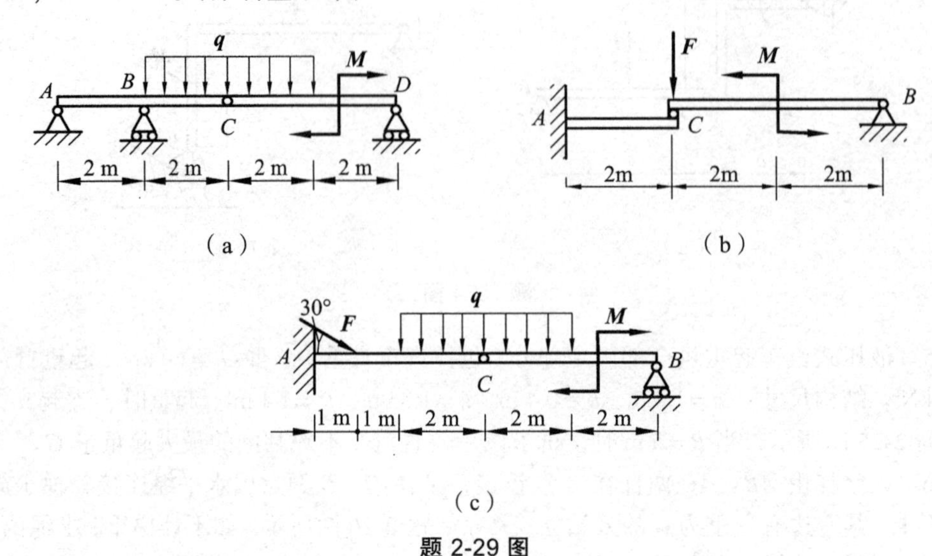

题 2-29 图

2-30　如题 2-30 图所示三种情况中，已知 $G=200\ \text{N}$，$F=100\ \text{N}$，$\alpha=30°$，物块与支承面间的静摩擦因数 $f_s=0.5$。试求哪种情况下物体能运动。

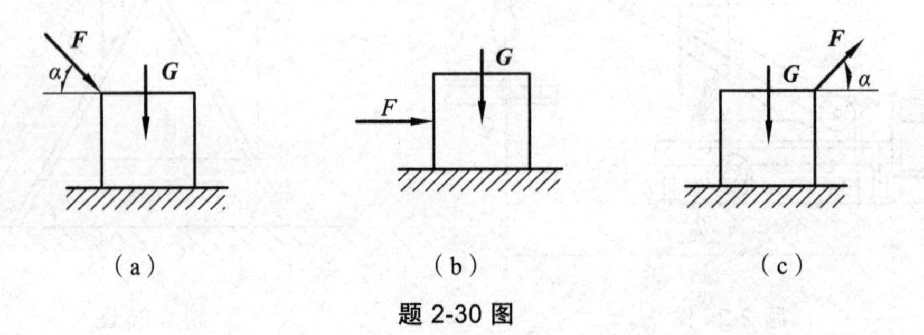

题 2-30 图

2-31　如题 2-31 图所示长 4 m，重 200 N 的梯子，斜靠在光滑的墙上，梯子与地面成 60° 角，梯子与地面的静摩擦因数 $f_s=0.4$，有一重 600 N 的人登梯而上，问他上到何处梯子开始滑倒？

2-32　置于 V 形槽中的棒料如题 2-32 图所示。已知棒料与接触面间的摩擦因数为 0.2，棒料重 $G=400\ \text{N}$，直径 $D=250\ \text{mm}$。今欲在 V 形槽中转动棒料，试求施加在棒料上的最小力偶矩 M 的值。

2-33　如题 2-33 图所示，砖夹的宽度为 25 cm，直角曲杆 AHB，和 $HCED$ 在点 H 铰接。砖的重量为 G，提砖的合力 F_P 作用在砖夹的对称中心线上。若砖夹与砖之间的静摩擦系数 $f_s=0.5$，试问尺寸 b 应为多大才能把砖夹起。

2-34　如题 2-34 图所示，重力为 $\boldsymbol{G}$ 的圆球夹在曲杆 ABC 与墙壁之间，若圆球的半径为 r，圆心比较 A 低 h，球与杆及球与墙的摩擦因数均为 f_s，试求维持圆球不滑下所需力 $\boldsymbol{F}_P$ 的最小值。

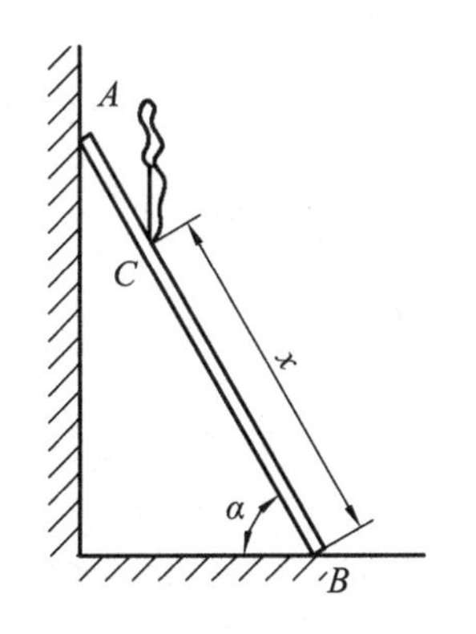

题 2-31 图

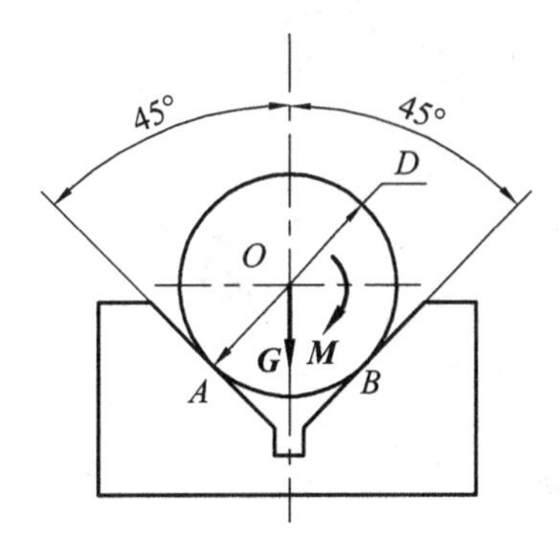

题 2-32 图

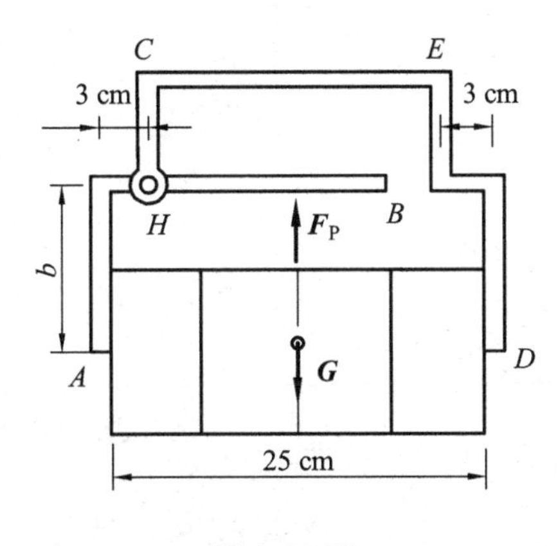

题 2-33 图

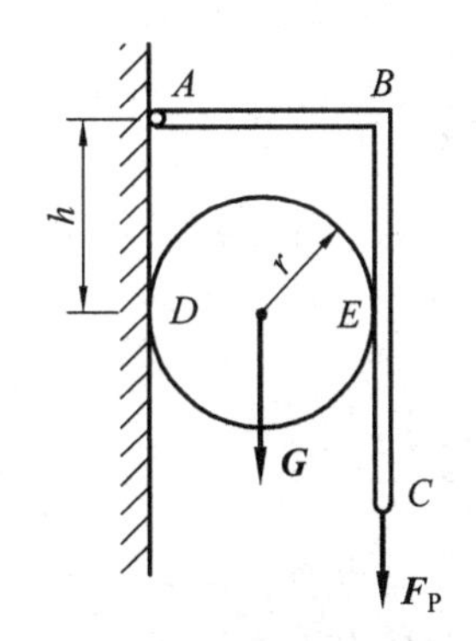

题 2-34 图

第3章　空间力系

【本章概述】

本章介绍力在空间直角坐标轴上的投影、力对轴之矩的概念与计算方法、空间力系的简化，重点介绍空间力系的平衡计算。

【知识目标】

（1）理解力在空间直角坐标轴上的投影。
（2）理解力对轴之矩的概念，理解并掌握合力矩定理。

【技能目标】

（1）能熟练计算力在空间直角坐标轴上的投影及力对轴之矩。
（2）能熟练利用合力矩定理计算力对轴之矩。
（3）会利用空间力系平衡方程求解简单空间平衡问题。
（4）能熟练应用空间力系平衡问题的平面解法解决空间力系平衡问题。

【工程案例导入】

在实际工程中，常遇到这样的物体或构件，作用在其上的**各个力的作用线往往不全在同一平面内**，而是呈空间分布的，如图3-1所示的起重绞车鼓轮的受力情况，我们称作用在物

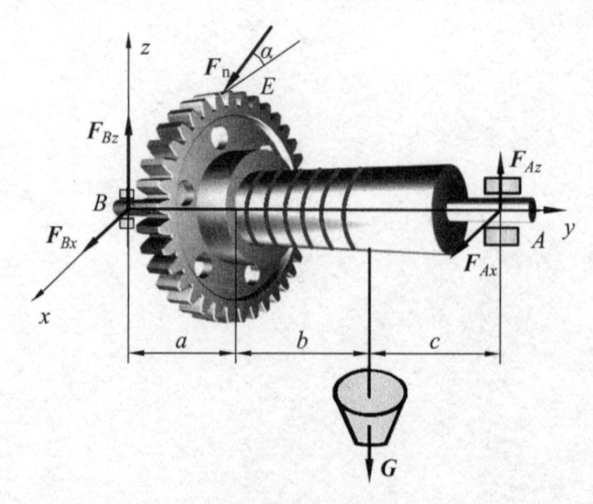

图 3-1

体或构件上的这种力系为**空间力系**。在空间力系中，若**各个力的作用线汇交于一点**，则称为**空间汇交力系**；若**各个力的作用线互相平行**，则称为**空间平行力系**；若**各个力的作用线在空间任意分布**，则称为**空间任意力系**。

研究空间力系的平衡问题时，类似于平面力系，首先要了解作用于研究对象上的各力在轴上的投影以及力对轴的转动效应——力对轴之矩。

3.1　力在空间直角坐标轴上的投影、力对轴之矩

3.1.1　力在空间直角坐标轴上的投影

1. 直接投影法

如图 3-2 所示，已知力 $\boldsymbol{F}$ 的大小，力 $\boldsymbol{F}$ 的作用线与空间直角坐标系三个坐标轴所夹的锐角分别为 α、β、γ，由几何关系可直接得到力 $\boldsymbol{F}$ 在空间直角坐标轴上的投影 F_x、F_y、F_z 分别为

$$\left.\begin{aligned} F_x &= \pm F \cdot \cos\alpha \\ F_y &= \pm F \cdot \cos\beta \\ F_z &= \pm F \cdot \cos\gamma \end{aligned}\right\} \tag{3-1}$$

式中的三个投影都是代数量，与平面情况相同。规定：**当力的起点投影至终点投影的连线方向与坐标轴正向一致时取正号；反之，取负号。**

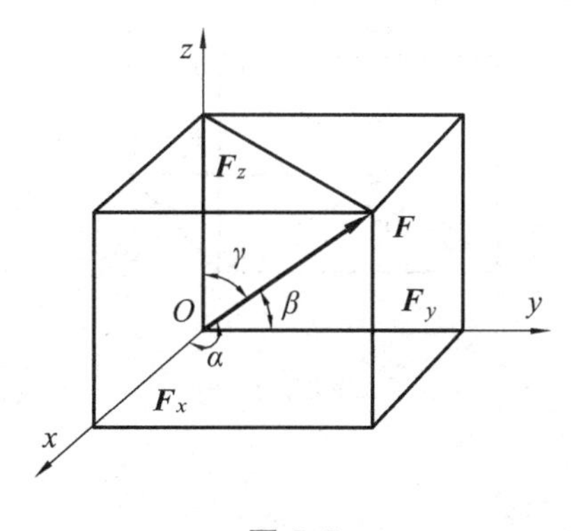

图 3-2

如果力 $\boldsymbol{F}$ 的三个投影是已知的，则可以反求 $\boldsymbol{F}$ 力的大小与方向。为此把式（3-1）的每一个等式分别平方相加，并注意到

$$\cos^2\alpha + \cos^2\beta + \cos^2\gamma = 1$$

得
$$\left.\begin{aligned}&F=\sqrt{F_x^2+F_y^2+F_z^2}\\&\cos\alpha=\frac{F_x}{F},\cos\beta=\frac{F_y}{F},\cos\gamma=\frac{F_z}{F}\end{aligned}\right\}\quad(3\text{-}2)$$

$\cos\alpha,\cos\beta,\cos\gamma$ 称为力 $\boldsymbol{F}$ 的方向余弦。

2. 二次投影法

如图 3-3 所示，若已知力 $\boldsymbol{F}$ 的大小、$\boldsymbol{F}$ 的作用线与坐标轴 z 所夹的锐角 γ、力 $\boldsymbol{F}$ 与 z 轴决定的平面与 x 轴所夹的锐角 φ，则可先将力 $\boldsymbol{F}$ 分别投影至 z 轴和坐标平面 Oxy 上，得到 z 轴上的投影 F_z 和平面上的投影 $\boldsymbol{F}_{xy}$；然后，再将 $\boldsymbol{F}_{xy}$ 分别投影至 x 轴和 y 轴，得到轴上的投影 F_x，F_y。此方法需要经过两次投影才能得到结果，因此称为**二次投影法**。二次投影法的过程可参看下式：

$$F\Rightarrow\begin{cases}F_z=\pm F\cdot\cos\gamma\\F_{xy}=F\cdot\sin\gamma\Rightarrow\begin{cases}F_x=\pm F_{xy}\cdot\cos\varphi=\pm F\cdot\sin\gamma\cdot\cos\varphi\\F_y=\pm F_{xy}\cdot\sin\varphi=\pm F\cdot\sin\gamma\cdot\sin\varphi\end{cases}\end{cases}\quad(3\text{-}3)$$

式中：γ 为力 $\boldsymbol{F}$ 与 z 轴所夹的锐角；φ 为力 $\boldsymbol{F}$ 与 z 轴所确定的平面与 x 轴所夹的锐角。投影 F_x、F_y、F_z 的正负规定：**当力的起点投影至终点投影的连线方向与坐标轴正向一致时取正号；反之，取负号。**

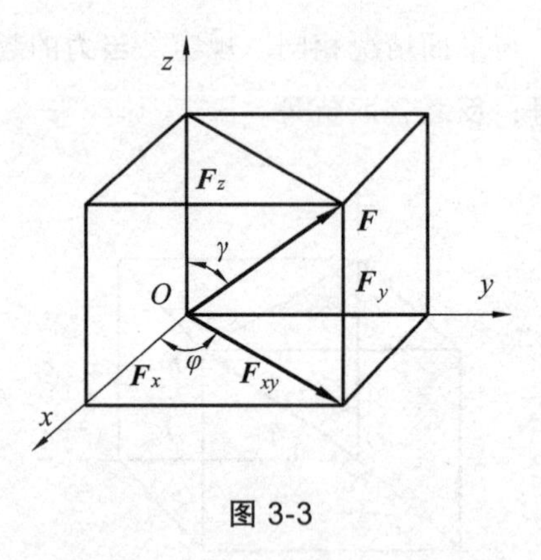

图 3-3

重要提示：

力在坐标轴上的投影是代数量，而力在平面上的投影为矢量。这是因为力在平面上投影的方向不能像在坐标轴上的投影那样简单地用正负号来表明，而必须用矢量来表示。

例 3-1 已知圆柱斜齿轮所受的啮合力 $F_n=1\ 410\text{N}$，齿轮压力角 $\alpha=20°$，螺旋角 $\beta=25°$，如图 3-4 所示。试计算齿轮所受的圆周力 $\boldsymbol{F}_t$、轴向力 $\boldsymbol{F}_a$、径向力 $\boldsymbol{F}_r$ 大小。

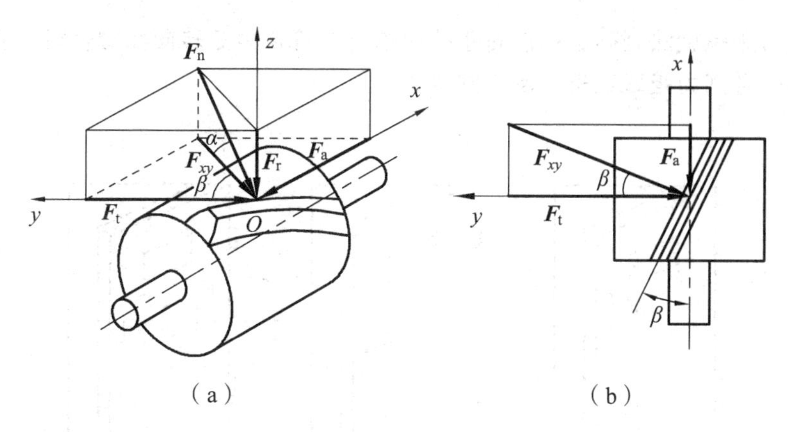

图 3-4

解　取空间直角坐标系，使 x、y、z 方向分别沿齿轮的轴向、圆周的切线方向和径向，如图 3-4a 所示。先把啮合力 $\boldsymbol{F}_n$ 向 z 轴和 Oxy 坐标平面投影，得

$$F_z = -F_n \sin\alpha = -1\ 410\ \text{N} \times \sin 20° = -482\ \text{N}$$

$\boldsymbol{F}_n$ 在 Oxy 平面上的分力 $\boldsymbol{F}_{xy}$，其大小为

$$F_{xy} = F_n \cos\alpha = 1\ 410\ \text{N} \times \cos 20° = 1\ 325\ \text{N}$$

然后再把 $\boldsymbol{F}_{xy}$ 投影到 x、y 轴得

$$F_x = -F_{xy} \sin\beta = -1\ 325\ \text{N} \times \sin 25° = -560\ \text{N}$$

$$F_y = -F_{xy} \cos\beta = -1\ 325\ \text{N} \times \cos 25° = -1\ 201\ \text{N}$$

则圆周力 $\boldsymbol{F}_t$、轴向力 $\boldsymbol{F}_a$、径向力 $\boldsymbol{F}_r$ 大小分别为：482 N、560 N、1 201 N，方向如图 3-4 所示。

3.1.2　力对轴之矩

1. 力对轴之矩的概念

在工程实际中经常遇到刚体绕定轴转动的情形，如齿轮、皮带轮等。为了度量力对绕定轴转动刚体的转动效应，必须引入力对轴之矩的概念。例如在推门时，若力的作用线与门的转轴平行或相交，如图 3-5 所示，则无论力有多大都不能把门绕门轴推开；当力的作用线不位于门所在平面内时，如图 3-6 所示，就能把门推开，而且这个力越大或其作用线与门轴间的距离越大，转动效果就越显著。因此，可以用力 $\boldsymbol{F}$ 的大小与距离 d 的乘积来量度力 $\boldsymbol{F}$ 对刚体绕定轴转动效应。

如图 3-6 所示，在门上 A 点作用任一空间力 $\boldsymbol{F}$，现过 A 点作一垂直于 z 轴的平面 β，与 z 轴交于点 O。将力 $\boldsymbol{F}$ 分解为平行于 z 轴的分力 $\boldsymbol{F}_z$ 和位于 β 面内的分力 $\boldsymbol{F}_{xy}$（该分力垂直于 z 轴）。显然分力 $\boldsymbol{F}_z$ 对门无转动效应，只有分力 $\boldsymbol{F}_{xy}$ 才能使门转动，其转动效应取决于力 $\boldsymbol{F}_{xy}$ 对 O 点的矩。因此，得到力对轴之矩的概念，即：**力对轴之矩是力使物体绕轴转动效应的度量，它是代数量，其大小等于力在垂直于该轴的平面上的分力对于此平面与该轴交点之矩。**

$$M_z(\boldsymbol{F}) = M_z(\boldsymbol{F}_{xy}) = M_O(\boldsymbol{F}_{xy}) = \pm F_{xy} d \qquad (3\text{-}4)$$

其正负号可用右手螺旋法则确定：**以右手的四指转向符合力矩转向而握轴时，若大拇指指向与该轴的正向一致则力矩取正号，反之则取负号。**

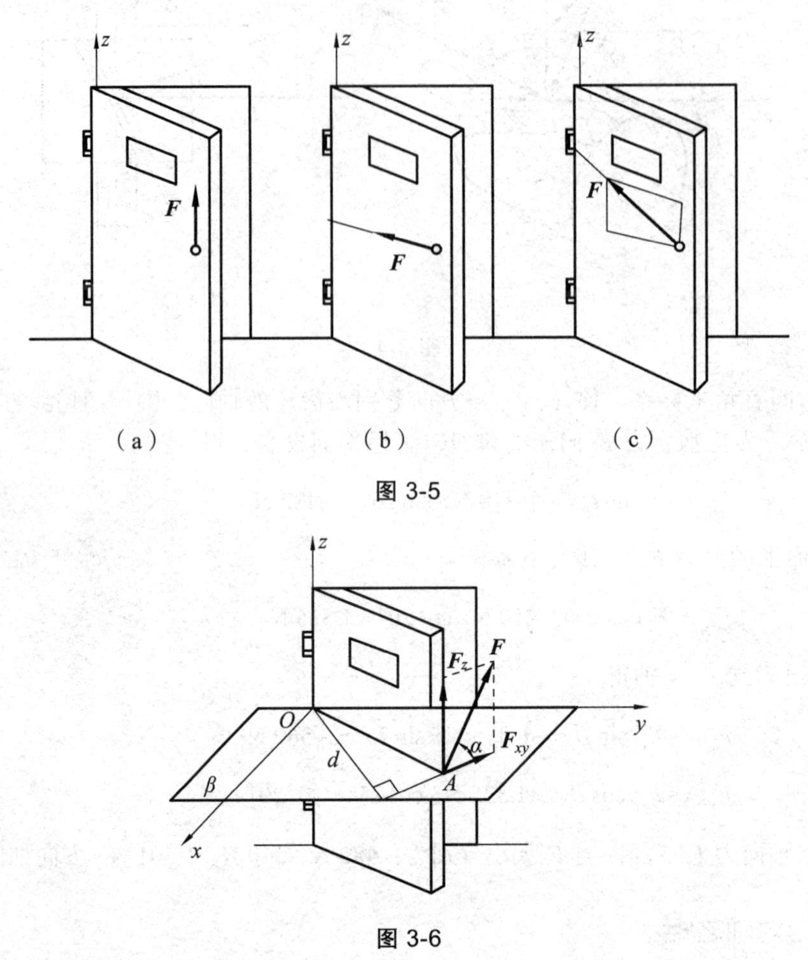

图 3-5

图 3-6

力对轴之矩的单位为牛米（N·m）。

通过以上分析可知，力对轴之矩等于零的两种情况是：① 力与轴平行（$F_{xy}=0$）；② 力与轴相交（$d=0$）。也就是说**力与轴在同一平面内时**（二者要么平行，要么相交），**力对轴之矩为零**。

2. 合力矩定理

与平面力系合力矩定理类似，空间力系的合力矩定理为：**空间力系的合力对某轴之矩，等于力系中各分力对同一轴之矩的代数和**。即

$$M_z(\boldsymbol{F}_R)=M_z(\boldsymbol{F}_1)+M_z(\boldsymbol{F}_2)+\cdots+M_z(\boldsymbol{F}_n)=\sum M_z(\boldsymbol{F}_i) \tag{3-5}$$

3. 合力矩定理的应用

与平面问题相同，应用合力矩定理计算力对轴之矩时往往比较方便。具体方法是：先将力 $\boldsymbol{F}$（视为一个合力）在其作用点处沿坐标轴 x、y、z 方向分解，得到 $\boldsymbol{F}_x$、$\boldsymbol{F}_y$、$\boldsymbol{F}_z$ 三个分力，

然后计算每一分力对某轴（如 z 轴）之矩，最后求出所有分力对该轴之矩的代数和，即得出力 $\boldsymbol{F}$ 对该轴之矩。由于分力 $\boldsymbol{F}_z$ 与 z 轴平行，则 $M_z(\boldsymbol{F}_z)=0$，即有

$$M_z(\boldsymbol{F})=M_z(\boldsymbol{F}_x)+M_z(\boldsymbol{F}_y)$$

而 $\boldsymbol{F}_x$、$\boldsymbol{F}_y$ 两个分力相对于 z 轴的力臂分别为 $\boldsymbol{F}$ 作用点的 y、x 坐标的绝对值。其他依此类推。

例 3-2　曲拐轴受力如图 3-7a 所示，已知 $F=600\ \text{N}$。求：（1）力 $\boldsymbol{F}$ 在 x、y、z 轴上的投影；（2）力 $\boldsymbol{F}$ 对 x、y、z 轴之矩。

解　（1）计算投影。

根据已知条件，应用二次投影法，如图 3-7b 所示。

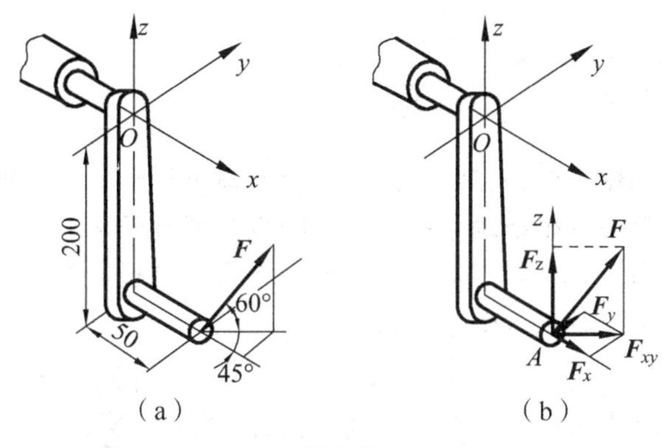

图 3-7

先将力 $\boldsymbol{F}$ 向 Axy 平面和 Az 轴投影，得到 $\boldsymbol{F}_{xy}$ 和 F_z，再将 $\boldsymbol{F}_{xy}$ 向 x、y 轴投影，便得到 F_x 和 F_y。于是有

$$F_x=F_{xy}\cos 45°=F\cos 60°\cos 45°=600\ \text{N}\times 0.5\times 0.707=212\ \text{N}$$

$$F_y=F_{xy}\sin 45°=F\cos 60°\sin 45°=600\ \text{N}\times 0.5\times 0.707=212\ \text{N}$$

$$F_z=F\sin 60°=600\ \text{N}\times 0.866=520\ \text{N}$$

（2）计算力对轴之矩。

先将力 $\boldsymbol{F}$ 在作用点 A 处沿 x，y，z 方向分解，得到 3 个分力 $\boldsymbol{F}_x$、$\boldsymbol{F}_y$、$\boldsymbol{F}_z$，如图 3-7b 所示，它们的大小分别等于投影 F_x、F_y、F_z 的大小。

根据合力矩定理，可求得力 F 对原指定的 x，y，z 三轴之矩如下：

$$M_x(\boldsymbol{F})=M_x(\boldsymbol{F}_x)+M_x(\boldsymbol{F}_y)+M_x(\boldsymbol{F}_z)=0+F_y\times 0.2+0=212\ \text{N}\times 0.2\ \text{m}=42.4\ \text{N}\cdot\text{m}$$

$$M_y(\boldsymbol{F})=M_y(\boldsymbol{F}_x)+M_y(\boldsymbol{F}_y)+M_y(\boldsymbol{F}_z)=-F_x\times 0.2+0-F_z\times 0.05$$
$$=-212\ \text{N}\times 0.2\ \text{m}-520\ \text{N}\times 0.05\ \text{m}=-68.4\ \text{N}\cdot\text{m}$$

$$M_z(\boldsymbol{F})=M_z(\boldsymbol{F}_x)+M_z(\boldsymbol{F}_y)+M_z(\boldsymbol{F}_z)=0+F_y\times 0.05+0=212\ \text{N}\times 0.05\ \text{m}=10.6\ \text{N}\cdot\text{m}$$

3.2　空间力系的平衡方程及其应用

与平面任意力系相同，我们可依据力的平移定理，将空间力系向任意点 O（简化中心）

平移，简化为一个空间汇交力系和一个空间力偶系，进而合成为一个主矢 F_R' 和一个主矩 M_O，由于空间力系的各个力的作用线不在同一平面内，当力平移时其附加力偶的作用面也不在同一平面内，所以附加力偶矩必须用矢量表示，故其主矩也为矢量。

3.2.1 空间力系平衡方程

空间力系平衡的充分与必要条件是：力系的主矢和对任一点的主矩都等于零。即：

$$F_R' = 0,\ M_O = 0$$

由此可得空间力系平衡方程的解析表达式：

$$\left.\begin{array}{lll} \sum F_{ix} = 0 & \sum F_{iy} = 0 & \sum F_{iz} = 0 \\ \sum M_x(F_i) = 0 & \sum M_y(F_i) = 0 & \sum M_z(F_i) = 0 \end{array}\right\} \tag{3-6}$$

式（3-6）表示：**力系中各个力在任意空间直角坐标系每一个坐标轴上投影的代数和分别等于零；同时各个力对每一个坐标轴之矩的代数和也分别等于零。**

式（3-6）称为空间任意力系的平衡方程，其中包含三个投影式和三个力矩式，共有 6 个独立的平衡方程，因此可以解出 6 个未知量。

对于空间汇交力系平衡可提供 3 个独立的平衡方程，即 $\begin{cases} \sum F_{ix} = 0 \\ \sum F_{iy} = 0 \\ \sum F_{iz} = 0 \end{cases}$，可解 3 个未知量；

对于空间平行力系平衡可提供 3 个独立的平衡方程，即 $\begin{cases} \sum F_{ix} = 0 \\ \sum M_y(F_i) = 0 \\ \sum M_z(F_i) = 0 \end{cases}$，可解 3 个未知量。

重要提示

求解空间力系平衡问题的要点：

（1）求解空间力系的平衡问题，其解题步骤与平面力系相同，即先确定研究对象，再进行受力分析，画出受力图，最后列出平衡方程求解。

（2）投影轴可任意选取，只要三轴不共面且任何两轴不平行。为简化计算，在选择投影轴与力矩轴时，注意使轴与各力的有关角度及尺寸为已知或较易求出，并尽可能使轴与大多数未知力平行或相交，这样计算力在坐标轴上的投影或力对轴之矩时就较为方便。

（3）根据题目特点，可选用不同形式的平衡方程。所选力矩轴不必与投影轴重合。在 6 个平衡方程中，力矩式方程不一定只用 3 个，也可用 3 个以上力矩式。当用力矩方程取代投影方程时，必须确保各力矩方程的独立性。

例 3-3 有一起重绞车的鼓轮轴如图 3-8 所示。已知 $G = 10$ kN，$b = c = 30$ cm，$a = 20$ cm，大齿轮半径 $R = 20$ cm，在最高处 E 点受 F_n 的作用，F_n 与齿轮分度圆切线之夹角为 $\alpha = 20°$，鼓轮半径 $r = 10$ cm，A、B 两端为向心轴承，不考虑鼓轮轴自重。试求轮齿的作用力 F_n 以及 A、B 两轴承所受的反力。

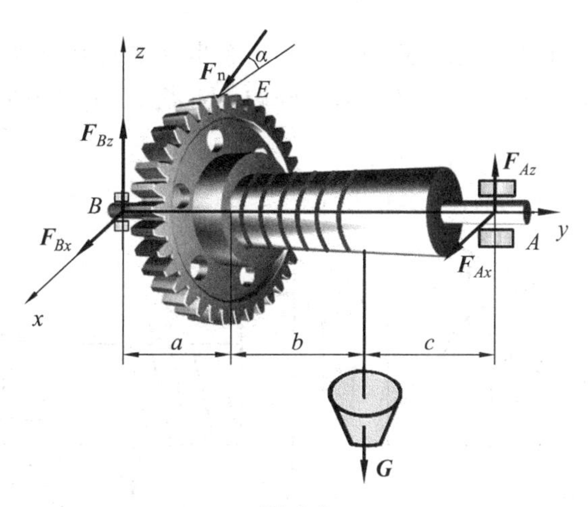

图 3-8

解 取鼓轮轴为研究对象，其上作用有齿轮作用力 $\boldsymbol{F}_n$、起重物重力 $\boldsymbol{G}$ 和轴承 A、B 处的约束反力 $\boldsymbol{F}_{Ax}$、$\boldsymbol{F}_{Az}$、$\boldsymbol{F}_{Bx}$、$\boldsymbol{F}_{Bz}$，如图 3-8 所示。该力系为空间任意力系，可列平衡方程式如下：

$$\sum M_y(\boldsymbol{F}_i)=0 \qquad F_n\cos\alpha R-G\times r=0$$

$$F_n=\frac{Gr}{R\cos\alpha}=\frac{10\ \text{kN}\times 10\ \text{cm}}{20\ \text{cm}\times\cos 20^\circ}=5.32\ \text{kN}$$

$$\sum M_x(\boldsymbol{F}_i)=0 \qquad F_{Az}(a+b+c)-G(a+b)-F_n\sin\alpha a=0$$

$$F_{Az}=\frac{G(a+b)+F_n\sin\alpha a}{a+b+c}$$

$$=\frac{10\ \text{kN}\times(20\ \text{cm}+30\ \text{cm})+5.32\ \text{kN}\times\sin 20^\circ\times 20\ \text{cm}}{20\ \text{cm}+30\ \text{cm}+30\ \text{cm}}=6.7\ \text{kN}$$

$$\sum F_z=0 \qquad F_{Az}+F_{BZ}-F_n\sin\alpha-G=0$$

$$F_{Bz}=F_n\sin\alpha+G-F_{Az}=5.32\ \text{kN}\times\sin 20^\circ+10\ \text{kN}-6.7\ \text{kN}=5.12\ \text{kN}$$

$$\sum M_z(\boldsymbol{F}_i)=0 \qquad -F_n\cos\alpha a-F_{Ax}(a+b+c)=0$$

$$F_{Ax}=-\frac{F_n\cos\alpha a}{a+b+c}=-\frac{5.32\ \text{kN}\times\cos 20^\circ\times 20\ \text{cm}}{20\ \text{cm}+30\ \text{cm}+30\ \text{cm}}=-1.25\ \text{kN}$$

$$\sum F_x=0 \qquad F_{Ax}+F_{Bx}+F_n\cos\alpha=0$$

$$F_{Bx}=-F_{Ax}-F_n\cos\alpha=-(-1.25\ \text{kN})-5.32\ \text{kN}\times\cos 20^\circ=-3.75\ \text{kN}$$

负号表示图 3-8 中所画约束反力方向与实际指向相反。

3.2.2 空间任意力系平衡问题的平面解法

当空间任意力系平衡时，该力系各力在任意平面上的投影所组成的平面任意力系也是平衡的。因此，对于空间力系的平衡问题，可以直接运用平衡方程（3-6）来解，也可以将空间力系分别投影到三个坐标平面上，转化为三个平面任意力系，分别建立它们的平衡方程来解。这种将空间平衡问题转化为三个平面问题的研究方法，称为**空间力系的平面解法**。机械工程中，尤其是对轮轴类零件进行受力分析时常用此方法。

例 3-4 用平面解法解例 3-3。

解 （1）取鼓轮轴为研究对象，并画出它在三个坐标平面上受力的投影图，如图 3-9 所示。一个空间力系问题就转化为三个平面力系问题。本题 *xz* 平面为平面任意力系，*yz* 与 *xy* 平面则为平面平行力系。

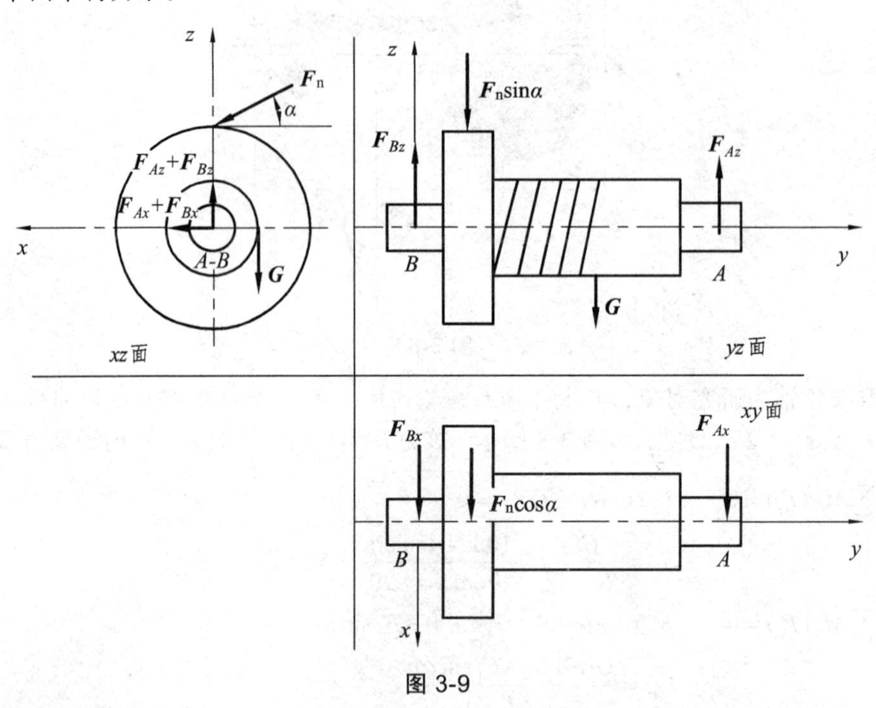

图 3-9

（2）按平面力系的解题方法，逐个分析三个受力投影图，发现本题应从 *xz* 平面先解。

xz 平面：

$$\sum M_A(\boldsymbol{F}_i)=0 \qquad F_{\mathrm{n}}\cos\alpha R - Gr = 0$$

$$F_{\mathrm{n}} = \frac{Gr}{R\cos\alpha} = \frac{10\ \mathrm{kN}\times 10\ \mathrm{cm}}{20\ \mathrm{cm}\times\cos 20^\circ} = 5.32\ \mathrm{kN}$$

yz 平面：

$$\sum M_B(\boldsymbol{F}_i)=0 \qquad F_{Az}(a+b+c) - G(a+b) - F_{\mathrm{n}}\sin\alpha a = 0$$

$$F_{Az} = \frac{G(a+b)+F_{\mathrm{n}}\sin\alpha a}{a+b+c}$$

$$= \frac{10\ \mathrm{kN}\times(20\ \mathrm{cm}+30\ \mathrm{cm})+5.32\ \mathrm{kN}\times\sin 20^\circ\times 20\ \mathrm{cm}}{20\ \mathrm{cm}+30\ \mathrm{cm}+30\ \mathrm{cm}} = 6.7\ \mathrm{kN}$$

$$\sum F_z = 0 \qquad F_{Az}+F_{Bz}-F_{\mathrm{n}}\sin\alpha - G = 0$$

$$F_{Bz} = F_{\mathrm{n}}\sin\alpha + G - F_{Az} = 5.32\ \mathrm{kN}\times\sin 20^\circ + 10\ \mathrm{kN} - 6.7\ \mathrm{kN} = 5.12\ \mathrm{kN}$$

xy 平面：

$$\sum M_B(\boldsymbol{F}_i)=0 \qquad -F_{\mathrm{n}}\cos\alpha a - F_{Ax}(a+b+c) = 0$$

$$F_{Ax}=-\frac{F_{\mathrm{n}}\cos\alpha a}{a+b+c}=-\frac{5.32\ \mathrm{kN}\times\cos 20°\times 20\ \mathrm{cm}}{20\ \mathrm{cm}+30\ \mathrm{cm}+30\ \mathrm{cm}}=-1.25\ \mathrm{kN}$$

$$\sum F_x=0 \qquad F_{Ax}+F_{Bx}+F_{\mathrm{n}}\cos\alpha=0$$

$$F_{Bx}=-F_{Ax}-F_{\mathrm{n}}\cos\alpha=-(-1.25\ \mathrm{kN})-5.32\ \mathrm{kN}\times\cos 20°=-3.75\ \mathrm{kN}$$

负号表明，图中所标力的方向与实际方向相反。

计算结果与例 3-3 的结果相同，所以在工程实际中常见的轮轴受力计算，应用平面解法较为方便，此方法是本章的重点。

重要提示：

（1）空间力偶的三要素：力偶矩大小、转向和作用面的方位。

（2）如果一个空间力偶的作用面与投影面平行，则该力偶在相应投影面上的投影大小等于该力偶矩大小，转向亦相同；如果一个空间力偶的作用面与投影面垂直，则该力偶在相应投影面上的投影等于零。

例 3-5　图 3-10a 为一电动机通过联轴器带动皮带轮的传动装置。已知驱动力偶矩 $M=20\ \mathrm{N\cdot m}$，皮带轮直径 $D=16\ \mathrm{cm}$，$a=20\ \mathrm{cm}$，轮轴自重不计，带的拉力 $F_{\mathrm{T1}}=2F_{\mathrm{T2}}$（其中，$\boldsymbol{F}_{\mathrm{T1}}$ 铅垂向下，$\boldsymbol{F}_{\mathrm{T2}}$ 与过轮轴的铅垂面成 30° 角）。试求 A、B 二处的轴承反力。

解　取轮轴为研究对象，画受力图如图 3-10b 所示，分别将此受力图向三个坐标平面投影，分别得到三个平面受力图，**注意空间力偶作用面与投影面** yz、xy **垂直**，如图 3-11 所示。

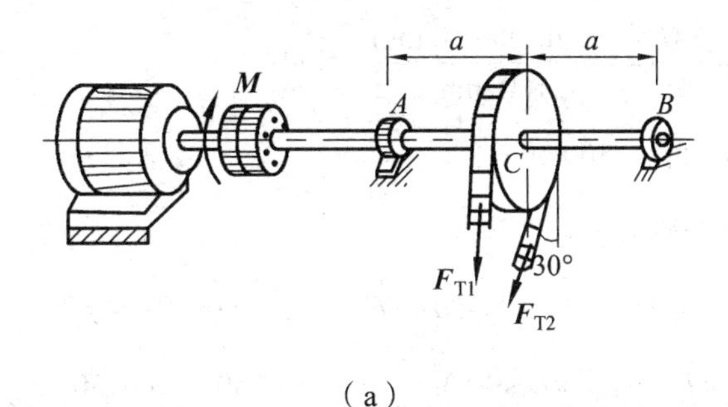

（a）

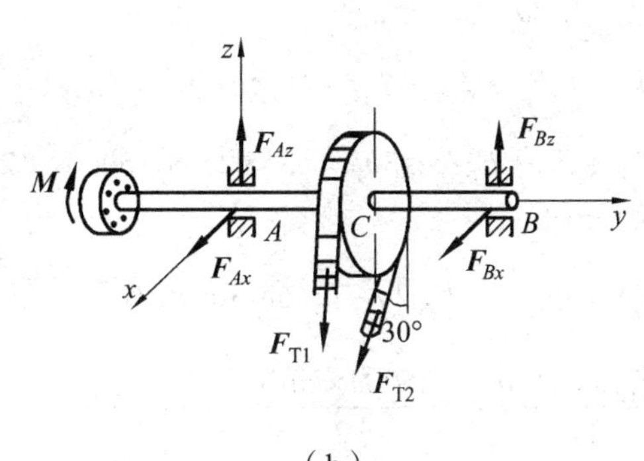

（b）

图 3-10

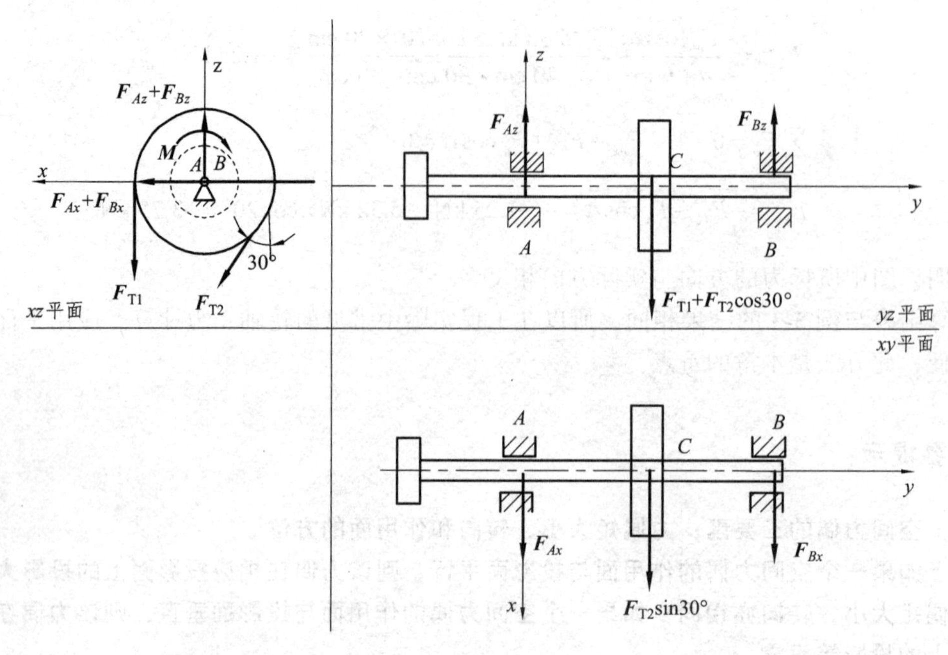

图 3-11

（1）在 xz 平面建立平衡方程。

$$\sum M_B(\boldsymbol{F}_i)=0 \qquad F_{T1}\frac{D}{2}-F_{T2}\frac{D}{2}-M=0$$

以 $F_{T1}=2F_{T2}$ 代入得

$$F_{T2}=\frac{2M}{D}=\frac{2\times 20\ 000\ \text{N}\cdot\text{mm}}{160\ \text{mm}}=250\ \text{N}$$

$$F_{T1}=2F_{T2}=500\ \text{N}$$

（2）在 yz 平面建立平衡方程。

$$\sum M_A(\boldsymbol{F}_i)=0 \qquad F_{Bz}2a-(F_{T1}+F_{T2}\times\cos30°)a=0$$

得

$$F_{Bz}=\frac{(F_{T1}+F_{T2}\times\cos30°)a}{2a}=\frac{500\ \text{N}+250\ \text{N}\times\cos30°}{2}=358.25\ \text{N}$$

$$\sum F_z=0 \qquad F_{Az}+F_{BZ}-F_{T1}-F_{T2}\cos30°=0$$

得

$$F_{Az}=-F_{BZ}+F_{T1}+F_{T2}\cos30°=-358.25\ \text{N}+500\ \text{N}+250\ \text{N}\times\cos30°=358.25\ \text{N}$$

（3）在 xy 平面建立平衡方程。

$$\sum M_A(\boldsymbol{F}_i)=0 \qquad -F_{Bx}2a-F_{T2}\sin30°a=0$$

得

$$F_{Bx}=\frac{-F_{T2}\sin30°a}{2a}=\frac{-250\ \text{N}\times\sin30°}{2}=-62.5\ \text{N}$$

$$\sum M_C(\boldsymbol{F}_i)=0 \qquad F_{Ax}a-F_{Bx}a=0$$

得 $$F_{Ax}=F_{Bx}=-62.5\,\text{N}$$
负号说明 $\boldsymbol{F}_{Ax}$、$\boldsymbol{F}_{Bx}$ 的实际指向与图 3-11 中假设指向相反。

本章主要内容回顾

空间力系的分析和求解方法与平面力系基本相同，其难点在于如何正确地将力向空间直角坐标轴投影和计算力对轴的力矩。要解决这些难点问题：首先，要弄清受力系统的空间结构和所受各力及其作用点位置；其次，要在原结构图上画出系统的受力图；最后，合理选择空间直角坐标轴，尽量使计算简化。注意，在计算力对轴之矩时常常使用合力矩定理，将力沿三个直角坐标轴分解为三个分力来计算较为方便。本章主要内容如下：

1. 力在空间直角坐标轴上的投影

（1）直接投影法：
$$\left.\begin{aligned}F_x&=\pm F\cdot\cos\alpha\\F_y&=\pm F\cdot\cos\beta\\F_z&=\pm F\cdot\cos\gamma\end{aligned}\right\}$$
其中，α、β、γ 分别为力 $\boldsymbol{F}$ 与 x、y、z 三个坐标轴所夹的锐角。

（2）二次投影法：
$$F\Rightarrow\begin{cases}F_z=\pm F\cdot\cos\gamma\\F_{xy}=F\cdot\sin\gamma\Rightarrow\begin{cases}F_x=\pm F_{xy}\cdot\cos\varphi=\pm F\cdot\sin\gamma\cdot\cos\varphi\\F_y=\pm F_{xy}\cdot\sin\varphi=\pm F\cdot\sin\gamma\cdot\sin\varphi\end{cases}\end{cases}$$
其中，γ 为力 $\boldsymbol{F}$ 与 z 轴所夹的锐角；φ 为力 $\boldsymbol{F}$ 与 z 轴所确定的平面与 x 轴所夹的锐角。

（3）投影的正、负号规定：当力的起点投影至终点投影的连线方向与坐标轴正向一致时取正号；反之，取负号。

2. 力对轴之矩

（1）力对轴之矩：力对轴之矩大小等于力在垂直于该轴的平面上的分力对于此平面与该轴交点之矩，即 $M_z(\boldsymbol{F})=M_z(\boldsymbol{F}_{xy})=M_O(\boldsymbol{F}_{xy})=\pm F_{xy}d$。

其正负号可用右手螺旋法则确定：以右手的四指转向符合力矩转向而握轴时，若大拇指指向与该轴的正向一致时取正号，反之则取负号。

（2）合力矩定理：空间力系的合力对某轴之矩，等于力系中各分力对同一轴之矩的代数和，即 $M_z(\boldsymbol{F}_{\mathrm{R}})=M_z(\boldsymbol{F}_1)+M_z(\boldsymbol{F}_2)+\cdots+M_z(\boldsymbol{F}_n)=\sum M_z(\boldsymbol{F}_i)$。

注意：灵活利用合力矩定理计算某一个力对轴之矩。

3. 空间力系平衡的充分与必要条件

空间力系平衡的充分与必要条件是：力系的主矢和对任一点的主矩都等于零，即
$$\left.\begin{aligned}\boldsymbol{F}_{\mathrm{R}}'&=0\\\boldsymbol{M}_O&=0\end{aligned}\right\}$$

（1）空间力系的平衡方程：

$$\left.\begin{aligned}&\sum F_{ix}=0,\quad \sum F_{iy}=0,\quad \sum F_{iz}=0\\&\sum M_x(\boldsymbol{F}_i)=0,\quad \sum M_y(\boldsymbol{F}_i)=0,\quad \sum M_z(\boldsymbol{F}_i)=0\end{aligned}\right\}$$

（2）空间力系平衡问题的两种解法。

选取研究对象，经受力分析并画出受力图后，可选用下列两种方法之一：

① 直接应用空间力系平衡方程计算。

② 空间力系的平面解法：将空间力系分别投影到三个坐标平面上，转化为三个平面任意力系，分别建立它们的平衡方程来解。尤其要注意空间力偶在相应投影面上的投影大小计算方法。

练习题

3-1 在什么情况下力对轴之矩为零？如何判断力对轴之矩的正、负号？

3-2 一个空间力系平衡问题可转化为三个平面力系平衡问题，每个平面力系平衡问题都可提供三个平衡方程，为什么空间力系平衡问题解决不了 9 个未知量？

3-3 解空间任意力系平衡问题时，应该怎样选取坐标轴，使所列的方程简单，便于求解？

3-4 长方体的顶角 A 和 B 处分别有力 $\boldsymbol{F}_1$ 和 $\boldsymbol{F}_2$ 的作用，如题 3-4 图所示。已知 $F_1=500\ \text{N}$，$F_2=700\ \text{N}$。试求二力在 x、y、z 三轴上的投影。

3-5 题 3-5 图中水平轮上 A 处有一力 $F=1\ \text{kN}$ 作用，$\boldsymbol{F}$ 在过 A 点的轮切线所确定的铅垂面内，其作用线与过 A 点的切线夹角 $\alpha=60°$，OA 与 y 向之夹角 $\beta=45°$，$h=r=1\ \text{m}$。试计算力 $\boldsymbol{F}$ 在三个坐标轴上的投影及对三个坐标轴之矩。

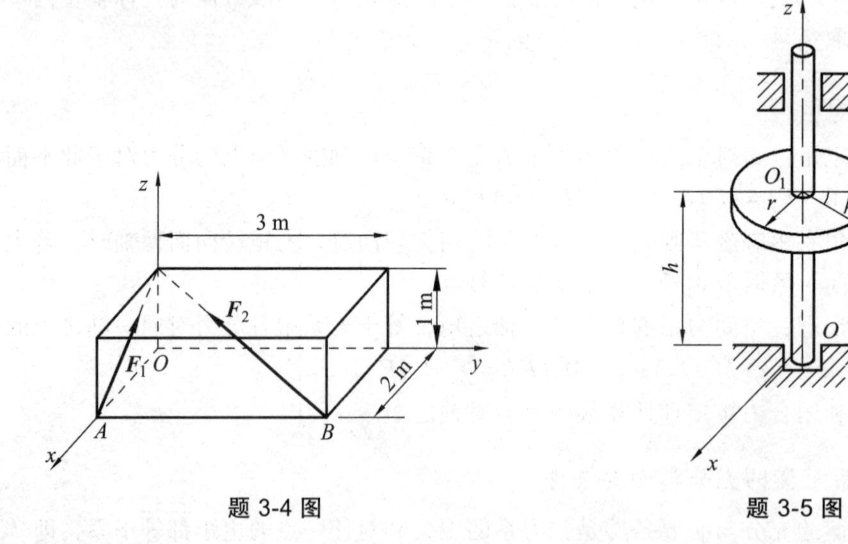

题 3-4 图　　　　题 3-5 图

3-6 题 3-6 图示长方体上作用着两个力 $\boldsymbol{F}_1$、$\boldsymbol{F}_2$。已知 $F_1=100\ \text{N}$，$F_2=10\sqrt{5}\ \text{N}$，$b=0.3\ \text{m}$，$c=0.4\ \text{m}$，$d=0.2\ \text{m}$，$e=0.1\ \text{m}$。试分别计算 $\boldsymbol{F}_1$ 和 $\boldsymbol{F}_2$ 在三个坐标轴上的投影及对三个坐标轴之矩。

3-7 变速箱中间轴上有两个齿轮，其分度圆半径 $r_1=100\ \text{mm}$，$r_2=72\ \text{mm}$，啮合点分别在两齿轮的最高与最低位置，如题 3-7 图所示。齿轮压力角 $\alpha=20°$，在大齿轮上作用的啮合

力 $F_1=1.6\text{ kN}$，试求当轴平衡时，作用在小齿轮上的啮合力 $\boldsymbol{F}_2$ 及 A，B 两处轴承的反力。

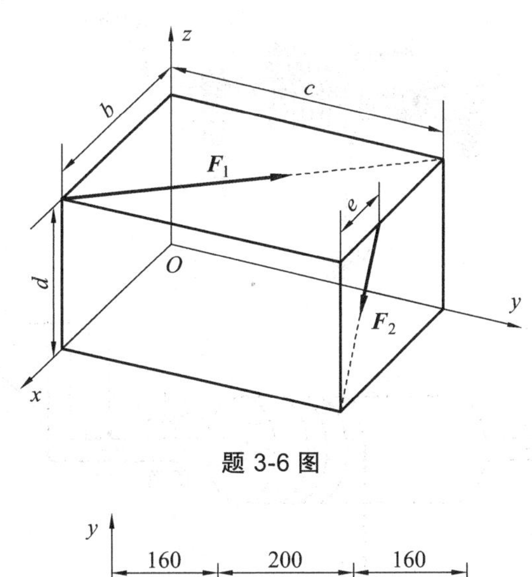

题 3-6 图

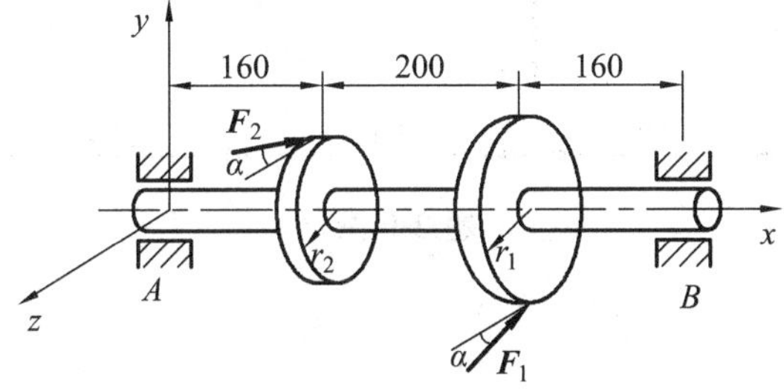

题 3-7 图

3-8　题 3-8 图示电动卷扬机的两个皮带轮中心连线是水平线，胶带与水平面线夹角为 30°，鼓轮半径 $r=10\text{ cm}$，大带轮半径 $R=20\text{ cm}$，吊起重物重 $G=10\text{ kN}$，胶带紧边拉力 $\boldsymbol{F}_{\mathrm{T}}$ 是松边拉力 $\boldsymbol{F}_{\mathrm{t}}$ 的二倍。图中尺寸单位为厘米。试求平衡时胶带拉力及 A，B 两轴承的约束反力。

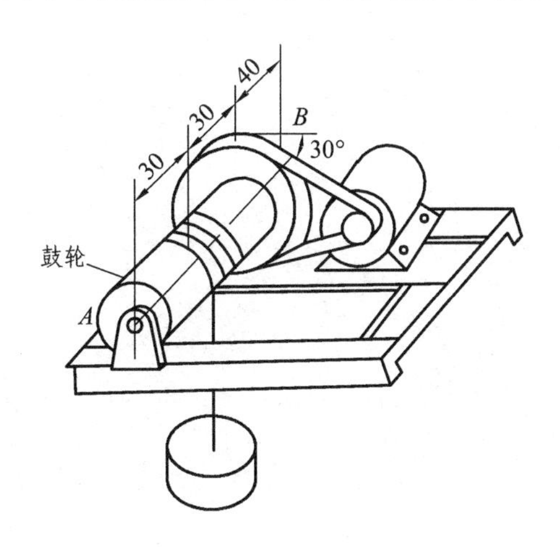

题 3-8 图

3-9　起重装置如题 3-9 图所示，已知 $G=1\ 000\text{ N}$，手柄半径 $R=200\text{ mm}$，鼓轮半径 $r=100\text{ mm}$，A 处为止推轴承，B 处为径向轴承。手柄位于最高位置，求平衡时作用于手柄

上的 $\boldsymbol{F}$ 力的大小（$\boldsymbol{F}$ 力垂直于 yz 面）及 A，B 两处的约束反力。

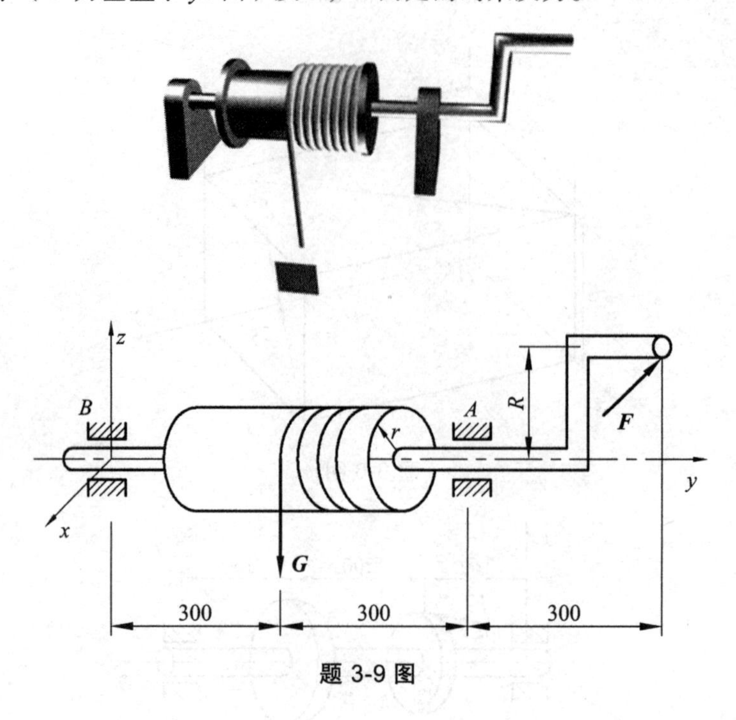

题 3-9 图

第2篇　材料力学

本篇主要研究变形固体的4种基本变形及其组合变形的受力特点、内力特点及内力图的画法、应力特点及计算、变形规律及计算和压杆的稳定性规律，重点对构件进行承载能力的分析和计算。

第4章　轴向拉伸与压缩

【本章概述】

本章简要介绍材料力学的研究任务、研究对象、变形的基本假设以及杆件变形的四种基本形式；着重阐述材料力学中轴向拉伸与压缩杆件的内力分析方法、轴力图的画法；引入应力、变形和胡克定律的概念，介绍拉压杆件横截面上应力以及拉压杆变形量的计算方法；重点介绍许用应力、安全系数、危险截面的概念以及强度条件和强度计算。

【知识目标】

（1）了解刚体静力学与材料力学的区别和联系。
（2）了解材料力学的任务和变形的基本假设。
（3）理解掌握内力及变形、应力及应变的概念。
（4）理解掌握许用应力、安全系数、危险截面和强度条件的概念。

【技能目标】

（1）掌握计算内力的方法——截面法。
（2）掌握分析工程实际中轴向拉（压）杆危险截面的方法，并能熟练地对工程实际中轴向拉（压）杆件进行强度计算和变形计算。

【工程案例导入】

1992年8月，江苏某地一大楼在建工地上的一台QTZ25A塔式起重机（上回转）发生重大机械事故，砸坏房屋，整机除塔身结构外全部报废，司机重伤。

进一步调查得知，该塔机安装时，回转支承装置的固定螺栓均未按照其安装使用说明书要求预紧，而是随意拧紧的。施工人员还承认：部分螺栓处在不易用扳手拧紧处，故不能保证是否拧紧。因此，可以认为，回转支承装置上的螺栓群是松紧不均的无预紧力的螺栓群。从力学角度分析，塔机上部的倾翻力矩作用在沿回转支承圆周分布的螺栓上，拧得较紧的螺栓受拉力最大。当倾翻力矩引起的螺栓拉力超过该螺栓的抗拉极限时，该螺栓被拉断，退出工作；下一个较紧的螺栓紧跟着被拉断，退出工作。照此下去，导致全部螺栓被拉断，导致起重机上、下结构分离，造成倾翻重大恶性事故。

由此可见，构件在承载情况下的拉伸、压缩受力分析与强度计算是工程中的常见问题，本章为拉伸断裂问题的解决提供了理论基础和计算方法。

4.1 材料力学概述

4.1.1 材料力学的任务

机械及工程结构中的构件，在额定载荷作用下都应具有足够的承载能力，承载能力的评定主要有以下三方面的要求：

（1）**强度要求：构件在外力作用下具有足够抵抗破坏的能力。**

（2）**刚度要求：构件在外力作用下具有足够抵抗变形的能力。**

（3）**稳定性要求：构件在外力作用下必须具有足够的保持原有平衡状态的能力。**

当构件的强度不够时，就可能发生构件的塑性变形或断裂事故，使其丧失工作能力；当构件的弹性变形过大时，就可能导致构件的磨损、工作噪声过大，使设备生产出废品，如图 4-1 所示；当构件的稳定性不够时，就可能发生构件突然失去原有的平衡状态，导致重大事故的发生，如图 4-2 所示塔吊的下部细长杆件由于受压而突然失去直线平衡状态而导致的倒塌事故。

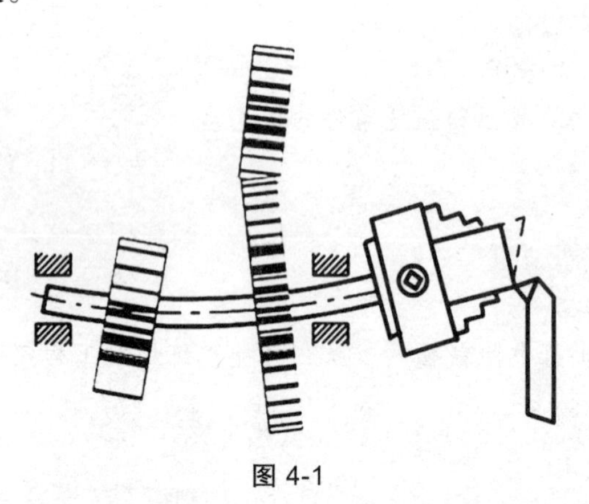

图 4-1

图 4-2

为满足构件在强度、刚度、稳定性三方面的要求，构件的材料、截面形状和尺寸的选择要合理，此外，还要考虑尽可能地节省材料，以满足经济性的要求。**材料力学的任务就是：研究构件的强度、刚度和稳定性，在保证构件安全的前提下，以经济为目的为构件选择合适的材料、确定合理的截面形状和尺寸提供理论基础和计算方法，达到既安全又经济。**

4.1.2 变形固体及其基本假设

1. 变形固体

在静力学中，我们把研究对象都看作刚体。但在工程实际中，这种不变形的刚体是不存在的。在载荷作用下，任何构件的形状和尺寸都将会发生改变，只是由于构件的微小变形对所研究的平衡问题影响很小，可以忽略不计。而在材料力学中，我们要研究构件承载能力和变形间的关系，此时，物体承载后的变形，即使再微小也不能被忽略，因此，要把构件视为变形固体。

一般情况下把变形分为两大类，即弹性变形（外力撤掉以后可以完全恢复的变形）和塑性变形（外力撤掉以后不可以恢复的变形）。

2. 变形固体的基本假设

为了便于对构件进行强度、刚度和稳定性方面的研究，对变形固体作了如下假设：

（1）**连续均匀假设**：假设变形固体在其整个体积内完全充满了物质，毫无间隙存在，整个构件由同一材料制成，而且构件各处的力学性质完全相同。

（2）**各向同性假设**：假设变形固体沿不同方向的力学性质完全相同。

工程中的大多数材料都具有各向同性的性能，这类材料如钢、铁、有色金属、塑料、橡胶等基本上都符合上述假设，可称为**各向同性材料**。沿不同方向力学性能不同的材料，称为**各向异性材料**，如竹、木材、纺织纤维等纤维类材料，各个方向显示出不同的力学性能。

此外，材料力学只限于研究物体的小变形。所谓**小变形**，是指构件在外力作用下所产生的变形量远小于其构件本身的原始尺寸。因此，在研究构件的强度和刚度等问题时，其外力等均按构件原始的尺寸和形状进行计算，这便是小变形的理论。小变形理论在材料力学的计算和分析中有着重要意义。工程中构件的变形，一般都属于弹性范围内的小变形。

综上所述，**材料力学是将构件的材料看作均匀、连续、各向同性的变形固体，而且主要是按小变形理论在材料弹性范围内进行研究**。

4.1.3　杆件变形的基本形式

工程实际中的构件形状是多种多样的，但多数为杆件。所谓杆件，是指长度尺寸远大于其他两个方向尺寸的构件，例如轴、连杆等均可简化为杆件。杆件的几何特征可用轴线（杆件横截面形心的连线）和垂直于轴线的横截面来表示。轴线为直线的杆件称直杆；横截面的大小和形状完全相同的杆件称为等截面直杆。材料力学研究的对象主要是等截面直杆，简称等直杆。

杆件在外力作用下发生的基本变形有下列四种：

1. 轴向拉伸与压缩

轴向拉伸与压缩是指外载荷作用线与杆件的轴线重合，由此产生沿**杆件轴线方向的伸长或缩短变形**，例如活塞杆的受力与变形，如图 4-3 所示。

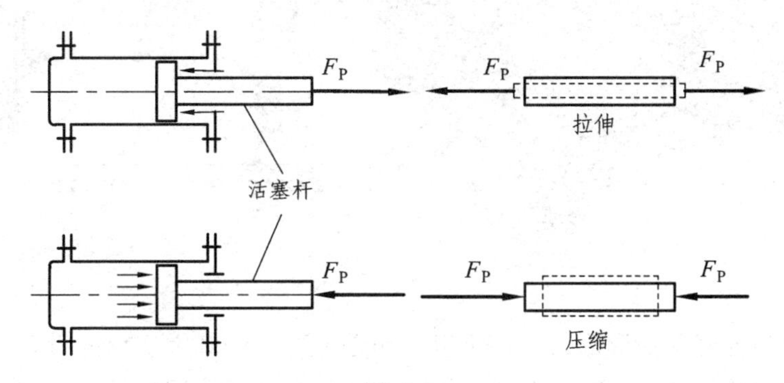

图 4-3

2. 剪　切

剪切是指由大小相等、方向相反、作用线垂直于杆轴线并相距较近的一对外力引起，由此产生**杆件沿横截面间的相对错动变形**，例如铆钉（图4-4）、销钉、键的变形等。

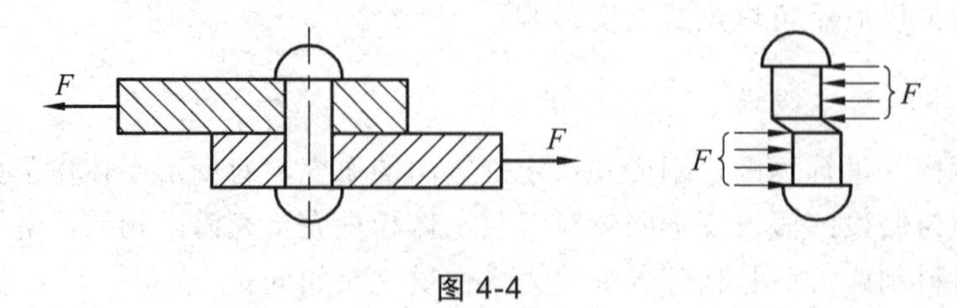

图 4-4

3. 扭　转

扭转是指由一对大小相等、转向相反、作用面垂直于杆轴线的力偶引起，由此产生的变形。其特点是，**杆件的横截面绕其轴线发生相对转动**，例如汽车方向盘的转向轴（图4-5）。

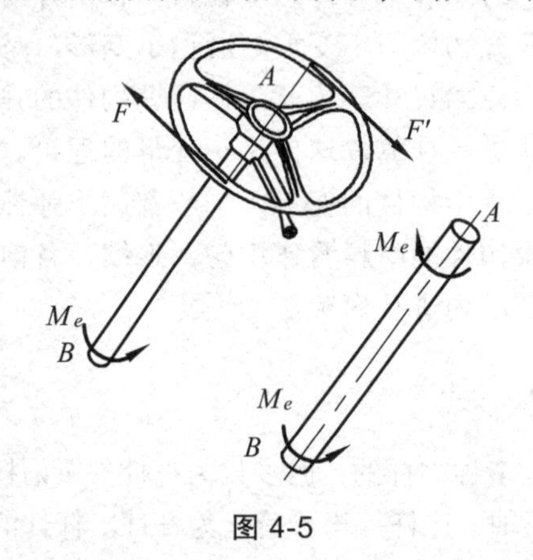

图 4-5

4. 弯　曲

弯曲是指由垂直于杆件轴线的横向力或作用面与轴线重合的力偶作用引起，由此产生的变形。其特点是，**原为直线的轴线变成曲线**，例如车辆的车轴（图4-6）。

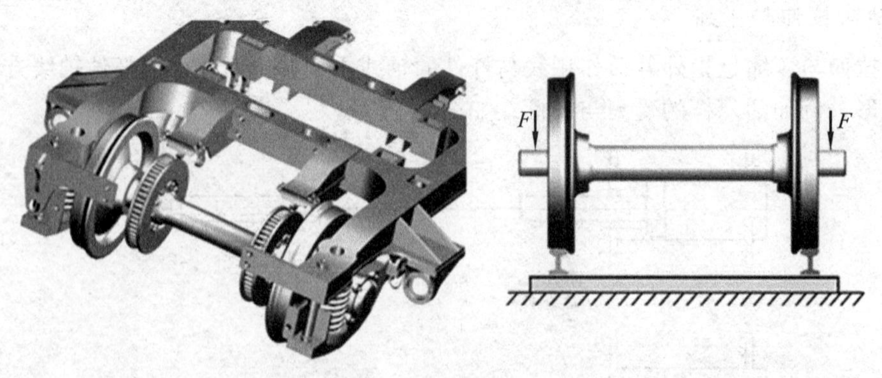

图 4-6

构件的其他各种复杂变形形式，都可以看作是上述几种基本变形的组合。在以后的各章中，先研究构件的几种基本变形，然后再讨论构件的组合变形问题。

4.2　轴向拉伸和压缩杆的内力

4.2.1　轴向拉伸和压缩的概念

轴向拉伸和压缩是指直杆在两端受到沿轴线作用的拉力或压力而产生的变形。在工程实际中，受轴向拉伸或压缩的杆件是很常见的。图 4-7 为一台起重机，其中 AB 杆受到拉伸，BC 杆受到压缩。上述各种杆件的受力特点是，**杆件受到外力或合外力的作用线与其轴线重合**；它们的变形特点是，**杆件沿轴线方向伸长或缩短**（图 4-8），这种变形称为轴向拉伸或压缩变形。

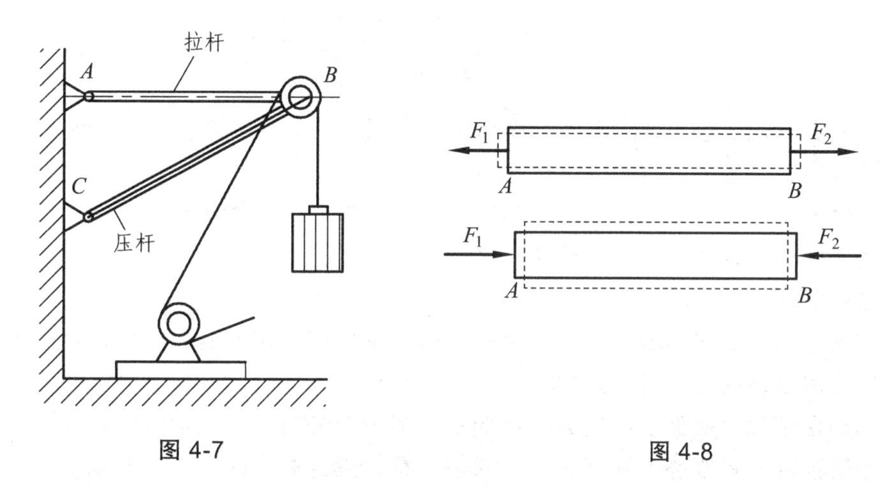

图 4-7　　　　图 4-8

4.2.2　轴向拉伸与压缩杆的内力

1. 内力的概念

内力，是指在外力作用下，构件内部产生的抵抗变形的抗力。内力的分析与计算是研究和解决杆件的强度、刚度和稳定性等问题的基础。

2. 截面法

截面法是材料力学用以显示和计算杆件内力的基本方法。以图 4-9a 所示拉杆为例，欲求拉杆任一截面 m—m 上的内力，可假想地用一平面将杆件沿截面 m—m 截为两段，任取其中一段，例如左段，作为研究对象，并将右段杆对左段杆的作用以内力 $\boldsymbol{F}_{\mathrm{N}}$ 代替。由于原来整个杆件处于平衡状态，被截开后的各段也必然处于平衡状态，所以左段杆除受 $\boldsymbol{F}$ 力作用外，截面 m—m 上必定有作用力 $\boldsymbol{F}_{\mathrm{N}}$ 与之平衡，如图 4-9b 所示，该力就是右段杆对左段杆的作用力，亦即 m—m 截面上的内力。列出左段杆的平衡方程：

$$\sum F_{ix}=0$$
$$F_{\mathrm{N}}-F=0$$

得
$$F_{\mathrm{N}}=F$$

若以右段杆为研究对象（图 4-9c），同样可得

$$\sum F_{ix}=0$$

$$F_N' - F = 0$$

得
$$F_N' = F$$

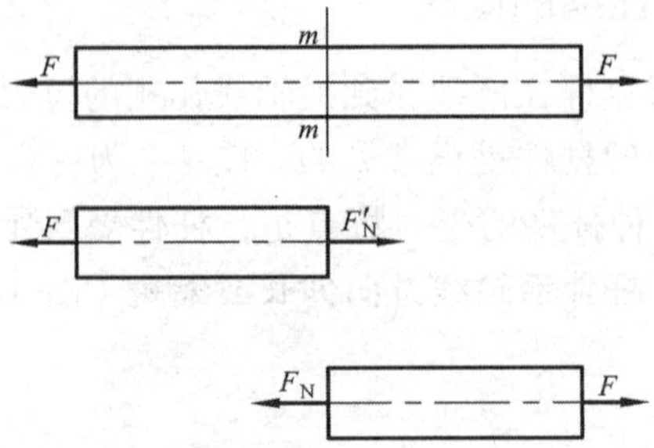

（a） F m m F

（b） F F_N'

（c） F_N F

图 4-9

实际上，$\boldsymbol{F}_N$与$\boldsymbol{F}_N'$是一对作用力与反作用力。因此，对同一截面，如果选取不同的研究对象，所求得内力必然数值相等、方向相反。

这种假想地用一个截面把杆件截为两部分，取其中一部分作为研究对象，建立平衡方程，以确定截面上内力的方法，称为**截面法**。

截面法求解杆件内力的步骤可以归纳如下：

（1）在需求内力的截面处，假想地用一平面将杆件截为两部分，任选其中一部分为研究对象，画出作用于该部分的所有外力。

（2）画出留下部分截面上的内力，以此取代另一部分对所研究部分的作用。

（3）对研究部分建立静力平衡方程，求解方程，确定内力的大小与方向。

截面法是静力学中求解内力的一种基本方法，在讨论杆件其他变形形式时，也会经常用到。

由于轴向拉伸或压缩的外力与杆件轴线相重合，故杆件横截面上内力$\boldsymbol{F}_N$与外力$\boldsymbol{F}$共线，这里的内力$\boldsymbol{F}_N$称为轴力。轴力的正负号表示杆件不同的变形：**杆件拉伸时，轴力背离截面，取正号；杆件压缩时，轴力指向截面，取负号。**

重要提示：

（1）不要混淆轴力的正负号规定与静力平衡方程中各力投影值的正负号规定。

（2）用截面法将杆件截开后，内力$\boldsymbol{F}_N$成为所研究各杆段的外力，此时$\boldsymbol{F}_N$在各杆段受力图上的表示一般要先按照轴力背离截面（拉）假设。

（3）列研究对象（杆段）的平衡方程时，方程中各项的正负号仍然按第二章的规定执行。

（4）利用静力平衡方程求解出$\boldsymbol{F}_N$，若结果为正，表示杆件在该截面受拉伸，若结果为负，表示杆件在该截面受压缩。

例 4-1 如图 4-10a 所示，应用截面法求各横截面上的轴力。

解 （1）先计算 AB 段杆的轴力。沿截面 1—1 将杆件截开，取左段杆为研究对象，以轴力$\boldsymbol{F}_{N1}$代替右段杆件对左段的作用，如图 4-10b 所示。列平衡方程

$$\sum F_{ix} = 0$$

$$F_{N1}+F_1=0$$
$$F_{N1}=-F_1=-3\ \text{kN}$$

若以右段杆为研究对象，如图 4-10c 所示，同样可得

$$\sum F_{ix}=0$$
$$-F_{N1}-F_2-F_3=0$$
$$F_{N1}=-F_2-F_3=-1.4\ \text{kN}-1.6\ \text{kN}=-3\ \text{kN}$$

（2）计算 BC 段杆的轴力。沿截面 2—2 将杆件截开，取左段杆为研究对象，如图 4-10d 所示，列平衡方程

$$\sum F_{ix}=0$$
$$F_1-F_2+F_{N2}=0$$
$$F_{N2}=F_2-F_1=1.4\ \text{kN}-3\ \text{kN}=-1.6\ \text{kN}$$

以右段杆为研究对象，如图 4-10e 所示，同样可得

$$\sum F_{ix}=0$$
$$-F_{N2}-F_3=0$$
$$F_{N2}=-F_3=-1.6\ \text{kN}$$

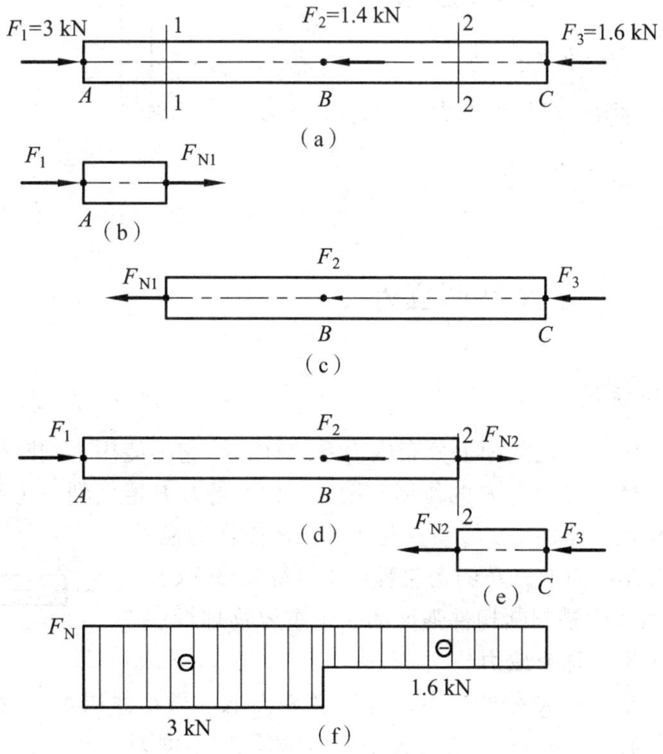

（a）

（b）

（c）

（d）

（e）

（f）

图 4-10

由上述计算结果，可以归纳出一个简便的、直接利用外力计算轴力的规则，即：**杆件承**

受拉伸（或压缩）时，杆件内任意截面上的轴力等于该截面任一侧所有轴向外力的代数和；轴向外力背离截面时取正，指向截面时取负。

利用以上轴力的计算规则可直接计算出轴力的大小和正负。

4.2.3 轴力图

为了形象地表示轴力沿直杆轴线的变化规律，可用平行于轴线的坐标表示截面位置，用垂直于轴线的坐标表示横截面上轴力的数值，画出轴力与截面位置的关系图线，如图 4-10f 所示，称为轴力图。**从轴力图可以确定最大轴力及其所在的截面位置。**

习惯上将正轴力（拉伸时的内力）画在上方或者左侧，负轴力（压缩时的内力）画在下方或右侧。

例 4-2 如图 4-11a 所示，一厂房阶梯柱受到上部屋架作用力 $F_1 = 20\ \text{kN}$，厂房内吊车作用力 $F_2 = 25\ \text{kN}$，试求各截面的轴力，并作轴力图。

解 计算各截面的轴力。

根据轴力计算规则，各截面的轴力可直接写为

$$F_{N1} = F_1 = -20\ \text{kN}\ (压)$$

$$F_{N2} = F_1 + 2F_2$$

$$= -20\ \text{kN} - 2\times 25\ \text{kN}$$

$$= -70\ \text{kN}\ （压）$$

作轴力图如图 4-11b 所示，杆件的最大轴力为

$$F_{Nmax} = -70\ \text{kN}\quad （压）$$

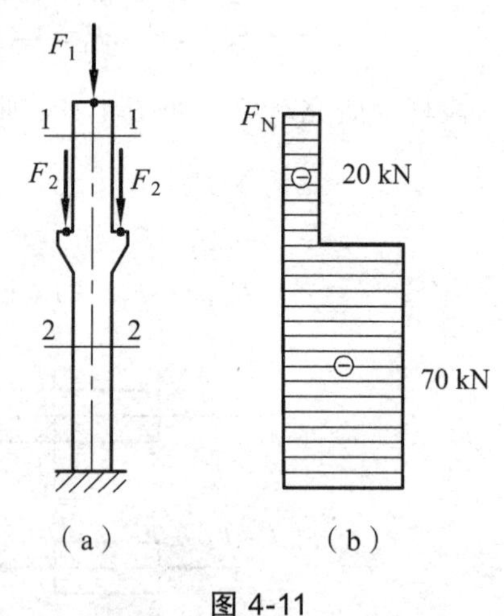

图 4-11

4.3 轴向拉伸和压缩杆的应力

4.3.1 应力的概念

用截面法求得的轴力，是截面上分布内力系的合力，它不能用来判断构件的受力程度。例如，直径不同的钢杆，受到力 $\boldsymbol{F}$ 的作用（图 4-12），当力 $\boldsymbol{F}$ 增大到一定数值时，由经验可知，断裂必发生在直径较小的 AB 段。这是由于 AB 段杆的横截面面积较小，内力在截面上分布的密集程度（简称集度）较大。由此可见，内力的集度是判断构件强度的一个重要物理量。**通常将截面上内力的集度称为应力。**

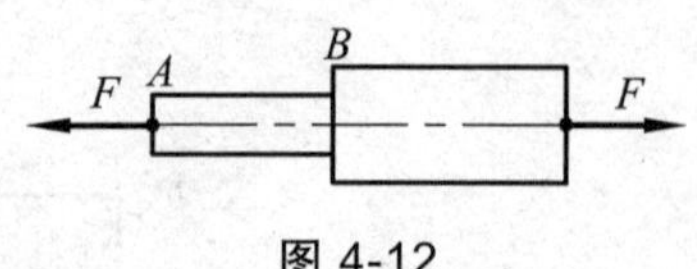

图 4-12

为了表示截面上某一点 K 处的应力，可围绕 K 点取一微小面积 ΔA（图 4-13a）。设作用在该微小面积 ΔA 上的内力为 $\Delta \boldsymbol{F}$，则在 ΔA 上内力的平均集度为

$$\boldsymbol{p}_m = \frac{\Delta \boldsymbol{F}}{\Delta A}$$

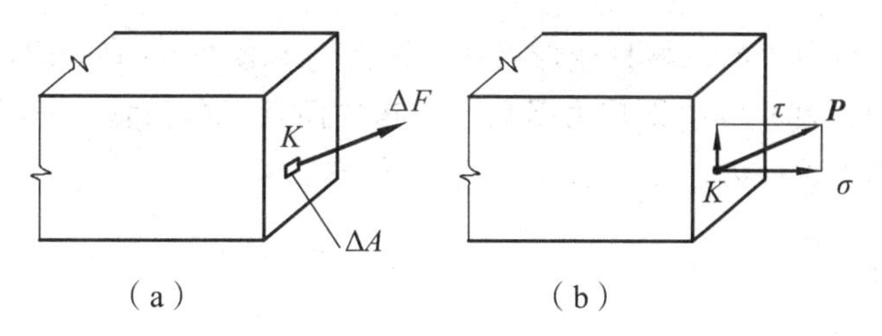

图 4-13

$\boldsymbol{p}_{\mathrm{m}}$ 称为作用在 ΔA 上的平均应力。如果所取 ΔA 越小，$\boldsymbol{p}_{\mathrm{m}}$ 则越能精确地反映 K 点内力的集度。当 ΔA 趋近于零时，$\boldsymbol{p}_{\mathrm{m}}$ 的极限值 $\boldsymbol{p}$ 便是 K 点的应力，即

$$\boldsymbol{p}=\lim_{\Delta A\to 0}\frac{\Delta \boldsymbol{F}}{\Delta A}=\frac{\mathrm{d}\boldsymbol{F}}{\mathrm{d}A}$$

应力是一个矢量，为研究方便，可将应力 $\boldsymbol{p}$ 分解为垂直于截面的分量 $\boldsymbol{\sigma}$ 和平行于截面的分量 $\boldsymbol{\tau}$，如图 4-13b 所示。$\boldsymbol{\sigma}$ 称为正应力，$\boldsymbol{\tau}$ 称为切应力。

应力的单位是帕斯卡（Pascal）（国际单位），简称帕（Pa）。$1\ \mathrm{Pa}=1\ \mathrm{N/m^2}$。工程中常用兆帕（MPa）或吉帕（GPa）作为应力单位。

$$1\ \mathrm{MPa}=10^6\ \mathrm{Pa}=1\ \mathrm{N/mm^2}$$

$$1\ \mathrm{GPa}=10^9\ \mathrm{Pa}=10^3\ \mathrm{N/mm^2}$$

4.3.2　拉伸和压缩时横截面上的应力

为求得拉（压）杆横截面上的应力，必须知道横截面上内力的分布规律，而内力的分布又与变形的分布密切相关。因此首先要通过实验观察杆件的变形情况。

取一等直杆，试验前在杆的表面画两条垂直于轴线的直线 ab、cd（图 4-14a），然后在杆的两端施加拉力 $\boldsymbol{F}$。此时可以观察到 ab、cd 分别平移至 $a'b'$ 和 $c'd$ 位置，且仍垂直于杆的轴线。根据表面的变形现象和均匀性假设，可以进一步推断杆内的变形，并提出如下**平面假设：变形前为平面的横截面，变形后仍为垂直于杆轴线的平面，只是沿轴线发生了相对移动。**

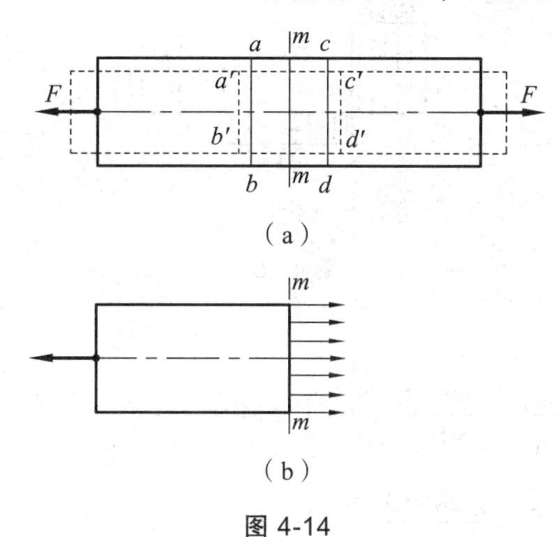

图 4-14

根据平面假设，可以推断，拉杆变形后同一横截面上各个点的伸长量一定都相等，则横截面上各个点的受力也都相等，**即应力是均匀分布的而且方向都垂直于横截面**，如图 4-14b 所示。此时的应力称为正应力，以 σ 表示，其计算公式为

$$\sigma = \frac{F_{\mathrm{N}}}{A} \tag{4-1}$$

式中　σ——横截面上的正应力；

F_{N}——横截面上的轴力；

A——横截面面积。

正应力的符号规定与轴力相同，**拉伸时的正应力为正，压缩时的正应力为负。**

例 4-3　图 4-15a 表示一阶梯杆的受力情况，其横截面面积 $A_1 = 5\ \mathrm{cm}^2$，$A_2 = 2\ \mathrm{cm}^2$，试计算杆内的最大正应力。

解　（1）计算各截面上的轴力。

根据轴力的计算规则，可直接写出各截面的内力为

$$F_{\mathrm{N}AB} = 60\ \mathrm{kN}$$

$$F_{\mathrm{N}BC} = 60\ \mathrm{kN} - 80\ \mathrm{kN} = -20\ \mathrm{kN}$$

$$F_{\mathrm{N}CD} = 30\ \mathrm{kN}$$

（2）作轴力图。

轴力图如图 4-15b 所示。直杆的最大轴力为

$$F_{\mathrm{N\,max}} = F_{\mathrm{N}AB} = 60\ \mathrm{kN}$$

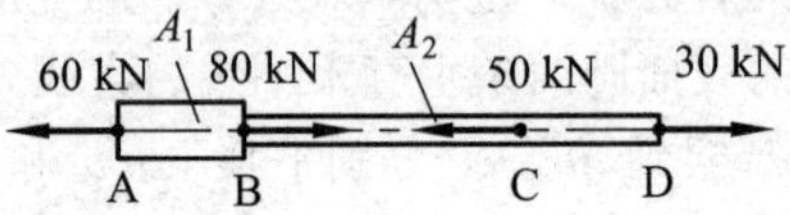

（a）

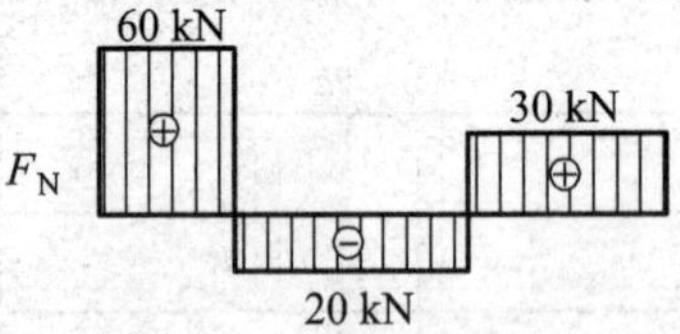

（b）

图 4-15

（3）计算正应力。

$$\sigma_{AB} = \frac{F_{\mathrm{N}AB}}{A_1} = \frac{60 \times 10^3\ \mathrm{N}}{5 \times 10^2\ \mathrm{mm}^2} = 120\ \mathrm{MPa}$$

$$\sigma_{BC} = \frac{F_{\mathrm{N}BC}}{A_2} = \frac{-20 \times 10^3\ \mathrm{N}}{2 \times 10^2\ \mathrm{mm}^2} = -100\ \mathrm{MPa}$$

$$\sigma_{CD}=\frac{F_{NCD}}{A_2}=\frac{30\times10^3\ \text{N}}{2\times10^2\ \text{mm}^2}=150\ \text{MPa}$$

（4）找出最大正应力。

$$\sigma_{CD}>\sigma_{AB}>\sigma_{BC}$$

故

$$\sigma_{\max}=\sigma_{CD}=150\ \text{MPa}$$

重要提示：

轴力最大的截面上正应力不一定是最大。

例 4-4　一构架受力情况与尺寸如图 4-16a 所示。已知 $F=60$ kN，$d=3.2$ cm，$a=14$ cm，试求各杆的应力。

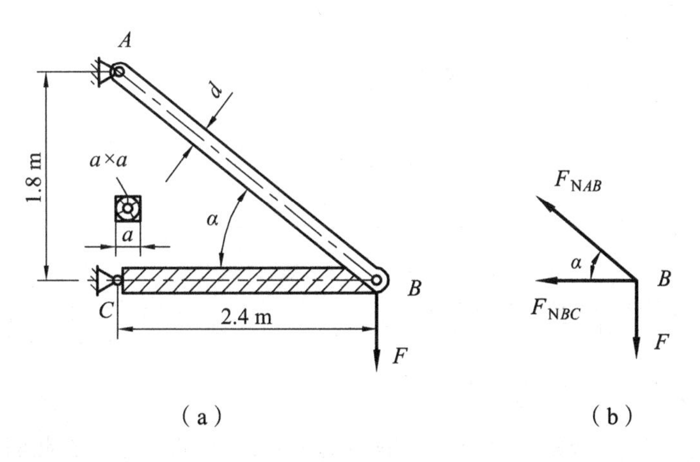

图 4-16

解　（1）求各杆的内力。

取 B 铰为研究对象，进行受力分析，受力图如图 4-16b 所示。列平衡方程

$$\sum F_{iy}=0\text{，}\quad F_{NAB}\sin\alpha-F=0$$

$$\sum F_{ix}=0\text{，}\quad -F_{NBC}-F_{NAB}\cos\alpha=0$$

得

$$F_{NAB}=\frac{F}{\sin\alpha}=\frac{60\ \text{kN}}{3/5}=100\ \text{kN}\quad（拉）$$

$$F_{NBC}=-F_{NAB}\cos\alpha=-100\ \text{kN}\times\frac{4}{5}=-80\ \text{kN}\quad（压）$$

（2）计算各杆的正应力。

$$\sigma_{AB}=\frac{F_{NAB}}{A_{AB}}=\frac{100\times10^3\ \text{N}}{\frac{\pi}{4}\times(3.2\times10\ \text{mm})^2}=124.3\ \text{MPa}$$

$$\sigma_{BC}=\frac{F_{NBC}}{A_{BC}}=\frac{-80\times10^3\ \text{N}}{14\times14\times(10^2\ \text{mm})}=-4.08\ \text{MPa}\quad（压应力）$$

4.3.3 斜截面上的应力分析

为了全面分析杆件的强度，需要进一步研究斜截面上应力的情况。图 4-17a 为一受轴向拉伸的等直杆，今研究与横截面成 α 角的斜截面 K—K 上的应力情况。由截面法求得斜截面上的轴力（图 4-17b）：

$$F_N=F \qquad ①$$

依照横截面上正应力分布的推理方法，可得斜截面上应力 $\boldsymbol{p}_\alpha$ 也是均匀分布的，如图 4-17c 所示。其值为

$$p_\alpha=\frac{F_N}{A_\alpha} \qquad ②$$

式中，A_α是斜截面面积。若横截面面积为 A，则

$$A_\alpha=\frac{A}{\cos\alpha} \qquad ③$$

将③式代入②式，可得

$$p_\alpha=\frac{F_N}{A}\cos\alpha=\sigma\cos\alpha \qquad ④$$

式中，$\sigma=\dfrac{F_N}{A}$，为横截面上的正应力。

将斜截面上的应力 $\boldsymbol{p}_\alpha$ 分解为垂直于斜截面的正应力 $\boldsymbol{\sigma}_\alpha$ 和平行于斜截面的切应力 $\boldsymbol{\tau}_\alpha$（图 4-17d），其值分别为

$$\sigma_\alpha=p_\alpha\cos\alpha=\sigma\cos^2\alpha \qquad (4\text{-}2)$$

$$\tau_\alpha=p_\alpha\sin\alpha=\frac{1}{2}\sigma\sin2\alpha \qquad (4\text{-}3)$$

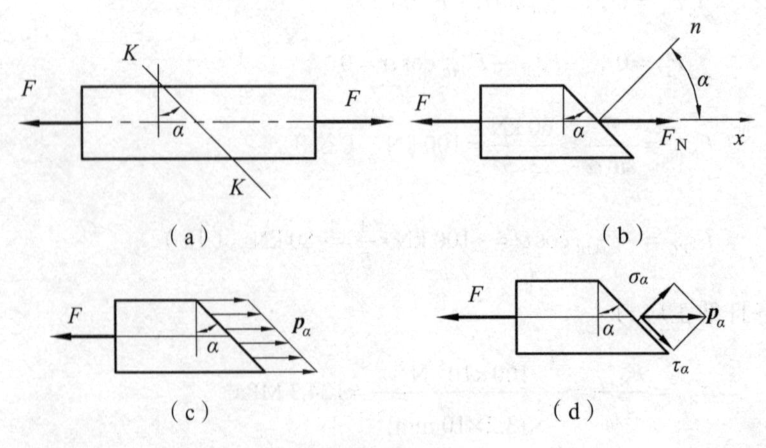

图 4-17

斜截面上切应力的方向用正负号来区别，具体规定如下：**取研究对象内任一点为矩心，切应力绕该点有顺时针转动的趋势时，切应力为正，反之为负**，如图 4-18 所示。

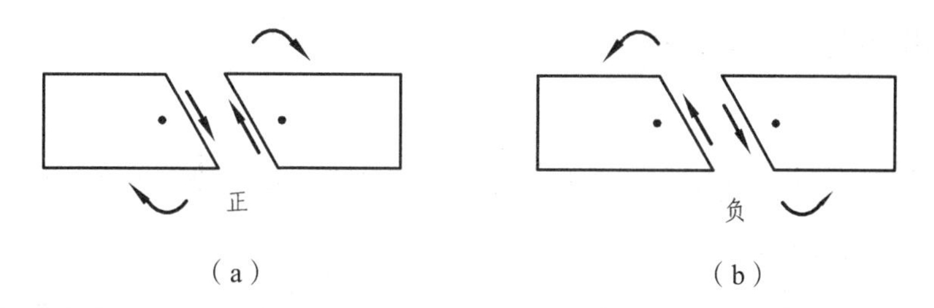

图 4-18

由式（4-2）、（4-3）可知，**杆件承受拉伸或压缩时，斜截面上既有正应力，又有切应力，它们的大小均为斜面倾角 α 的函数**。

（1）当 $\alpha = 0°$ 时，即为横截面，由式（4-2）、式（4-3）得

$$\sigma_{\alpha=0°} = \sigma_{\max} = \sigma$$

$$\tau_{\alpha=0°} = 0$$

即当杆件承受拉伸（或压缩）时，横截面上只有正应力而无切应力，且正应力值达到最大。

（2）当 $\alpha = 45°$ 时，有

$$\sigma_{\alpha=45°} = \frac{1}{2}\sigma$$

$$\tau_{\alpha=45°} = \tau_{\max} = \frac{1}{2}\sigma$$

即当杆件受到轴向拉伸（或压缩）时，在与横截面成 45° 的斜截面上，产生最大切应力。

（3）当 $\beta = \alpha + 90°$ 时（图 4-19），有

$$\tau_{\alpha+90°} = \frac{1}{2}\sigma\sin 2(\alpha + 90°) = -\frac{1}{2}\sigma\sin 2\alpha = -\tau_{\alpha}$$

上式说明：**两个互相垂直截面上的切应力必同时存在，且大小相等，符号相反**。这一关系称为切应力互等双生定理，简称**切应力互等定理**。

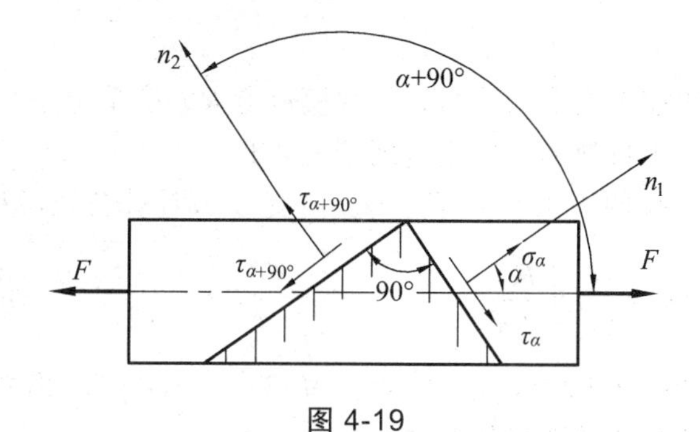

图 4-19

4.4　轴向拉伸和压缩杆的变形

4.4.1　纵向变形与胡克定律

1. 纵向变形

杆件受拉伸与压缩作用时，轴线方向发生的尺寸改变，称为纵向变形，如图 4-20 所示。

$$\Delta l = l_1 - l \tag{4-4}$$

式中，Δl 称为纵向绝对变形。拉伸时 Δl 为正值，压缩时 Δl 为负值。Δl 的单位常用毫米（mm）。

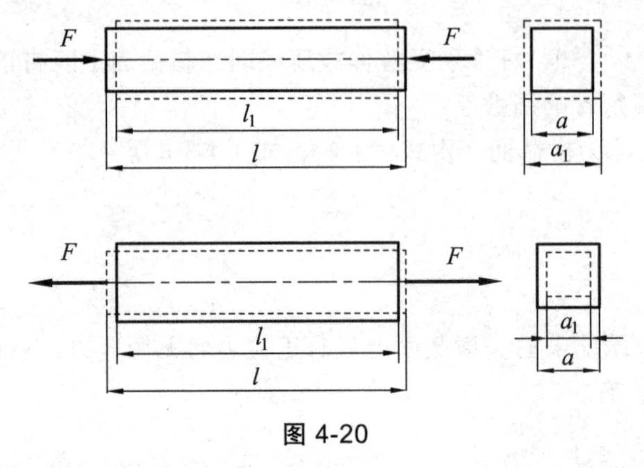

图 4-20

绝对变形只能反映杆件总的变形量，而不能说明杆件的变形程度。为了说明杆件的**变形程度，常用单位长度上的变形即相对变形或线应变来度量**，其纵向线应变以 ε 表示，即

$$\varepsilon = \frac{\Delta l}{l} \tag{4-5}$$

线应变无量纲，其正负号的意义与绝对变形相同。

2. 胡克定律

材料实验研究表明：**在弹性范围内，杆件横截面上的正应力 σ 与纵向线应变 ε 为线性比例关系**，通常称此比例系数为材料的弹性模量，用 E 表示。这被称为**胡克定律**。

$$E = \frac{\sigma}{\varepsilon} \tag{4-6}$$

E 表示材料抵抗拉伸（压缩）变形的能力，弹性模量愈大，变形愈小，反之亦然，E 的数值只与材料有关。工程中常用材料的弹性模量列于表 4-1。

引入弹性模量 E 后，拉伸（压缩）杆件的纵向变形 Δl 计算公式可写为

$$\Delta l = \varepsilon \times l = \frac{\sigma}{E} l = \frac{F_{\mathrm{N}} l}{EA} \tag{4-7}$$

从式（4-7）可以看出，EA 愈大，杆件变形 Δl 愈小，所以 EA **称为杆件的抗拉（压）刚度，它表示杆件抵抗拉伸与压缩变形的能力**。

表 4-1　几种常用材料的 E、μ、G 的值

材料名称	E/GPa	μ	G/GPa
灰口铸铁	115 ~ 160	0.23 ~ 0.27	46.7 ~ 63
低碳钢	200 ~ 220	0.25 ~ 0.33	80 ~ 82.7
合金钢	190~220	0.24 ~ 0.33	76.6 ~ 82.7
铜及其合金	74 ~ 130	0.31 ~ 0.42	28.2 ~ 45.8
铝及硬铝合金	71	0.33	26.7
混凝土	15 ~ 36	0.16 ~ 0.18	—
橡　胶	0.008	0.47	—
木材（顺纹）	10 ~ 12	0.054	—

4.4.2　横向变形与泊松比

若杆件变形前的横向尺寸为 a，拉伸后缩小为 a_1（图 4-20），则杆件的横向绝对变形为

$$\Delta a = a_1 - a \tag{4-8}$$

其横向线应变为

$$\varepsilon_1 = \frac{\Delta a}{a} \tag{4-9}$$

实验结果指出，**在弹性范围以内，横向应变与纵向应变之比的绝对值为一常数**，若以 μ 表示此常数，则

$$\mu = \left|\frac{\varepsilon_1}{\varepsilon}\right| \tag{4-10}$$

式中，**μ 称为横向变形系数，或称泊松比**。它是一个无量纲的量，其值随材料而异，由试验确定。因 ε_1 与 ε 的符号总是相反，故有

$$\varepsilon_1 = -\mu\varepsilon$$

弹性模量和泊松比都是表示材料弹性的重要物理量。一些常用材料的 E、μ 值见表 4-1。

例 4-5　一阶梯钢杆受力如图 4-21 所示，弹性模量 $E = 206$ GPa，$F_1 = 120$ kN，$F_2 = 80$ kN，$F_3 = 50$ kN，各段的横截面积 $A_{AB} = A_{BC} = 550\ \text{mm}^2$，$A_{CD} = 350\ \text{mm}^2$。求杆的纵向变形。

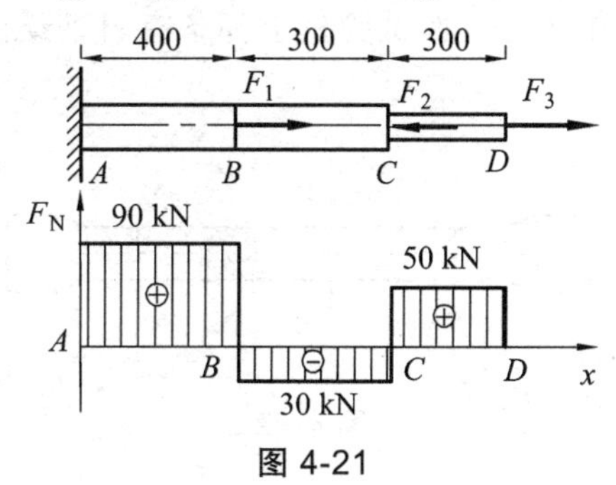

图 4-21

解　画 $ABCD$ 杆的轴力图，如图 4-21 所示。

根据胡克定律式（4-7），得到各段杆的变形量为

$$\Delta l_{AB}=\frac{F_{\mathrm{N}AB}l_{AB}}{EA_{AB}}=\frac{90\times10^3\ \mathrm{N}\times400\ \mathrm{mm}}{206\times10^3\ \mathrm{N/mm^2}\times550\ \mathrm{mm^2}}=0.318\ \mathrm{mm}\text{（伸长）}$$

$$\Delta l_{BC}=\frac{F_{\mathrm{N}BC}l_{BC}}{EA_{BC}}=\frac{-30\times10^3\ \mathrm{N}\times300\ \mathrm{mm}}{206\times10^3\ \mathrm{N/mm^2}\times550\ \mathrm{mm^2}}=-0.079\ \mathrm{mm}\text{（缩短）}$$

$$\Delta l_{CD}=\frac{F_{\mathrm{N}CD}l_{CD}}{EA_{CD}}=\frac{50\times10^3\ \mathrm{N}\times300\ \mathrm{mm}}{206\times10^3\ \mathrm{N/mm^2}\times350\ \mathrm{mm^2}}=0.208\ \mathrm{mm}\text{（伸长）}$$

钢杆的总伸长等于各段杆绝对变形的代数和，即

$$\Delta l=\Delta l_{AB}+\Delta l_{BC}+\Delta l_{CD}=0.318\ \mathrm{mm}-0.079\ \mathrm{mm}+0.208\ \mathrm{mm}=0.447\ \mathrm{mm}$$

计算结果为正，说明整个杆件是伸长的。

4.5　材料在轴向拉伸和压缩时的力学性能

为了研究构件的强度，还必须对材料的力学性能作进一步的分析。**材料的力学性能，是指材料在受力和变形过程中所具有的特征指标，是材料固有的特性，通过试验获得。**

4.5.1　低碳钢拉伸时材料的力学性能

低碳钢是工程上使用较广的材料，它在拉伸试验中所表现的力学性能较全面，一般以低碳钢为例来研究材料在拉伸时的力学性能。

由于材料的某些性质与试件的形状、尺寸有关，为了使不同材料的试验结果能互相比较，国家标准《金属拉力试验法》规定了标准试件的形状与尺寸（图 4-22）。试件中段为等直杆，其截面形状有圆形与矩形两种，其中，用来测量变形的长度 l 称为标距。对于圆截面试件，标准规定 $l=10d$ 或 $l=5d$。当试件夹持在试验机上进行试验时，试件受到由零逐渐增加的拉力 $\boldsymbol{F}$ 作用，同时发生变形。若记录各时刻的拉力 $\boldsymbol{F}$ 值，以及与各拉力 $\boldsymbol{F}$ 值对应的试件标距 l 长度内的变形量，直至试件被破坏为止。由此便能绘出 F 与 Δl 关系图线（图 4-23），称为拉伸图或 F-Δl 曲线。一般试验机上都备有自动绘图装置，在试件拉伸过程中自动地绘出拉伸图。

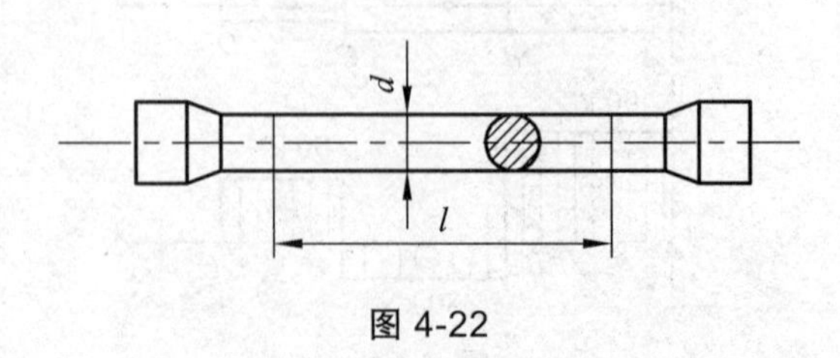

图 4-22

由于$\sigma=\dfrac{F}{A}$，$\varepsilon=\dfrac{\Delta l}{l}$，于是对于同一标准试样，$F$-$\Delta l$关系曲线（图 4-23）与$\sigma$-$\varepsilon$关系曲线（图 4-24）的形状相同（只是改变了坐标比例）。

图 4-24 表示从加载开始到破坏为止，应力与应变的对应关系。

下面根据图 4-24 以及试验过程中的现象，讨论低碳钢拉伸时的力学性能。

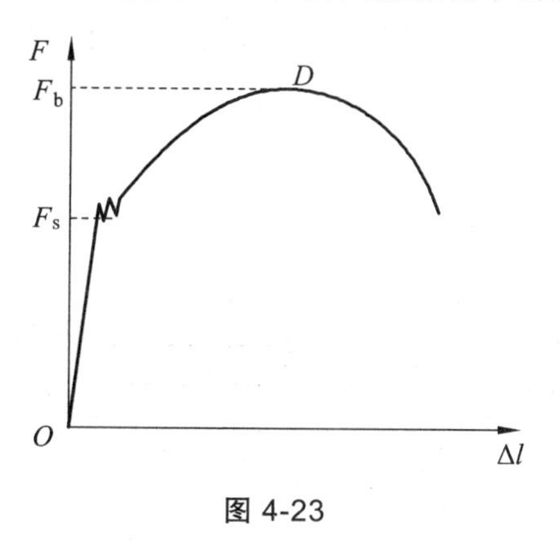

图 4-23

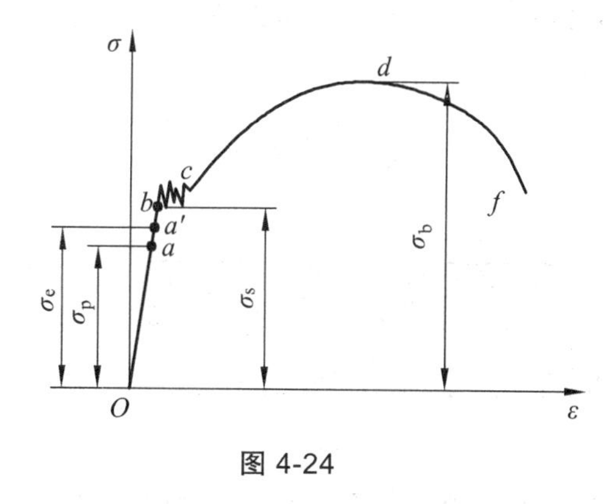

图 4-24

1. 比例极限σ_p

在σ-ε曲线中oa段是直线，说明试件的应变与应力成正比关系，材料符合胡克定律$\sigma=E\varepsilon$。显然，此段直线的斜率与弹性模量E的数值相等。与图上直线部分的最高点a对应的应力值σ_p，是材料符合胡克定律的最大应力值，称为材料的比例极限。Q235 钢的比例极限为$\sigma_p=200$ MPa。

2. 弹性极限σ_e

在应力超过比例极限后，图上aa'线段已不是直线，说明应力和应变不再成正比，但所发生的变形仍然是弹性的。与a'对应的应力σ_e是材料发生弹性变形的极限值，σ_e称为弹性极限。Q235 钢弹性极限σ_e值接近等于 200 MPa。因此，在实际应用中，对比例极限与弹性极限通常不作严格区分。

3. 屈服极限σ_s

在应力超过比例极限以后，图形出现一段近似水平的小锯齿形线段bc，说明此阶段的应力虽有波动，但几乎没有增加，却发生了较大的变形。这种应力变化不大应变显著增加的现象称为材料的屈服。屈服阶段除第一次下降的最小应力外的最低应力称为屈服极限，以σ_s表示。Q235 钢的屈服极限大约为 235 MPa。如果试件表面光滑，此时，可看到试件表面有与轴线成 45° 方向的条纹，这是由于材料沿试件最大切应力面发生滑移引起的，通常称为滑移线。

在工程上，一般不允许材料发生塑性变形，故屈服极限是材料的重要强度指标。

4. 强度极限σ_b

过了屈服阶段，图形变为上升的曲线，说明材料恢复了对变形的抵抗能力，这种现象称为材料的强化。相应于曲线的最高点d的应力，即试件断裂前能够承受的最大应力值，称为强度极限，以σ_b表示。Q235 钢的σ_b约为 400 MPa。

应力达到强度极限以后，试件出现局部收缩，称为颈缩现象，如图 4-25 所示。由于颈缩处截面面积迅速减小，导致试件最后在此处断裂。

5. 断后伸长率和断面收缩率

试件拉断以后，其标距由原来的长度 l 增加到 l_1，端口处的截面面积由原来的 A 减为 A_1（图 4-26）。l_1-l 是试件在标距内的塑性变形量，它与 l 之比通常用百分数表示，称为**断后伸长率 δ**，即

$$\delta=\frac{l_1-l}{l}\times100\%$$

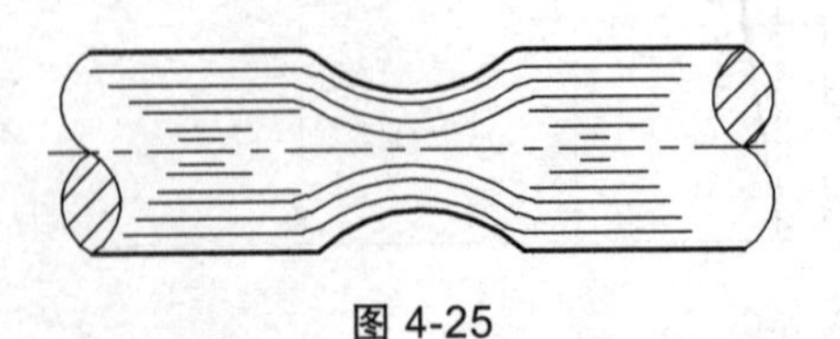

图 4-25

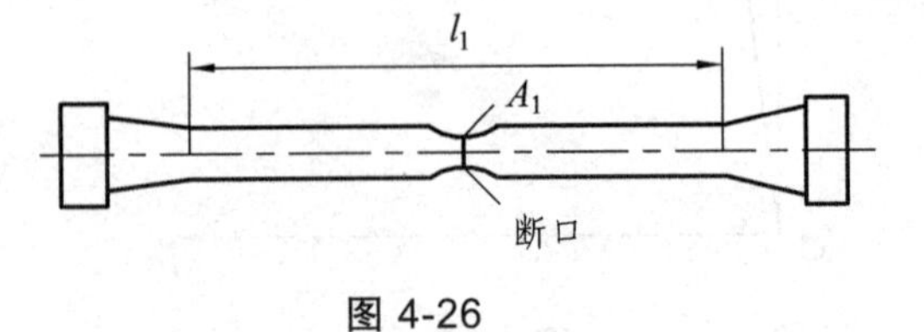

图 4-26

试件断口处横截面面积的相对变化率，称为断面收缩率，用符号 ψ 表示，即

$$\psi=\frac{A-A_1}{A}\times100\%$$

断后伸长率和断面收缩率是衡量材料塑性的重要指标。δ、ψ 值愈大，说明材料的塑性愈好。当材料的断后伸长率 $\delta\geqslant5\%$ 时称为塑性材料；$\delta<5\%$ 时，称为脆性材料。Q235 钢的 $\delta=20\%\sim30\%$，是典型的塑性材料。

4.5.2 铸铁的拉伸试验

铸铁拉伸时的 σ-ε 曲线如图 4-27 所示。图中没有明显的直线部分，也没有屈服和颈缩现象，试件的断裂是突然的。

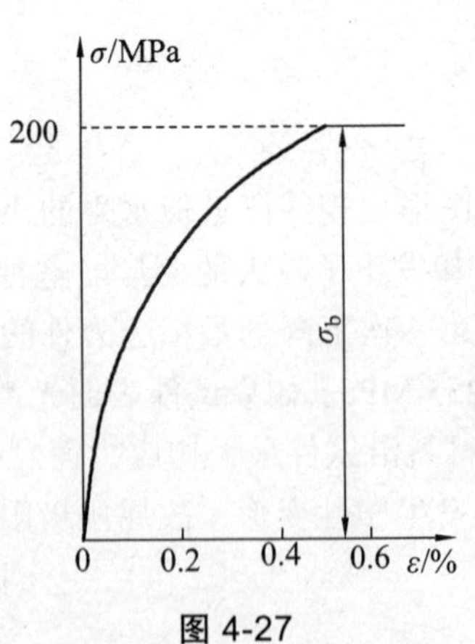

图 4-27

铸铁的断后伸缩率 $\delta=0.5\%\sim0.6\%$，是典型的脆性材料。衡量此类脆性材料强度的唯一指标是强度极限 σ_b。

4.5.3　材料压缩时的力学性能

金属材料的压缩试件为短圆柱形，如图 4-28 所示。圆柱的高度一般为直径的 2.5 ~ 3.5 倍。

1．低碳钢的压缩试验

图 4-29 的实线部分为 Q235 钢压缩时的 σ-ε 曲线，虚线部分是 Q235 钢拉伸时的 σ-ε 曲线。由图可见，在屈服阶段以前，压缩与拉伸的 σ-ε 曲线基本相同，说明低碳钢在拉伸压缩时的弹性模量 E、比例极限 σ_p 和屈服极限 σ_s 是相同的，只是在超过屈服极限以后，试件愈压愈扁，横截面面积不断增大，抗压能力不断提高，试件只会压扁而不会断裂，因此，无法测出低碳钢的抗压强度极限 σ_b。

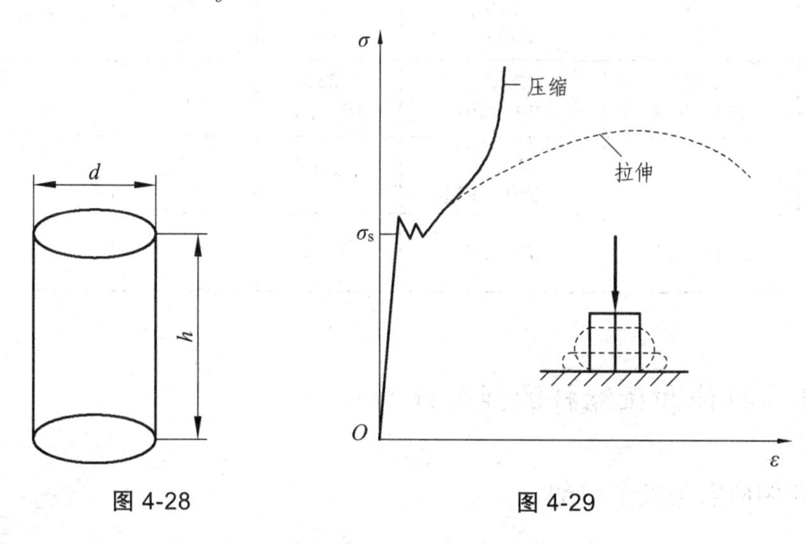

图 4-28　　　　图 4-29

2．铸铁的压缩试验

铸铁是常用脆性材料的典型代表，因此，着重讨论铸铁压缩时的力学性能。图 4-30 的实线部分是铸铁压缩时的 σ-ε 曲线，虚线部分是铸铁拉伸时的 σ-ε 曲线。由图 4-30 可见，在铸铁拉伸和压缩的 σ-ε 曲线中，均没有明显的直线部分，材料只近似地服从胡克定律。铸铁压缩时也没有屈服极限，但铸铁压缩时的强度极限为拉伸时的 3 ~ 5 倍。所以铸铁（脆性材料）多用于承受压力的构件。

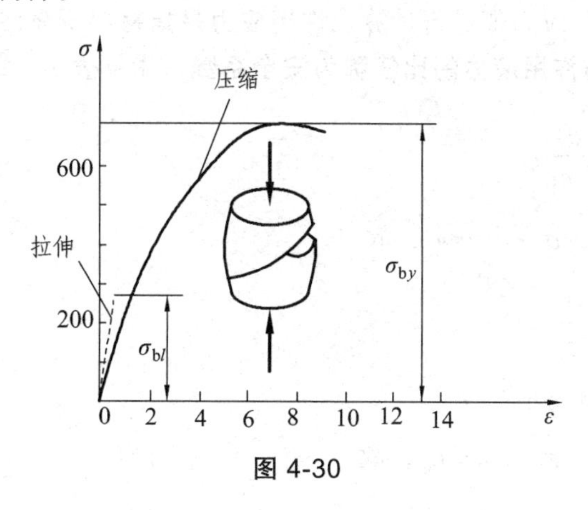

图 4-30

铸铁在压缩时，有明显的变形，断裂前，试件略呈鼓形。破坏时的断面与轴线呈 25°～45° 角。

表 4-2 给出了几种工程上常用材料的拉伸和压缩力学性能。

表 4-2　几种常用材料在拉伸和压缩时的机械性能（常温、静载）

材料名称或牌号	屈服极限 σ_s/MPa	强度极限 σ_b/MPa	塑性指标		应用举例
			δ/%	ψ/%	
Q235（A3） Q275（A5）	235 274	392 490~608	24 20		一般零件如拉杆、螺钉、轴等
35 号钢 45 号钢	313 353	529 597	20 16	45 40	机器零件
Q345（16Mn）	303 274～343	519 470～509	23 19～21	50	一般零件如拉杆、螺钉、轴等
灰口铸铁		拉 147～372 压 640～1300	<1		轴承盖、基座、泵体、壳体等
球墨铸铁	294～412	392～588	1.5～10		轧辊、曲轴、凸轮轴、阀门等

4.6　轴向拉伸和压缩杆的强度计算

4.6.1　许用应力与安全系数

材料因强度不足而丧失正常工作能力时的应力称为极限应力，以 σ^0 表示。对于塑性材料，当应力达到屈服极限 σ_s 时，将产生显著的塑性变形而失效。工程上常以屈服极限作为塑性材料的极限应力，即 $\sigma^0=\sigma_s$。对于脆性材料，在无显著变形的情况下，应力达到强度极限时会突然断裂。因此，工程上常以强度极限作为脆性材料的极限应力，即 $\sigma^0=\sigma_b$。

为了保证构件安全工作，构件中实际产生的应力必须低于材料的极限应力。考虑到工程实际中所用材料与实验材料在材料本身及加工方法、加工质量、工作条件等方面存在着差异，在强度计算时常采用许用应力值进行计算。**许用应力是指材料所允许承受的最大应力，用符号 $[\sigma]$ 表示。极限应力与许用应力的比值称为安全系数**，用 n 表示。故许用应力可表示为

$$[\sigma]=\frac{\sigma^0}{n} \tag{4-11}$$

对于塑性材料，$\sigma^0=\sigma_s$，$n=n_s$，故

$$[\sigma]=\frac{\sigma_s}{n_s} \tag{4-12}$$

式中　n_s——屈服安全系数。

对于脆性材料，$\sigma^0=\sigma_b$，$n=n_b$，故

$$[\sigma]=\frac{\sigma_b}{n_b} \tag{4-13}$$

式中　n_b——断裂安全系数。

由于脆性材料拉伸与压缩时的强度不同，因此，其拉伸许用应力值和压缩许用应力值是不相等的。

选择安全系数是一个复杂而重要的问题。过大的安全系数将造成材料浪费、结构笨重和成本提高，而过小的安全系数会使构件的安全得不到保证，甚至造成事故。确定安全系数时，应全面权衡安全与经济两方面的要求。影响安全系数的主要因素有：

（1）构件材料的不均匀性及不可避免的缺陷。

（2）载荷和应力计算的精确程度。

（3）构件的工作条件及其重要性等。

安全系数通常由相关规范来规定，具体数值可参阅有关规范。在一般机械设计中，常取的安全系数范围是：$n_s=1.3\sim2.5$，$n_b=2\sim5$。

4.6.2　轴向拉（压）杆的强度计算

杆件中**最大应力所在的横截面称为危险截面**。为了保证构件具有足够的强度，必须使危险截面的应力不超过材料的许用应力，即

$$\sigma_{max}=\frac{F_N}{A}\leqslant[\sigma] \tag{4-14}$$

式中：$\boldsymbol{F}_N$ 和 A 为危险截面的内（轴）力和横截面积。此式称为拉伸或压缩时**强度条件**公式。

运用强度条件可以解决以下三类问题：

（1）**强度校核**。在杆件的材料尺寸及其所受载荷已知的情况下，用式（4-14）校核构件的强度。

（2）**设计截面**。在杆件所受载荷及所用材料已知的情况下，确定截面尺寸。此时公式（4-14）可改写为

$$A\geqslant\frac{F_N}{[\sigma]}$$

（3）**确定许可载荷**。根据杆件的截面尺寸和材料的许用应力，确定杆件所能承受的最大轴力。此时公式（4-14）可改写为

$$F_N\leqslant A[\sigma]$$

下面举例说明三类问题的解题方法。

例 4-6　一总重力为 $G=1.2$ kN 的电动机，采用 M8 吊环螺钉（螺纹大径 $d=8$ mm，小径 $d_1=6.4$ mm），如图 4-31 所示。其材料是 Q235，许用应力 $[\sigma]=40$ MPa，试校核螺纹部分的强度。

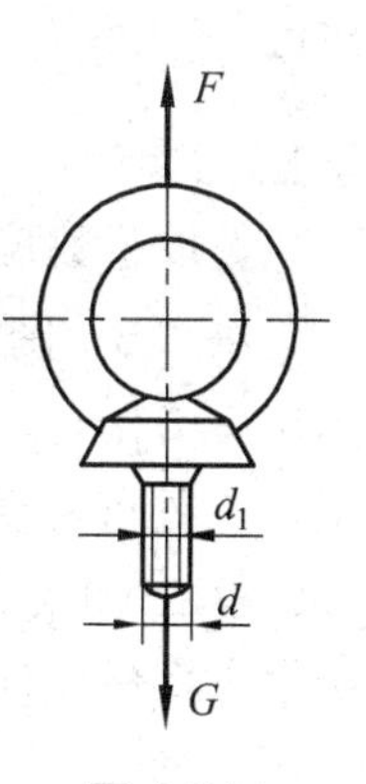

图 4-31

解　吊环螺纹部分的轴力 $F_N=G=1.2\times10^3$ N，危险截面在螺纹牙根

处，按强度条件

$$\sigma=\frac{F_{\mathrm{N}}}{A}=\frac{1.2\times10^{3}\ \mathrm{N}}{\frac{\pi}{4}\times(6.4\ \mathrm{mm})^{2}}=37.3\ \mathrm{MPa}<[\sigma]=40\ \mathrm{MPa}$$

故吊环螺钉是安全的。

例 4-7 某冷镦机的曲柄滑块机构如图 4-32a 所示。镦压工件时，连杆接近水平位置，镦压力 $F=3.8\times10^{3}\mathrm{kN}$。连杆横截面为矩形，高与宽之比 $h/b=1.4$，如图 4-32b 所示，材料的许用应力 $[\sigma]=90\ \mathrm{MPa}$（考虑稳定的影响，此处的 $[\sigma]$ 已相应降低）。试设计连杆截面尺寸 h 和 b。

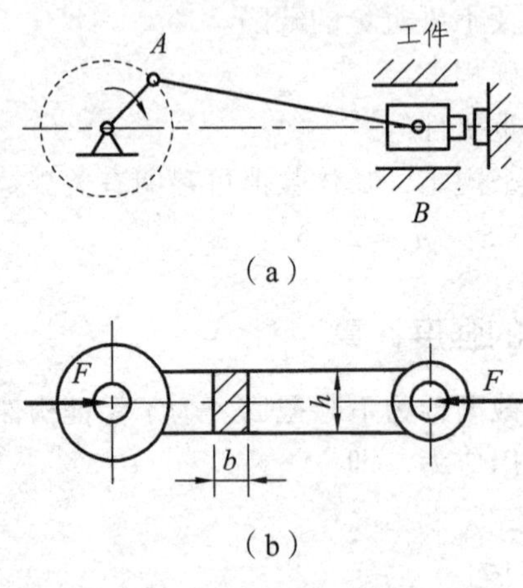

图 4-32

解 由于镦压时连杆接近水平位置，所以连杆所受的压力等于镦压力 F，其轴力为

$$F_{\mathrm{N}}=F=3.8\times10^{3}\ \mathrm{kN}$$

由公式（4-13）得

$$A\geqslant\frac{F_{\mathrm{N}}}{[\sigma]}=\frac{3.8\times10^{6}\ \mathrm{N}}{90\ \mathrm{N/mm^{2}}}=42.2\times10^{3}\ \mathrm{mm^{2}}$$

因为 $A=bh$ 且 $h=1.4b$

所以 $1.4b^{2}\geqslant42.2\times10^{3}\ \mathrm{mm^{2}}$

于是 $b\geqslant173.6\ \mathrm{mm}$

选取整数尺寸，$b=175\ \mathrm{mm}$，$h=245\ \mathrm{mm}$，可保证连杆具有足够的强度。

例 4-8 图 4-33a 所示为一钢木结构的起吊架，AB 为木杆，其截面积 $A_{AB}=10^{4}\mathrm{mm}^{2}$，许用压应力 $[\sigma]_{AB}=7\ \mathrm{MPa}$，$BC$ 为钢杆，其截面面积为 $A_{BC}=600\ \mathrm{mm}^{2}$，许用应力 $[\sigma]_{BC}=160\ \mathrm{MPa}$，试求 B 处可承受的许可载荷 $[F_{\mathrm{P}}]$。

解 （1）受力分析。用截面法截取 B 铰为研究对象，画受力图如图 4-33b 所示。由平衡条件可求得各杆轴力 $F_{\mathrm{N}AB}$ 和 $F_{\mathrm{N}BC}$ 与载荷 F_{P} 的关系：

$$\sum F_{iy}=0$$

$$F_{NBC}\sin 30° - F_P = 0$$

得
$$F_{NBC} = \frac{F_P}{\sin 30°} = 2F_P$$

$$\sum F_{ix} = 0$$

$$F_{NAB} - F_{NBC}\cos 30° = 0$$

得
$$F_{NAB} = F_{NBC}\cos 30° = 2F_P\frac{\sqrt{3}}{2} = \sqrt{3}F_P$$

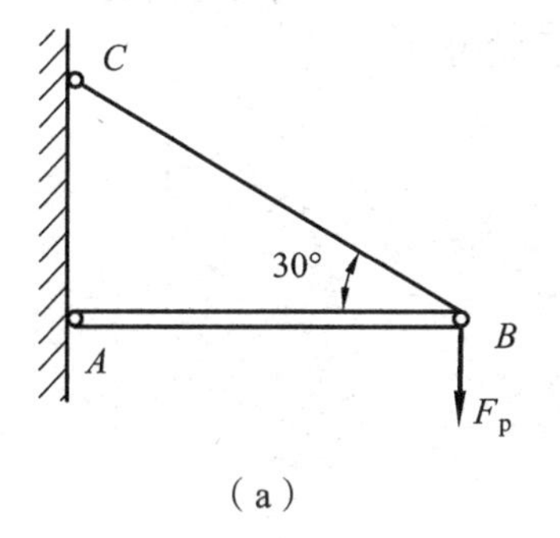

（a）

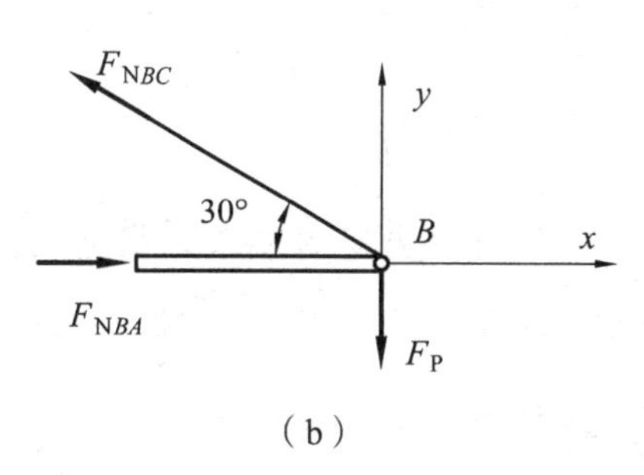

（b）

图 4-33

（2）求最大许可载荷。由强度条件式（4-16）得知木杆的许可载荷为

$$F_{NAB} \leqslant A_{AB}[\sigma]_{AB}$$

$$\sqrt{3}F_P \leqslant 10\times10^3\ \text{mm}^2\times7\ \text{N/mm}^2$$

得
$$F_P \leqslant 40\ 415\ \text{N} = 40.4\ \text{kN}$$

钢杆的许可载荷为

$$F_{NBC} \leqslant A_{BC}[\sigma]_{BC}$$

$$2F_P \leqslant 600\ \text{mm}^2\times160\ \text{N/mm}^2$$

得
$$F_P \leqslant 48\ 000\ \text{N} = 48\ \text{kN}$$

为保证结构安全，B 铰处可吊起的许可载荷 $[F_P]$ 应取 40.4 kN、48 kN 中的最小值，即 $[F_P] = 40.4\ \text{kN}$。

本章主要内容回顾

1. 构件的承载能力主要指标

强度：构件抵抗破坏的能力。
刚度：构件抵抗变形的能力。
稳定性：构件维持原有平衡形式的能力。

2. 杆件变形的基本形式

① 轴向拉伸或压缩；② 剪切；③ 扭转；④ 弯曲。

3．截面法求杆件内力

截面法的主要步骤：① 在需要求内力处假想地把杆件截开；② 取其中一部分作为研究对象，用内力代替另一部分对该研究对象的作用，画受力图；③ 建立研究对象的静力平衡方程求解。

4．轴向拉压杆横截面上的应力

（1）应力的概念：单位面积上的内力称为应力；应力表示内力在截面上的密集程度，表示截面上点的受力程度；垂直于截面的应力称为正应力，平行于截面的应力称为切应力。

（2）拉、压杆横截面上正应力均匀分布，其计算公式为

$$\sigma = \frac{F_N}{A}$$

5．拉、压杆应力应变的关系（胡克定律）

$$\sigma = E \cdot \varepsilon$$

6．拉、压杆变形量计算公式

$$\Delta l = \frac{F_N l}{AE}$$

7．拉、压杆的强度条件

$$\sigma_{max} = \frac{F_N}{A} \leqslant [\sigma]$$

运用这一条件可以进行三个方面的计算：

（1）强度校核；（2）设计截面尺寸；（3）确定许用荷载。

练习题

4-1　材料力学的研究对象与静力学研究对象有何区别和联系？

4-2　构件内力与应力有什么区别和联系？

4-3　两根不同材料的拉杆，其杆长 l 和横截面面积 A 均相同，并受相同的轴向拉力 $\boldsymbol{F}_N$，则：（1）两根杆的横截面上的应力________；

（2）两根杆的强度________；

（3）两根杆的绝对变形________。

4-4　两根等长圆截面拉杆，一根为铜杆，一根为钢杆，两杆的拉压刚度 EA 相同，并受相同的轴向拉力 $\boldsymbol{F}_N$。试问它们的伸长量和横截面上的正应力是否相同？

4-5　下列题 4-5 各图所示构件中，AB 段属于轴向拉伸或压缩的是________。

4-6　下列说法正确的有________。

A. 若 $\varepsilon \neq 0$，则 $\sigma \neq 0$

B. 同一截面上，正应力 σ 与切应力 τ 必互相垂直

C. 同一截面上，正应力 σ 必定大小相等，方向相同

D. 应力是内力的平均值

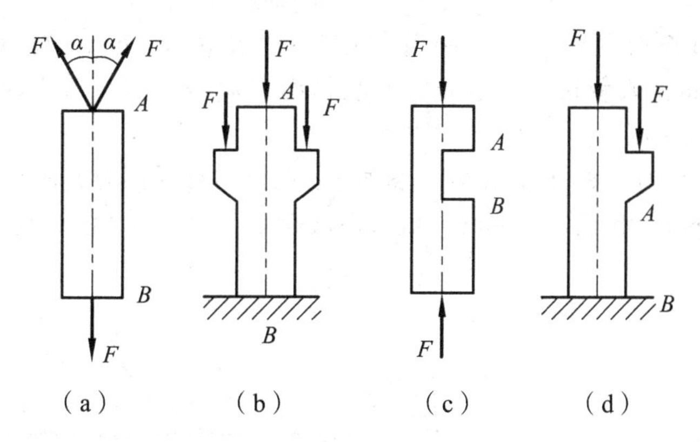

题 4-5 图

4-7　指出下列符号的名称。

σ_e ________________；　σ_s ________________；

σ_b ________________；　σ^0 ________________；

ε ________________；　δ ________________；

ψ ________________；　n ________________。

4-8　材料的最大工作应力 σ_{max}、极限应力 σ^0 及许用应力 $[\sigma]$ 之间的关系是__________。

A. $\sigma^0 \geqslant [\sigma] > \sigma_{max}$　　B. $\sigma^0 > [\sigma] \geqslant \sigma_{max}$

C. $\sigma^0 < \sigma_{max} \leqslant [\sigma]$　　D. $\sigma^0 = \sigma_{max} \leqslant [\sigma]$

4-9　试求题 4-9 图示各杆 1—1，2—2，3—3 截面的轴力，并作轴力图。

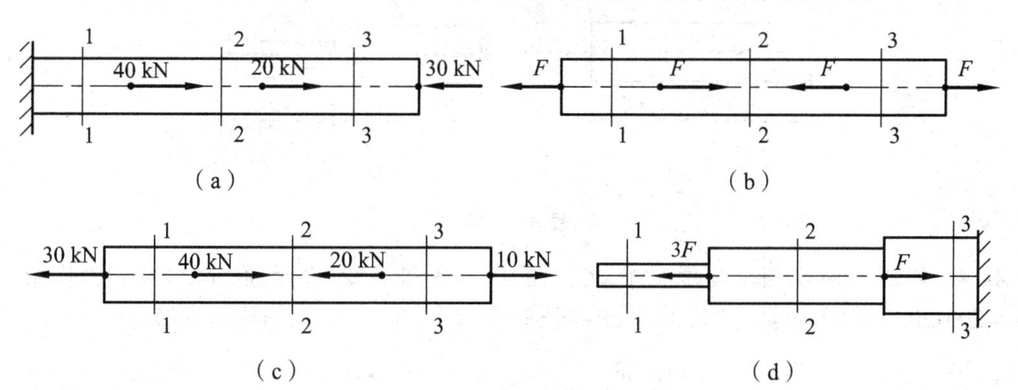

题 4-9 图

4-10　试求题 4-10 图示构件中指定截面的应力。各段截面面积分别是：$A_1 = 100\ \text{mm}^2$，$A_2 = 150\ \text{mm}^2$，$A_3 = 250\ \text{mm}^2$。

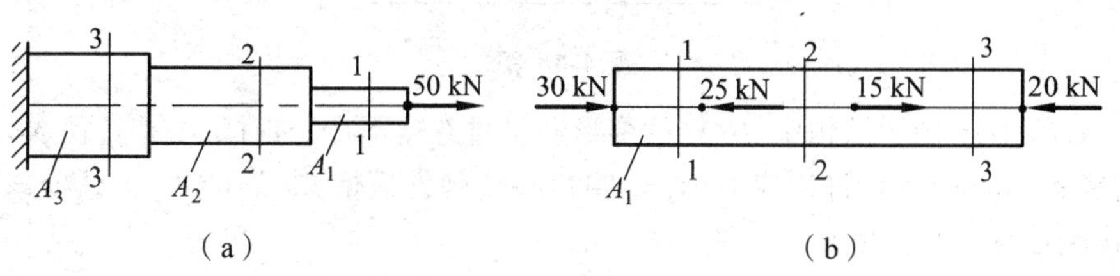

题 4-10 图

4-11　如题 4-11 图所示支架，杆 AB 为圆杆钢，直径 $d = 20\text{ mm}$。杆 BC 为正方形截面的型钢，边长 $a = 15\text{ mm}$。在铰接点 B 承受力 $\boldsymbol{F}$ 的作用，$F = 20\text{ kN}$。若不计 AB、BC 自重，求杆 AB 和杆 BC 截面上的正应力。

4-12　在圆杆上钻有一通孔如题 4-12 图所示。已知钢杆受拉力 $F = 15\text{ kN}$ 作用，钢杆为正方形截面，$D = 20\text{ mm}$，孔径 $d = 5\text{mm}$。试求横截面 1—1 和 2—2 的平均应力。

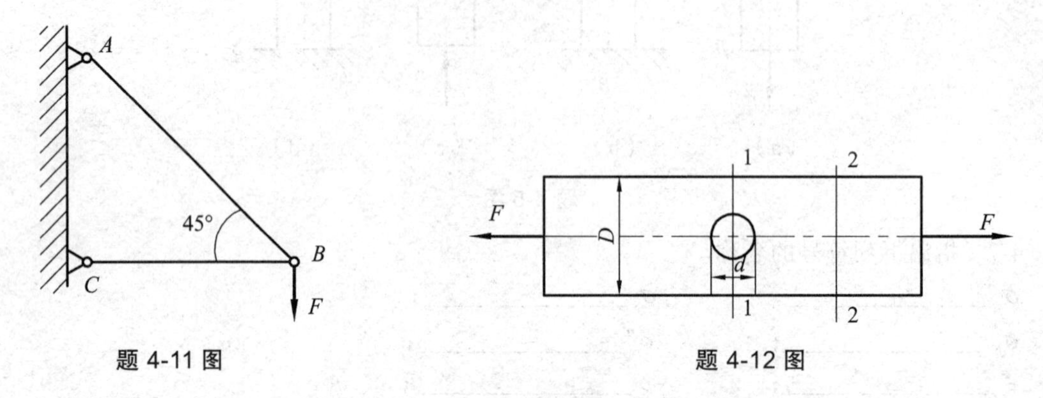

题 4-11 图　　　　题 4-12 图

4-13　直杆的受力如题 4-13 图所示。它们的横截面面积为 A_1、A_2 且 $A_1 = \frac{1}{2}A_2$，长度为 l，弹性模量为 E，载荷为 $\boldsymbol{F}$，试绘制轴力图，并求：

（1）各段横截面上的正应力；

（2）绝对变形 Δl。

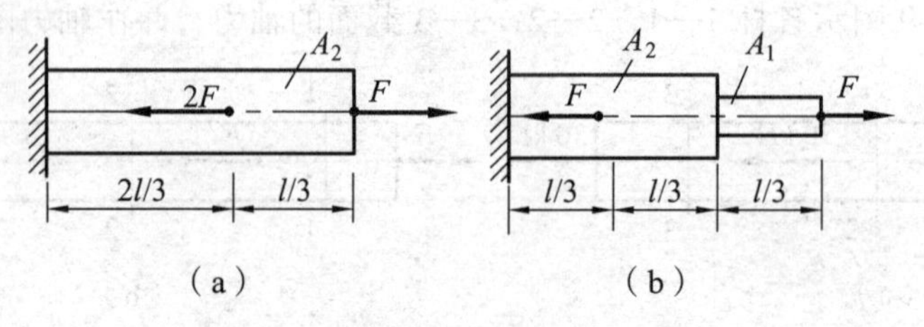

题 4-13 图

4-14　如题 4-14 图所示变截面杆 AC，在 A、B 两处各受 50 kN 和 140 kN 的力作用。已知 $E = 200\text{ GPa}$。（1）画轴力图；（2）求各段的正应力；（3）求总的绝对变形。

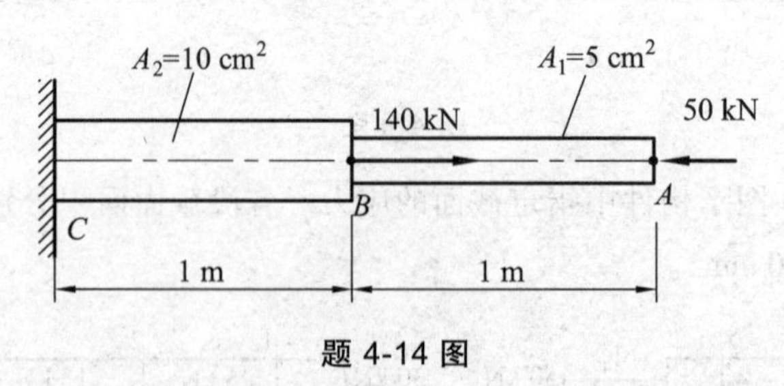

题 4-14 图

4-15　如题 4-15 图示结构中 AB 杆的变形和自重忽略不计。钢杆 AC（直径 $\phi = 25\text{ mm}$）和 BD（直径 $\phi = 18\text{ mm}$）的许用应力 $[\sigma] = 170\text{ MPa}$，弹性模量 $E = 210\text{ GPa}$。试校核两杆的强度，并求出刚性杆 AB 上 H 点的位移。

4-16　如题 4-16 图示吊环螺钉用 Q235 钢制成，其屈服极限 $\sigma_{\rm s} = 235\text{ MPa}$，螺纹小径

$d_1 = 42.8\ \text{mm}$，吊环的额定载荷 $F = 50\ \text{kN}$，试计算螺钉的实际安全系数（假定吊环的强度足够）。

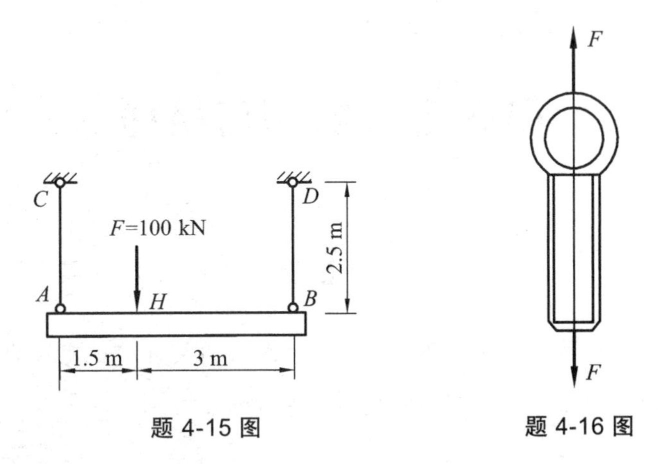

题 4-15 图　　题 4-16 图

4-17　车辆制动缸的活塞杆如题 4-17 图所示。制动时，空气压力 $F = 1.2\ \text{MPa}$。已知活塞直径 $D = 40\ \text{cm}$，活塞杆直径 $d = 6\ \text{cm}$，材料的许用应力 $[\sigma] = 50\ \text{MPa}$，试校核活塞杆的强度。

4-18　在题 4-18 图示结构中，假设 AB 杆为刚杆，CD 杆的截面面积 $A = 5\ \text{cm}^2$，材料的许用应力 $[\sigma] = 160\ \text{MPa}$，试求 B 点能承受的最大载荷 F。

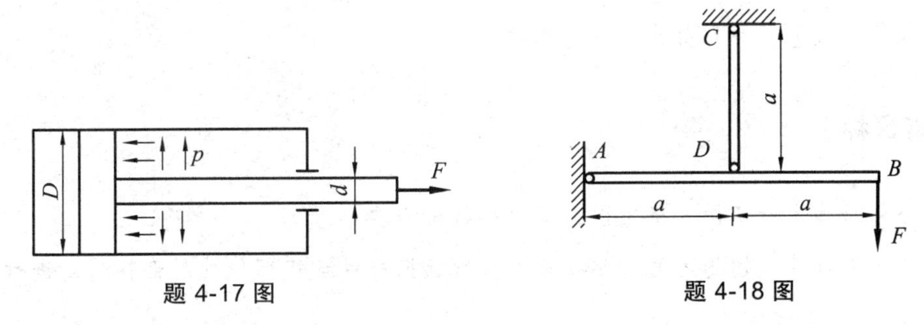

题 4-17 图　　题 4-18 图

4-19　如题 4-19 图所示，气缸盖与缸体用六个螺栓连接（每个螺栓的受力都相同）。已知气缸内径 $D = 350\ \text{mm}$，气压 $p = 1\ \text{MPa}$。若螺栓材料的许用应力 $[\sigma] = 40\ \text{MPa}$，试求螺栓的小径。

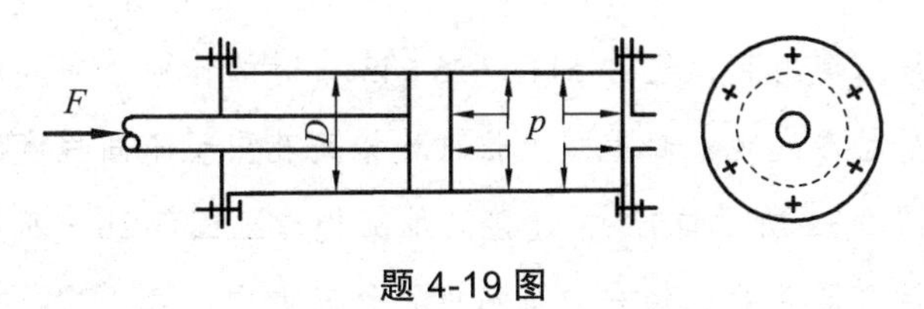

题 4-19 图

第5章　剪切与挤压

【本章概述】

本章通过一些工程中的剪切和挤压实例来说明构件剪切和挤压变形的特点，以及构件剪切和挤压变形时内力、应力的简化方法和实用计算方法。

【知识目标】

（1）理解剪切和挤压的概念。
（2）理解和掌握剪切和挤压的强度计算。
（3）掌握切应力计算和剪切胡克定律。

【技能目标】

（1）会判断确定剪切面、挤压面，剪力和挤压力。
（2）会运用杆件剪切变形的力学特点，合理选择杆件连接部位的局部构造，进行剪切挤压强度计算。

【工程案例导入】

某塔式起重机自投入使用起，经过511天6 643小时的作业，完成两栋高层建筑施工后拆除（图5-1）。拆塔后检测发现：起重臂上弦杆连接叉孔出现不同程度的椭圆变形，其中根部变形较为严重（如图5-2a所示位置），连接叉细部构造见图5-2b，变形后椭圆孔尺寸如图5-2c所示，并且变形后椭圆孔的长轴方向与起重臂长度方向一致。

发生此质量问题的原因是设计人员没有进行结构件的挤压计算。该连接叉结构采用20号钢，$[\sigma_c]=1.4[\sigma]=256\ \text{MPa}$。经核算，连接叉孔径挤压应力$\sigma_c=270\ \text{MPa}>[\sigma_c]$，导致连接叉孔沿臂长方向的椭圆变形。如继续使用，会产生很大冲击，工作状态会进一步恶化，造成机毁人亡的重大安全事故。

剪切和挤压是工程中经常遇到的强度问题，本章重点介绍剪切和挤压的强度计算问题。

图 5-1

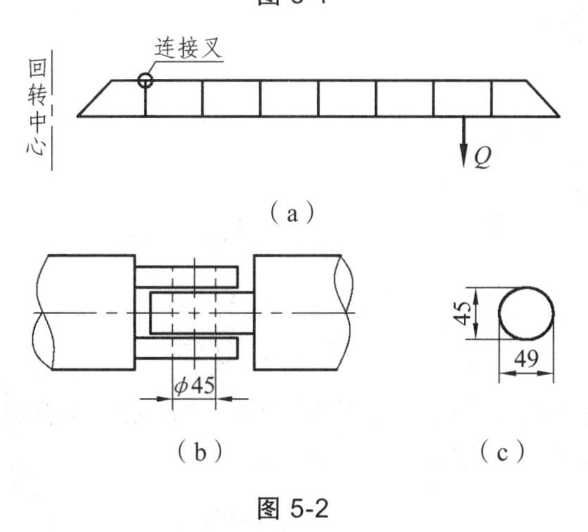

（a）

（b）　（c）

图 5-2

5.1　剪切与挤压的基本概念

剪切是构件基本变形之一，挤压常伴随着剪切而发生。如图 5-3a 所示为一剪板机，钢板在上下刀刃作用力 $\boldsymbol{F}$ 的推动下，两个力间的截面 $m—n$ 将沿着力的作用方向发生相对错动（图 5-3b）。当力 $\boldsymbol{F}$ 增加到某一极限值时，钢板将沿截面 $m—n$ 被剪断。**构件在这样一对大小相等、方向相反、作用线相隔很近的外力（或外力的合力）作用下，受剪两部分沿着力的作用方向发生相对错动的变形称为剪切变形。**在变形过程中，产生相对错动的截面（如 $m—n$）称为剪切面。它位于方向相反的两个外力作用线之间，且平行于外力作用线。

如图 5-4 所示，铆钉联结两块钢板，铆钉的受力面是上下两侧面，这样铆钉就在两个大小相等、方向相反、作用线垂直于构件表面且相距很近的力 $\boldsymbol{F}$ 和 $\boldsymbol{F}'$ 作用下发生剪切变形，钢板在与铆钉侧壁接触附近由于局部承受较大压力，而出现塑性变形，钢板上的铆钉孔由圆孔变成长圆孔。**这种在接触表面互相压紧而产生局部变形的现象，称为挤压变形。作用于接触面上的压力，称为挤压力，用 $\boldsymbol{F}_c$ 表示。挤压面上的压强，称为挤压应力，用 $\boldsymbol{\sigma}_c$ 表示。**

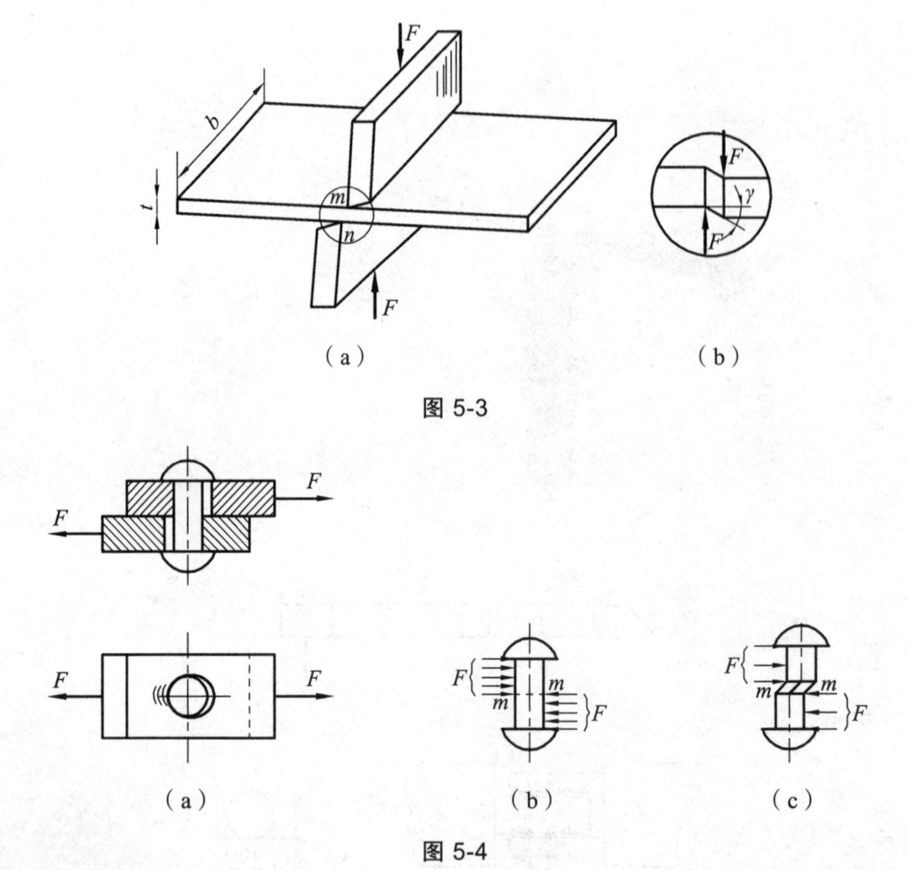

图 5-3

图 5-4

再例如在机械传动中的轮、轴由平键联结如图 5-5 所示，键受到轮和轴的作用发生剪切变形，键的侧面、轮和轴的键槽侧面发生挤压变形。

图 5-5

在工程实际中往往由于挤压破坏使联结松动而不能正常工作。因此，除了进行剪切强度计算外，还要进行挤压强度计算。

重要提示：

挤压应力与压缩应力不同，挤压应力只分布于两构件相互接触的局部区域，而压缩应力是分布在整个构件内部。

5.2　剪切与挤压的实用计算

5.2.1　剪切实用计算

为了对构件进行剪切强度计算，必须先计算剪切面上的内力。

如图 5-4 所示的铆钉联结，运用截面法，假想地将铆钉沿剪切面 m—m 分成上下两部分，任取其中一部分为研究对象（图 5-6），列静力平衡方程：

$$\sum F_{ix} = 0 \qquad F - F_{\mathrm{Q}} = 0$$

得 $F_{\mathrm{Q}} = F$，称为截面 m—m 的剪力。

剪切面上有切应力 τ 存在（图 5-6）。切应力在剪切面上的分布情况比较复杂，在工程中通常采用以实验、经验为基础的“实用计算法”来计算。“实用计算法”是以构件剪切面上的平均应力来建立强度条件。设剪切面的面积为 A，则构件剪切面上的平均应力 τ 的计算公式为

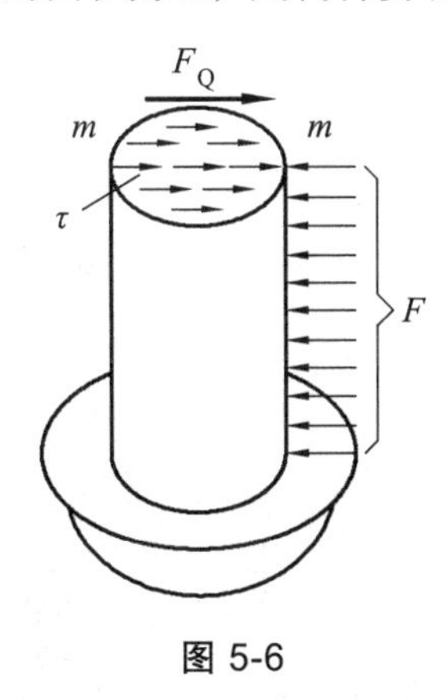

图 5-6

$$\tau = \frac{F_{\mathrm{Q}}}{A} \tag{5-1}$$

剪切强度条件为

$$\tau = \frac{F_{\mathrm{Q}}}{A} \leqslant [\tau] \tag{5-2}$$

式中：$[\tau]$ 为材料的许用剪切应力，其大小等于材料的剪切极限应力除以安全系数。极限应力由试验测定。剪切许用应力 $[\tau]$，可以从有关设计手册中查得，也可按如下的经验公式确定。

塑性材料 $[\tau] = (0.6 \sim 0.8)[\sigma]$

脆性材料 $[\tau] = (0.8 \sim 1.0)[\sigma]$

式中：$[\sigma]$ 为材料的许用拉应力。

“实用计算法”的结果基本上符合实际情况，在工程中得到了广泛应用。

重要提示：

工程实际中采用“实用计算法”计算剪切面上的平均应力是有条件的：构件的长度 l 与

直径 d 的比值不大于 5，即 $l/d \leqslant 5$。所以有关规范（譬如《钢结构设计规范》GB 50017）规定了受剪切的螺栓或者销轴的构造要求 $l/d \leqslant 5$。

如果实际工程确实需要 $l/d > 5$ 的连接螺栓或者销轴，应注意参照第七章的公式计算剪切面的切应力，并且还要考虑杆件的弯曲强度和变形。

应用剪切强度条件可以解决强度校核、设计截面尺寸、确定许可载荷等三类强度计算。

例 5-1 《钢结构设计规范》规定 8.8 级螺栓的抗剪强度设计值 $f_v^b(\tau^b) = 320\text{ MPa}$，试计算 M20 螺栓的抗剪承载力 F_Q。

解 由公式（5-2）得

$$F_Q \leqslant [\tau]A = f_v^b \times \frac{\pi d^2}{4} = 320 \times \frac{\pi \times 20^2}{4} = 100\ 531\ \text{N} = 100.531\ \text{kN}$$

取螺栓抗剪承载力 $F_Q = 100\ \text{kN}$。

5.2.2 剪切胡克定律

为了分析剪切变形，在构件的受剪部位，围绕 A 点取一直角六面体（图 5-7a），放大如图 5-7b 所示。剪切变形时，截面发生相对滑动，使直角六面体变为平行六面体，如图 5-7b 中细实线所示。图中线段 ee'（或 ff'）平行于外力的面 $efhg$ 相对面 $abdc$ 的滑移量，称为绝对剪切变形。相对剪切变形为

$$\frac{ee'}{\mathrm{d}x} = \tan\gamma \approx \gamma$$

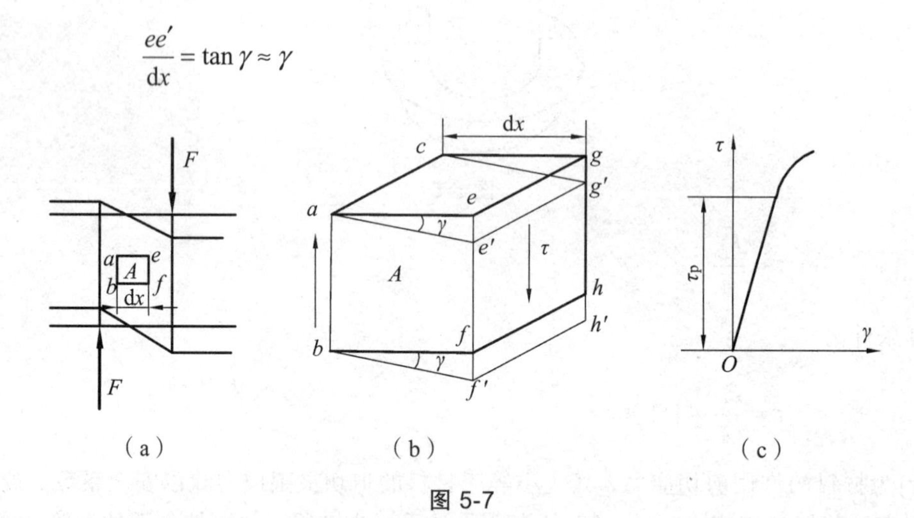

图 5-7

矩形直角的微小改变量，称为切应变或角应变，用弧度（rad）来度量。角应变 γ 与线应变 ε 是度量构件变形程度的两个基本量。

实验证明：**当切应力不超过材料的剪切比例极限 τ_p 时，切应力 τ 与切应变 γ 成正比（图 5-7b），称为剪切虎胡克定律**，用下式表示：

$$\tau = G\gamma$$

式中，G 称为材料的剪切弹性模量，是表示材料抵抗剪切变形能力的量，它的量纲与应力相同。各种材料的 G 值由实验测定，可从有关手册中查得，常用材料的 G 值可参阅表 4-1。

可以证明，对于各向同性的材料，剪切弹性模量 G 、弹性模量 E 和泊松比 μ ，不是各自独立的三个弹性常量，它们之间存在着下列关系：

$$G=\frac{E}{2(1+\mu)}$$

5.2.3　挤压应力及挤压强度条件

挤压应力在挤压面上的分布很复杂，和剪切一样，也采用“实用计算法”来建立挤压强度条件：

$$\sigma_c=\frac{F_c}{A_c}\leqslant[\sigma_c] \tag{5-3}$$

式中， A_c 为挤压面积。其计算方法要根据接触面的具体情况而定。

（1）如图 5-5 联结齿轮与轴的平键，其接触面为平面，则接触面的面积就是其挤压面积， $A_c=hl/2$（图 5-8a 带阴影线部分的面积）。

（2）螺栓、销钉等一类圆柱形联结件，其接触面近似为半圆柱面。根据理论分析，在半圆柱面上挤压应力分布大致如图 5-8b 所示，中点的挤压应力值最大。若以圆柱面的正投影面作为挤压面积（图 5-8c 带阴影线部分的面积），计算而得的挤压应力，与圆柱接触面上的实际最大工作应力数大致相等。所以在挤压实用计算中，对于螺栓、销钉等圆柱形联结件的挤压面积计算公式为 $A_c=dt$ ， d 为螺栓直径， t 为钢板厚度。

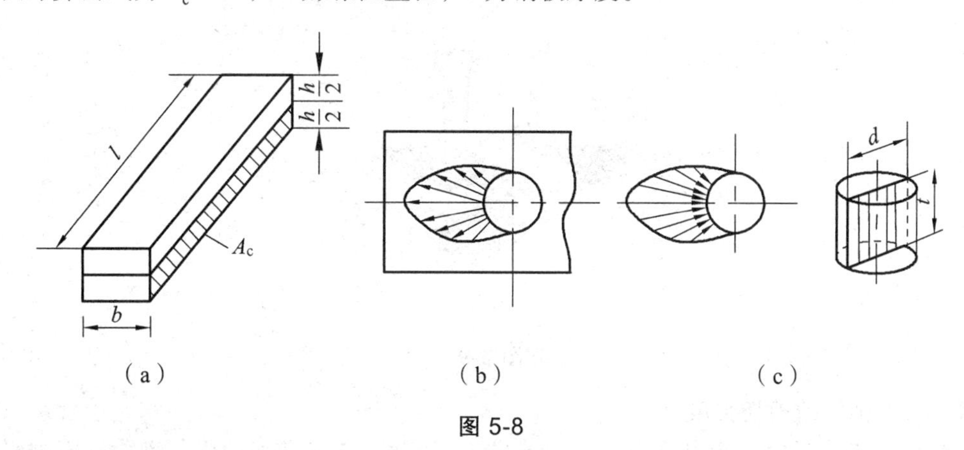

图 5-8

$[\sigma_c]$为材料的许用挤压应力，其数值由试验确定。设计时可查有关手册，也可按如下的公式近似地确定。

塑性材料 $[\sigma_c]=(1.5\sim2.5)[\sigma]$

脆性材料 $[\sigma_c]=(0.9\sim1.5)[\sigma]$

重要提示：

当相互挤压的两构件材料不同时，应按抗挤压能力较差的材料，即 $[\sigma_c]$ 值较小的进行挤压强度计算。

应用挤压强度条件可以解决强度校核、设计截面尺寸、确定许可载荷等三类强度计算问题。

例 5-2 拖车挂钩的销钉连接，如图 5-9a 所示。已知挂钩部分的钢板厚度 $\delta_1 = 20\ \text{mm}$，$\delta_2 = 30\ \text{mm}$，销钉与钢板的材料相同，许用切应力 $[\tau] = 60\ \text{MPa}$，许用挤压应力 $[\sigma_c] = 180\ \text{MPa}$，拖车的拉力 $F = 100\ \text{kN}$。试计算销钉直径。

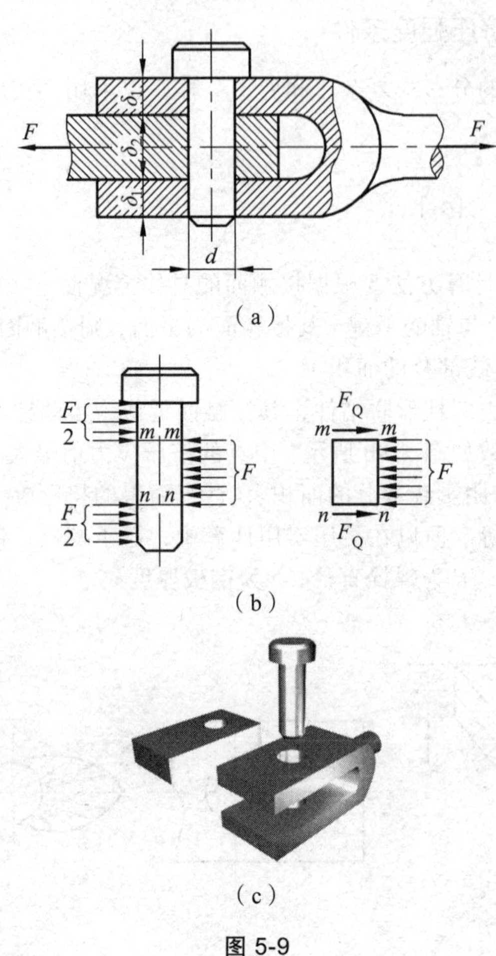

图 5-9

解 （1）销钉的剪切强度计算。

取销钉为研究对象，画出受力图（图 5-9b）。用截面法求剪切面上的剪力，根据平衡条件，得剪切面上剪力的大小为

$$F_Q = \frac{F}{2}$$

剪切面面积 $\qquad A = \dfrac{\pi d^2}{4}$

按照剪切强度条件

$$\tau = \frac{F_Q}{A} \leqslant [\tau]$$

将 F_Q、A 代入上式有

$$\frac{F/2}{\pi d^2/4} \leqslant [\tau]$$

得销钉的直径为

$$d \geqslant \sqrt{\frac{2F}{\pi[\tau]}} = \sqrt{\frac{2\times 100\times 10^3\ \text{N}}{\pi\times 60\ \text{N/mm}^2}} = 32.6\ \text{mm}$$

选取 $d = 35\ \text{mm}$。

（2）销钉的挤压强度计算。

销钉中段受到的挤压力 $F_c = F$，上段和下段受到的挤压力之和也为 F，但因 $\delta_2 < 2\delta_1$，故只需对中段进行强度计算。

$$\sigma_c = \frac{F_c}{A_c} = \frac{F}{\delta_2 d} = \frac{100\times 10^3\ \text{N}}{30\ \text{mm}\times 35\ \text{mm}} = 95.2\ \text{MPa} < [\sigma_c] = 180\ \text{MPa}$$

所以，选取铆钉直径 $d = 35\ \text{mm}$ 是安全的。

例 5-3　某车床电动机轴与皮带轮用平键联结（图 5-10）。已知轴的直径 $d = 35\text{mm}$，键的尺寸 $b\times h\times l = 10\ \text{mm}\times 8\ \text{mm}\times 60\ \text{mm}$（图 5-11b），传递的力偶矩 $M_e = 465\times 10^{-4}\ \text{kN}\cdot\text{m}$。键材料为 45 号钢，许用剪切应力 $[\tau] = 60\ \text{MPa}$，许用挤压应力 $[\sigma_c] = 100\ \text{MPa}$。胶带轮材料为铸铁，许用挤压应力 $[\sigma_c] = 53\ \text{MPa}$。试校核键联结的强度。

图 5-10

解　（1）计算作用于键上的力 F。

取轴与键一起为研究对象，其受力如图 5-11a 所示。由平衡条件 $\sum M_O(\boldsymbol{F}_i) = 0$ 得

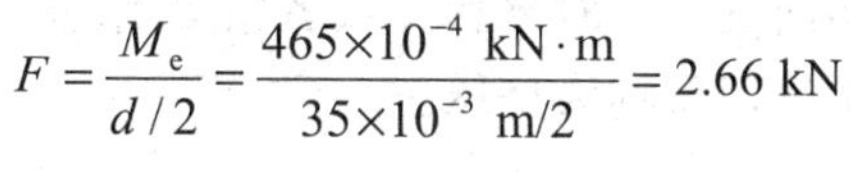

$$F = \frac{M_e}{d/2} = \frac{465\times 10^{-4}\ \text{kN}\cdot\text{m}}{35\times 10^{-3}\ \text{m}/2} = 2.66\ \text{kN}$$

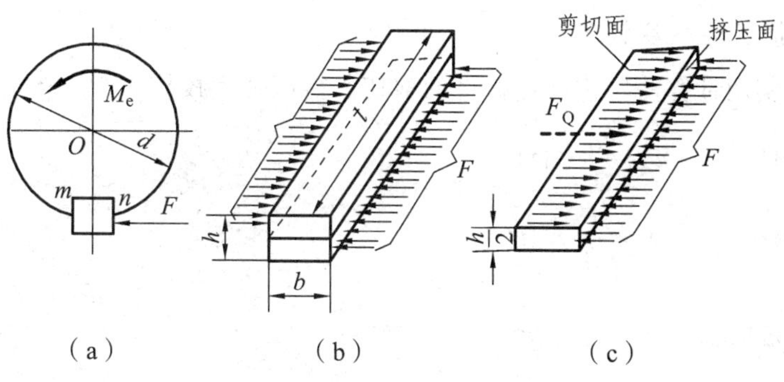

图 5-11

（2）校核键的剪切强度。键的受力如图 5-11b 所示，由截面法（图 5-11c）得剪切面的剪力为

$$F_Q = F = 2.66\ \text{kN}$$

键的剪切面积为

$$A = b \times l = 10\ \text{mm} \times 60\ \text{mm} = 600\ \text{mm}^2$$

按切应力公式（5-1）得

$$\tau = \frac{F_Q}{A} = \frac{2660\ \text{N}}{600\ \text{mm}^2} = 4.43\ \text{MPa} < [\tau]$$

故剪切强度足够。

（3）校核挤压强度。由于轮壳材料为铸铁，许用挤压应力较低，所以取铸铁的许用挤压应力$[\sigma_c]$作为核算的根据，其挤压力为

$$F_c = F = 2660\ \text{N}$$

挤压面积为键与轮壳的接触面积（图 5-10a）。

$$A_c = \frac{h}{2} l = 4\ \text{mm} \times 60\ \text{mm} = 240\ \text{mm}^2$$

按挤压应力公式（5-3）得

$$\sigma_c = \frac{F_c}{A_c} = \frac{2660\ \text{N}}{240\ \text{mm}^2} = 11.1\ \text{MPa} < [\sigma_c]$$

挤压强度也足够，整个键联结强度足够。

本章主要内容回顾

1. 剪切和挤压的概念

工程实践中常用的连接件，如螺栓、榫接头、销钉等，往往在构件两侧受到大小相等、方向相反的外力，这一对外力引起剪切面发生相对滑移（或者错动），这种变形称为剪切。

在剪切的同时，构件表面局部受压的现象称为挤压。

2. 剪切和挤压的强度计算

一般采用“实用计算法”进行连接件的剪切、挤压强度校核。

剪切强度条件　$\tau = \dfrac{F_Q}{A} \leqslant [\tau]$

挤压强度条件　$\sigma_c = \dfrac{F_c}{A_c} \leqslant [\sigma_c]$

3. 剪切胡克定理

$$\tau = G\gamma$$

对于各向同性的材料，剪切弹性模量G、弹性模量E和泊松比μ之间存在着下列关系：

$$G = \frac{E}{2(1+\mu)}$$

练习题

5-1　构件在什么情况下产生剪切变形？剪切变形和拉伸（压缩）变形有何区别？

5-2　挤压和压缩有何区别？试指出题 5-2 图中哪个物体应考虑压缩强度，哪个物体应考虑挤压强度。

5-3　题 5-3 图中拉杆的材料为钢材，在拉杆和木材之间放一金属垫圈，该垫圈起何作用？

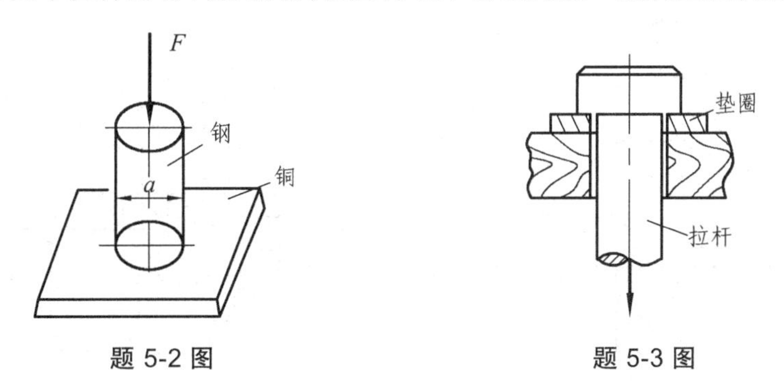

题 5-2 图　　　　题 5-3 图

5-4　分析题 5-4 图中各构件的剪力和剪切面，挤压力和挤压面以及构件Ⅱ的受拉面，并列出强度条件公式。

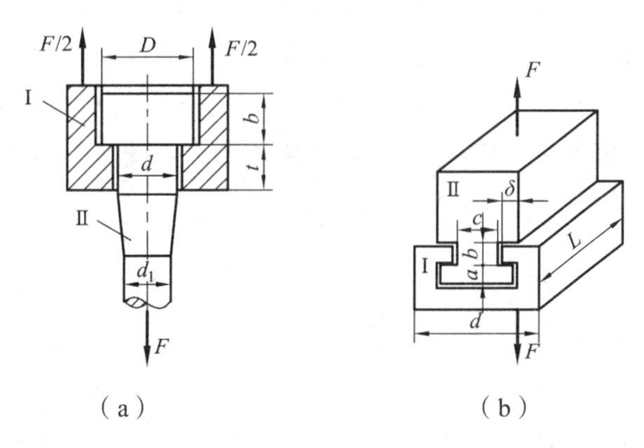

（a）　　　　（b）

题 5-4 图

5-5　试计算题 5-5 图所示榫接头的剪切和挤压应力。已知力 $F=15\ \text{kN}$，尺寸 $a=12\ \text{mm}$，$b=100\ \text{mm}$，$l=30\ \text{mm}$。

5-6　如题 5-6 图所示，拖车挂钩用的销钉联结，已知最大牵引力 $F=85\ \text{kN}$，尺寸 $t=30\ \text{mm}$，销钉和板的材料相同，许用切应力 $[\tau]=80\ \text{MPa}$，许用挤压应力 $[\sigma_c]=180\ \text{MPa}$，试确定销钉直径。

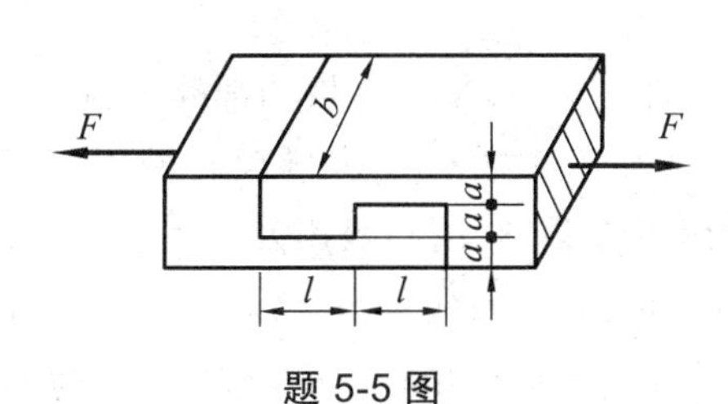

题 5-5 图

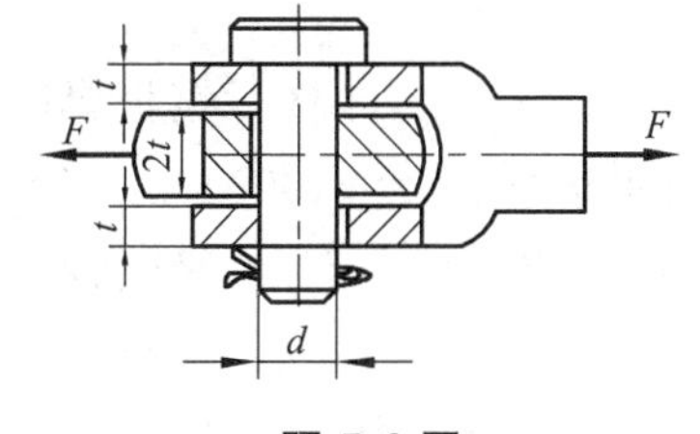

题 5-6 图

5-7　题 5-7 图示齿轮和轴用平键联结，已知传递的力矩 $M_e = 3\ \text{kN·m}$，键的尺寸 $b = 24\ \text{mm}$，$h = 14\ \text{mm}$，轴的直径 $d = 85\ \text{mm}$，键和齿轮材料的许用应力 $[\tau] = 40\ \text{MPa}$，$[\sigma_c] = 90\ \text{MPa}$。试计算键所需长度 l。

5-8　压力机的最大许可压力 $F = 500\ \text{kN}$，为了保护重要机件，采用环式保险器，如题 5-8 图所示。当压力机过载时，环式保险器首先被剪坏，保险器的材料为 HT21-40，其剪切强度极限 $\tau_b = 200\ \text{MPa}$。试确定保险器的尺寸 δ。

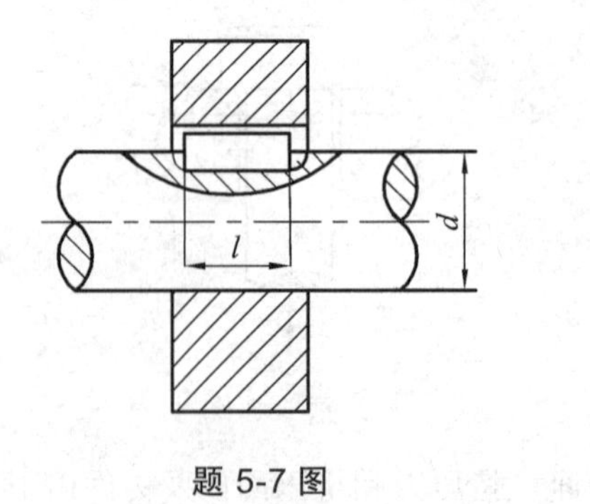

题 5-7 图

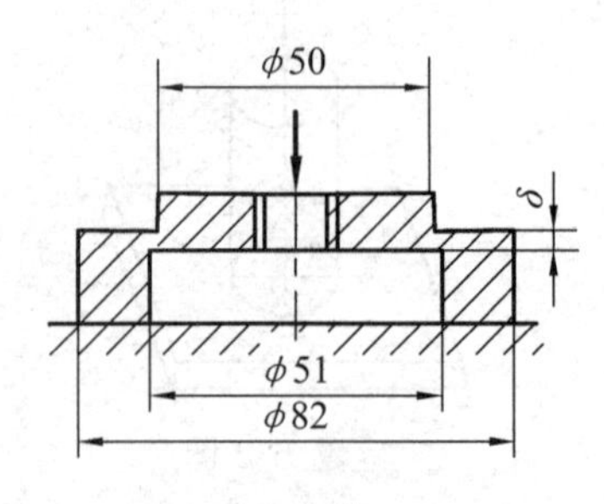

题 5-8 图

5-9　题 5-9 图示螺栓在拉力 $\boldsymbol{F}$ 作用下，已知材料的许用切应力 $[\tau]$ 和许用拉应力 $[\sigma]$ 之间的关系约为：$[\tau] = 0.6[\sigma]$。试计算螺栓直径 d 和螺栓头部高度 h 的合理比值。

5-10　如题 5-10 图所示，冲床最大冲力为 400 kN，冲头材料的许用应力 $[\sigma_c] = 440\ \text{MPa}$，被冲钢板的剪切强度极限为 $\tau_b = 360\ \text{MPa}$。试求此冲床上，能冲剪的圆孔最小直径 d 和钢板最大厚度 t。

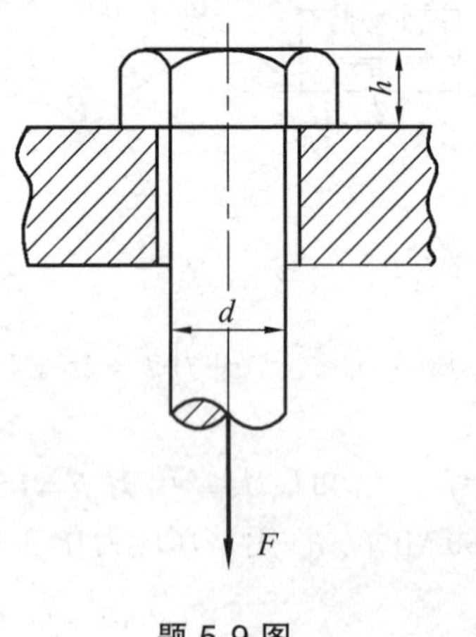

题 5-9 图

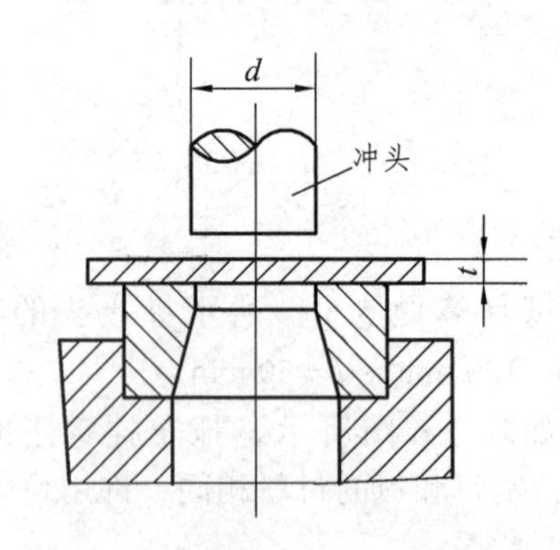

题 5-10 图

5-11　已知题 5-11 图示钢板厚度 $t = 12\ \text{mm}$，拉力 $F = 30\ \text{kN}$，钢板和螺栓材料的许用应力 $[\sigma] = 160\ \text{MPa}$，$[\tau] = 100\ \text{MPa}$，$[\sigma_c] = 320\ \text{MPa}$。试确定尺寸 a、b 及螺栓直径 d。

5-12　题 5-12 图示一凸缘联轴器，轴和联轴器用平键联结，两凸缘用四个直径 $d_0 = 12\ \text{mm}$ 的精制螺栓联结。已知 $D_0 = 120\ \text{mm}$，轴的直径 $d = 40\ \text{mm}$，键的尺 $b \times h \times l = 12\ \text{mm} \times 8\ \text{mm} \times 50\ \text{mm}$，键和螺栓材料为 A5 钢，$[\tau] = 70\ \text{MPa}$，$[\sigma_c] = 200\ \text{MPa}$，联轴器材料为铸铁，

$[\sigma_c] = 53\ \text{MPa}$。试计算该联轴器所能传递的最大扭矩。

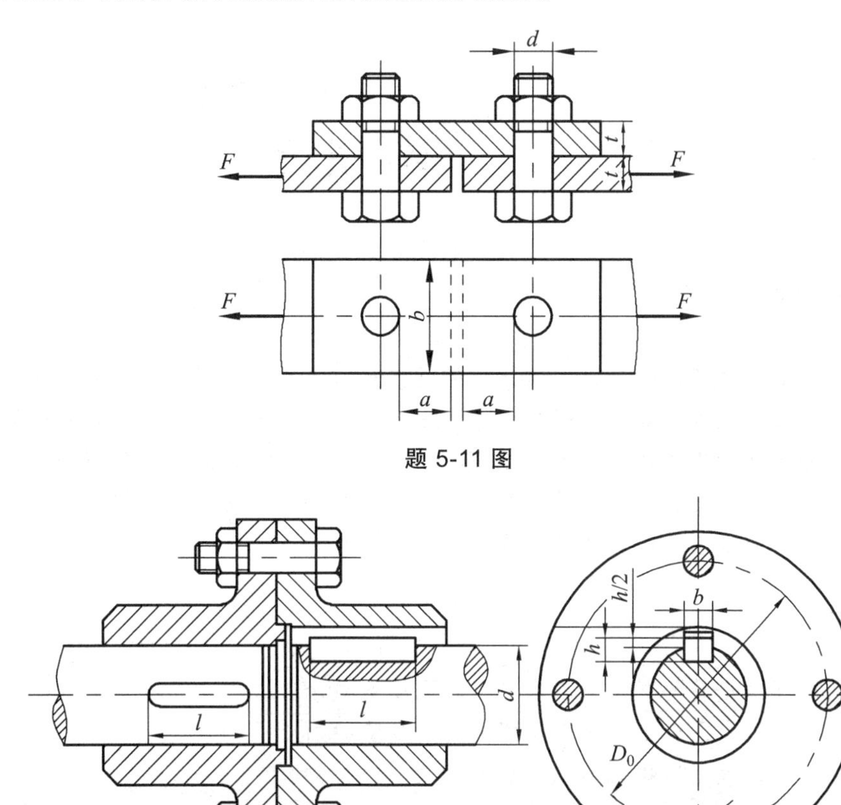

题 5-11 图

题 5-12 图

第6章　圆轴扭转

【本章概述】

本章阐述了：圆轴扭转的概念，圆轴扭转的受力特点、变形特点；扭矩的计算方法、扭矩图的画法；在扭矩的计算中先采用截面法，而后在截面法的基础上总结出计算扭矩的简便有效的外力法；分析圆轴横截面上应力的性质、分布及计算方法，分析圆轴扭转变形及计算方法，建立圆轴扭转的强度和刚度条件；采用大量的工程实例，解决了工程中圆轴扭转的强度和刚度问题。本章的重点是圆轴扭转的强度和刚度计算。

【知识目标】

（1）正确理解圆轴扭转的概念及应力、扭转刚度的概念。
（2）能熟练绘制扭矩图，正确判断扭矩方向及危险截面。
（3）理解圆截面的极惯性矩 I_P 和抗扭截面模量 W_P 的物理意义。
（4）进行圆轴扭转的强度和刚度计算。

【技能目标】

（1）掌握计算扭矩的截面法和外力法，熟练绘制扭矩图。
（2）掌握圆轴扭转力学知识，学会对圆轴扭转变形的刚度和强度做出正确判断和解决问题的能力。
（3）进行圆轴扭转的分析、计算与综合运用的能力。

【工程案例导入】

日常生活及工程实际中，有很多承受扭转的构件。如汽车中由方向盘带动的操纵杆，如图 6-1a 所示，其上端受到方向盘传来的力偶作用，下端受到来自转向器的阻力偶作用，如图 6-1b 所示。再如当钳工攻螺纹时，如图 6-2a 所示，加在手柄上的两个等值反向的力组成力偶，作用于锥杆的上端，工件的反力偶作用在锥杆的下端，如图 6-2b 所示。上述杆件的受力情况可以简化为如图 6-3 所示的计算简图。

由此可以看出，扭转杆件的**受力特点**是：**杆件两端受到一对大小相等、转向相反、作用面与轴线垂直的力偶作用**。其**变形特点**是：**杆的各横截面都绕轴线发生相对转动**。这种变形称为扭转变形。以扭转变形为主的构件称为**轴**。

由于圆轴是最常见的扭转变形构件，所以本章只研究圆轴的扭转问题。

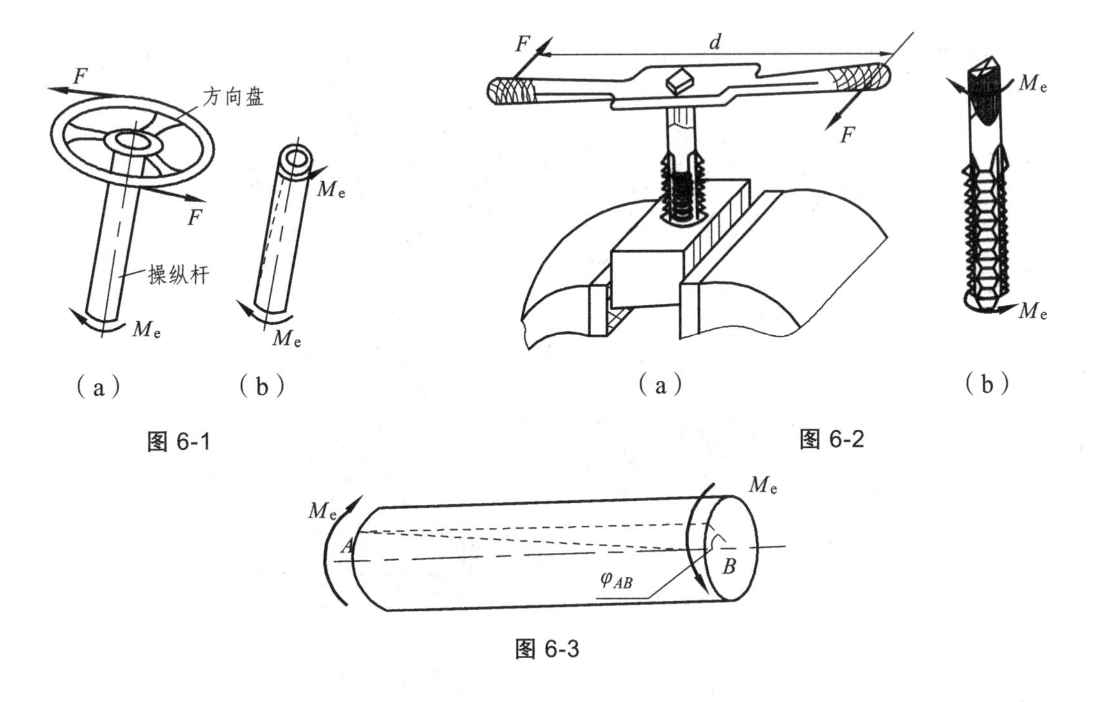

图 6-1

图 6-2

图 6-3

6.1　圆轴扭转时横截面上的内力——扭矩、扭矩图

研究圆轴扭转问题的方法和研究拉（压）杆问题一样。首先，计算作用于轴上的外力，然后再分析横截面上的内力，建立应力和变形的计算公式，最后进行强度、刚度计算。

6.1.1　外力偶矩的计算

作用于轴上的外力偶矩，通常不是直接给出其数值，而是给出轴的转速和传递的功率，这时需要按照理论力学中推导的功率、转速、力矩三者的关系来计算外力偶矩的数值。

$$M_e = 9549\frac{P}{n} \tag{6-1}$$

式中：M_e为外力偶矩，单位为牛米（N·m）；P为轴传递的功率，单位为千瓦（kW）；n为轴的转速，单位为转每分（r/min）。

在确定外力偶矩的方向时，应注意：输入功率的齿轮、皮带轮作用的力偶矩为主动力偶矩，方向与轴的转向一致；输出功率的齿轮、皮带轮作用的力偶矩为阻力偶矩，方向与轴的转向相反。

6.1.2　圆轴扭转时横截面上的内力计算方法

1. 截面法

如图 6-4a 表示有 4 个轮子的传动轴，作用于轮上的外力偶矩 $M_{eA}=3\,\text{kN}\cdot\text{m}$，$M_{eB}=7\,\text{kN}\cdot\text{m}$，$M_{eC}=2\,\text{kN}\cdot\text{m}$，$M_{eD}=2\,\text{kN}\cdot\text{m}$。现计算 BC 段任一截面上的内力，应用截面法，

假想沿该段任一截面II—II，将轴截开分为两部分，取左部分为研究对象（图 6-4b）。

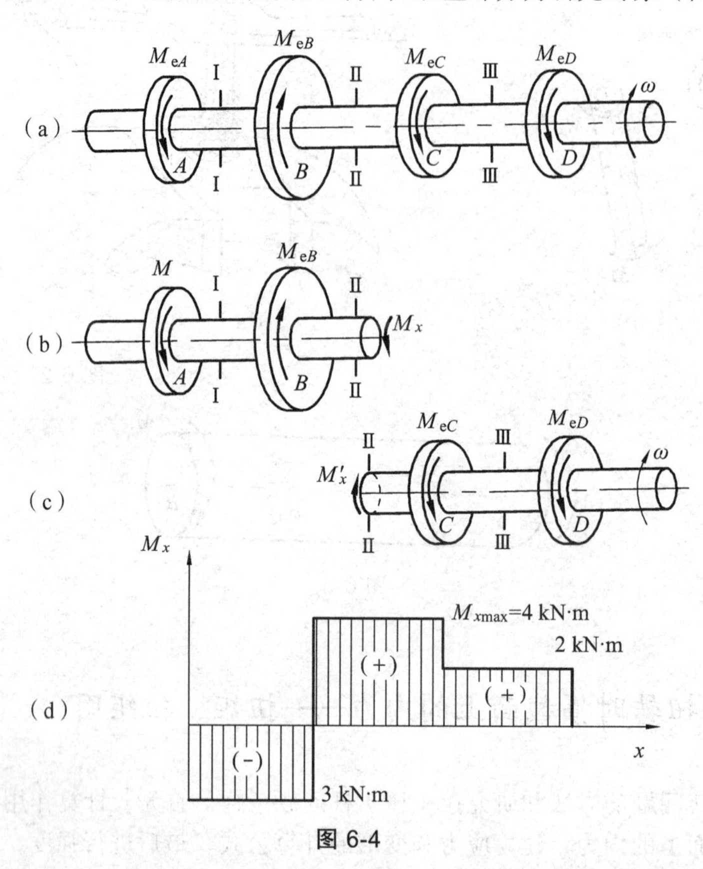

图 6-4

由于整个轴是平衡的，因此，该部分也必然处于平衡状态，所以截面II—II上内力合成的结果一定是一个作用面与横截面重合的内力偶。我们把这个内力偶称为**扭矩**，方向如图 6-4b 所示，其扭矩的大小由平衡条件 $\sum M_{ix}=0$ 求得。

$$-M_{eA}+M_{eB}-M_x=0$$

$$M_x=M_{eB}-M_{eA}=7\,\text{kN}\cdot\text{m}-3\,\text{kN}\cdot\text{m}=4\,\text{kN}\cdot\text{m}$$

若取右部分作研究对象（图 6-4c），用同样的方法也可求得

$$M'_x=M_{eC}+M_{eD}=2\,\text{kN}\cdot\text{m}+2\,\text{kN}\cdot\text{m}=4\,\text{kN}\cdot\text{m}$$

由于扭矩只有两个转向，因此可以用“+、–”号加以区别，所以一般情况下扭矩是一个代数量。

2. 外力法

由于外力偶矩的大小、转向一般都是已知的，从以上由截面法求扭矩的例子得到，**扭矩的大小等于截面任一侧（左或右侧）所有外力偶矩的代数和**。如果将外力偶矩的“+、–”号加以适当的规定，这样就可以通过计算截面任一侧（左或右侧）所有外力偶矩的代数和，得到扭矩的大小和正负，使扭矩的大小和“+、–”号的确定变得简单准确。

外力偶矩的正负号规定——右手螺旋定则：右手的四指与外力偶矩转向相同，若拇指背

离所求内力的截面，如图 6-5 所示。

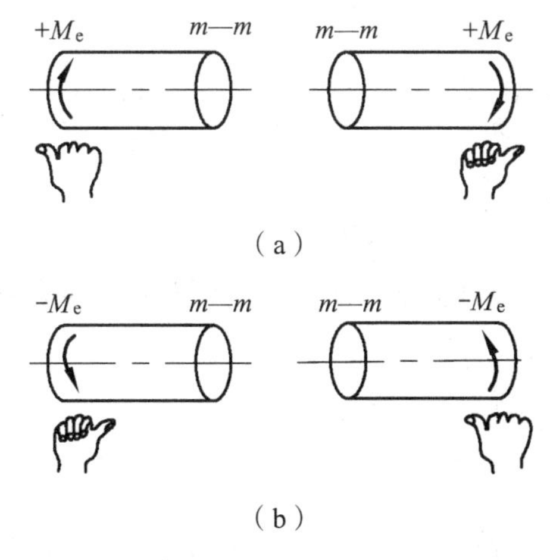

图 6-5

利用此方法计算截面以左（或以右）所有外力偶矩的代数和，即可直接求出该截面上扭矩的大小和正负。

运用上述结论，可得图 6-4a 所示轴 *AB* 段各截面上的扭矩为

$$M_{x1} = -M_{eA} = -3\,\text{kN}\cdot\text{m}$$

或

$$M_{x1} = -M_{eB} + M_{eC} + M_{eD} = -7\ \text{kN}\cdot\text{m} + 2\ \text{kN}\cdot\text{m} + 2\ \text{kN}\cdot\text{m} = -3\ \text{kN}\cdot\text{m}$$

BC 段各截面上的扭矩为

$$M_{x2} = M_{eB} - M_{eA} = 7\ \text{kN}\cdot\text{m} - 3\ \text{kN}\cdot\text{m} = 4\ \text{kN}\cdot\text{m}$$

或

$$M_{x2} = M_{eC} + M_{eD} = 2\ \text{kN}\cdot\text{m} + 2\ \text{kN}\cdot\text{m} = 4\ \text{kN}\cdot\text{m}$$

CD 段各截面的扭矩为

$$M_{x3} = -M_{eA} + M_{eB} - M_{eC} = 2\ \text{kN}\cdot\text{m}$$

或

$$M_{x3} = -M_{eD} = 2\ \text{kN}\cdot\text{m}$$

为了显示整个轴上各截面扭矩的变化规律，以便分析危险截面，常用横坐标表示轴各截面的位置，纵坐标表示相应截面上的扭矩，正扭矩画在横坐标的上面，负扭矩画在横坐标的下面，这种图形称为**扭矩图**。

图 6-4d 为以上传动轴 *ABCD* 的扭矩图，可见，轴上 *BC* 段各截面的扭矩最大，$M_{x\max} = 4\ \text{kN}\cdot\text{m}$。

例 6-1　图 6-6a 为一齿轮轴，已知轴的转速 $n = 300\ \text{r/min}$，齿轮 *A* 输入功率 $P_A = 50\ \text{kW}$，齿轮 *B*、*C* 输出功率 $P_B = 30\ \text{kW}$，$P_C = 20\ \text{kW}$。不计轴和轴承的摩擦阻力，试作该轴的扭矩图。

解　（1）计算外力偶矩。按公式（6-1）得

$$M_{eA}=9\ 549\frac{P}{n}=9\ 549\frac{50\ \text{kW}}{300\ \text{r/min}}=1\ 591.5\ \text{N}\cdot\text{m}$$

$$M_{eB}=9\ 549\frac{P}{n}=9\ 549\frac{30\ \text{kW}}{300\ \text{r/min}}=954.9\ \text{N}\cdot\text{m}$$

$$M_{eC}=9\ 549\frac{P}{n}=9\ 549\frac{20\ \text{kW}}{300\ \text{r/min}}=636.6\ \text{N}\cdot\text{m}$$

（2）计算扭矩。设轴上各段截面的扭矩均以截面左侧的外力矩计算，则 AB 段内各截面的扭矩均为

$$M_{x1}=M_{eA}=1\ 591.5\ \text{N}\cdot\text{m}$$

BC 段内各截面的扭矩均为

$$M_{x2}=M_{eA}-M_{eB}=1\ 591.5\ \text{N}\cdot\text{m}-954.9\ \text{N}\cdot\text{m}=636.6\ \text{N}\cdot\text{m}$$

（3）画扭矩图。根据以上计算结果，按比例画扭矩图（图 6-6b）。

由扭矩图可见，最大扭矩在轴的 AB 段内，其值 $M_{x\max}=1591.5\ \text{N}\cdot\text{m}$。若把齿轮 A 安排在轴的中间（图 6-7a），可得

$$M_{n1}=-M_{eB}=-954.9\ \text{N}\cdot\text{m}$$

$$M_{n2}=M_{eC}=636.6\ \text{N}\cdot\text{m}$$

扭矩图如图 6-7b 所示，最大扭矩 $M_{\max}=954.9\ \text{N}\cdot\text{m}$。由此可见，传动轴上输入与输出功率的齿轮位置不同，轴的最大扭矩数值就不等，显然后者比较合理。

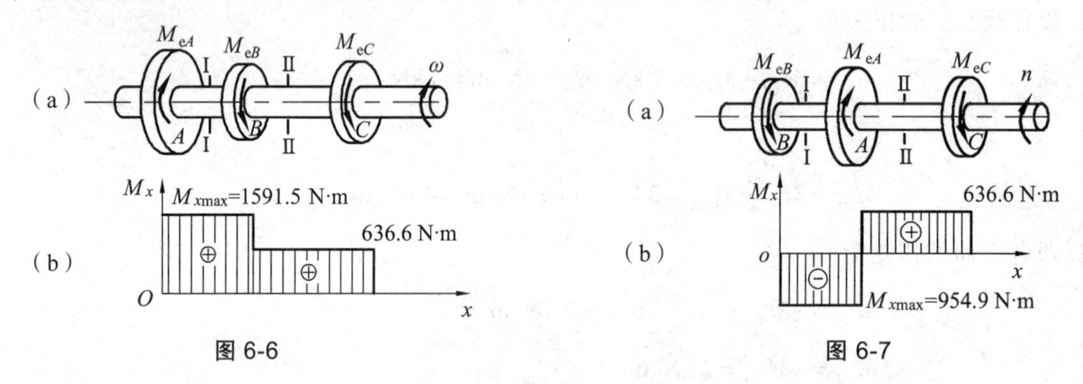

图 6-6　　图 6-7

6.2 圆轴扭转时横截面上的应力和变形

6.2.1 圆轴扭转时横截面上的应力

1. 圆轴扭转时横截面上的应力分布规律

我们从观察实验现象着手，取一等直圆轴，在其圆轴表面画上一组平行于轴线的纵向线和一组代表横截面的圆周线，形成许多矩形（图 6-8a）。然后将其一端固定，在另一端作用

一个作用面与轴线垂直的外力偶矩 M_e（图 6-8b）。此时圆轴产生了扭转变形，在小变形的情况下，可以看到：

（1）各圆周线的形状、大小以及两圆周线间的距离均无变化，只是绕轴转了不同的角度。

（2）所有纵向线仍近似地为一条直线，只是倾斜了同一个角度 γ，使原来的矩形变成平行四边形。

根据观察得到的表面变形现象和材料的均匀性假设，可得到如下的假设：**圆轴受扭后的任意两横截面，变形后仍保持为平面，且形状、大小及间距不变，半径仍保持为直线，只是绕轴线发生了相对的转动，这就是圆轴扭转变形的平面假设**。按照这个假设，扭转变形可视为各横截面像刚性平面一样，一个接着一个产生绕轴线的相对转动，如图 6-8c 所示，截面Ⅱ相对截面Ⅰ转过角度 φ_1，而截面Ⅲ又相对截面Ⅱ转过 φ_2，相对截面Ⅰ则转过角度 φ。通常用**任意两横截面相对转过的角位移 φ 来度量扭转变形，φ 称为扭转角**。

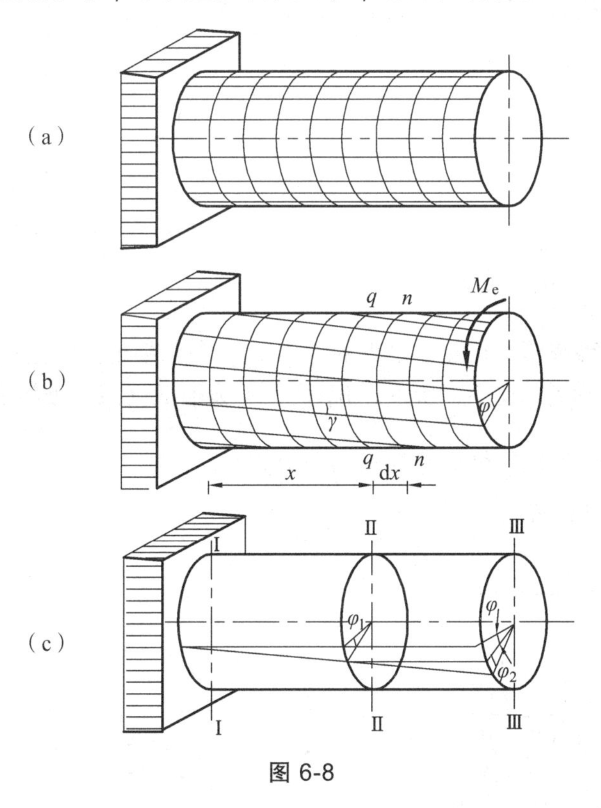

图 6-8

根据平面假设，可得如下两点推论：

（1）由于扭转变形时，相邻横截面发生旋转式的相对错动，而出现了剪切变形，所以横截面上必然有与剪切变形相对应的切应力存在；又因半径长度不变，故**切应力方向必然与半径垂直**。如图 6-9 所示，**横截面上某点切应力的大小与该点到圆心的距离 ρ 成正比**；切应力在圆心处为零，在圆轴表面最大；在半径为 ρ 的同一圆周上各点的切应力大小相等。

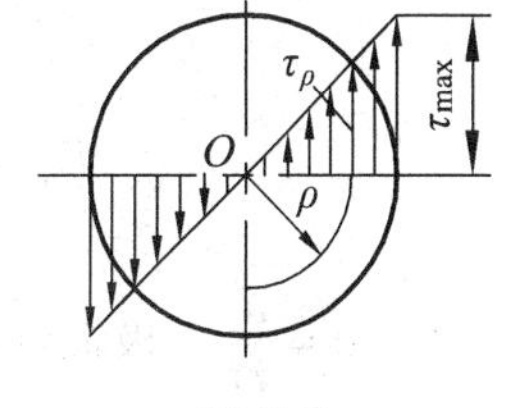

图 6-9

（2）由于变形时，相邻两横截面间的距离不变，垂直于横截面的线应变 $\varepsilon=0$，所以**横截面上没有正应力**。

2. 切应力计算

圆轴扭转时横截面上任一点的切应力公式为

$$\tau_{\rho}=\frac{M_{x}\rho}{I_{P}} \tag{6-2}$$

式中：M_x为横截面上的扭矩；I_P为该截面的**极惯性矩**；ρ为该点到圆心的距离。

由公式（6-2）可知，当ρ达到最大值半径R时，切应力为最大值，即

$$\tau_{max}=\frac{M_{x}R}{I_{P}}$$

上式中R及I_P都是与截面几何尺寸有关的量，引入符号

$$W_{P}=\frac{I_{P}}{R}$$

得

$$\tau_{max}=\frac{M_{x}}{W_{P}} \tag{6-3}$$

式中，W_P称为**抗扭截面模量**。可见，最大剪应力τ_{max}与横截面上的扭矩M_x成正比，而与W_P成反比。若W_P越大，则τ_{max}越小，所以，W_P是表示圆轴抵抗扭转破坏能力的几何参数。

3. 圆截面的极惯性矩I_P和抗扭截面模量W_P

对于直径为d的圆截面：

$$I_{P}=\frac{\pi d^{4}}{32}\approx 0.1d^{4} \tag{6-4}$$

$$W_{P}=\frac{I_{P}}{R}=\frac{\frac{\pi}{32}d^{4}}{\frac{d}{2}}=\frac{\pi d^{3}}{16}\approx 0.2d^{3} \tag{6-5}$$

对于内径为d，外径为D的空心圆截面：

$$I_{P}=\frac{\pi D^{4}}{32}(1-\alpha^{4})=0.1D^{4}(1-\alpha^{4}) \tag{6-6}$$

$$W_{P}=\frac{\pi D^{3}}{16}(1-\alpha^{4})\approx 0.2D^{3}(1-\alpha^{4}) \tag{6-7}$$

式中，$\alpha=\frac{d}{D}$。极惯性矩I_P的单位常用m^4或mm^4表示，抗扭截面模量W_P的单位常用m^3或mm^3表示。

6.2.2　圆轴扭转时的变形

1．扭转角 φ

圆轴扭转时（图 6-10），**两横截面间相对转过的角度为扭转角 φ**。分析知相距为 L 的两个横截面间的扭转角为

$$\varphi = \frac{M_x \cdot L}{G \cdot I_{\mathrm{P}}} \tag{6-8}$$

扭转角 φ 的单位为弧度（rad）。

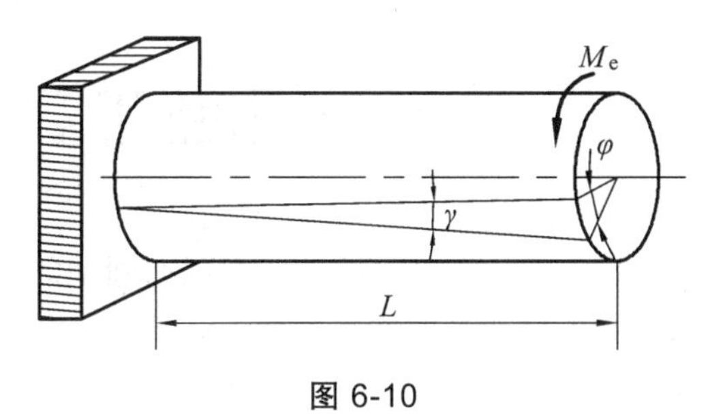

图 6-10

由式（6-8）可看到扭转角与扭矩 M_x 和轴的长度 L 成正比，与材料的剪切弹性模量 G 和圆轴横截面的极惯性矩 I_{P} 成反比。GI_{P} 反映了圆轴抵抗扭转变形的能力，称为圆轴的**抗扭刚度**。

如果两截面之间的扭矩值 M_x 有变化，或轴的直径不同，那么应该分段计算各段的扭转角，然后叠加。

2．单位长度扭转角 θ

由于扭转角 φ 不能反映圆轴的扭转变形程度，因此，引出单位长度上的相对扭转角，即单位长度扭转角 θ 来表示，即

$$\theta = \frac{\varphi}{L} = \frac{M_x}{G \cdot I_{\mathrm{P}}} \quad (\mathrm{rad/m}) = \frac{M_x}{G \cdot I_{\mathrm{P}}} \times \frac{180^\circ}{\pi} \quad (^\circ/\mathrm{m}) \tag{6-9}$$

例 6-2　某传动轴，如图 6-11a 所示。已知轴上力偶矩 $M_{\mathrm{e1}} = 2.5\ \mathrm{kN \cdot m}$，$M_{\mathrm{e2}} = 4\ \mathrm{kN \cdot m}$，$M_{\mathrm{e3}} = 1.5\ \mathrm{kN \cdot m}$。轴材料的剪切弹性模量 $G = 80\ \mathrm{GPa}$。试求该轴的最大切应力，截面 A 相对截面 C 的扭转角 φ_{A-C} 和该轴的最大单位长度扭转角。

解　（1）分段计算各截面的扭矩，并画出扭矩图。

AB 段　　$M_{xAB} = M_{\mathrm{e1}} = 2.5\ \mathrm{kN \cdot m}$

BC 段　　$M_{xBC} = M_{\mathrm{e1}} - M_{\mathrm{e2}} = 2.5\ \mathrm{kN \cdot m} - 4\ \mathrm{kN \cdot m} = -1.5\ \mathrm{kN \cdot m}$

根据以上数据画扭矩图（图 6-11b）。

（2）计算全轴的最大切应力。

计算轴上各段的最大切应力，按公式（6-3）得

AB 段　　$\tau_{AB\max} = \dfrac{M_{xAB}}{W_{\mathrm{P}AB}} = \dfrac{2.5 \times 10^6\ \mathrm{N \cdot mm}}{\dfrac{\pi}{16} \times (75\ \mathrm{mm})^3} = 30.2\ \mathrm{MPa}$

BC 段
$$\tau_{BC\max}=\frac{M_{xBC}}{W_{PBC}}=\frac{1.5\times10^6\ \text{N}\cdot\text{mm}}{\frac{\pi}{16}\times(60\ \text{mm})^3}=35.4\ \text{MPa}$$

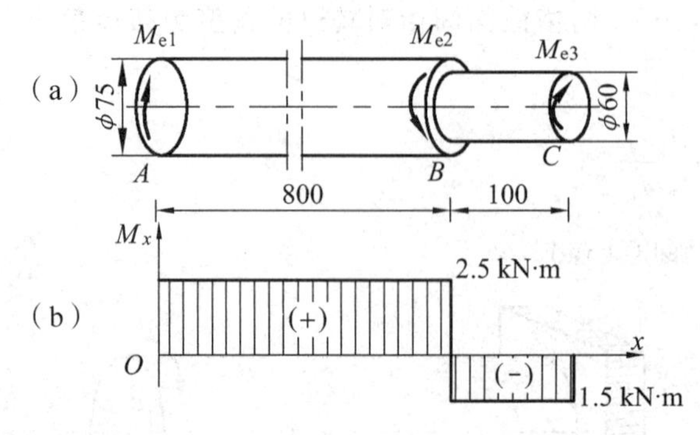

图 6-11

全轴最大的剪应力 $\tau_{max}=35.4\ \text{MPa}$。由此可见，变截面圆轴的最大剪应力不一定在扭矩最大的截面上。**全轴切应力最大的截面称为危险截面**。对于等直圆轴，由于 W_P 为常量，所以扭矩绝对值最大的截面就是危险截面。

（3）计算 A、C 两截面间的扭转角 φ_{A-C}。

由于 A、C 两截面间的扭矩 M_x 和 GI_P 不是常量，所以分别计算 AB 与 BC 两段的扭转角，然后叠加。按公式（6-8）得 A、B 两截面间的扭转角：

$$\varphi_{A-B}=\frac{M_{xAB}\cdot L_{AB}}{GI_{PAB}}=\frac{2.5\times10^6\ \text{N}\cdot\text{mm}\times800\ \text{mm}}{80\times10^3\ \text{MPa}\times\frac{\pi}{32}\times(75\ \text{mm})^4}=8.0\times10^{-3}\ \text{rad}$$

B、C 两截面间的相对扭转角：

$$\varphi_{B-C}=\frac{M_{xBC}\cdot L_{BC}}{GI_{PBC}}=\frac{-1.5\times10^6\ \text{N}\cdot\text{mm}\times100\ \text{mm}}{80\times10^3\ \text{MPa}\times\frac{\pi}{32}\times(60\ \text{mm})^4}=-1.47\times10^{-3}\ \text{rad}$$

$$\varphi_{A-C}=\varphi_{A-B}+\varphi_{B-C}=8.0\times10^{-3}\ \text{rad}-1.47\times10^{-3}\ \text{rad}=6.53\times10^{-3}\ \text{rad}$$

（4）计算全轴的最大单位长度扭转角。

分别计算各段的最大单位长度扭转角，按公式（6-9）得

$$\theta_{AB}=\frac{M_{xAB}}{G\cdot I_{PAB}}\times\frac{180°}{\pi}=\frac{2.5\times10^6\ \text{N}\cdot\text{mm}}{80\times10^3\ \text{MPa}\times\frac{\pi\times(75\ \text{mm})^4}{32}}\times\frac{180°}{\pi}\approx5.77\times10^{-4}\ °/\text{mm}=0.577\ °/\text{m}$$

$$\theta_{BC}=\frac{M_{xBC}}{G\cdot I_{PBC}}\times\frac{180°}{\pi}=\frac{1.5\times10^6\ \text{N}\cdot\text{mm}}{80\times10^3\ \text{MPa}\times\frac{\pi\times(60\ \text{mm})^4}{32}}\times\frac{180°}{\pi}\approx8.45\times10^{-4}\ °/\text{mm}=0.845\ °/\text{m}$$

所以，全轴的最大单位长度扭转角发生在 BC 段上，大小为 $\theta_{max}=\theta_{BC}=0.845\ °/\text{m}$。

6.3　圆轴扭转时的强度和刚度计算

6.3.1　强度计算

圆轴扭转时的**强度条件**是：**危险截面上的最大切应力 τ_{max} 不得超过材料的许用切应力** $[\tau]$，即

$$\tau_{max}=\frac{M_x}{W_P}\leqslant[\tau] \tag{6-10}$$

式中，M_x，W_P 分别为危险截面的扭矩与抗扭截面模量。许用切应力 $[\tau]$ 由扭转试验测定，设计时可查有关手册。在静载荷作用下，它与许用拉应力有如下关系：

塑性材料　　$[\tau]=(0.5\sim0.6)[\sigma_1]$

脆性材料　　$[\tau]=(0.8\sim1.0)[\sigma_1]$

6.3.2　刚度计算

对于轴类构件，还常常要求不产生过大的扭转变形，例如：机床主轴若产生过大的扭转变形，将引起剧烈的扭转振动，影响工件的加工精度和表面质量；车床丝杆产生过大的扭转变形，将影响螺纹的加工精度。因此，就需同时满足强度和刚度条件。圆轴扭转时的**刚度条件**是：**最大的单位长度扭转角 θ_{max} 不得超过许用单位长度扭转角 $[\theta]$**，即

$$\theta_{max}=\frac{M_x}{GI_P}\times\frac{180}{\pi}\leqslant[\theta] \tag{6-11}$$

单位长度内的许用扭转角 $[\theta]$ 的数值，根据载荷性质和工作条件等因素来确定，具体数值可从有关手册中查得。一般规定：

精密机械的轴　$[\theta]=0.15\sim0.50\ °/\text{m}$

一般传动轴　　$[\theta]=0.5\sim1.0\ °/\text{m}$

精度较低的轴　$[\theta]=2\sim4\ °/\text{m}$

重要提示：

强度条件解决的是圆轴扭转中的三类强度问题，刚度条件解决的是圆轴扭转中的三类刚度问题，两个条件是相互独立的，计算时必须同时得到满足。

例 6-3　已知解放牌汽车的传动轴 AB（图 6-12）是由 45 号无缝钢管制成的，外径 $D=90$ mm，壁厚 $t=2.5$ mm，传递的最大力矩为 $M_e=1.5$ kN·m，材料的 $[\tau]=60$ MPa，剪切弹性模量 $G=80$ GPa，$[\theta]=2\ °/\text{m}$。

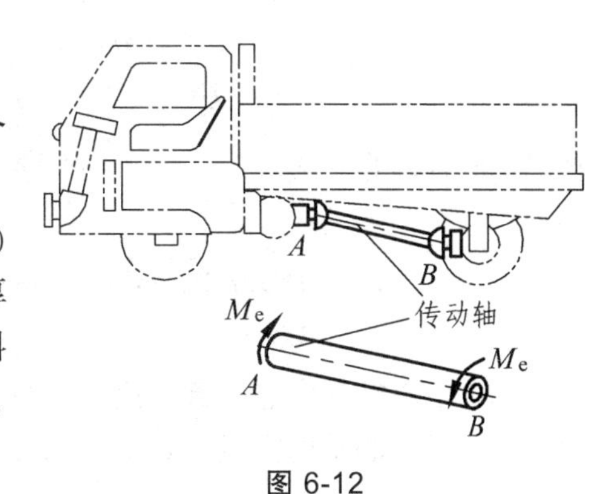

图 6-12

（1）试校核其强度和刚度。

（2）若改用相同材料的实心轴，并要求它和原来的传动轴的强度相同，试计算其直径 D_1。

（3）比较空心轴和实心轴的重量。

解 （1）校核传动轴 AB 的强度和刚度。取传动轴 AB 为研究对象，其受力如图 6-12b 所示。各截面的扭矩都相同，为

$$M_x = M_e = 1.5\ \text{kN·m}$$

截面的极惯性矩与抗扭截面模量分别为

$$\alpha = \frac{d}{D} = \frac{85}{90} = 0.944\ 4$$

$$I_P = \frac{\pi D^4}{32}(1-\alpha^4) = \frac{\pi \times (90\ \text{mm})^4}{32} \times (1-0.944\ 4^4)$$
$$= 1\ 317 \times 10^3\ \text{mm}^4$$

$$W_P = \frac{\pi D^3}{16}(1-\alpha^4) = \frac{\pi \times (90\ \text{mm})^3}{16} \times (1-0.944\ 4^4)$$
$$= 29\ 280\ \text{mm}^3$$

按强度条件公式（6-10）：

$$\tau_{\max} = \frac{M_x}{W_P} = \frac{1.5 \times 10^3 \times 10^3\ \text{N·mm}}{29\ 280\ \text{mm}^3} = 51.2\ \text{MPa} < [\tau]$$

按刚度条件公式（6-11）：

$$\theta_{\max} = \frac{M_n}{GI_p} \times \frac{180}{\pi} = \frac{1.5 \times 10^3 \times 10^3\ \text{N·mm} \times 180}{80 \times 10^3\ \text{MPa} \times 1317 \times 10^3\ \text{mm}^4 \times \pi}$$
$$= 0.816 \times 10^{-3}\ °/\text{mm} = 0.816\ °/\text{m} < [\theta]$$

所以传动轴 AB 的强度和刚度均足够。

（2）计算实心轴的直径。由于实心轴和原传动轴的材料和外力偶矩相同，因此，当要求它们的强度相同时，它们的抗扭截面模量应相等，即

$$W_P = \frac{\pi D_1^3}{16} = \frac{\pi D^3}{16}(1-\alpha^4)$$

解得实心轴的直径为

$$D_1 = D\sqrt[3]{1-\alpha^4} = 90\ \text{mm} \times \sqrt[3]{1-\left(\frac{85\ \text{mm}}{90\ \text{mm}}\right)^4} = 53\ \text{mm}$$

（3）空心轴和实心轴重量比。当两根轴的材料、长度相等时，其重量之比等于横截面面积之比。设空心轴的重量为 G_1，实心轴为 G_2，则

$$\frac{G_1}{G_2}=\frac{\frac{\pi}{4}(D^2-d^2)}{\frac{\pi}{4}D_1^{\ 2}}=\frac{(90\ \text{mm})^2-(85\ \text{mm})^2}{(53\ \text{mm})^2}=0.311$$

由此可见，在条件相同的情况下，空心轴的重量为实心轴重量的 31%。因此，采用空心轴可以节省大量的材料，减轻自重，提高承载能力。

小疑问：

空心轴比实心轴可以节省大量的材料，其原因是什么？

这是由于圆轴扭转时只有横截面边缘各点的切应力达到了材料的许用值，其他各点的应力均小于许用值，圆心附近的应力很小（图 6-13a），材料没有得到充分利用。如果将这部分材料移到离圆心较远的位置，使其成为空心轴（图 6-13b），便提高了材料的利用率，增大 I_P 和 W_p，从而提高轴的强度和刚度。但是，空心轴的壁厚不能太薄，否则，容易发生局部皱折而丧失其承载能力。此外，当空心轴是用钢板沿轴向焊接而成时，必须注意焊缝质量，若焊缝开裂，便形成开口轴（图 6-13c），将大大降低抗扭能力，所以工程中尽量避免将受扭薄壁杆的截面制成开口状。

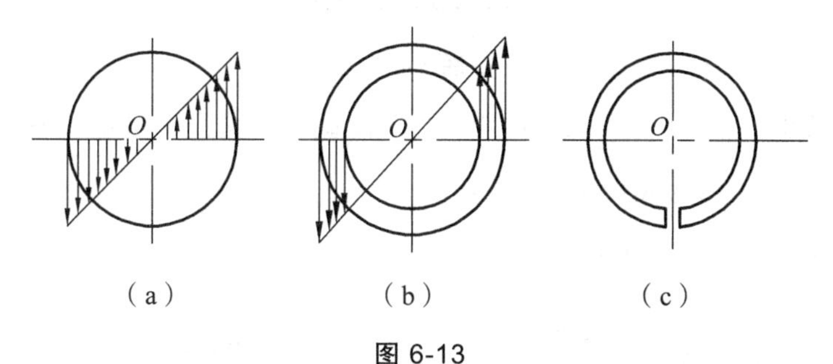

（a）　　　（b）　　　（c）

图 6-13

例 6-4　某机器传动轴如图 6-14a 所示。已知轮 B 输入功率 $P_B=30\ \text{kW}$，轮 A，C，D 分别输出功率为 $P_A=15\ \text{kW}$，$P_C=10\ \text{kW}$，$P_D=5\ \text{kW}$，轴的转速 $n=500\ \text{r/min}$，轴材料的 $[\tau]=40\ \text{MPa}$，$[\theta]=1\ °/\text{m}$，剪切弹性模量 $G=80\ \text{GPa}$。试按轴的强度和刚度设计轴的直径。

解　（1）计算外力偶矩。

$$M_{eB}=9\ 549\frac{P_B}{n}=9\ 549\times\frac{30\ \text{kW}}{500\ \text{r/min}}=572.94\ \text{N}\cdot\text{m}$$

$$M_{eA}=9\ 549\frac{P_A}{n}=9\ 549\times\frac{15\ \text{kW}}{500\ \text{r/min}}=286.47\ \text{N}\cdot\text{m}$$

$$M_{eC}=9\ 549\frac{P_C}{n}=9\ 549\times\frac{10\ \text{kW}}{500\ \text{r/min}}=190.98\ \text{N}\cdot\text{m}$$

$$M_{eD}=9\ 549\frac{P_D}{n}=9\ 549\times\frac{5\ \text{kW}}{500\ \text{r/min}}=95.49\ \text{N}\cdot\text{m}$$

（2）画扭矩图。首先计算各段的扭矩：

AB 段的扭矩　$M_{x1}=M_{eA}=286.47\ \text{N}\cdot\text{m}$

BC 段的扭矩　$M_{x2}=M_{eA}-M_{eB}=286.47-572.94=-286.47\ \text{N}\cdot\text{m}$

CD 段的扭矩　$M_{x3}=-M_{eD}=-95.49\ \text{N}\cdot\text{m}$

其次，根据各段的扭矩画扭矩图（图 6-14b）。

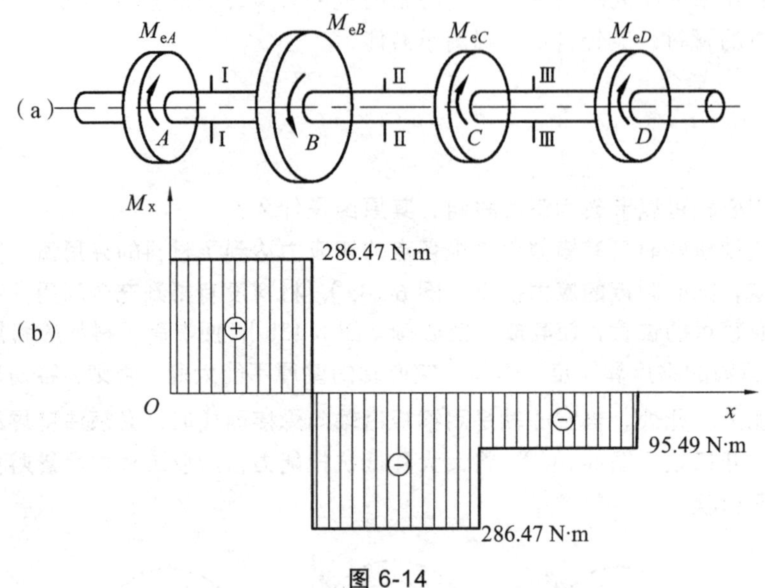

图 6-14

由扭矩图可看出，轴 AB 段（或 BC 段）为危险截面，其最大扭矩（绝对值）为

$$M_{x\max}=286.47\ \text{N}\cdot\text{m}$$

（3）按强度条件计算轴的直径 d。由公式（6-10）得

$$\tau_{\max}=\frac{M_{x\max}}{W_{\text{P}}}=\frac{286.47\times10^{3}\ \text{N}\cdot\text{mm}}{\dfrac{\pi}{16}d^{3}\ \text{mm}^{3}}\leqslant[\tau]=40\ \text{MPa}$$

$$d\geqslant\sqrt[3]{\frac{16\times286.47\times10^{3}\ \text{N}\cdot\text{mm}}{\pi\times40\ \text{MPa}}}=33.2\ \text{mm}$$

（4）按刚度条件计算轴的直径 d。由公式（6-11）得

$$\theta_{\max}=\frac{M_{\max}\times180}{GI_{\text{P}}\pi}=\frac{286.47\times10^{3}\ \text{N}\cdot\text{mm}\times180^{\circ}}{80\times10^{3}\times\dfrac{\pi d^{4}}{32}\times\pi}\leqslant[\theta]=1\times10^{3}\ {}^{\circ}/\text{mm}$$

$$d\geqslant\sqrt[4]{\frac{32\times286.47\times10^{3}\ \text{N}\cdot\text{mm}\times180}{80\times10^{3}\ \text{MPa}\times\pi^{2}\times1\times10^{-3}\ {}^{\circ}/\text{mm}}}=38\ \text{mm}$$

为了使该轴同时满足强度和刚度要求，选取 $d\geqslant38$ mm。

例 6-5　联轴器如图 6-15 所示，两凸缘用四个 $d=16$ mm 的螺栓联结。已知轴的转速 $n=200$ r/min，轴材料的许用扭转切应力 $[\tau]=50$MPa；键和螺栓的许用剪切应力

$[\tau]=80\ \text{MPa}$，许用挤压应力 $[\sigma_c]=200\ \text{MPa}$。试计算该联轴器能传递的最大功率（kW）。

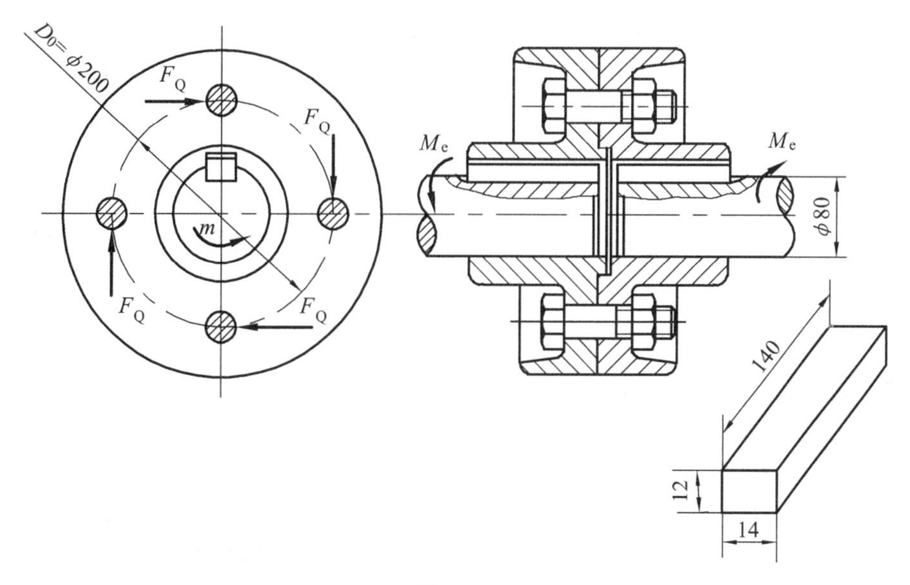

图 6-15

解　（1）确定联轴器能传递的最大功率，应保证轴、键、螺栓等都能满足强度条件，但轴是主要的，故按轴的强度条件来计算所能传递的最大功率，然后核算键、螺栓等的强度。

由扭转强度条件得轴能承受的最大扭矩为

$$M_{x\max}\leqslant W_{\mathrm{P}}[\tau]=\frac{\pi d^3}{16}[\tau]=\frac{\pi}{16}\times(80\ \text{mm})^3\times 50\ \text{MPa}$$

$$=5.03\times10^6\ \text{N}\cdot\text{mm}=5.03\times10^3\ \text{N}\cdot\text{m}$$

由轴的受力分析，$M_{x\max}$ 等于作用于轴上的外力偶矩 M_e，即 $M_{x\max}=M_e$，故

$$P=\frac{M_e\cdot n}{9\,549}=\frac{M_{x\max}\cdot n}{9\,549}=\frac{5.03\times10^3\ \text{N}\cdot\text{m}\times200\ \text{r/min}}{9\,549}=105\ \text{kW}$$

（2）校核键的剪切、挤压强度。

由键的受力情况可得

$$F_Q\times\frac{d_{轴}}{2}-M_e=0$$

键所受到的剪力和挤压力 $F_Q=F_c=\dfrac{2M_e}{d_{轴}}$

$$\tau=\frac{F_Q}{A}=\frac{2M_e}{d_{轴}\cdot A}=\frac{2\times5.03\times10^3\times10^3\ \text{N}\cdot\text{mm}}{80\ \text{mm}\times140\ \text{mm}\times14\ \text{mm}}=64.2\text{MPa}\leqslant[\tau]=80\ \text{MPa}$$

$$\sigma_c=\frac{F_c}{A_c}=\frac{2M_e}{d_{轴}\cdot A_c}=\frac{2\times5.03\times10^3\times10^3\ \text{N}\cdot\text{mm}}{80\ \text{mm}\times140\ \text{mm}\times\dfrac{12\ \text{mm}}{2}}=150\ \text{MPa}\leqslant[\sigma_c]=200\ \text{MPa}$$

所以键的剪切和挤压强度均足够。

（3）校核螺栓剪切强度（挤压强度校核从略）。

联轴器由四个螺栓连接，每个螺栓所受的剪力和挤压力相等，其受力情况有

$$4F_{\mathrm{Q}} \cdot \frac{D_0}{2} - M_{\mathrm{e}} = 0,\quad F_{\mathrm{Q}} = F_{jy} = \frac{M_{\mathrm{e}}}{2D_0}$$

$$\tau = \frac{F_{\mathrm{Q}}}{A} = \frac{M_{\mathrm{e}}}{2D_0 \cdot A} = \frac{5.03\times10^3\times10^3\ \mathrm{N\cdot mm}}{2\times200\ \mathrm{mm}\times\frac{\pi}{4}\times(16\ \mathrm{mm})^2} = 62.5\ \mathrm{MPa} \leqslant [\tau] = 80\ \mathrm{MPa}$$

所以螺栓的剪切强度足够。

此联结结构能传递的最大功率 $P_{\max} = 105\ \mathrm{kN}$。

本章主要内容回顾

（1）本章建立了圆轴扭转变形时的应力和变形计算公式、强度和刚度条件。学习时应清晰地了解公式的来源、应用条件，扭转时的受力和变形特点；掌握扭矩和应力的计算；达到能够熟练进行扭转强度、刚度计算的要求。

（2）圆轴扭转时，作用于轴上的载荷是作用面垂直于轴线的力偶。此时横截面上只有切应力，其大小沿半径呈线性分布，圆心处为零，边缘处最大，方向垂直于半径。其计算公式为

$$\tau_\rho = \frac{M_x \rho}{I_{\mathrm{P}}},\quad \tau_{\max} = \frac{M_x}{W_{\mathrm{P}}}$$

式中，I_{P} 是横截面对圆心的极惯性矩，与所求的应力点的位置无关。

实心圆截面：

$$I_{\mathrm{P}} = \frac{\pi d^4}{32} \approx 0.1d^4 \qquad W_{\mathrm{P}} = \frac{\pi d^3}{16} \approx 0.2d^3$$

圆环截面：

$$I_{\mathrm{P}} = \frac{\pi D^4}{32} \approx 0.1D^4(1-\alpha^4) \qquad W_{\mathrm{P}} = \frac{\pi D^3}{16} \approx 0.2D^3(1-\alpha^4)$$

$$\alpha = \frac{d}{D}$$

扭矩 M_{e} 是切应力合成的力偶矩，其作用面与横截面重合，大小等于截面以左（或以右）所有外力偶矩的代数和。

外力偶矩的正负号规定——右手螺旋定则：右手的四指与外力偶矩转向相同，若拇指背离所求内力的截面，则该外力偶矩为“+”号；反之，若拇指指向所求内力的截面，则该外力偶矩为“-”号。

（3）圆轴扭转时，横截面产生绕轴线的相对转动，两截面相对转过的角度称为扭转角。

计算公式为

$$\theta = \frac{d\varphi}{dx} = \frac{M_x}{GI_P} \qquad \varphi = \frac{M_x L}{GI_P}$$

GI_P 称为圆轴的抗扭刚度。

（4）圆轴扭转时的强度，刚度条件为

$$\tau_{max} = \frac{M_x}{W_P} \leqslant [\tau] \qquad \theta_{max} = \frac{M_x}{GI_P} \times \frac{180}{\pi} \leqslant [\theta]$$

强度条件和刚度条件是两个互相独立的条件。当要求同时满足时，解出的直径或许可扭矩均有两个不同的值，直径应取数值较大的，许可扭矩取数值较小的。

上式中的 τ_{max}、θ_{max} 分别是整个轴上的最大值，必须根据扭矩图和轴的直径，判断何处截面强度最弱，刚度最小，当有几个可能危险截面时，应同时进行计算，最后加以比较。

（5）应用强度、刚度条件解决实际问题的步骤一般为：

① 求出轴上的外力偶矩。

② 画出扭矩图。

③ 分析危险截面。

④ 建立危险截面的强度、刚度条件并进行计算。

练习题

6-1　试指出题 6-1 图示各轴哪些产生扭转变形，并画出其受力简图。

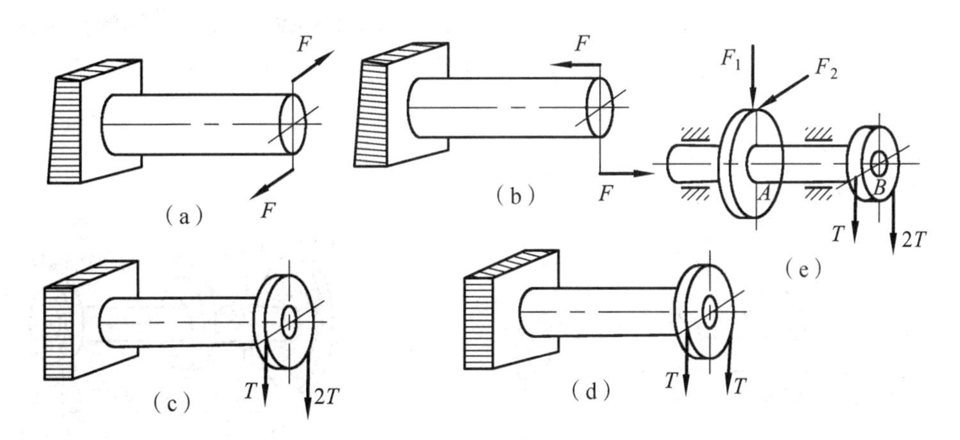

题 6-1 图

6-2　为什么同一减速器中，高速轴的直径较小，而低速轴的直径较大？

6-3　圆轴扭转时提出了什么假设？它是根据什么现象提出的？有何用途？

6-4　试说明圆轴扭转时，横截面上只有切应力，而无正应力，并分析题 6-4 图中所示的扭转切应力分布是否正确。为什么？（M_x 为该截面的扭矩）

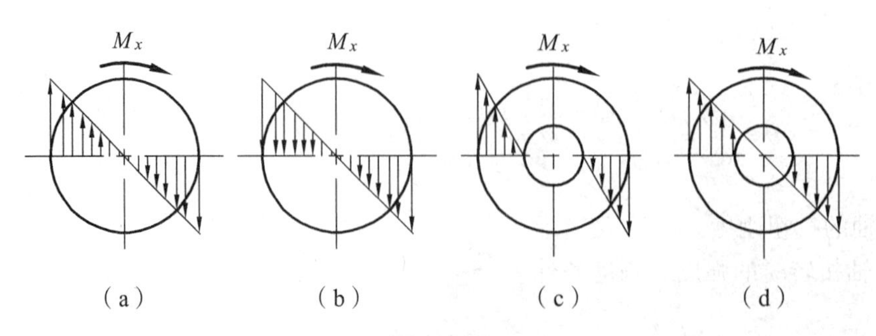

题 6-4 图

6-5　空心圆轴（题 6-5 图）的极惯性矩和抗扭截面模量是否可按下式计算？为什么？

$$I_P = \frac{\pi D^4}{32} - \frac{\pi d^4}{32}$$

$$W_P = \frac{\pi D^3}{16} - \frac{\pi d^3}{16}$$

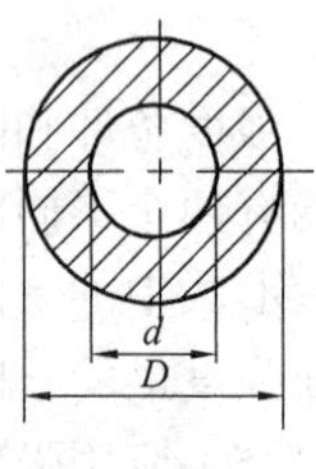

题 6-5 图

6-6　同一材料在剪切实用计算中的许用剪切应力和扭转许用剪切应力是否可取相同的值？为什么？

6-7　直径和长度相同，而材料不同的两根轴，在相同扭矩作用下，它们的最大切应力是否相同？扭转角是否相同？为什么？

6-8　当轴的扭转角超过许用扭转角时，用什么方法来降低扭转角？改用优质材料的方法好不好？

6-9　如题 6-9 图所示，传动轴转速 $n = 250\ \text{r/min}$，主动轮输入功率 $P_B = 7\ \text{kW}$，从动轮 A，C，D 分别输出功率为 $P_A = 3\ \text{kW}$，$P_C = 2.5\ \text{kW}$，$P_D = 1.5\ \text{kW}$。试画该轴的扭矩图。

6-10　传动轴如题 6-10 图所示，已知轴的直径 $d = 50\ \text{mm}$。试计算：

（1）轴的最大切应力；

（2）截面 Ⅰ—Ⅰ 上半径为 20 mm，圆周处的剪应力；

（3）从强度观点看三个轮子如何布置比较合理？为什么？

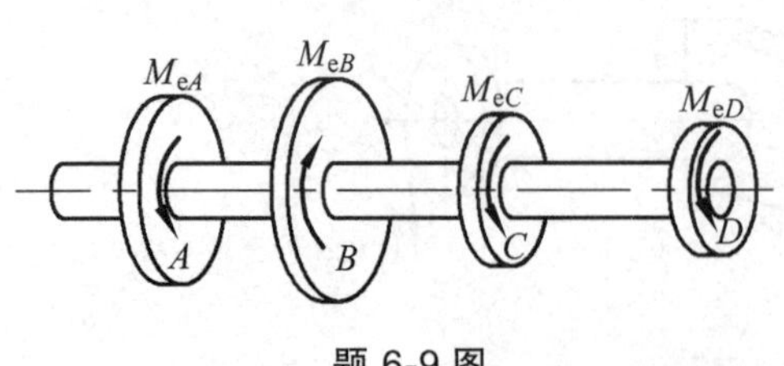

题 6-9 图

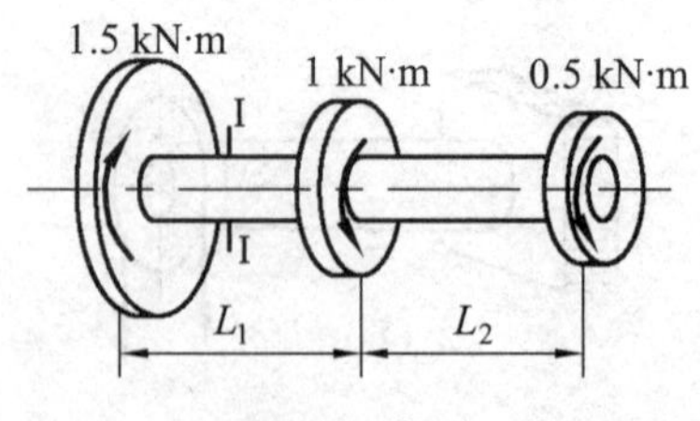

题 6-10 图

6-11　题 6-10 中的传动轴，已知 $L_1 = 1\,200\ \text{mm}$，$L_2 = 800\ \text{mm}$，材料的剪切弹性模量 $G = 80\ \text{GPa}$，试计算轴两端的相对扭转角。若三个轮子按强度的合理要求重新布置后，轴两端的相对扭转角又为多少？

6-12　轴的尺寸如题 6-12 图所示，外力偶矩 $M_e = 300\ \text{N} \cdot \text{m}$，轴材料 $[\tau] = 60\ \text{MPa}$。试校核轴的强度。

6-13　如题 6-13 图所示，实心轴和空心轴用牙嵌式离合器联结，已知轴的转速 $n=100\ \mathrm{r/min}$，传递功率 $P=10\ \mathrm{kW}$，$[\tau]=20\ \mathrm{MPa}$，空心轴的内径和外径比值 $\dfrac{d}{D}=\dfrac{1}{2}$。试计算空心轴的外径 D 和实心轴的直径 d_1。若两轴的长度相同，试比较它们的重量。

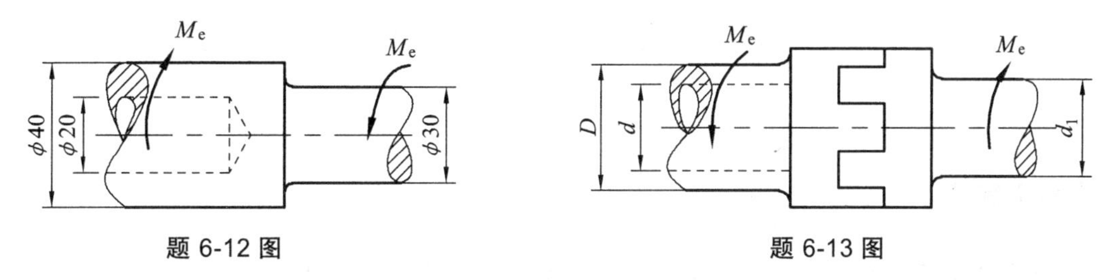

题 6-12 图　　　　　　　　题 6-13 图

6-14　如题 6-14 图所示，阶梯形圆轴直径分别为 $d_1=40\ \mathrm{mm}$，$d_2=70\ \mathrm{mm}$，轴上装有三个皮带轮。已知由轮 B 输入的功率为 $P_B=30\ \mathrm{kW}$，轮 A 输出的功率为 $P_A=13\ \mathrm{kW}$，轮 D 输出的功率为 $P_D=17\ \mathrm{kW}$，轴作匀速转动，转速 $n=200\ \mathrm{r/min}$，材料的许用切应力 $[\tau]=60\ \mathrm{MPa}$，$G=80\ \mathrm{GPa}$，许用扭转角 $[\theta]=2\ ^\circ/\mathrm{m}$。试校核轴的强度和刚度。

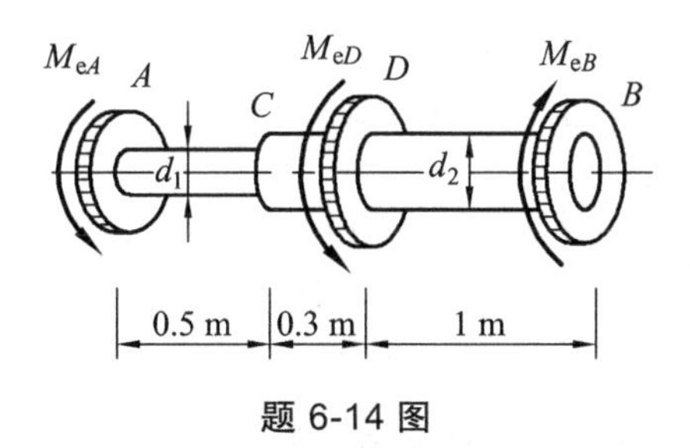

题 6-14 图

第7章　平面弯曲

【本章概述】

本章围绕着平面弯曲的重点内容——梁弯曲时的强度和刚度计算,依次介绍弯曲的受力特点、变形特点和平面弯曲的概念以及梁的三种基本形式；重点讲解梁弯曲时的内力——剪力和弯矩的求法以及剪力图和弯矩图的画法；讲授梁弯曲时横截面上正应力的分布和任意点应力、最大应力的计算，给出轴惯性矩和抗弯截面系数的物理意义及常见截面、组合截面的轴惯性矩、抗弯截面系数的求法，介绍弯曲切应力的概念及常见截面切应力的分布和最大切应力与平均切应力的关系；重点讲解弯曲正应力强度条件中各个量的物理意义及其应用、强度计算的方法和提高梁弯曲强度的主要措施；最后介绍梁的弯曲变形及刚度条件和刚度计算。

【知识目标】

（1）正确理解梁弯曲的受力、变形特点和平面弯曲的概念。

（2）正确理解和掌握梁弯曲时的内力——剪力和弯矩的概念以及梁的任意横截面上剪力、弯矩的计算。

（3）正确理解纯弯曲、中性层、中性轴、轴惯性矩、抗弯截面系数的概念，掌握横截面上正应力的分布规律、任意点正应力的计算和最大正应力的计算，了解弯曲切应力的概念和横截面上最大切应力与平均切应力的关系。

（4）正确理解和掌握弯曲时危险截面的概念、弯曲正应力强度条件，了解弯曲切应力强度条件。

（5）正确理解和掌握弯曲变形的概念，了解梁弯曲变形的计算方法和梁的刚度条件。

【技能目标】

（1）会应用梁上载荷与剪力和弯矩之间的微分关系正确画出梁的剪力图和弯矩图。

（2）会分析出梁的危险截面和危险截面上的危险点。

（3）会应用梁的弯曲正应力强度条件熟练地对梁进行三种强度计算。

（4）会应用梁的弯曲正应力强度条件和刚度条件分析提高梁弯曲强度和刚度的主要方法，并能应用于工程实际。

（5）会应用叠加法计算梁的弯曲变形，应用刚度条件进行刚度计算。

【工程案例导入】

2011年4月9日晚10时19分，两辆超载货车（合计重约290 t）驶上郑州市中州大道跨京广铁路大桥，将大桥的两个承重梁轧断，两辆大货车被牢牢卡在破损的桥面上，时刻危及桥下的京广铁路线的安全，如图7-1、图7-2所示。据悉，大桥的设计承重量是55 t，显然大桥由于不堪重负，承重梁发生过大的弯曲变形产生了弯曲断裂破坏。在我们身边发生弯曲变形的例子很多，要保证发生弯曲变形的构件能够安全正常工作，必须对弯曲变形进行深入研究，从力学的角度找出其发生弯曲断裂破坏的原因及部位，为保证发生弯曲变形构件的安全正常工作提供理论基础、计算方法和技术指导。这些都是本章要讨论解决的问题。

图7-1

图7-2

7.1　平面弯曲概述

例如桥式起重机的横梁（图7-3a）、列车车厢的轮轴（图7-4a）、镗削加工的镗刀杆（图7-5）等，都是工程中常见的弯曲变形构件，通常把**主要发生弯曲变形的构件称为梁**。

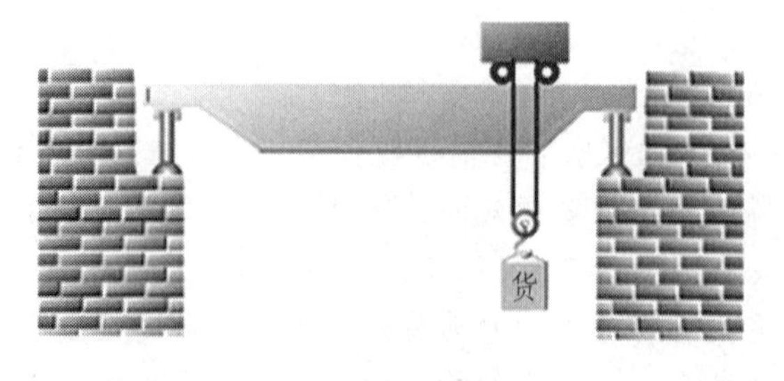

（a）

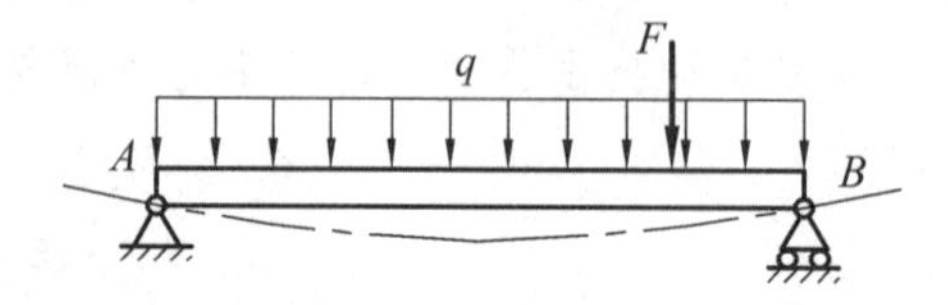

（b）

图 7-3

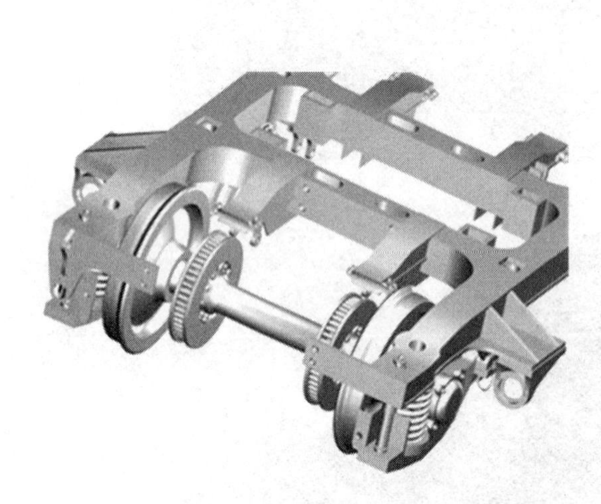

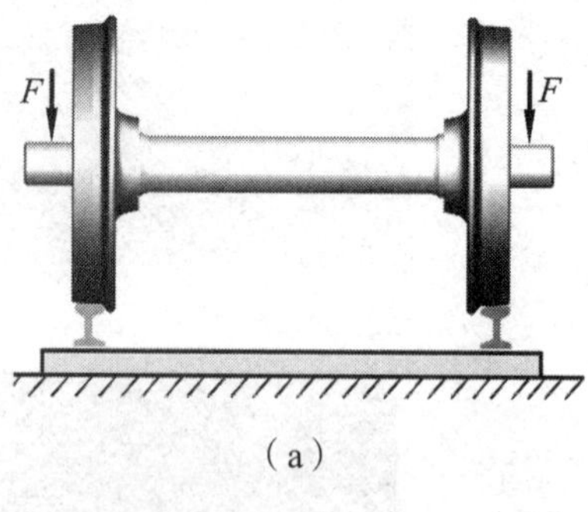

（a）

F F

（b）

图 7-4

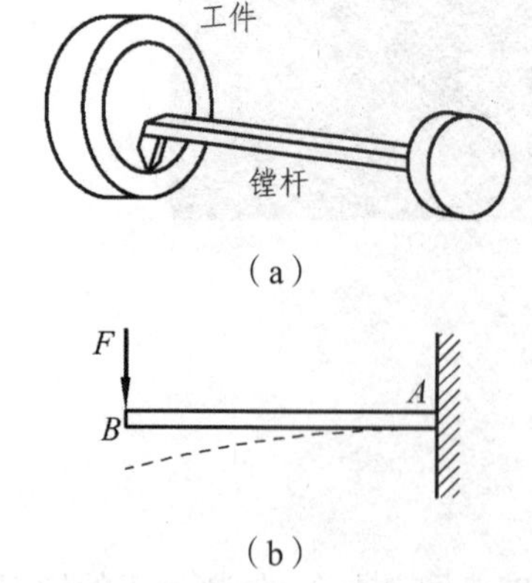

（a）

（b）

图 7-5

小疑问：

梁受什么样的力会发生弯曲变形？怎样变形？

1. 梁的受力特点：梁受到作用线与其轴线垂直的集中力、分布力，作用面与轴线重合的力偶作用。

2. 梁的变形特点：变形后梁的轴线由直线变为一条曲线。

7.1.1　平面弯曲的概念

工程中的梁多数具有这样的特征：梁的横截面具有一竖直对称轴线，整个梁具有一个包含轴线的纵向对称平面（图 7-6）；当梁上作用的所有外载荷都位于梁的纵向对称平面内，且垂直于梁的轴线，梁的轴线将在该纵向对称平面内弯成一条平面曲线。这种弯曲称为平面弯曲。平面弯曲是最常见、最基本的弯曲，本章只讨论平面弯曲问题。

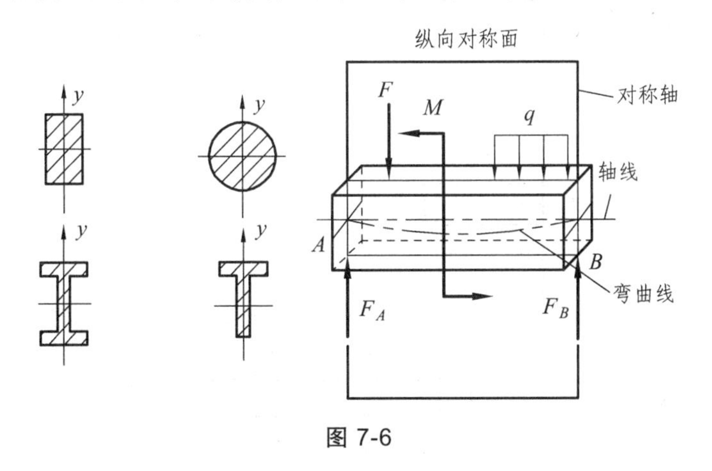

图 7-6

7.1.2　梁的基本形式

工程实际中，按梁的约束情况分为以下三种基本形式：

（1）简支梁。梁的一端为固定铰支座，另一端为活动铰支座，如图 7-3b 所示。

（2）外伸梁。梁由一个固定铰支座和一个活动铰支座支承，其一端或两端伸出支座之外，如图 7-4b 所示。

（3）悬臂梁。梁的一端固定，另一端自由，如图 7-5b 所示。

7.2　平面弯曲梁横截面上的内力——剪力和弯矩

如图 7-7a 所示简支梁，已知集中力 $\boldsymbol{F}_1$、$\boldsymbol{F}_2$，尺寸 a、b 和 l，应用截面法计算任一横截面 $m—m$ 上的弯曲内力。其步骤如下：

1. 画梁的受力图、计算梁的支座反力

梁的受力图如图 7-7a 所示，建立平衡方程，求出支座反力 $\boldsymbol{F}_A$ 和 $\boldsymbol{F}_B$：

$$\left.\begin{aligned}&\sum M_A(\boldsymbol{F}_i)=0 \quad F_B\cdot l-F_1\cdot a-F_2\cdot(l-b)=0\\&\sum M_B(\boldsymbol{F}_i)=0 \quad -F_A\cdot l+F_1\cdot(l-a)+F_2\cdot b=0\\&F_A=F_1-\frac{F_1a}{l}+\frac{F_2b}{l}\\&F_B=\frac{F_1a}{l}+F_2-\frac{F_2b}{l}\end{aligned}\right\}$$

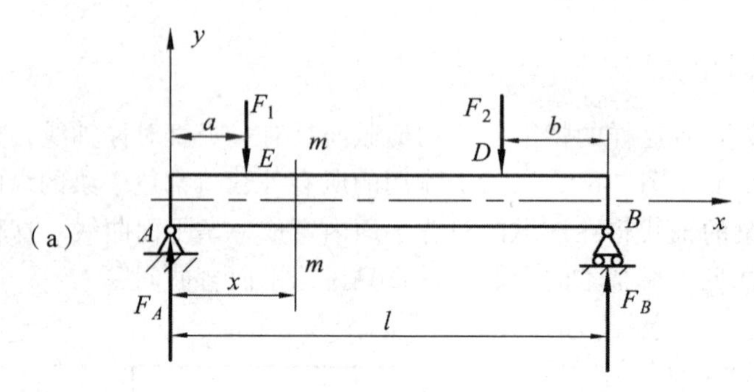

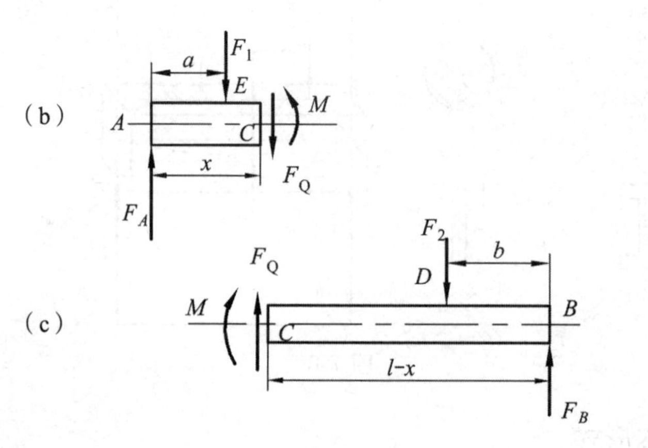

图 7-7

2. 截开 m—m 截面，画出截面上内力——剪力和弯矩

按截面法沿 m—m 截面假想地将梁截开为左、右两段，由于全梁处于平衡状态，所以截取的左段或右段也应处于平衡状态。现以左段梁为研究对象,作用于左段梁上的力除有 $\boldsymbol{F}_1$ 和 $\boldsymbol{F}_A$ 外，还有截面 m—m 上右段对它作用的内力，它们一起组成一平衡力系。因此，在 m—m 截面上必然存在两个内力分量：一个是作用线与截面 m—m 相切，并通过截面形心的内力，称为**剪力**，用 $\boldsymbol{F}_\mathrm{Q}$ 表示；另一个是作用平面与截面 m—m 垂直的内力偶矩，称为**弯矩**，用 M 表示，如图 7-7b 和图 7-7c 所示。

3. 任取左段或右段梁，求截面上的剪力和弯矩

以左段梁为研究对象（图 7-7b），建立平衡方程。

$$\sum F_{iy}=0, \qquad F_A-F_1-F_\mathrm{Q}=0$$

解出截面上剪力

$$F_Q = F_A - F_1 = \frac{F_2 b}{l} - \frac{F_1 a}{l}$$

选 m—m 截面形心 C 为矩心，得

$$\sum M_C(\boldsymbol{F}_i) = 0\text{，}\quad M + F_1(x-a) - F_A x = 0$$

解出截面上弯矩

$$M = F_A x - F_1(x-a) = (F_2 b - F_1 a)\frac{x}{l} + F_1 a$$

同样，由右段梁的平衡，也可求得 m—m 截面上数值相同的剪力和弯矩，如图 7-7c 所示。

由以上分析得，梁横截面上的剪力和弯矩与梁的外载荷之间存在以下的关系：

（1）**梁上任一横截面的剪力等于该截面任意侧（左侧段或右侧段）上所有横向外力的代数和，**即

$$F_Q = \sum F_{i左} = \sum F_{i右}$$

其中，当以左侧段为研究对象时，其上所有向上外力为正，向下外力为负；取右侧段为研究对象时，其上所有向下外力为正，向上外力为负。记忆口诀是：**外力左上右下为正，反之为负。**

（2）**梁上任一横截面上的弯矩等于该截面任意侧（左侧段或右侧段）上所有外力对该截面形心 C 之矩的代数和，**即

$$M = \sum M_C(F)_{左} = \sum M_C(F)_{右}$$

其中，以左侧段为研究对象时，其上的外力对截面形心 C 之矩以顺时针转向为正，逆时针转向为负。取右侧段为研究对象时，其上所有外力对截面形心 C 之矩以逆时针转向为正，顺时针转向为负。记忆口诀是：**外力对截面形心之矩左顺右逆为正，反之为负。**

剪力、弯矩的大小和正负直接按以上方法通过代数和计算得到。

例 7-1　外伸梁 AB 上的载荷如图 7-8 所示。已知均布载荷集度 q，集中力偶矩 $M = qa^2$。图中截面 2—2 与 3—3 都无限接近截面 C；截面 4—4 与 5—5 也无限接近于截面 A，距离 $\Delta \to 0$。试求图示 5 个指定截面的剪力和弯矩。

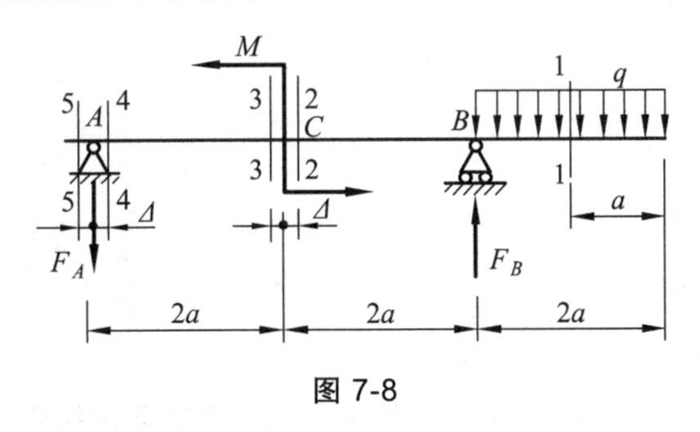

图 7-8

解　（1）计算梁的支座反力。

取整个梁研究，列平衡方程

$$\sum M_A(F_i) = 0\text{，}\quad F_B \times 4a - q \times 2a \times 5a + M = 0$$

$$F_B = \frac{9}{4}qa$$

$$\sum M_B(F_i) = 0, \quad F_A \times 4a - q \times 2a \times a + M = 0$$

$$F_A = \frac{1}{4}qa$$

校核：$$\sum F_{iy} = -F_A + F_B - q \times 2a = 0$$

支座反力计算正确。

（2）求指定截面的剪力和弯矩。

截面1—1（选截面右侧研究）：

$$F_{Q1} = qa$$

$$M_1 = -qa \times \frac{a}{2} = -\frac{1}{2}qa^2$$

截面2—2（选截面左侧研究）：

$$F_{Q2} = -F_A = -\frac{1}{4}qa$$

$$M_2 = -F_A \times 2a - M = -\frac{3}{2}qa^2$$

截面3—3（选截面左侧研究）：

$$F_{Q3} = -F_A = -\frac{1}{4}qa$$

$$M_3 = -F_A \times 2a = -\frac{1}{2}qa^2$$

截面4—4（选截面左侧研究）：

$$F_{Q4} = -F_A = -\frac{1}{4}qa$$

$$M_4 = 0$$

截面5—5（选截面左侧研究）：

$$F_{Q5} = 0$$

$$M_5 = 0$$

由以上计算可以看出：

（1）$F_{Q4} = F_{Q5} - F_A$，$M_4 = M_5$，说明**在集中力左右两侧无限接近的横截面上，弯矩相同，剪力值发生突变，突变值恰等于集中力的值**。

（2）$F_{Q2} = F_{Q3}$，$M_2 = M_3 - M$，说明**在集中力偶左右两侧无限接近的横截面上，剪力相等，弯矩值发生突变，突变值恰等于集中力偶矩的值**。

7.3 剪力图和弯矩图

7.3.1 由剪力方程和弯矩方程作剪力图和弯矩图

1. 剪力方程和弯矩方程

在通常情况下，梁横截面上的剪力和弯矩是随横截面的位置而变化的。设横截面沿梁轴线的位置用坐标 x 表示，则梁各个横截面上的剪力和弯矩可以表示为坐标 x 的函数，即

$$F_Q = F_Q(x) \tag{7-1}$$

$$M = M(x) \tag{7-2}$$

式（7-1）、（7-2）分别称为**剪力方程**和**弯矩方程**。坐标 x 的原点一般取在梁的左端面处，以平行于梁轴线的横坐标表示横截面的位置。

2. 剪力图和弯矩图

为了表明梁上各截面的剪力和弯矩沿梁轴线的变化情况，通常以横截面上的剪力或弯矩值为纵坐标，以横截面沿梁轴线的位置为横坐标 x 分别绘出表示 $F_Q(x)$ 或 $M_z(x)$ 的函数图形，此图形称为**剪力图**和**弯矩图**。正值的剪力和弯矩画在 x 轴上侧，负值的剪力和弯矩画在 x 轴下侧。

小疑问：

画剪力图、弯矩图有什么用呢？

剪力图和弯矩图是分析梁的危险截面、进行强度计算和刚度计算的重要依据，是工程力学重要基础知识之一，也是学习工程力学时应该掌握的基本技能。

下面通过例题，说明建立剪力方程和弯矩方程及绘制剪力图和弯矩图的方法。

例 7-2 简支梁受集中力 $\boldsymbol{F}$ 作用（图 7-9a），图中尺寸 a、b、l 均已知，试画该梁的剪力图和弯矩图。

解 （1）画受力图和求支座反力。

由梁的受力图（图 7-9a）建立平衡方程

$$\sum M_A(\boldsymbol{F}_i) = 0 , \qquad -Fa + F_B l = 0$$

$$\sum M_B(\boldsymbol{F}_i) = 0 , \qquad Fb - F_A l = 0$$

求得支反力为

$$F_A = \frac{Fb}{l} , \qquad F_B = \frac{Fa}{l}$$

（2）建立剪力方程和弯矩方程。

以梁的左端为坐标原点，梁上 A、B、C 三点是载荷发生变化的界点，梁在 AC 和 CB 两

段内的剪力或弯矩不能用同一方程式来表示，应分段写出剪力和弯矩方程。

AC 段：取距原点为 x 的任意截面，以截面左侧段为研究对象，其上的剪力和弯矩方程分别为

$$F_{\mathrm{Q}}(x)=F_A=\frac{Fb}{l} \quad ①$$

$$M(x)=F_A x=\frac{Fb}{l}x \quad (0 \leqslant x \leqslant a) \quad ②$$

CB 段：仍取距原点为 x 的任意截面，以截面左侧段为研究对象，其上的剪力和弯矩方程分别为

$$F_{\mathrm{Q}}(x)=F_A-F=\frac{Fb}{l}-F=-\frac{Fa}{l} \quad ③$$

$$M(x)=F_A x-F(x-a)=\frac{Fb}{l}(l-x) \quad (a \leqslant x \leqslant l) \quad ④$$

由此可得：**建立某段梁的剪力方程就是求该段梁上距梁左端为 x 的任意截面上的剪力；建立某段梁的弯矩方程就是求该段梁上距梁左端为 x 的任意截面上的弯矩。**

（3）画剪力图和弯矩图。

由式①可知，在 AC 段内梁的任意横截面上的剪力 $F_{\mathrm{Q}}(x)$ 为一不变的常数，各截面的剪力相同，为 $F_{\mathrm{Q}}=Fb/l$，剪力图是一条在 x 轴上方的水平直线，如图 7-9b 所示。从式②看到，弯矩方程 $M(x)$ 为 x 的一次函数，因此，弯矩图为一条斜直线；需在 AC 区段内选两个特征点坐标代入弯矩方程②，即 $x=0$ 和 $x=a$，求出特征值 $M(0)=0,\ M(a)=Fab/l$，绘制的 AC 段弯矩图是一条左低右高的斜直线，如图 7-9c 所示。

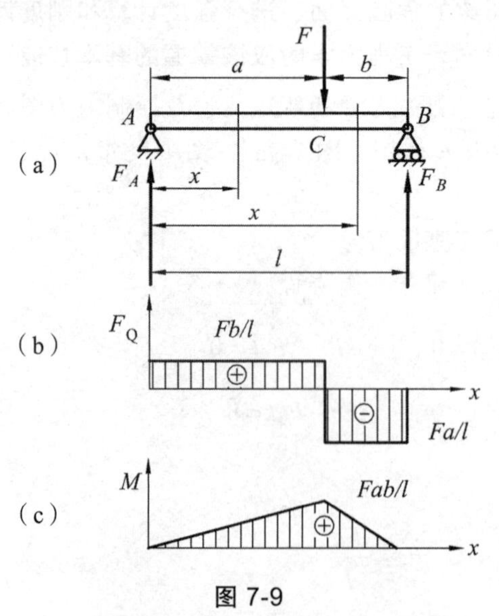

图 7-9

同理，从式③可知，在 BC 段内梁的任意横截面上的剪力 $F_{\mathrm{Q}}(x)$ 为一不变的常数，各截面的剪力相同，为 $F_{\mathrm{Q}}=-Fa/l$，剪力图是一条在 x 轴下方的水平直线，如图 7-9b 所示。再从式

④看到弯矩方程 $M(x)$ 为 x 的一次函数，在 CB 区段内选两个特征点坐标代入弯矩方程④，即 $x=a$ 和 $x=l$，得到特征值 $M(a)=Fab/l$，$M(l)=0$，绘出 CB 段弯矩图是一条左高右低的斜直线，如图 7-9c 所示。

由梁的剪力图和弯矩图可得，若 $a>b$，则最大剪力发生在梁的 CB 段，其值 $F_{Q\max}=\left|\dfrac{Fa}{l}\right|$；最大弯矩发生在 C 截面处，其值 $M_{\max}=\dfrac{Fab}{l}$。

由梁的剪力图和弯矩图得到：**在集中力作用处剪力图发生突变，突变值等于集中力的大小，突变方向从左到右与集中力的方向相同；在集中力作用处弯矩图发生转折。**

例 7-3　一简支梁受集中力偶 M 作用（图 7-10a），图中尺寸 a、b、l 均已知，试绘制梁的剪力图和弯矩图。

解　（1）画受力图求支座反力。

由于梁受一个集中力偶作用下处于平衡，满足力偶的平衡条件，由此得出 A、B 两处的支座反力必大小相等、指向相反，即

$$\sum M_B(\boldsymbol{F}_i)=0\,,\qquad M-F_A l=0\,,\qquad F_A=F_B=\frac{M}{l}$$

（2）建立剪力方程和弯矩方程。

将全梁分为 AC 和 CB 两段，分别取距左端 A 为 x 的任意横截面建立剪力方程和弯矩方程，即

AC 段剪力方程：

$$F_Q(x)=F_A=\frac{M}{l} \tag{①}$$

弯矩方程：

$$M(x)=F_A x=\frac{M}{l}x\quad(0\leqslant x<a) \tag{②}$$

CB 段剪力方程：

$$F_Q(x)=F_A=\frac{M}{l} \tag{③}$$

弯矩方程：

$$M(x)=-F_B(l-x)=-\frac{M}{l}(l-x)\quad(a<x\leqslant l) \tag{④}$$

（3）画剪力图和弯矩图。

从梁的剪力方程式①、③知道，全梁的任意横截面上的剪力 $F_Q(x)$ 为一不变的常数，即为 $F_Q=M/l$，绘出全梁的剪力图是一条在 x 轴上方的水平直线，如图 7-10b 所示。从式②、④看到，AC、BC 段内弯矩方程 $M(x)$ 为 x 的一次函数，将区段内的特征坐标点 $x=0$，$x=a$ 代入弯矩方程②，将 $x=a$，$x=l$ 代入弯矩方程④后分别画出 AC 段、CB 段的弯矩图

分别是一条左低右高的斜直线，如图 7-10c 所示。

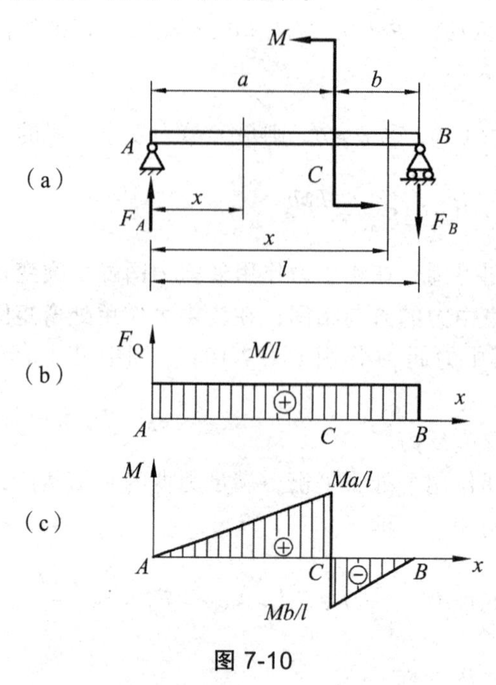

图 7-10

由梁的剪力图和弯矩图可得，若 $a>b$，则最大剪力发生在全梁上，其值 $F_{Q\max}=\left|\dfrac{M}{l}\right|$；最大弯矩发生在 C 截面左侧，其值 $M_{\max}=\dfrac{Ma}{l}$。

由梁的剪力图和弯矩图得到：**在集中力偶作用处剪力图无变化，弯矩图发生突变，突变值等于集中力偶的大小；若集中力偶逆时针转向，突变方向从左到右由上向下突；若集中力偶顺时针转向，突变方向从左到右由下向上突。**

例 7-4 简支梁 AB 受均布载荷 q 作用，梁长 l（图 7-11a）。试绘制梁的剪力图和弯矩图。

解 （1）画梁的受力图和求支座反力。

画出梁的受力图（图 7-11a）。由于梁的形状和载荷具有对称性，根据对称性可得出 A、B 两处的支座反力是梁上总载荷 ql 的一半，为

$$F_A=F_B=\frac{ql}{2}$$

（2）建立剪力方程和弯矩方程。

以梁左端 A 为坐标原点，求距原点为 x 的任意截面上的剪力和弯矩，即为 AB 梁的剪力方程和弯矩方程：

$$F_Q(x)=F_A-qx=\frac{ql}{2}-qx\quad(0<x<l)\qquad ①$$

$$M(x)=F_Ax-qx\frac{x}{2}=\frac{ql}{2}x-\frac{1}{2}qx^2\quad(0\leqslant x\leqslant l)\qquad ②$$

（3）画剪力图和弯矩图。

式①表示剪力 $F_Q(x)$ 为 x 的一次函数，剪力图是一条斜直线，在 AB 区段内分别选 $x\to 0$ 和 $x\to l$ 两点坐标代入剪力方程①，得相应剪力值如表 7-1，绘出剪力图，如图 7-11b 所示。从式②看到弯矩方程 $M(x)$ 为 x 的二次函数，弯矩图是一条抛物线，在 AB 区段内分别选数个特征点坐标代入弯矩方程②，得相应弯矩值如表 7-1，描点绘出弯矩图，如图 7-11c 所示。

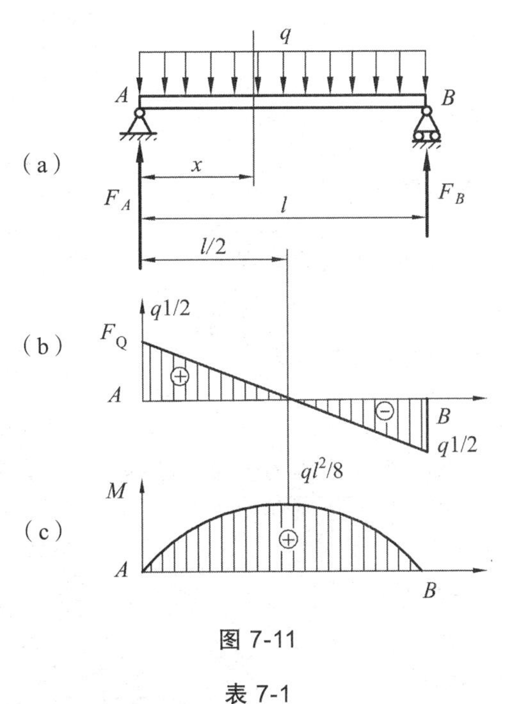

图 7-11

表 7-1

坐标 x	0	$l/4$	$l/2$	$3l/4$	l
剪力 F_Q	$ql/2$		0		$-ql/2$
弯矩 M	0	$3ql^2/32$	$ql^2/8$	$3ql^2/32$	0

从绘制的剪力图和弯矩图可知，在两支座附近的横截面上剪力的绝对值最大，为

$$F_{Q\max}=|F_{QA}|=|F_{QB}|=\frac{ql}{2}$$

在梁的中点截面处，剪力为零，弯矩的绝对值最大：

$$M_{\max}=|M_{中点}|=\frac{ql^2}{8}$$

小疑问：

剪力方程、弯矩方程中 x 的变化区间为什么有时取开区间，有时取闭区间？

当梁上某截面处作用一集中力时，剪力方程中的 x 在此截面处就不能取等于，因为在此

截面处梁的剪力要发生突变，该截面上的剪力值就不是一确定值；同理，当梁上某截面处作用一集中力偶时，此截面处梁的弯矩要发生突变，弯矩方程中的 x 在此截面处也不能取等于。

7.3.2 剪力、弯矩和载荷集度间的关系

由例 7-4 知，剪力方程和弯矩方程分别为

$$F_Q(x) = F_A - qx = \frac{ql}{2} - qx \quad ①$$

$$M(x) = F_A x - qx\frac{x}{2} = \frac{ql}{2}x - \frac{1}{2}qx^2 \quad ②$$

若对上述式①、②求一阶导数，得

$$\frac{dF_Q(x)}{dx} = -q = q(x)\text{（载荷集度）}$$

$$\frac{dM(x)}{dx} = \frac{ql}{2} - qx = F_Q(x)\text{（剪力）}$$

剪力、弯矩和载荷集度各函数之间的这种微分关系具有一般普遍规律（证明从略）。即**剪力方程的一阶导数等于载荷集度，弯矩方程的一阶导数等于剪力方程**。利用这些微分关系，可以方便地对梁的剪力图、弯矩图进行绘制和检查。

$$\frac{dF_Q(x)}{dx} = q(x) \tag{7-3}$$

$$\frac{dM(x)}{dx} = F_Q(x) \tag{7-4}$$

由式（7-3）、（7-4）又可得到如下关系：

$$\frac{d^2M(x)}{dx^2} = q(x) \tag{7-5}$$

式（7-3）、（7-4）和（7-5）的几何意义分别是：**剪力图上任一点切线的斜率等于梁上对应点处的载荷集度；弯矩图上任一点切线的斜率等于梁上对应点处横截面上的剪力；弯矩图的开口方向由载荷集度 q 的正、负确定**。

根据上述微分关系及以上各例题分析，可以总结出梁的剪力图、弯矩图与梁上载荷之间的一些规律，现归纳如下：

（1）若梁上某段无分布载荷作用，则剪力 $F_Q(x)$ 为一不变的常数，段内各截面的剪力相同，剪力图为一水平直线。而弯矩 $M(x)$ 是 x 的一次函数，弯矩图为一斜直线。当 $F_Q>0$ 时，弯矩图从左到右向上倾斜（斜率为正）；当 $F_Q<0$ 时，弯矩图从左到右向下倾斜（斜率为负）；当 $F_Q=0$ 时，弯矩图为一水平直线。

（2）若梁上某段有均布载荷 q 作用，则剪力 $F_Q(x)$ 是 x 的一次函数，段内剪力图为一斜直线；对应的弯矩 $M(x)$ 为 x 的二次函数，段内弯矩图为二次抛物线，且抛物线的开口方向与

均布载荷 q 的指向一致。若 q 的指向向下（$q<0$），则该段剪力图为左高右低的斜直线，弯矩图为开口向下的抛物线；若 q 的指向向上（$q>0$），则该段剪力图为左低右高的斜直线，弯矩图为开口向上的抛物线；在 $F_Q=0$ 的截面上，弯矩为极值，即为抛物线的顶点。

（3）在集中力作用处上，剪力图发生突变，突变值等于该集中力值；从左向右绘图时，突变方向与集中力指向一致；而弯矩图在此处发生折角。

（4）在集中力偶作用处，剪力图无变化。弯矩图发生突变，突变值等于该集中力偶矩值：从左向右绘图时，当力偶顺时针转向，弯矩图由下向上突变；反之，若力偶为逆时针转向，则弯矩图由上向下突变。

将以上规律总结为表 7-2，以便于记忆应用。

表 7-2　梁上载荷与剪力图和弯矩图间的图形规律

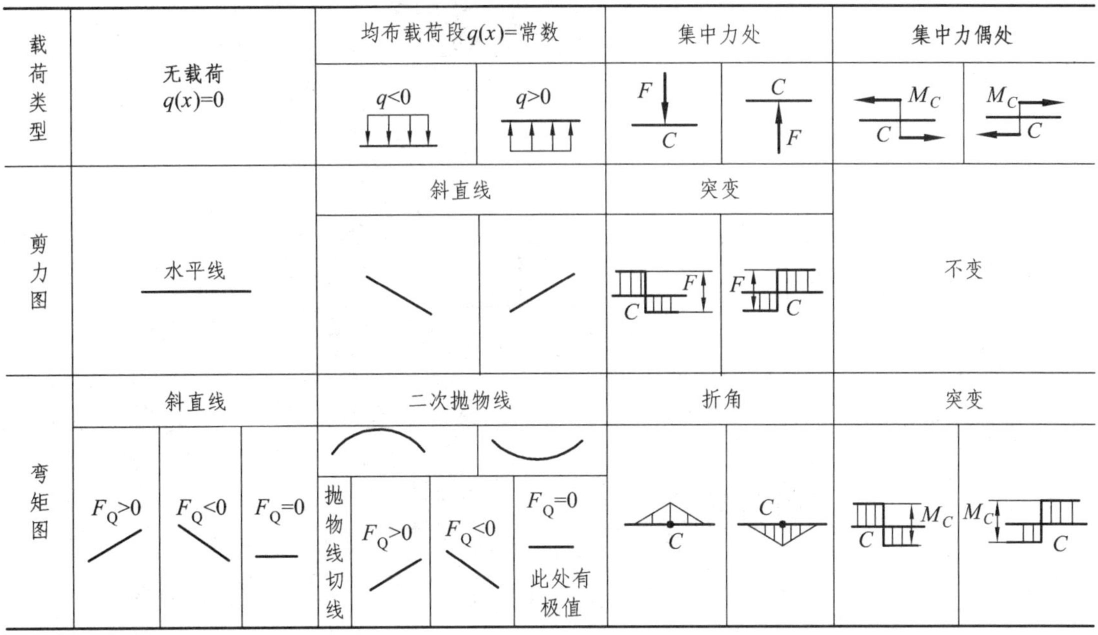

<table>
<tr><td rowspan="2">载荷类型</td><td colspan="3" rowspan="2">无载荷
$q(x)=0$</td><td colspan="4">均布载荷段$q(x)$=常数</td><td colspan="2">集中力处</td><td colspan="2">集中力偶处</td></tr>
<tr><td colspan="2">$q<0$</td><td colspan="2">$q>0$</td><td>F C</td><td>C F</td><td>M_C C</td><td>M_C C</td></tr>
<tr><td rowspan="2">剪力图</td><td colspan="3" rowspan="2">水平线</td><td colspan="4">斜直线</td><td colspan="2">突变</td><td colspan="2" rowspan="2">不变</td></tr>
<tr><td colspan="2"></td><td colspan="2"></td><td>F C</td><td>F C</td></tr>
<tr><td rowspan="3">弯矩图</td><td colspan="3">斜直线</td><td colspan="4">二次抛物线</td><td colspan="2">折角</td><td colspan="2">突变</td></tr>
<tr><td rowspan="2">$F_Q>0$</td><td rowspan="2">$F_Q<0$</td><td rowspan="2">$F_Q=0$</td><td colspan="2"></td><td colspan="2"></td><td rowspan="2">C</td><td rowspan="2">C</td><td rowspan="2">M_C C</td><td rowspan="2">M_C C</td></tr>
<tr><td>抛物线切线</td><td>$F_Q>0$</td><td>$F_Q<0$</td><td>$F_Q=0$
此处有极值</td></tr>
</table>

例 7-5　外伸梁受力、尺寸如图 7-12 所示，试作此梁的剪力图和弯矩图。

解　（1）求支反力。

$$\sum M_A(\boldsymbol{F})=0$$

$$F_B\times0.8-F_1\times1.1-F_2\times0.4=0$$

$$\sum M_B(\boldsymbol{F})=0$$

$$-F_A\times0.8+F_2\times0.4-F_1\times0.3=0$$

$$F_A=100\ \text{N}\qquad F_B=450\ \text{N}$$

（2）作剪力图。分三段。

（3）绘弯矩图。求控制点的弯矩值。

$$M_A = 0$$

$$M_D = F_A \times 0.4 = 40\ \text{N}\cdot\text{m}$$

$$M_B = F_1 \times 0.3 = -60\ \text{N}\cdot\text{m}$$

$$M_C = 0$$

内力最大值：$|F_Q| = 250\ \text{N}$

$$|M|_{\max} = 60\ \text{N}\cdot\text{m}$$

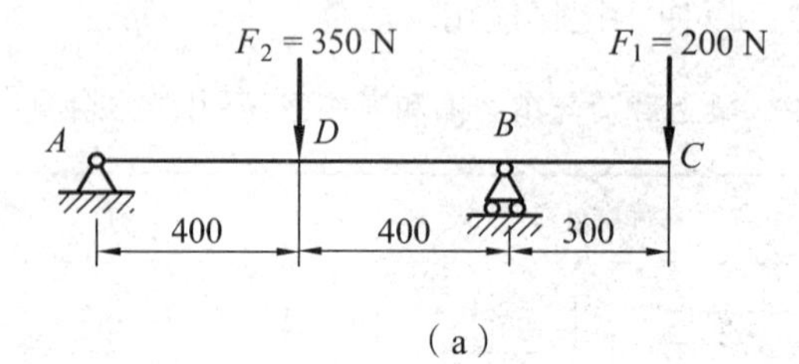

（a）

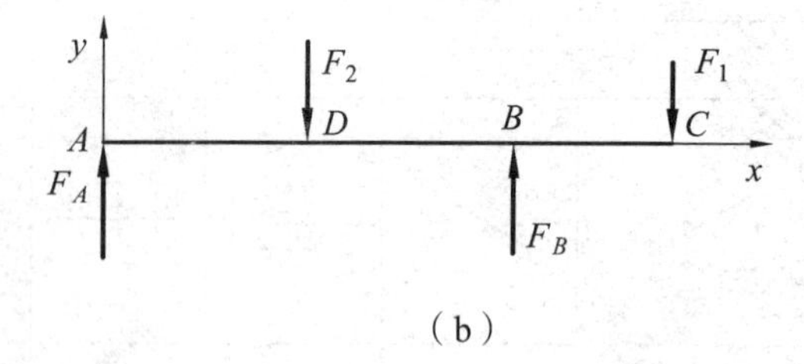

（b）

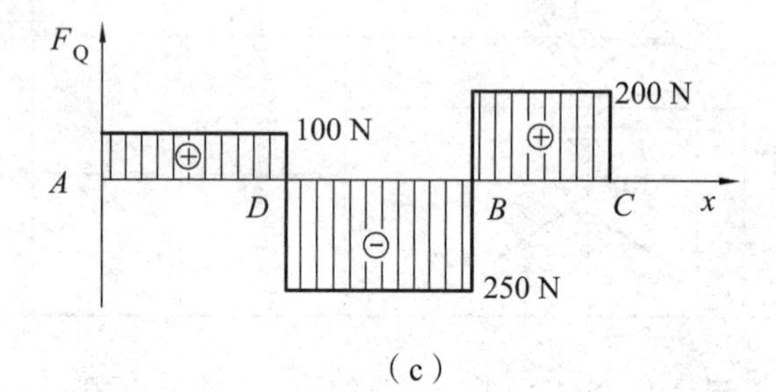

（c）

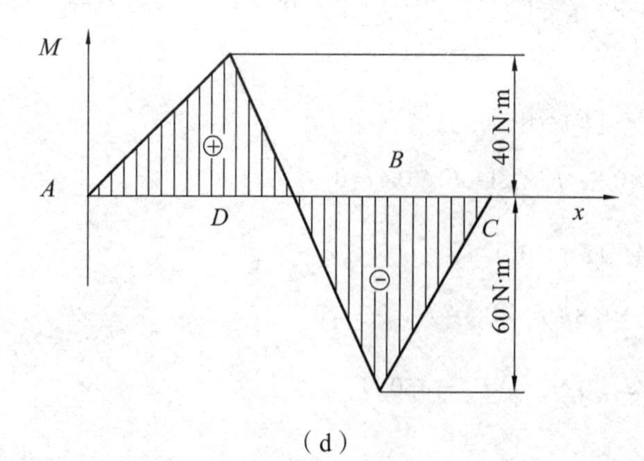

（d）

图 7-12

例 7-6 外伸梁 AD 受力情况如图 7-13a 所示，试根据弯矩、剪力与载荷集度之间的微分关系作此梁的剪力图和弯矩图。

解 （1）计算梁的支座反力。由梁的平衡方程得

$$\sum M_B(\boldsymbol{F}_i)=0$$

$$F_A=\frac{1}{10}(10\ \text{kN}\cdot\text{m}+1\ \text{kN/m}\times 6\ \text{m}\times 7\ \text{m}-4\ \text{kN}\times 3\ \text{m})=4\ \text{kN}$$

$$\sum M_A(\boldsymbol{F}_i)=0$$

$$F_B=\frac{1}{10}(-10\ \text{kN}\cdot\text{m}+1\ \text{kN/m}\times 6\text{m}\times 3\ \text{m}-4\ \text{kN}\times 13\ \text{m})=6\ \text{kN}$$

校核：$\sum F_{iy}=F_A+F_B-q\times 6\ \text{m}-F_P=0$（计算无误）

（2）作剪力图。将梁分为 AC、CB、BD 三段。AC 段的 F_{Q} 图为斜直线（ \ ），CB、BD 段的 F_{Q} 图为水平线。各控制点剪力为

$$F_{\text{Q}A}^{+}=F_A=4\ \text{kN}$$

$$F_{\text{Q}C}=F_{\text{Q}B}^{-}=F_A-q\times 6\ \text{m}=4\ \text{kN}-1\ \text{kN/m}\times 6\ \text{m}=-2\ \text{kN}$$

$$F_{\text{Q}B}^{+}=F_{\text{QD}}^{-}=F_{\text{P}}=4\ \text{kN}$$

根据以上各控制点剪力值绘出剪力图，如图 7-13b 所示。图中 $|F_{\text{Q}}|_{\max}=4\ \text{kN}$。

（3）作弯矩图。AC 的 M 图为二次抛物线（ ⌒ ），CB 段为斜直线（ \ ），BD 段为斜直线（ / ）。在 C 截面处 M 图发生突变；在 AC 段 $F_{\text{Q}}=0$ 的截面 E 处弯矩将取得极值。各控制点弯矩为

$$M_A=0$$

$$M_C^{-}=F_A\times 6\ \text{m}-q\times 6\ \text{m}\times 3\ \text{m}=6\ \text{kN}\cdot\text{m}$$

$$M_C^{+}=F_A\times 6\ \text{m}-q\times 6\ \text{m}\times 3\ \text{m}-M=-4\ \text{kN}\cdot\text{m}$$

$$M_B=-F_P\times 3\ \text{m}=-12\ \text{kN}\cdot\text{m}$$

$$M_D=0$$

确定 $F_{\text{Q}}=0$ 的截面 E，令 AC 段距 A 点为 x_0 处截面的剪力等于零，即

$$F_{\text{Q}}=F_A-qx_0=0$$

所以 $$x_0=\frac{F_A}{q}=\frac{4\ \text{kN}}{1\ \text{kN/m}}=4\ \text{m}$$

AC 段的极值弯矩为

$$M_E=F_A\times x_0-q\times x_0\times\frac{x_0}{2}=8\ \text{kN}\cdot\text{m}$$

根据以上各控制点的弯矩值绘出弯矩图，如图 7-13c 所示，图中 $|M|_{\max}=12\ \text{kN}\cdot\text{m}$。

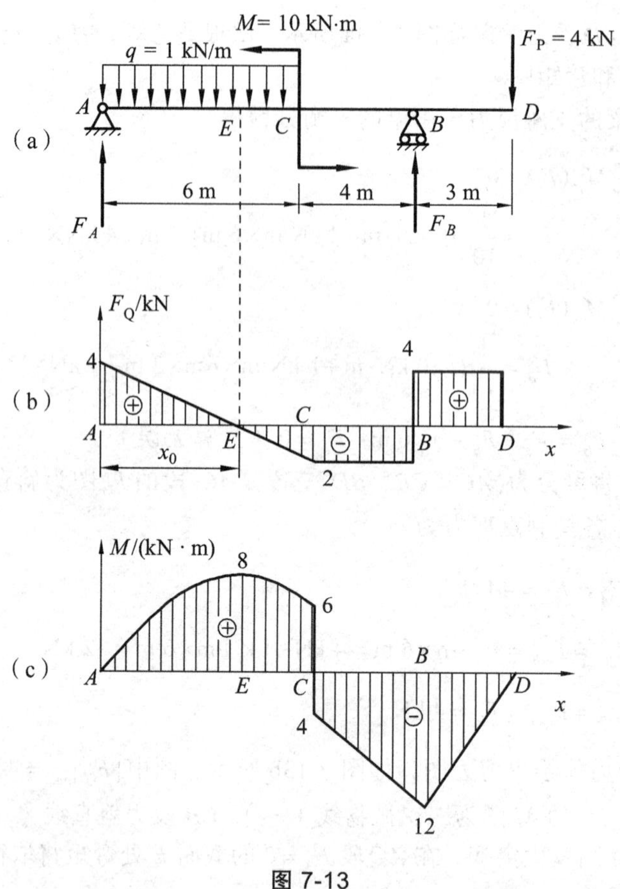

图 7-13

7.4　平面弯曲时横截面上的应力

前面通过对平面弯曲梁横截面上的内力分析可知：剪力是平行于横截面的内力，弯矩是作用面垂直于横截面的内力偶矩，这样剪力在横截面上产生切应力，弯矩在横截面上产生正应力。

7.4.1　梁弯曲时横截面上的正应力

1. 梁纯弯曲的概念

如图 7-14a 所示为火车的轮轴，可简化为外伸梁，其受力情况及剪力和弯矩图如图 7-14b、c、d 所示。从剪力和弯矩图上看出，梁在 AC 和 DB 段内，各横截面上同时有剪力 F_Q 和弯矩 M，这种弯曲称为**剪切弯曲**；在中间段 CD 内的各横截面上，则只有弯矩 M，而无剪力 F_Q，这种弯曲称为**纯弯曲**。为了研究的方便，下面先从纯弯曲梁入手，讨论梁的应力，再将所得结论推广到剪切弯曲时的一般情况。

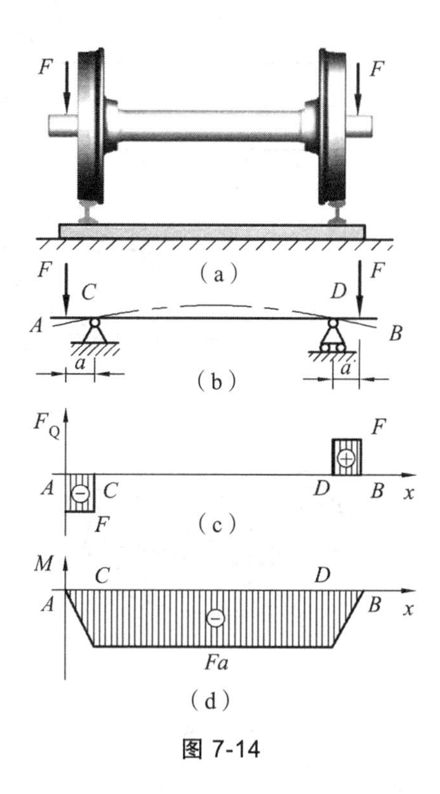

图 7-14

2. 实验观察和平面假设

如图 7-15a 所示为一段发生纯弯曲变形前的梁，在梁的表面上画上与其轴线平行且与轴线对称的纵向线 *a*—*a* 和 *b*—*b*，及垂直于轴线的横向线 *m*—*m* 和 *n*—*n*。在梁的两端施加两个力偶 *M* 后，该梁便发生纯弯曲，如图 7-15b 所示。由此可观察到如下变形现象：

（1）横向线 *m*—*m* 和 *n*—*n* 仍为直线，仍与变形后的轴线垂直，但倾斜了一微小角度。

（2）原来的纵向线 *a*-*a* 和 *b*-*b* 变形后成为圆弧线，*a*′—*a*′ 线缩短，*b*′—*b*′ 线伸长。

根据上述梁表面变形现象和材料的均匀性假设可推设：梁的内部变形与表面相同。由此作出如下假设：

（1）**弯曲平面假设　变形前为平面的横截面，变形后仍为平面，且仍垂直于轴线，只是绕截面内的某一轴线转了一个角度。**

（2）单向受力假设　设想梁由无数层纵向纤维所组成，且纵向纤维层间无相互挤压作用，处于单向受拉或受压状态。由图 7-15c 可看出，梁从上表面到下表面，纵向纤维层由缩短逐渐连续地过渡到伸长，其间必有一层纤维既不伸长也不缩短，这一纵向纤维层称为**中性层，**显然中性层的受力为零，中性层将整个梁分为受拉区（凸边）和受压区（凹边），如图 7-15c 所示。

中性层与横截面的交线称为**中性轴**。中性轴既在横截面上又在中性层上，所以**中性轴上各点的受力为零**。梁变形时，各横截面绕中性轴转动，中性轴是横截面上受拉区域和受压区域的分界线，如图 7-15c 所示。

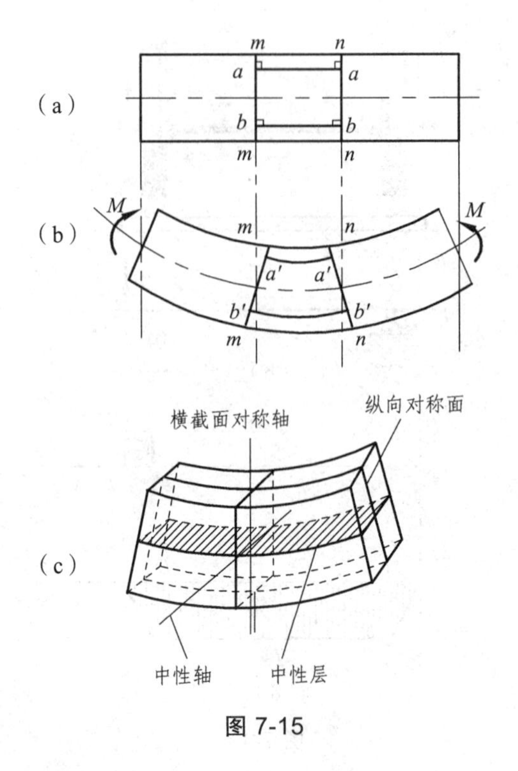

图 7-15

3. 纯弯曲时横截面上的正应力

（1）正应力分布规律。根据上面的分析，纵向纤维由伸长到缩短是连续变化的，由此可推知，距中性层为 y 处的纵向纤维的线应变 ε 对中性轴也是连续变化的，并可以证明线应变 ε 与它距中性层距离 y 成正比。当正应力不超过材料的比例极限时，由胡克定律 $\sigma = E\varepsilon$ 可得到：**中性轴上正应力等于零，横截面上任意点的正应力与该点距中性轴的距离成正比，且距中性轴距离相等的各点的正应力数值相等。中性轴将横截面分为两侧，一侧为拉应力，另一侧为压应力，最大正应力（绝对值）在离中性轴最远的上、下边缘处**。正应力分布规律如图 7-16b 所示。

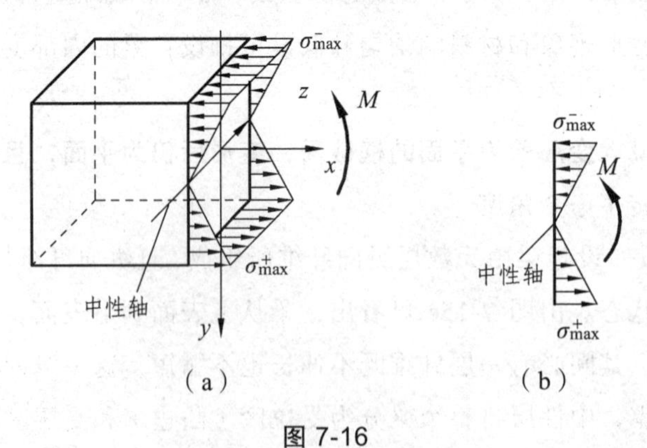

图 7-16

重要提示：

中性轴的位置很重要，可以证明中性轴一定要通过截面的形心与弯曲的方向一致。

（2）纯曲时横截面上的正应力公式。

通过建立横截面上正应力与弯矩之间的静力学关系，可推导（略）出横截面上距中性轴为 y 的任意点弯曲正应力的计算公式：

$$\sigma = \frac{M \cdot y}{I_z} \tag{7-6}$$

式中，M 为作用在该截面上的弯矩；y 为横截面上任一点到中性轴 z 的坐标（距离）；I_z 为该截面对中性轴的**惯性矩**。

式（7-6）中正应力的正负号与弯矩 M 及点的坐标 y 的正负有关。实际计算时，可把 y 和 M 都以绝对值代入公式。通常，判定正应力的正负号方法：**一是由弯曲变形直接判定，即以截面中性轴为界，梁外凸侧的正应力为正（拉应力），内凹侧的正应力为负（压应力）。二是可以由截面上弯矩 M 的正、负来判定，当弯矩为正时，中性轴上方区域正应力为负（压应力），中性轴以下区域为负（拉应力）；当弯矩为负时，则相反。**

图 7-16b 所示为矩形截面（对称于中性轴）在正值弯矩 M 作用时，截面正应力 σ 的分布规律。从图中看出，截面上最大正应力 σ_{max} 发生在截面上、下两个边缘处，其值为

$$\sigma_{max} = \frac{M \cdot y_{max}}{I_z}$$

令

$$W_z = \frac{I_z}{y_{max}} \tag{7-7}$$

则

$$\sigma_{max} = \frac{M}{W_z} \tag{7-8}$$

式中，W_z 称为横截面对于中性轴 z 的弯曲截面系数，又称为**抗弯截面系数（模量）**。它是衡量截面抵抗弯曲变形能力的一个几何量，单位是 mm^3 或 cm^3，其值与横截面形状和尺寸有关。对于某一横截面，其 W_z 值越大，则在给定的最大正应力下梁能够抵抗的弯矩 M 也越大。

当不对称于中性轴的截面（如 T 字形）梁弯曲时，截面上最大拉应力 σ_{max}^{+} 和最大压应力 σ_{max}^{-} 其值就不相同，应按式（7-9）分别计算

$$\left.\begin{aligned} \sigma_{max}^{+} &= \frac{M \cdot y_{max}^{+}}{I_z} \\ \sigma_{max}^{-} &= \frac{M \cdot y_{max}^{-}}{I_z} \end{aligned}\right\} \tag{7-9}$$

（3）纯弯曲时横截面上正应力公式的适用条件及推广。

公式（7-8）、（7-9）仅适用于材料在线弹性变形范围的应力计算，且拉伸和压缩时的弹性模量要相等。上述公式虽由矩形截面梁导出，但并未用到矩形截面性质，所以，对于具有纵向对称面且载荷作用面与纵向对称轴线的弯曲平面重合的各种截面的梁都可适用。**对于发生剪切弯曲、其跨度与横截面高度之比 $l/h \geqslant 5$ 的直梁，其剪力引起的切应力对梁的弯曲变形影响很小，可忽略，上述公式也近似适用。**

小疑问：

梁的跨度与横截面高度之比 $l/h \geqslant 5$ 的直梁在工程实际中常见吗？

在工程实际当中除非特别强调的短粗梁以外，其他直梁一般都满足梁的跨度与横截面高度之比 $l/h \geqslant 5$ 的条件。因此，上述弯曲正应力的计算公式具有普遍意义。

7.4.2 常用截面的惯性矩 I_z 和抗弯截面系数 W_z

1．对其形心轴惯性矩 I_z 和抗弯截面系数 W_z

表 7-3 所示 C 为截面形心，I_z 为截面对 z 轴惯性矩，I_y 为截面对 y 轴惯性矩。

表 7-3 圆形和矩形截面的惯性矩和抗弯截面系数

图形	形心轴位置	惯性矩	抗弯截面系数
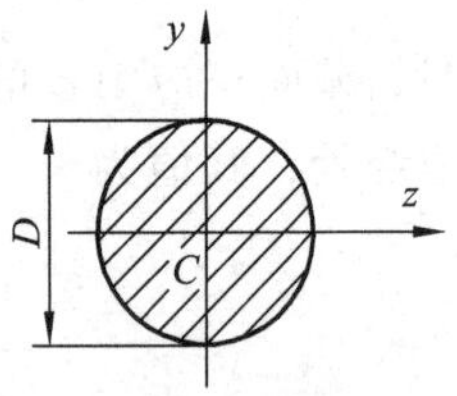 (实心圆截面，直径 D，形心 C，坐标轴 y、z)	截面圆心	$I_z = I_y = \dfrac{\pi D^4}{64}$	$W_z = W_y = \dfrac{\pi D^3}{32}$
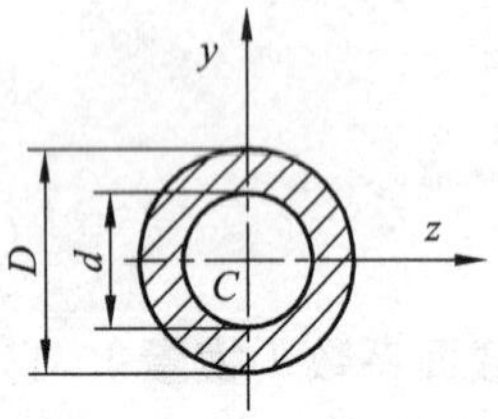 (空心圆截面，外径 D，内径 d，形心 C，坐标轴 y、z)	截面圆心	$I_z = I_y = \dfrac{\pi D^4}{64}(1-\alpha^4)$ $\alpha = \dfrac{d}{D}$	$W_z = W_y = \dfrac{\pi D^3}{32}(1-\alpha^4)$ $\alpha = \dfrac{d}{D}$
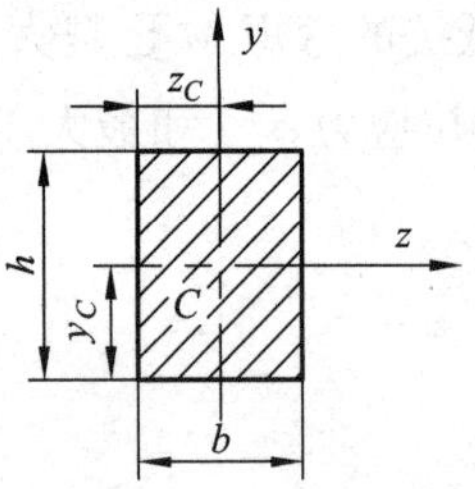 (矩形截面，宽 b，高 h，z_C、y_C，形心 C)	$z_C = \dfrac{b}{2}$ $y_C = \dfrac{h}{2}$	$I_z = \dfrac{bh^3}{12}$ $I_y = \dfrac{hb^3}{12}$	$W_z = \dfrac{bh^2}{6}$ $W_y = \dfrac{hb^2}{6}$
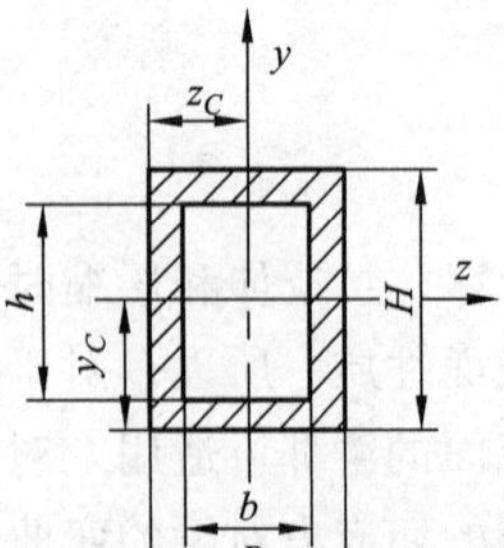 (空心矩形截面，外宽 B，外高 H，内宽 b，内高 h，z_C、y_C)	$z_C = \dfrac{B}{2}$ $y_C = \dfrac{H}{2}$	$I_z = \dfrac{BH^3 - bh^3}{12}$ $I_y = \dfrac{HB^3 - hb^3}{12}$	$W_z = \dfrac{BH^3 - bh^3}{6H}$ $W_y = \dfrac{HB^3 - hb^3}{6B}$

2. 型钢的惯性矩 I_z 和抗弯截面系数 W_z

工程上常用的各种型钢，其截面的惯性矩 I_z 和抗弯截面系数 W_z 可从附录的型钢表中查得。

3. 平行移轴公式、组合截面的惯性矩

由若干个简单图形组合而成的截面称为组合截面。如 T 形截面可看成由两个矩形组成。表 7-3 给出了常用简单截面的惯性矩和抗弯截面系数。计算组合截面对某一轴 z 的惯性矩时要用到平行移轴公式（推导从略）。

$$I_z = I_{zC} + a^2 A \tag{7-10}$$

式中，I_z 为截面对任一轴 z 的惯性矩；I_{zC} 为截面对平行于 z 轴的形心轴 z_C 的惯性矩；A 为截面面积；a 为二轴之间距离，如图 7-17 所示。

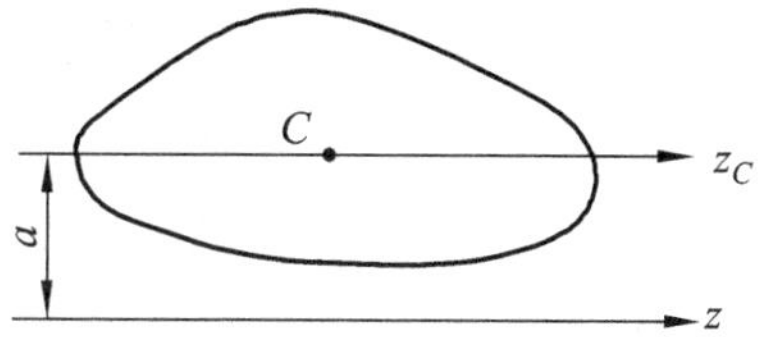

由于组合截面中，各个简单图形对其常用的形心轴 z_C 的惯性矩 I_{zC} 可以由表 7-3 得到，因此，应用式（7-10）可以比较方便地算出各个简单图形对其形心轴相平行的任一轴 z 的惯性矩（记为 I_{zi}）；因而，**组合截面对某一轴 z 的惯性矩等于各个简单图形对该轴惯性矩之和**，写为

图 7-17

$$I_z = I_{z1} + I_{z2} + \cdots + I_{zn} = \sum_{i=1}^{n} I_{zi} \tag{7-11}$$

式中：I_z 为组合截面对某一轴 z 的惯性矩；I_{zi} 为各个简单图形对同一轴 z 的惯性矩。

应用式（7-10）和式（7-11）可以计算一些工程中简单组合图形的惯性矩。

例 7-7　图 7-18 所示 T 形截面，试计算截面对通过其形心 C 的 z_C 轴的惯性矩。

解　（1）确定截面形心 C 的坐标。

设参考坐标轴 y、x，把截面看成由矩形面积 A_1 和 A_2 构成的组合截面，根据静力学中求截面形心公式知道矩形面积 A_1 和形心 C_1 的坐标为

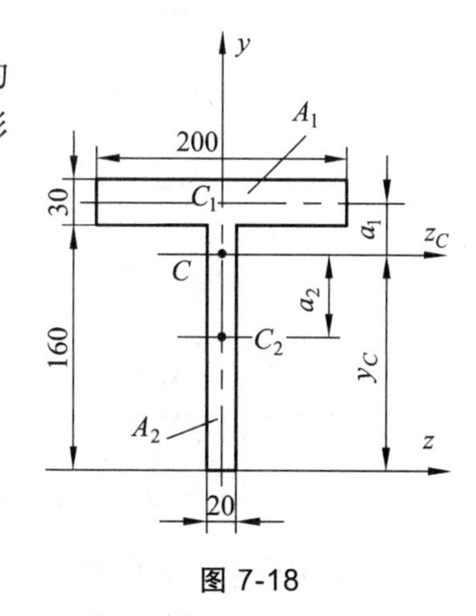

图 7-18

$$A_1 = 30 \times 200 = 6\ 000\ \text{mm}^2$$

$$y_1 = 175\ \text{mm}, \qquad z_1 = 0$$

矩形面积 A_2 形心 C_2 的坐标为

$$A_2 = 20 \times 160 = 3\ 200\ \text{mm}^2$$

$$y_2 = 80\ \text{mm}, \qquad z_2 = 0$$

代入形心公式有

$$y_C = \frac{A_1 y_1 + A_2 y_2}{A_1 + A_2} = \frac{6\ 000\ \text{mm}^2 \times 175\ \text{mm} + 3\ 200\ \text{mm}^2 \times 80\ \text{mm}}{6\ 000\ \text{mm}^2 + 3\ 200\ \text{mm}^2} = 142\ \text{mm}$$

$$z_C = 0$$

（2）计算截面对通过其形心 C 的 z_C 轴的惯性矩。

根据公式（7-11）得

$$I_{zC}=I_{zC1}+I_{zC2}$$

其中：I_{zC} 为截面对 z_C 轴的惯性矩，就是对截面中性轴的惯性矩；I_{zC1} 为矩形面积 A_1 部分对形心 C 的惯性矩；I_{zC2} 为矩形面积 A_2 部分对形心 C 的惯性矩。应用平行移轴公式（7-11）分别代入得

$$\begin{aligned}I_{zC}&=I_{zC1}+I_{zC2}=(I_{z1}+A_1a_1^2)+(I_{z2}+A_2a_2^2)\\&=\left[\frac{200\ \text{mm}\times(30\ \text{mm})^3}{12}+6\ 000\ \text{mm}^2\times(175\ \text{mm}-142\ \text{mm})^2\right]+\\&\quad\left[\frac{20\ \text{mm}\times(160\ \text{mm})^3}{12}+3\ 200\ \text{mm}^2\times(142\ \text{mm}-80\ \text{mm})^2\right]\\&=26.1\times10^6\ \text{mm}^4\end{aligned}$$

例 7-8 图 7-19a 所示的一悬臂梁，自由端受集中力 $F=4$ kN 作用，矩形截面的尺寸是 $h=60$ mm、$b=40$ mm、$l=500$ mm、$y_A=10$ mm，试求该梁上的最大正应力及相应截面上 A 点的正应力，并绘制该截面的应力分布图。

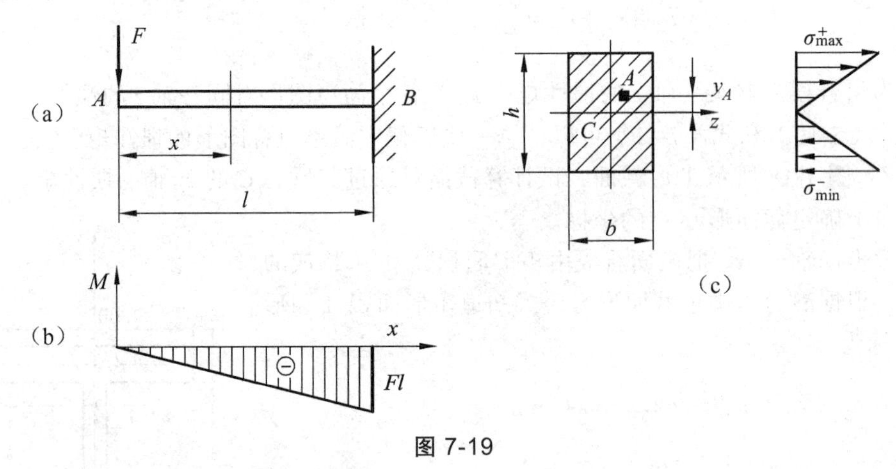

图 7-19

解 （1）绘制弯矩图。

由题意绘出弯矩图（图 7-19b），最大弯矩发生在固定端截面上，其值为

$$M_{\max}=M_B=-Fl=4\ \text{kN}\times0.5\ \text{m}=-2\ \text{kN}\cdot\text{m}$$

（2）求全梁上的最大正应力。

由于该梁为矩形等截面梁，所以全梁上的最大正应力一定发生在最大弯矩所在固定端截面上的上下两边缘处，由公式（7-8）算出

$$\sigma_{\max}=\frac{M_{\max}}{W_z}=\frac{2\times10^6\ \text{N}\cdot\text{mm}}{40\ \text{mm}\times(60\ \text{mm})^2/6}=83.3\ \text{MPa}$$

（3）求固定端截面上 A 点的正应力。

固定端截面弯矩 M_B 是负值，因此中性轴上方是拉伸区域，中性轴下方是压缩区域。A 点位于中性轴上方，应力 σ_A 是拉应力，由公式（7-6）得

$$\sigma_A = \frac{M_B y_A}{I_z} = \frac{2\times10^6\ \text{N}\cdot\text{mm}\times10\ \text{mm}}{40\ \text{mm}\times(60\ \text{mm})^3/12} = 27.8\ \text{MPa}$$

（4）绘制固定端截面上的应力分布图，如图 7-19c 所示。

7.4.3　平面弯曲时横截面上的切应力简介

工程中常见的剪切弯曲梁，横截面上既有弯矩又有剪力，所以，横截面上同时存在弯曲正应力 σ 和弯曲切应力 τ。但对于一般细长梁（跨度与梁高度之比 $l/h>5$），剪力对梁的强度和变形的影响很小，故此，可将纯弯曲时的正应力公式直接推广应用到剪切弯曲。但对一些短粗梁、载荷较大并靠近支座的梁等，还是需要考虑切应力对梁的影响。在此简要介绍几种常见对称截面梁的弯曲切应力。

1. 矩形截面梁的切应力

在截面高度 h 大于宽度 b 的情况下，对矩形截面上的切应力作如下假设：

（1）截面上各点的切应力 τ 的方向和剪力 $\boldsymbol{F}_\text{Q}$ 的方向相同。

（2）截面上切应力沿宽度均匀分布，即距中性轴等距离各点的切应力相等。

为此，可推导（略）出距中性轴为 y 处的切应力计算公式：

$$\tau = \frac{F_\text{Q} S_z}{I_z b} \tag{7-12}$$

式中　F_Q——横截面上的剪力；

I_z——横截面对中性轴的惯性矩；

b——横截面上所求应力点处截面的宽度；

S_z——所求点以外截面面积 A_1 对中性轴的静矩。

式（7-12）在材料的弹性范围内成立。

如图 7-20 所示，距中性轴为 y 的横线以外部分的面积为 $b\left(\frac{h}{2}-y\right)$，其形心至中性轴的距离为 $y+\frac{1}{2}\left(\frac{h}{2}-y\right)$，所以

$$S_z = b\left(\frac{h}{2}-y\right)\left[y+\frac{1}{2}\left(\frac{h}{2}-y\right)\right] = \frac{b}{2}\left(\frac{h^2}{4}-y^2\right)$$

代入公式（7-12），得

$$\tau = \frac{F_\text{Q}}{2I_z}\left(\frac{h^2}{4}-y^2\right)$$

切应力 τ 沿横截面高度 y 呈二次抛物线规律变化，其指向与剪力 $\boldsymbol{F}_{\mathrm{Q}}$ 的指向一致。由图 7-20 可看出，**在离中性轴最远的上、下边缘处** $\left(y=\pm\dfrac{h}{2}\right)$**，**$\tau=0$**，而在中性轴上各点处（**$y=0$**）有切应力的最大值：**

$$\tau_{\max}=\tau_{y=0}=\frac{F_{\mathrm{Q}}}{2I_z}\left(\frac{h^2}{4}-0\right)=\frac{F_{\mathrm{Q}}\cdot\dfrac{h^2}{4}}{\dfrac{2bh^3}{12}}=\frac{3F_{\mathrm{Q}}}{2bh}=1.5\frac{F_{\mathrm{Q}}}{A} \tag{7-13}$$

式（7-13）中的 A 为横截面面积，由此可知，**矩形截面梁切应力的最大值是整个截面上切应力平均值的 1.5 倍。**

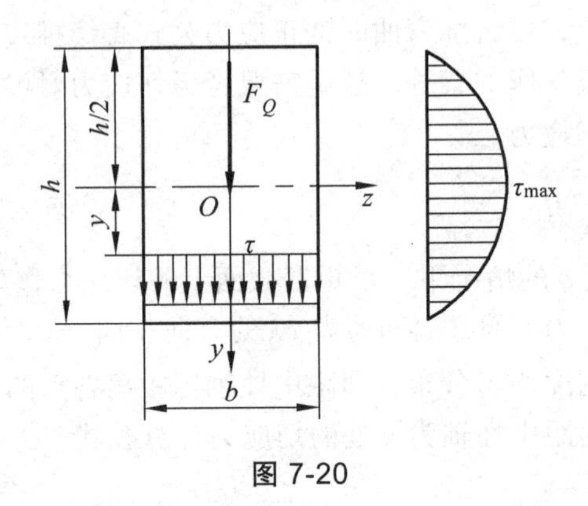

图 7-20

2. 其他常见截面梁的最大切应力计算公式

工字形组合截面、圆形截面、空心圆形截面和框形截面的最大切应力均发生在中性轴上，其值如图 7-21 所示。

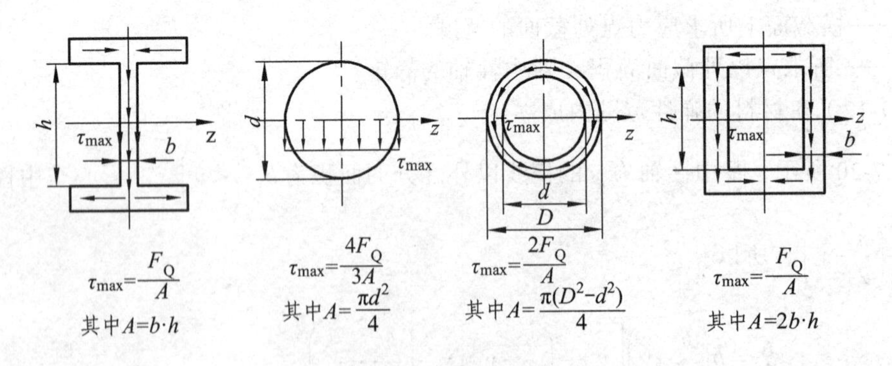

图 7-21

重要提示：

图中对于空心圆形截面最大切应力计算公式只适用于壁厚 $t\leqslant\dfrac{D}{20}$ **的薄壁管；对于轧制的**

工字型钢， $\tau_{\max}=\dfrac{F_Q}{\dfrac{I_z}{S_z}\cdot b}$**，可从型钢表中查出** $\dfrac{I_z}{S_z}$ **以及尺寸** b **进行计算。**

7.5　梁平面弯曲时的强度计算

7.5.1　弯曲正应力强度计算

工程中常见的细长梁（跨度与梁高度之比 $l/h>5$），剪力对梁的强度和变形的影响很小，截面上最大正应力远大于最大切应力，这表明梁的强度主要由正应力控制，因此一般情况下对梁只需进行正应力强度计算。

1. 梁的危险截面和危险点

全梁上最大正应力所在的截面称为危险截面。对于等截面直梁，危险截面发生在最大弯矩所在的截面处。全梁上最大正应力所在的点称为危险点，危险点一般发生在危险截面上距中性轴最远的上、下边缘处。

2. 弯曲正应力强度条件

对于抗拉和抗压强度相同（$[\sigma]^+=[\sigma]^-=[\sigma]$）的塑性材料且横截面形状对称于中性轴（如矩形、圆形或工字形截面）的梁，其强度条件为

$$\sigma_{\max}=\frac{M_{\max}}{W_z}\leqslant[\sigma] \tag{7-14}$$

对于抗拉和抗压强度不同（$[\sigma]^+\neq[\sigma]^-$）的脆性材料且横截面形状不对称于中性轴（如 T 字形截面）的梁，其强度条件为

$$\left.\begin{aligned}\sigma_{\max}^+&=\frac{M_{\max}\cdot y_{\max}^+}{I_z}\leqslant[\sigma]^+\\ \sigma_{\max}^-&=\frac{M_{\max}\cdot y_{\max}^-}{I_z}\leqslant[\sigma]^-\end{aligned}\right. \tag{7-15}$$

式中：$\sigma_{\max}^+$ 和 $\sigma_{\max}^-$ 分别为梁上的最大拉应力和最大压应力；$[\sigma]^+$ 和 $[\sigma]^-$ 分别是材料的许用拉应力与许用压应力；$y_{\max}^+$ 和 $y_{\max}^-$ 分别为最大拉应力作用位置和最大压应力作用位置距中性轴的坐标值（距离）。

7.5.2　弯曲切应力强度计算

（1）对于矩形等截面梁，最大切应力发生在最大剪力所在截面的中性轴上，其弯曲切应力强度条件为

$$\tau_{\max}=\frac{F_{Q\max}\cdot S_{z\max}}{I_z\cdot b}\leqslant[\tau] \tag{7-16}$$

式中：$F_{Q\max}$ 为梁的最大剪力；$S_{z\max}$ 为中性轴一侧截面对中性轴的截面静矩；b 为横截面在中性轴处的宽度；$[\tau]$为材料的许用切应力。

（2）对于其他常见形状截面梁，其弯曲切应力强度条件为

$$\tau_{\max}\leqslant[\tau]$$

式中：$\tau_{\max}$ 由图 7-21 中的公式计算。

应用强度条件可以解决梁的强度校核、设计截面尺寸和确定许用载荷等三类问题。

例 7-9 火车轮对轴的受力如图 7-22a 所示，已知载荷 $F=80\ \text{kN}$，轮轴尺寸 $a=0.25\ \text{m}$，直径 $d=120\ \text{mm}$，材料许用应力 $[\sigma]=120\ \text{MPa}$，$[\tau]=80\ \text{MPa}$，试校核该轴的弯曲强度。

解 （1）绘制该轴的弯曲内力图，如图 7-22c、d，得到 $F_{Q\max}=F$，$M_{\max}=Fa$。

（2）弯曲正应力强度校核。

$$\sigma_{\max}=\frac{M_{\max}}{W_z}=\frac{Fa}{\frac{\pi d^3}{32}}=\frac{80\times10^3\times250}{\frac{\pi\times120^3}{32}}$$

$$=117.65\ \text{MPa}\leqslant[\sigma]=120\ \text{MPa}$$

所以，该轴的弯曲正应力强度足够。

（3）弯曲切应力强度校核。

$$\tau_{\max}=\frac{4F_{Q\max}}{3A}=\frac{4\times80\times10^3}{3\times\frac{\pi\times120^2}{4}}$$

$$=9.44\ \text{MPa}\leqslant[\tau]=80\ \text{MPa}$$

所以，该轴的弯曲切应力强度足够。

结论：该轴的弯曲强度足够。

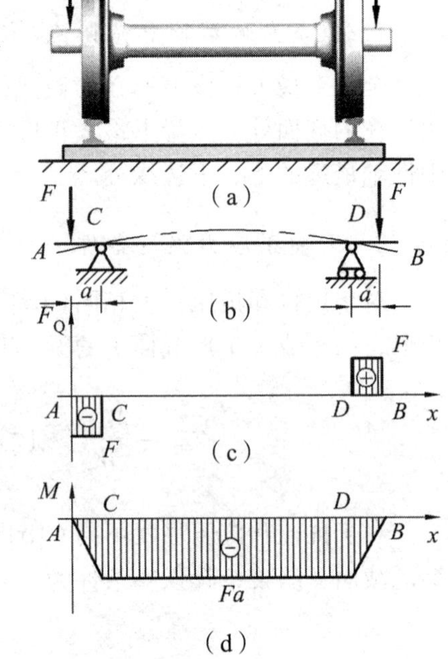

图 7-22

例 7-10 图 7-23a 所示一吊车梁由 32b 工字钢制造。梁的跨度为 $l=10.5\ \text{m}$，材料为 Q235 钢，许用应力 $[\sigma]=140\ \text{MPa}$，电动葫芦重 $G=15\ \text{kN}$，梁的自重不计。试按弯曲正应力强度确定该梁能承受的最大载荷 $\boldsymbol{F}$。

解 （1）画受力图和求支座反力。

图 7-23a 所示吊车结构在弯曲计算中可简化为受集中力（$\boldsymbol{G}+\boldsymbol{F}$）作用的简支梁，电动葫芦移动到梁中点时，弯矩达到最大值，因此受力图如图 7-23b 所示。求出支座反力为

$$F_A=F_B=\frac{G+F}{2}$$

（2）画梁弯矩图。

画出梁的弯矩图（图 7-23c），最大弯矩在简支梁的中点处横截面上，最大弯矩值为

$$M_{max}=\frac{(G+F)l}{4}$$

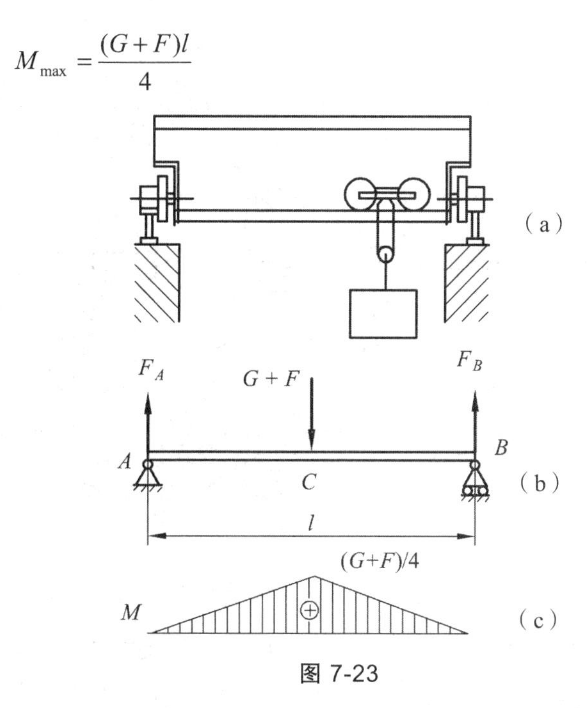

图 7-23

（3）梁能承受的最大载荷量 **F** 。

工字形截面具有对中性轴对称性，强度条件为

$$\sigma_{max}=\frac{M_{max}}{W_z}\leqslant[\sigma]$$

改写成　　　　$M_{max}\leqslant[\sigma]W_z$

得到　　　　$\frac{(G+F)l}{4}\leqslant[\sigma]W_z$

由型钢表查得 32b 工字钢的抗弯截面系数：

$$W_z=726.33\ \text{cm}^3=726.33\times10^3\ \text{mm}^3$$

代入后解得梁承载的最大载荷量 F

$$F\leqslant\frac{4[\sigma]W_z}{l}-G=\frac{4\times140\ \text{N/mm}^2\times726.33\times10^3\ \text{mm}^3}{10.5\times10^3\ \text{mm}}-15\times10^3\ \text{N}$$
$$=23\,736\ \text{N}\approx23.7\ \text{kN}$$

例 7-11　T 字形截面铸铁梁如图 7-24a 所示。铸铁许用拉应力 $[\sigma]^+=30\ \text{MPa}$，许用压应力 $[\sigma]^-=160\ \text{MPa}$。已知中性轴位置 $y_1=52\ \text{mm}$，截面对形心轴 z 的惯性矩为 $I_z=763\ \text{cm}^4$。试校核该梁的弯曲正应力强度。

解　分析题意，有两点值得注意：（1）铸铁的抗拉和抗压强度不同，要分别校核；（2）T 字形截面的中性轴不是对称轴，$y_1\neq y_2$，注意全梁的最大拉应力和最大压应力所在截面位置。

（1）求支反力。由平衡条件，得

$$F_A = 2.5\ \text{kN}, \qquad F_B = 10.5\ \text{kN}$$

（2）作弯矩图。如图 7-24b 所示，最大负弯矩在 B 截面上，$M_B = 4\ \text{kN}\cdot\text{m}$，最大正弯矩在 C 截面上，$M_C = 2.5\ \text{kN}\cdot\text{m}$。

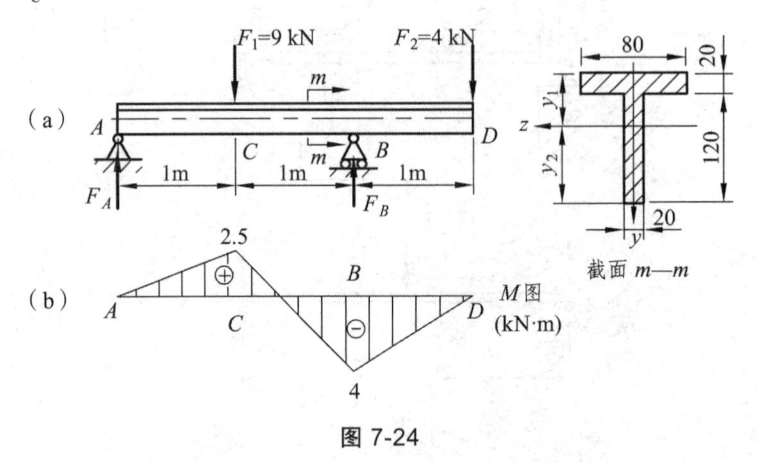

图 7-24

（3）强度校核。求最大拉应力和最大压应力，B 截面弯矩最大，是危险截面。由于该截面弯矩是负值，所以该截面中性轴以上部分为拉应力，以下部分为压应力。B 截面上的最大拉应力和最大压应力分别为

$$\sigma_{\max}^{+} = \frac{M_B \cdot y_1}{I_z} = \frac{4\times10^6\times52}{763\times10^4}\ \text{MPa} = 27.3\ \text{MPa} \leqslant [\sigma]^{+}$$

$$\sigma_{\max}^{-} = \frac{M_B \cdot y_2}{I_z} = \frac{4\times10^6\times88}{763\times10^4}\ \text{MPa} = 46.1\ \text{MPa} \leqslant [\sigma]^{-}$$

除 B 截面外，C 截面也是危险截面，C 截面中性轴以下受拉，它们离中性轴的距离较远（$y_2 > y_1$），其最大拉应力值可能比 B 截面的大，所以也需校核。C 截面的最大拉应力为

$$\sigma_{\max}^{+} = \frac{M_C \cdot y_2}{I_z} = \frac{2.5\times10^6\times88}{763\times10^4}\ \text{MPa} = 28.8\ \text{MPa} \leqslant [\sigma]^{+}$$

因此梁的强度满足要求。

结果表明：梁的最大拉应力在 C 截面的下沿，最大压应力在 B 截面的下沿。由于最大拉应力和最大压应力均未超过材料的许用应力，故梁满足强度要求。从本例可知，对于中性轴不是对称轴的脆性材料（$[\sigma]^{+} = [\sigma]^{-}$）的梁，一般来说，其正、负最大弯矩所在的截面都可能是危险截面。

7.6 提高梁弯曲强度的主要措施

对于一般细长梁来说，弯曲正应力是控制梁弯曲强度的主要因素。因此，在按强度条件

设计梁时，主要的依据就是梁的正应力强度条件公式：

$$\sigma_{max}=\frac{M_{max}}{W_z}\leqslant[\sigma]$$

要达到既要提高梁的弯曲强度（降低梁横截面上的正应力），又要尽量降低材料的消耗，就要从如何降低最大弯矩 M_{max} 和如何选择合理的截面形状（即提高梁的抗弯截面系数 W_z）两个方面考虑。

7.6.1　降低梁的最大弯矩 M_{max}

1. 合理布置载荷

图 7-25a 所示受集中力 $\boldsymbol{F}$ 作用的简支梁，其最大弯矩值为 $M_{max}=Fl/4$；如把集中力 $\boldsymbol{F}$ 通过辅助梁（图 7-25b）分为两个 $\boldsymbol{F}/2$ 的集中力，其最大弯矩值可减小为原来的一半 $M_{max}=Fl/8$。这种方法称为**分散载荷**。

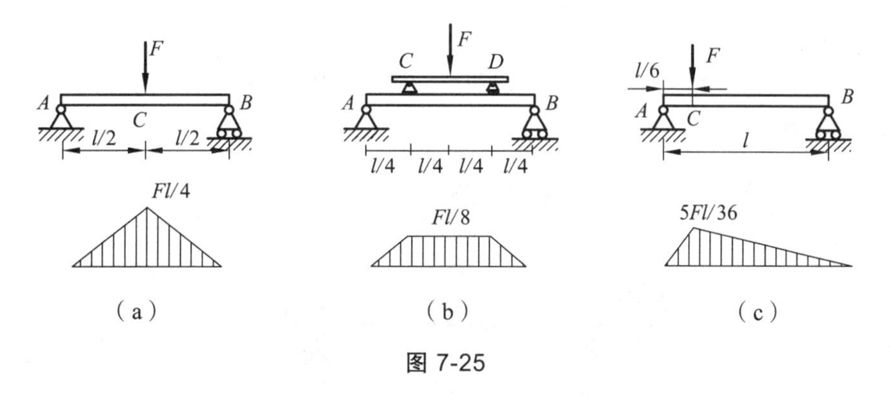

图 7-25

小疑问：

能否通过再增加辅助梁来分散载荷，进一步降低梁的最大弯矩？

答：不能，即使把集中力 $\boldsymbol{F}$ 分散成均布载荷 $\left(q=\frac{F}{l}\right)$，其最大弯矩值 $M_{max}=\frac{ql^2}{8}=\frac{Fl}{8}$ 也没有降低，如图 7-26a、图 7-2b 所示。

如图 7-25c 所示，如果将集中力 $\boldsymbol{F}$ 向左移动到距 A 端 $l/6$ 处，其最大弯矩值可减小为 $M_{max}=5Fl/36$。显然，载荷愈靠近梁的支座，最大弯矩值愈小。这种方法称为**移动载荷**。

重要提示：

当集中力数值较大时，若集中力太靠近支座将会引起支座附近梁横截面上的切应力增大，应引起注意。

2. 合理安排梁的支座

如图 7-26a、b 所示为受均布载荷作用的简支梁，其最大弯矩值为 $M_{max}=ql^2/8$；若将其两支座向内移动0.2l，如图7-26c、图7-26d所示，则后者的最大弯矩值仅为原来的1/5，即$M_{\max}=ql^2/40$。

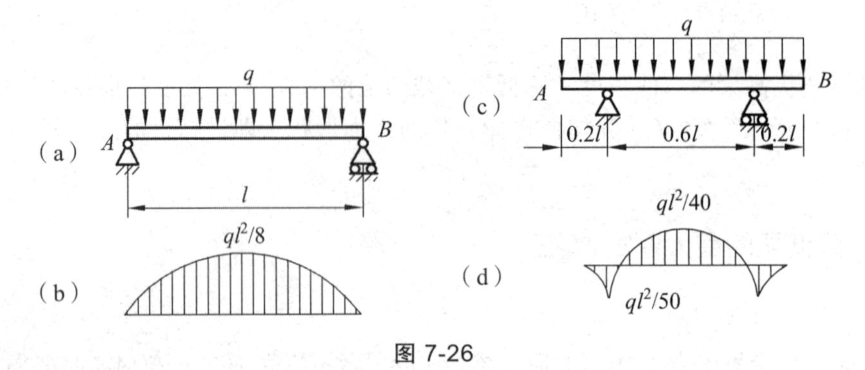

图 7-26

小疑问：

请问梁支座的最佳位置？

如图7-27所示，设两支座距梁的两端为x，两支座的支座反力为$F_B=F_C=ql/2$，B、C两截面上的弯矩为

$$M_B=-\frac{qx^2}{2},\ M_E=\frac{ql^2-4qlx}{8}$$

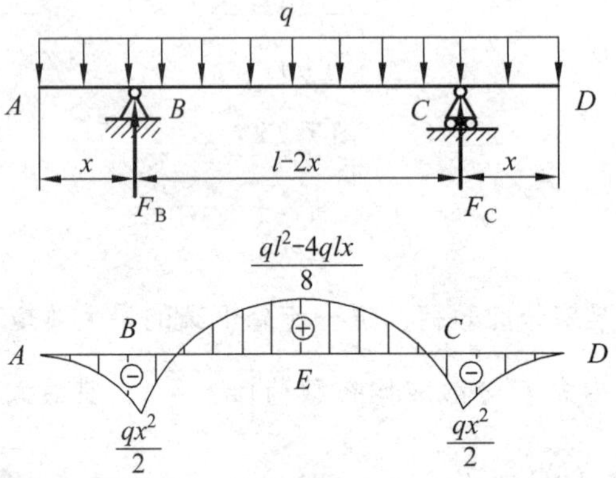

图 7-27

当$|M_B|=|M_E|$时，弯矩最小，即支座位置最佳，所以有

$$\frac{qx^2}{2}=\frac{ql^2-4qlx}{8}$$

得 $$4x^2+4lx-l^2=0$$

解得 $$x_1=0.207\ 1l \quad x_2=-1.207l\text{（舍）}$$

所以，支座的最佳位置距梁两端点为0.207 1l。

如图7-28所示，龙门吊和储水（油）罐的支撑都基本处于最佳位置。

图 7-28

3．减小梁的跨度

在结构允许时，可以用减小跨度的办法来降低最大弯矩。图 7-29 所示受均布载荷作用的简支梁，若在跨度中间增加一个支座，梁的跨度由 $2l$ 缩小为 l，则梁的最大弯矩值由 $M_{\max}=ql^2/2$ 降到 $M_{\max}=ql^2/8$。

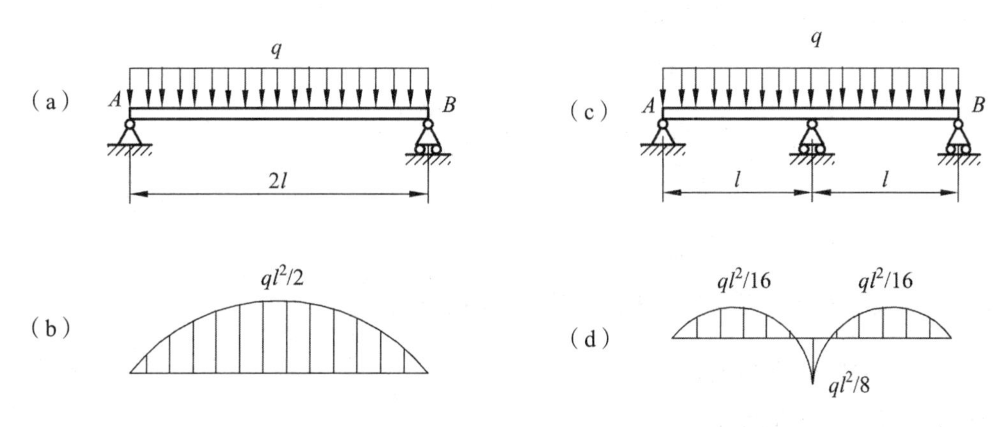

图 7-29

7.6.2　选择合理的截面形状

1．梁的合理截面形状

梁的合理截面形状应是截面具有较大的抗弯截面系数，以具有较大的抗弯强度，同时应有较小的截面面积，减小材料用量。所以 W_z/A 愈大截面形状愈合理。如图 7-30 所示，为工

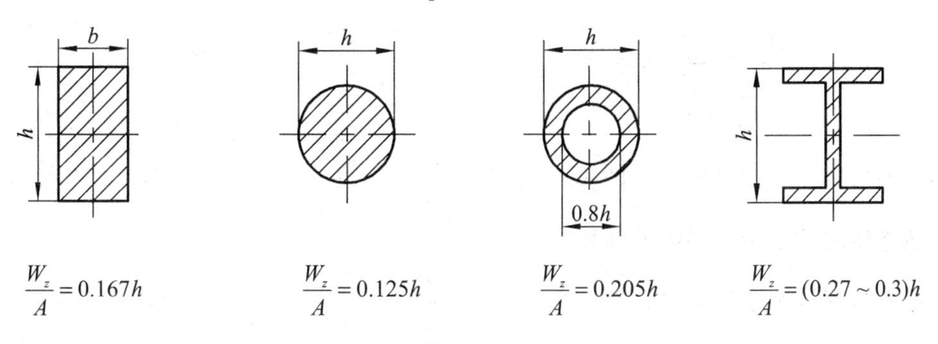

图 7-30

程中常见几种截面的 W_z/A 值。由图中可看出，实心圆截面最不合理，工字形截面最好。这是因为梁横截面上弯曲正应力按线性分布，中性轴附近弯曲正应力很小，在截面的上、下边缘处弯曲正应力最大，如图7-31所示。因此，将横截面面积分布在距中性轴较远处以承受较大的应力，发挥材料的承载能力，工程中大量采用工字形及箱形截面梁，就是运用这个原理。

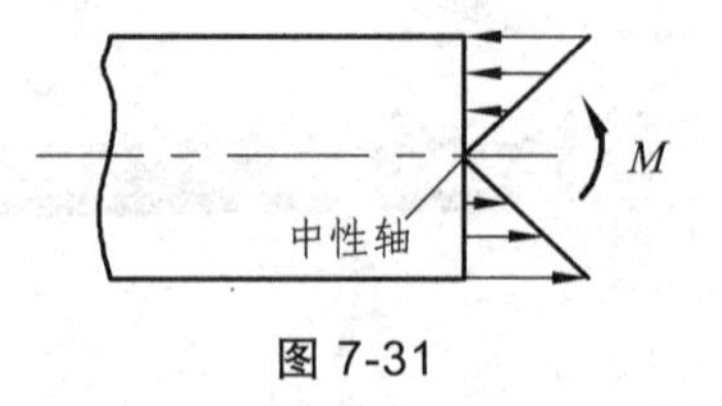

图 7-31

例 7-12 梁的横截面由边长为 7 cm 的正方形，改用相同横截面积的工字钢形，其承载能力可以提高多少倍？

解 正方形梁：

$$A = 7\times 7 = 49\ \text{cm}^2$$

$$W_z = \frac{7\times 7^2}{6} = 57.166\ 7\ \text{cm}^3$$

查工字钢表选25a工字钢，$A = 48.5\ \text{cm}^2$，$W_z = 401.88\ \text{cm}^3$。

$$\frac{\sigma_{\max\text{工字钢}}}{\sigma_{\max\text{正方形}}} = \frac{\dfrac{M}{W_{z\text{工字形}}}}{\dfrac{M}{W_{z\text{正方形}}}} = \frac{W_{z\text{正方形}}}{W_{z\text{工字形}}} = \frac{57.166\ 7}{401.88} \approx \frac{1}{7}$$

$$\sigma_{\max\text{正方形}} = 7\sigma_{\max\text{工字钢}}$$

所以，其承载能力能够提高为原来的7倍（提高了6倍）。

2. 由材料的特性选择截面形状

由梁的弯曲正应力强度条件：

$$\sigma_{\max}^{+} = \frac{M_{\max}\cdot y_{\max}^{+}}{I_z} \leqslant [\sigma]^{+}$$

$$\sigma_{\max}^{-} = \frac{M_{\max}\cdot y_{\max}^{-}}{I_z} \leqslant [\sigma]^{-}$$

可知当截面上的 $\sigma_{\max}^{+}$ 与 $\sigma_{\max}^{-}$ 同时达到材料的 $[\sigma]^{+}$ 和 $[\sigma]^{-}$ 时才最合理。因此就有

$$\frac{\sigma_{\max}^{+}}{\sigma_{\max}^{-}} = \frac{y_{\max}^{+}}{y_{\max}^{-}} = \frac{[\sigma]^{+}}{[\sigma]^{-}}$$

当梁的材料为**塑性材料**时，即 $[\sigma]^{+} = [\sigma]^{-}$，$\dfrac{\sigma_{\max}^{+}}{\sigma_{\max}^{-}} = \dfrac{y_{\max}^{+}}{y_{\max}^{-}} = \dfrac{[\sigma]^{+}}{[\sigma]^{-}} = 1$，即 $y_{\max}^{+} = y_{\max}^{-}$。所以，**应选择对称于中性轴的截面形状**。

当梁的材料为**脆性材料**时，即 $[\sigma]^{+} < [\sigma]^{-}$，$\dfrac{\sigma_{\max}^{+}}{\sigma_{\max}^{-}} = \dfrac{y_{\max}^{+}}{y_{\max}^{-}} = \dfrac{[\sigma]^{+}}{[\sigma]^{-}} < 1$，即 $y_{\max}^{+} < y_{\max}^{-}$。所以，**应选择不对称于中性轴的截面形状（中性轴偏向受拉边）**。

7.6.3　采用变截面梁

一般情况下，梁上各截面的弯矩是不相同的。因此，在弯矩较大处，有大的截面面积，获得大的抗弯截面系数，在弯矩较小处，采用较小截面面积，这样可根据弯矩的变化规律，相应地将梁设计成变截面梁，这种截面沿轴线变化的梁称为**变截面梁**。理想的变截面梁可设计成梁上所有横截面的最大正应力都相等，且都等于材料的许用应力，这种梁称为**等强度梁**。从强度观点来看，等强度梁是最合理的结构形式。工程中的鱼腹梁，阶梯轴就是按等强度梁概念设计得出的，如图 7-32 所示。

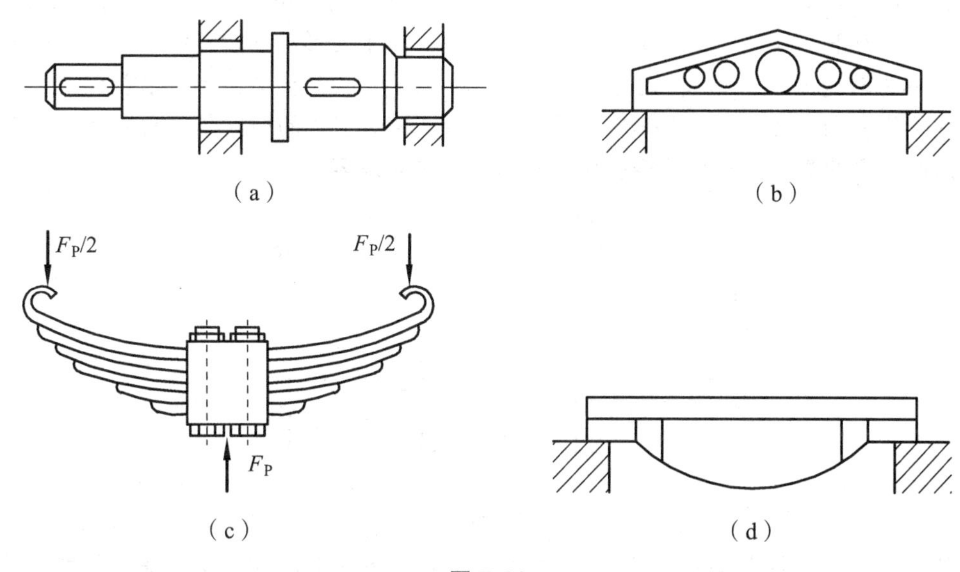

图 7-32

7.7　梁的弯曲变形

7.7.1　梁变形的概念

如图 7-33 为一传动轴，若弯曲变形过大，就会引起轴颈与轴承的快速磨损，并影响齿轮的正常啮合，加速齿轮的磨损；车床主轴若变形过大，就会严重影响工件的加工精度；吊车

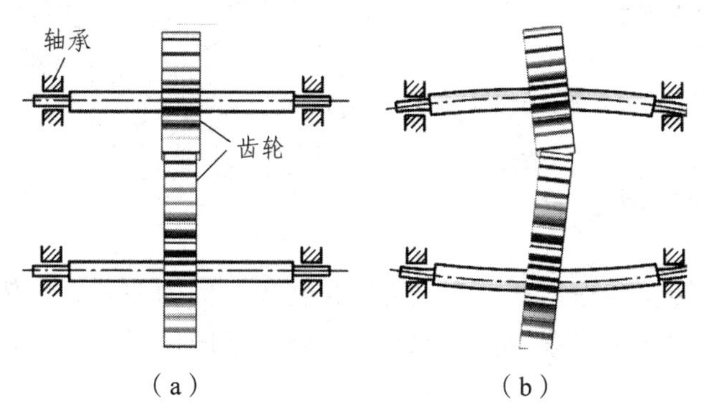

图 7-33

横梁若变形过大，就会导致吊车在行驶中发生剧烈抖动，影响安全生产。所以，工程实际中的受弯构件，除要求有足够的强度外，还要求其变形不能超过工程设计所允许的范围，即具有足够的刚度。

如图 7-34 所示，一悬臂梁右端受一集中力 $\boldsymbol{F}$ 作用，发生平面弯曲，它的轴线由原来的直线变成了一条连续而光滑的平面曲线，称为挠曲线，梁的各个横截面的位置都发生变化。为了表示梁的变形情况，以变形前梁的轴线为坐标轴 x，在梁的纵向对称平面内取与轴线 x 相垂直的轴为 y 轴，建立坐标系 Oxy。任取距坐标原点为 x 的横截面来研究，其弯曲变形位移包括三部分：① 横截面形心在垂直于梁变形前轴线方向上的线位移（mm）称为**挠度** y，位移向上时，挠度为正，向下时的挠度为负；② 横截面相对于变形前的位置绕中性轴转过的角位移（rad）称为**转角** θ，逆时针转动为正，顺时针转动为负；③ 横截面形心沿着梁变形前轴线方向的线位移，用 u 表示。在小变形情况下，位移 u 相对于梁的挠度是高阶微量，可以不予考虑。因此，**梁的基本变形可用挠度和转角两个基本量来表示**。

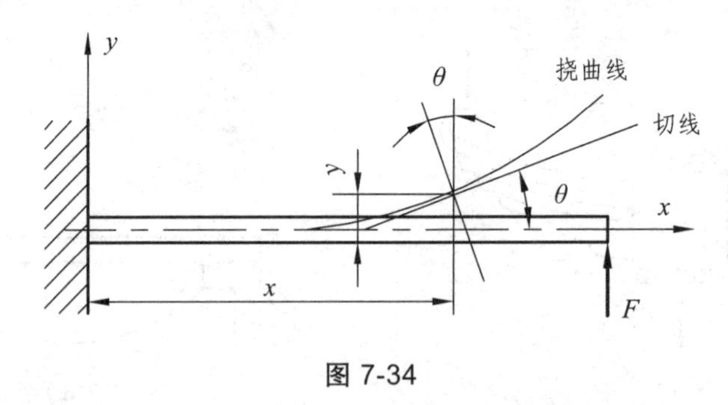

图 7-34

一般情况下，各横截面的挠度是不同的，因此可以把截面的挠度 y 表示为截面形心位置 x 的函数，即

$$y = f(x) \tag{7-17}$$

式（7-17）称为挠曲线方程，挠度与 y 轴正方向一致时为正，反之为负。

如图 7-34 所示，距坐标原点为 x 的任意横截面处挠曲线的切线与 x 轴的夹角即为转角 θ，由导数的几何意义可知

$$\tan\theta = \frac{\mathrm{d}y}{\mathrm{d}x}$$

由于变形非常微小，转角 θ 也很小，上式可写为

$$\theta \approx \tan\theta = \frac{\mathrm{d}y}{\mathrm{d}x} = f'(x) \tag{7-18}$$

式（7-18）称为转角方程，它反映了挠度与转角之间的关系，即**任意横截面的转角 θ 等于挠曲线在该截面形心处的斜率**。由此可知，确定梁的位移与转角，关键是要确定挠度方程。

7.7.2　梁变形的求法

1．梁的挠曲线近似微分方程

$$\frac{d^2 y}{dx^2}=\frac{M(x)}{EI_z} \quad (7\text{-}19)$$

式中　$M(x)$——梁某段的弯矩方程；

E——梁材料的拉压弹性模量；

I_z——梁横截面对中性轴的惯性矩。

2．用积分法求梁的变形

对于等截面梁，EI_z 为常量，将微分方程（7-19）积分一次得转角方程

$$\theta=\frac{dy}{dx}=\frac{1}{EI_z}\int M(x)dx+C$$

再积分一次得挠曲线方程：

$$y=\frac{1}{EI_z}\iint M(x)dx\cdot dx+Cx+D$$

式中，C、D 为积分常数，可由梁上已知的位移（即已知挠度和转角）来确定。梁上这些已知位移称为边界条件。例如在铰支座处挠度等于零，在固定端处挠度和转角均等于零。

3．用叠加法求梁的变形

有实验表明，材料在服从胡克定律且小变形的条件下，横截面挠度 y 和转角 θ 与梁的载荷成线性关系，各个载荷引起的变形是相互独立的。所以，当梁上有多个载荷同时作用时，可分别计算每一载荷单独作用时所引起梁的变形，然后求出各变形的代数和，即可得到多个载荷共同作用时所产生的变形，这种计算方法称为**叠加法**。工程中将常见简单载荷作用下的变形计算公式列于表 7-4 中以便查询。

表 7-4　简单载荷作用下梁的变形

序号	梁的形式与载荷	挠曲线方程	挠度与转角（绝对值）
1	y, F, A, B, x, l	$y=\frac{Fx^2}{6EI}(x-3l)$	$y_B=\frac{Fl^2}{3EI}$ $\theta_B=\frac{Fl^2}{2EI}$
2	y, a, F, A, B, x, l	$y=\frac{Fx^2}{6EI}(x-3a)\ (0\leqslant x\leqslant a)$ $y=\frac{Fa^2}{6EI}(a-3x)\ (a\leqslant x\leqslant l)$	$y_B=\frac{Fa^2}{6EI}(a-3l)$ $\theta_B=\frac{Fa^2}{2EI}$

续表

序号	梁的形式与载荷	挠曲线方程	挠度与转角（绝对值）
3	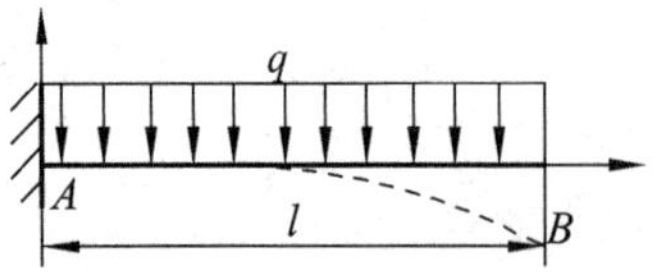	$y=\dfrac{qx^2}{24EI}(4lx-6l^2-x^2)$	$y_B=\dfrac{ql^4}{8EI}$ $\theta_B=\dfrac{ql^3}{6EI}$
4	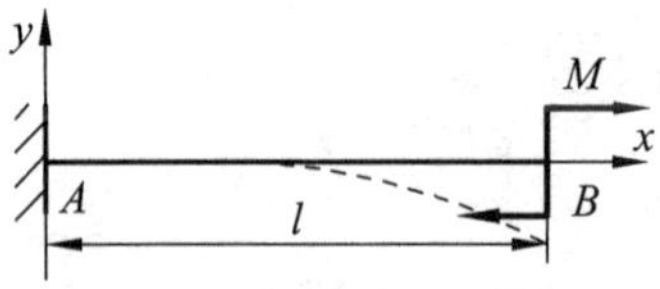	$y=-\dfrac{Mx^2}{2EI}$	$y_B=\dfrac{Ml^2}{2EI}$ $\theta_B=\dfrac{Ml}{EI}$
5	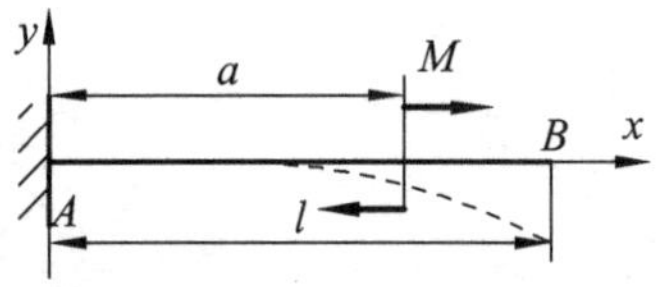	$y=-\dfrac{Mx^2}{2EI}$ $(0\leqslant x\leqslant a)$ $y=-\dfrac{Ma}{EI}\left(\dfrac{a}{2}-x\right)$ $(a\leqslant x\leqslant l)$	$y_B=\dfrac{Ma}{EI}\left(l-\dfrac{a}{2}\right)$ $\theta_B=\dfrac{Ma}{EI}$
6	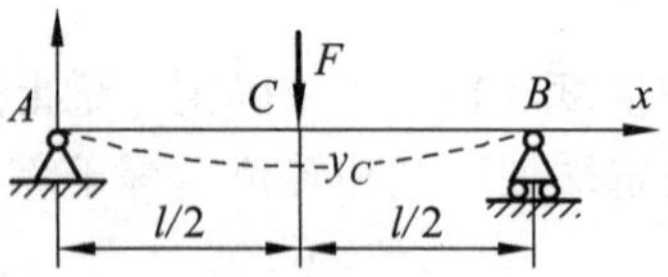	$y=\dfrac{Fx}{12EI}\left(x^2-\dfrac{3l^2}{4}\right)$ $\left(0\leqslant x\leqslant\dfrac{l}{2}\right)$	$y_C=\dfrac{Fl^3}{48EI}$ $\theta_A=-\theta_B=\dfrac{Fl^2}{16EI}$
7	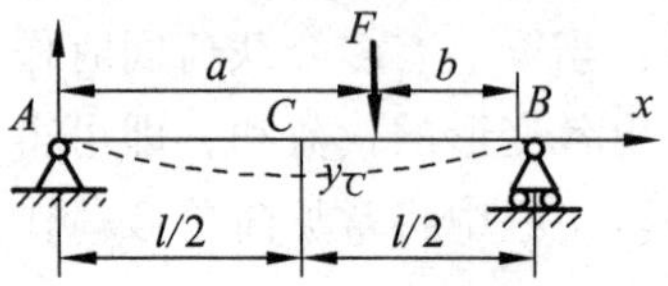	$y=\dfrac{Fbx}{6lEI}(x^2-l^2+b^2)$ $(0\leqslant x\leqslant a)$ $y=\dfrac{Fa(l-x)}{6lEI}(x^2+a^2-2lx)$ $(a\leqslant x\leqslant l)$	$y_C\approx y_{\max}=\dfrac{Fb}{48EI}(3l^2-4b^2)$ $\theta_A=\dfrac{Fab(l+b)}{6lEI}$ $\theta_B=\dfrac{Fab(l+a)}{6lEI}$
8	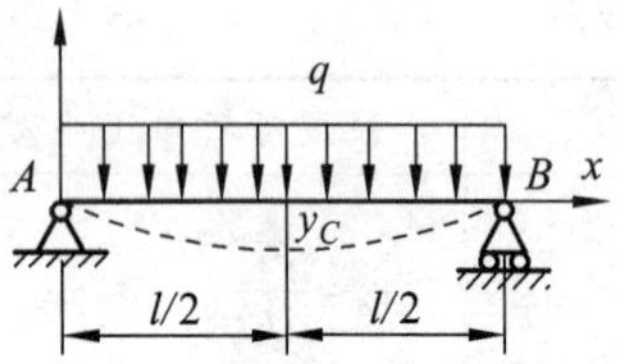	$y=\dfrac{qx}{24EI}(2lx^2-x^3-l^3)$	$y_c=-\dfrac{5ql^4}{384EI}$ $\theta_A=-\theta_B=-\dfrac{ql^3}{24EI}$
9	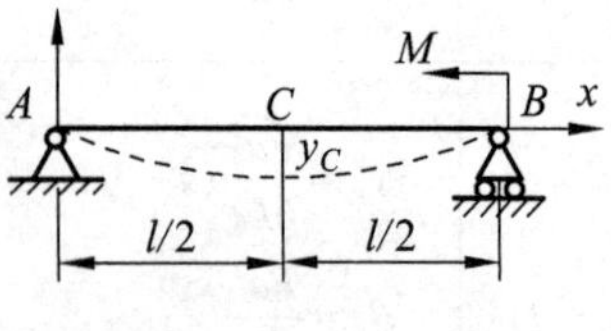	$y=-\dfrac{Mlx}{6EI}\left(1-\dfrac{x^2}{l^2}\right)$	$y_C\approx y_{\max}=\dfrac{Ml^2}{16EI}$ $\theta_A=\dfrac{Ml}{6EI}$ $\theta_B=\dfrac{Ml}{3EI}$

续表

序号	梁的形式与载荷	挠曲线方程	挠度与转角（绝对值）
10		$y=\dfrac{Mx}{6lEI}(l^2-3b^2-x^2)$ $(0\leqslant x\leqslant a)$ $y=\dfrac{M(l-x)}{6lEI}(3a^2-2lx+x^2)$ $(a\leqslant x\leqslant l)$	$x=\sqrt{l^2-3b^2/3}$处， $y_1=\dfrac{M}{9\sqrt{3}lEI}(l^2-3b^2)^{\frac{3}{2}}$ $x=\sqrt{(l^2-3a^2)/3}$处， $y_2=\dfrac{M}{9\sqrt{3}lEI}(l^2-3a^2)^{\frac{3}{2}}$ $\theta_A=\dfrac{M}{6lEI}(l^2-3b^2)$ $\theta_B=\dfrac{M}{6lEI}(l^2-3a^2)$
11		$y=\dfrac{Fax}{6lEI}(x^2-l^2)$ $(0\leqslant x\leqslant a)$ $y=\dfrac{F}{6lEI}\times$ $[al^2x-ax^3+(a+l)(x-l)^3]$ $(a\leqslant x\leqslant l+a)$	$y_C=\dfrac{Fal^2}{16EI}$ $y_D=\dfrac{Fa^2}{3EI}(l+a)$ $\theta_A=\dfrac{Fla}{6EI}$，$\theta_B=\dfrac{Fla}{3EI}$ $\theta_D=\dfrac{Fa}{6EI}(2l+3a)$
12		$y=-\dfrac{Mx}{6lEI}(l^3-x^2)$ $(0\leqslant x\leqslant a)$ $y=\dfrac{M}{6EI}(3x^3-4lx+l^2)$ $(a\leqslant x\leqslant l+a)$	$y_C=\dfrac{Ml^2}{16EI}$ $y_D=\dfrac{Ma}{6EI}(2l+3a)$ $\theta_A=\dfrac{Ml}{6EI}$，$\theta_B=\dfrac{Ml}{3EI}$ $\theta_D=\dfrac{M}{6EI}(2l+6a)$

例 7-13　图 7-35a 所示的悬臂梁 AB，受均布载荷 $\boldsymbol{q}$ 和集中力 $\boldsymbol{F}$ 作用，已知梁 EI_z 为常数，试求端点 B 的挠度和转角。

解　图 7-35a 所示的悬臂梁可看成是由图 7-35b 和图 7-35c 两种单一的载荷叠加的结果。根据叠加法，梁在 B 截面的挠度和转角应分别等于均布载荷 $\boldsymbol{q}$ 与集中力 $\boldsymbol{F}$ 单独作用时在 B 端产生的挠度 y_B 和转角 θ_B 的代数和。由表 7-4 查得，集中力 $\boldsymbol{F}$ 单独作用时在 B 端产生的挠度 y_{BF} 和转角 θ_{BF} 分别为

$$y_{BF}=\frac{Fl^3}{3EI_z},\qquad \theta_{BF}=\frac{Fl^2}{2EI_z}$$

均布载荷 q 单独作用时在 B 端产生的挠度 y_{Bq} 和转角 θ_{Bq} 分别为

$$y_{Bq}=-\frac{ql^4}{8EI_z}, \qquad \theta_{Bq}=-\frac{ql^3}{6EI_z}$$

解得端点 B 的挠度 y_B 和转角 θ_B 分别为

$$y_B=y_{BF}+y_{Bq}=\frac{Fl^3}{3EI_z}-\frac{ql^4}{8EI_z}$$

$$\theta_B=\theta_{BF}+\theta_{Bq}=\frac{Fl^2}{2EI_z}-\frac{ql^3}{6EI_z}$$

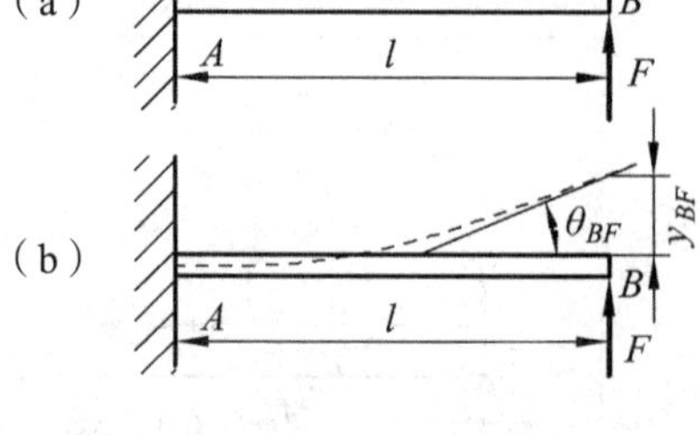

图 7-35

7.7.3 梁的刚度校核

计算梁弯曲时变形的主要目的是要对梁作刚度校核，即规定**梁的最大挠度和最大转角不得超过许用挠度和许用转角值**，即

$$y_{\max}\leqslant[y] \tag{7-20}$$

$$\theta_{\max}\leqslant[\theta] \tag{7-21}$$

式（7-20）和式（7-21）称为梁的刚度条件，$[y]$ 和 $[\theta]$ 分别为许用挠度和许用转角。它们的取值应根据梁的实际工作情况确定，或查用相关手册和规范。

例 7-14 图 7-36a 为一车床主轴受力分析简图，已知外伸梁上作用的力有 $F_1=2\text{ kN}$，$F_2=1\text{ kN}$。采用空心圆截面，外径 $D=80\text{ mm}$，内径 $d=40\text{ mm}$，长度 $l=400\text{ mm}$，$a=200\text{ mm}$。材料弹性模量 $E=200\text{ GPa}$，许用挠度 $[y]=-0.0001l$，许用转角 $[\theta]=0.001\text{ rad}$。试校核该轴 D 截面的挠度和 B 截面的转角。

解 （1）计算梁的变形。把梁的变形分为图 7-36b 和图 7-36c 所示分别受集中力作用的外伸梁。截面惯性矩为

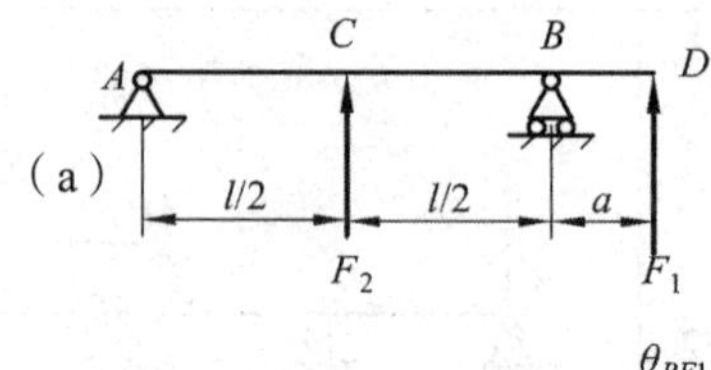

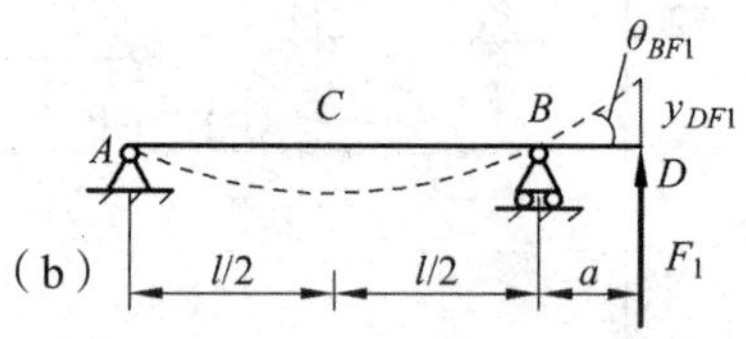

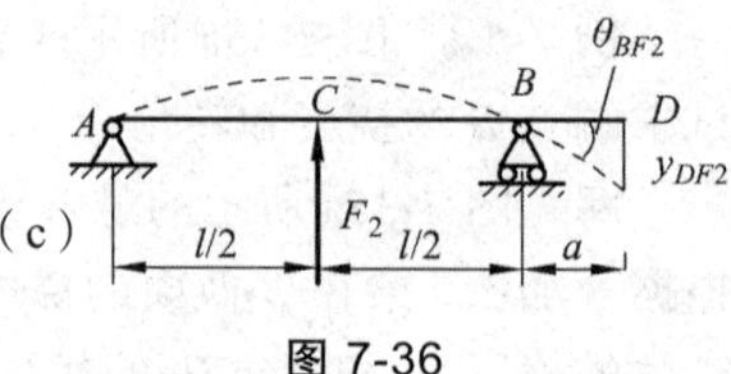

图 7-36

$$I_z=\frac{\pi}{64}(D^4-d^4)$$

$$=\frac{\pi}{64}[(80\text{ mm})^4-(40\text{ mm})^4]=188\times10^4\text{ mm}^4$$

由查表可得，集中力 $\boldsymbol{F}_1$ 作用于 D 处时，D 点的挠度 y_{DF1} 和 B 点转角 θ_{BF1} 为

$$y_{DF1}=\frac{F_1a^2}{3EI_z}(l+a)$$

$$=\frac{2\times10^3\text{ N}\times(200\text{ mm})^2}{3\times200\times10^3\text{ N/mm}^2\times188\times10^4\text{ mm}^4}(400\text{ mm}+200\text{ mm})$$

$$=42.5\times10^{-3}\text{ mm}$$

$$\theta_{BF1}=\frac{F_1al}{3EI_z}=\frac{2\times10^3\ \text{N}\times200\ \text{mm}\times400\ \text{mm}}{3\times200\times10^3\ \text{N/mm}^2\times188\times10^4\ \text{mm}^4}=14.18\times10^{-5}\ \text{rad}$$

集中力 $\boldsymbol{F}_2$ 作用于 C 处时的 D 点挠度 y_{DF2} 和 B 点转角 θ_{BF2} 为

$$\theta_{BF2}=-\frac{F_2l^2}{16EI_z}=-\frac{1\times10^3\ \text{N}\times(400\ \text{mm})^2}{16\times200\times10^3\ \text{N/mm}^2\times188\times10^4\ \text{mm}^4}=-2.66\times10^{-5}\ \text{rad}$$

$$y_{DF2}=\theta_{BF2}a=-2.66\times10^{-5}\ \text{rad}\times200\ \text{mm}=-5.32\times10^{-3}\ \text{mm}$$

D 点有梁的最大挠度 y_D，B 点有梁的最大转角 θ_B，分别为

$$y_D=y_{DF1}+y_{DF2}=42.5\times10^{-3}\ \text{mm}-5.32\times10^{-3}\ \text{mm}=37.18\times10^{-3}\ \text{mm}$$

$$\theta_B=\theta_{BF1}+\theta_{BF2}=14.18\times10^{-5}\ \text{rad}-2.66\times10^{-5}\ \text{rad}=11.52\times10^{-5}\ \text{rad}$$

（2）校核 D 截面的许用挠度和 B 截面的转角。

代入刚度条件后得

$$y_D=37.18\times10^{-3}\ \text{mm}<[y]=0.000\,1l=0.000\,1\times400\ \text{mm}=40\times10^{-3}\ \text{mm}$$

$$\theta_B=11.52\times10^{-5}\ \text{rad}<[\theta]=0.001\ \text{rad}=10^{-3}\ \text{rad}$$

因此，轴 D 截面的许用挠度和 B 截面的转角满足刚度条件。

7.7.4　提高梁刚度的措施

工程中对提高细长梁的刚度主要采取以下两方面的措施：

1. 改善截面尺寸和形状、提高梁的抗弯刚度 EI

由于梁的转角和挠度与 EI 的大小成反比，因此，工程中采用的工字形、箱形等惯性矩 I 大的截面梁，不仅有利于提高梁的抗弯强度，也有利于提高梁的抗弯刚度。

2. 增加梁的支座、减小梁的跨度

由于梁的挠度和转角值与其跨长的 n 次幂成正比，因此，增加梁的支座、缩短梁的跨长，将能显著地减小其挠度和转角值，以达到提高梁刚度的目的。

重要提示：

高强度钢的强度指标比普通低碳钢高很多，但它们的 E 值相差不大，因此，采用高强度钢对提高梁的刚度效果不明显，而且造成材料浪费。

7.7.5　简单静不定梁

在工程实际中，为提高梁的强度和刚度，或由于结构上的原因，往往会增加梁的支座，这样就给静定梁增加了多余的约束，使梁的约束反力数目超过了可以建立的静力平衡方程的数目，这种梁就称为**静不定梁**。

静不定梁的求解方法，与拉、压静不定问题相仿，即除建立静力平衡方程外，还应利用变形条件、静力关系以及诸如力与位移等物理间的关系，建立补充方程。下面举例说明静不定梁的解法。

例 7-15 如图 7-37 所示为一静不定梁。设梁的抗弯刚度为 EI，长度为 l，均布载荷集度为 q。试求支座反力、AC 段中点 F 的挠度、C 点最大弯矩，并与无中间支座时的跨中最大弯矩值作比较。

解 （1）建立补充方程，求出多余未知力。去除多余支座 C（A 或 B），以约束反力 F_C 代替（图 7-37b），使静不定梁在形式上变为静定梁。构件变形协调条件，支座处的 C 挠度 $y_C=0$，由叠加原理（图 7-37c、d），得变形几何方程

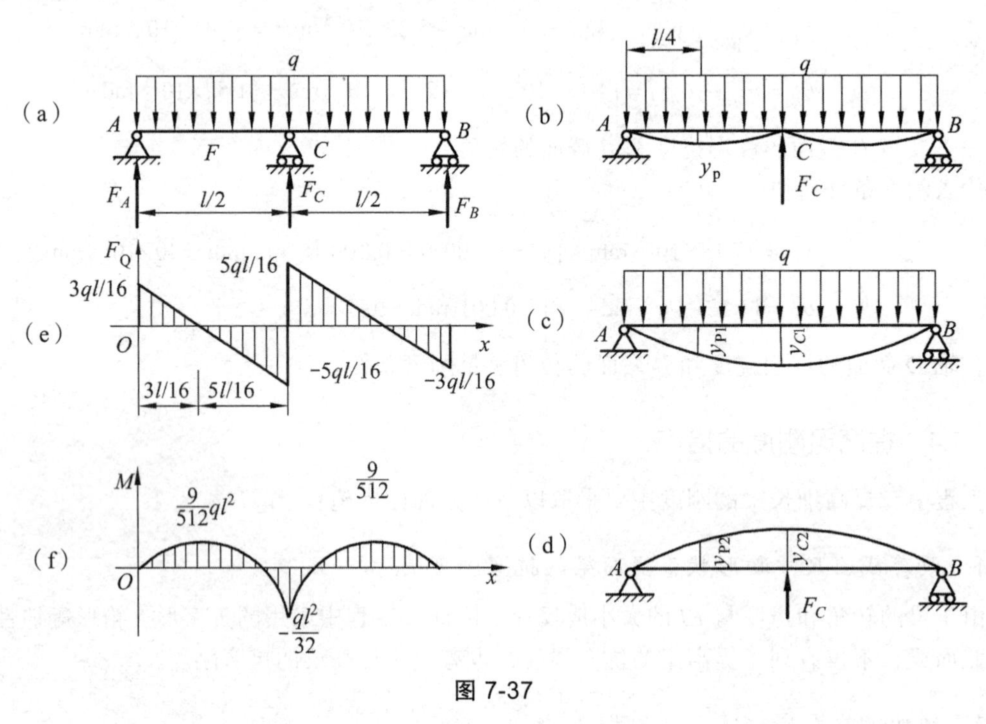

图 7-37

$$y_C=y_{C1}+y_{C2}=0$$

查表 7-4 得物理方程

$$y_{C1}=-\frac{5ql^4}{384EI}$$

$$y_{C2}=\frac{F_Cl^3}{48EI}$$

将物理方程代入几何方程，得补充方程

$$y_C=-\frac{5ql^4}{384EI}+\frac{F_Cl^3}{48EI}=0$$

解得 $$F_C=\frac{5ql}{8}$$

（2）列静力平衡方程求出 F_A、F_B。由

$$\sum M_B = 0\,,\qquad F_A l - ql\times\frac{l}{2} + F_C\times\frac{l}{2} = 0$$

得
$$F_A = \frac{3ql}{16}$$

由
$$\sum M_A = 0\,,\qquad ql\times\frac{l}{2} - F_B l - F_C\times\frac{l}{2} = 0$$

得
$$F_B = \frac{3ql}{16}$$

（3）比较。支座反力求出后，作用于梁上的外力均已知，可作剪力图和弯矩图（图 7-37e、f）。由弯矩图得最大弯矩

$$|M|_{\max} = \frac{ql^2}{32}$$

多余约束反力 $\boldsymbol{F}_C$ 求出后，静不定梁可视为承受均布载荷 q 和已知力 $\boldsymbol{F}_C$ 的静定梁。由变形公式表，运用叠加原理，可求出梁 AC 段中点 $\boldsymbol{F}$ 的挠度为

$$y_F = y_{F1} + y_{F2} = -\frac{57ql^4}{6144EI} + \frac{45ql^4}{6144EI} = -\frac{ql^4}{512EI}$$

无中间支座 C 时，AB 梁的最大弯矩为

$$|M'|_{\max} = \frac{ql^2}{8}$$

与以上静不定梁的跨中最大弯矩作比较

$$\frac{|M|_{\max}}{|M'|_{\max}} = \frac{ql^2/32}{ql^2/8} = \frac{1}{4}$$

可见，在跨中增加支座后，最大弯矩减小为原来的 $1/4$，相应的挠度也比原来减小许多。由此可见，静不定梁在提高梁的强度和刚度方面有着明显的优点。但是，与其他静不定结构一样，当温度变化或构件尺寸有制造和安装等误差时，静不定梁将产生温度应力或装配应力，这一点必须予以注意。

本章主要内容回顾

本章的主要内容分为梁的内力分析与计算、应力分析与强度计算、梁的变形及刚度计算等，涉及了许多概念、公式和计算。

1．主要概念

平面弯曲、梁的内力——剪力和弯矩、剪力和弯矩与载荷集度间的微分关系、剪力图和弯矩图及其画法、梁横截面的中性轴及其位置、梁横截面上的正应力与切应力及其分布规律、梁横截面的惯性矩和抗弯截面系数、梁的危险截面和危险点及其位置、梁的变形——挠度和

转角、梁弯曲的强度条件和刚度条件、提高梁弯曲强度的主要措施、梁的合理截面及合理设计、超静定梁等。

2．主要公式及计算

（1）弯曲横截面上内力的计算。

剪力 F_Q = 截面任一侧梁上所有横向外力的代数和，横向外力左上右下为正，反之为负。

弯矩 M = 截面任一侧梁上所有外力对截面形心力矩的代数和，外力对截面形心力矩左顺右逆为正，反之为负。

（2）弯曲应力计算。

横截面上任一点弯曲正应力计算公式： $\sigma = \dfrac{M \cdot y}{I_z}$

横截面上最大弯曲正应力发生在梁的上、下边缘，计算公式：

对称于中性轴的截面 $\sigma_{max} = \dfrac{M}{W_z}$

不对称于中性轴的截面 $\sigma_{max}^{+} = \dfrac{M \cdot y_{max}^{+}}{I_z}$，$\sigma_{max}^{-} = \dfrac{M \cdot y_{max}^{-}}{I_z}$

矩形截面梁上最大弯曲切应力发生在中性轴处，计算公式：$\tau_{max} = \dfrac{F_Q \cdot S_{z\,max}}{I_z \cdot b}$

（3）弯曲强度计算。

梁的弯曲正应力强度条件：

对于塑性材料（$[\sigma]^{+} = [\sigma]^{-}$）：

$$\sigma_{max} = \frac{M_{max}}{W_z} \leqslant [\sigma]$$

对于脆性材料（$[\sigma]^{+} \neq [\sigma]^{-}$）：

$$\sigma_{max}^{+} = \frac{M_{max} \cdot y_{max}^{+}}{I_z} \leqslant [\sigma]^{+}$$

$$\sigma_{max}^{-} = \frac{M_{max} \cdot y_{max}^{-}}{I_z} \leqslant [\sigma]^{-}$$

矩形截面梁的弯曲切应力强度条件：

$$\tau_{max} = \frac{F_{Q\,max} \cdot S_{z\,max}}{I_z \cdot b} \leqslant [\tau]$$

应用梁的强度条件可以对梁进行强度校核、设计截面尺寸（选型钢）、确定许可载荷三种强度计算。

（4）梁的变形和刚度计算。

工程上常用叠加法计算梁的最大挠度和最大转角。

梁的刚度条件：$y_{max} \leqslant [y]$，$\theta_{max} \leqslant [\theta]$

应用梁的刚度条件可以对梁进行刚度校核、设计截面尺寸（选型钢）、确定许可载荷三种刚度计算。

练习题

7-1　填空题。

1. 工程上把梁可分为___________、___________、___________等三种基本形式。

2. 当作用于梁上的所有外力（包括力偶和支座反力）都位于梁的_______________内，且外力的作用线与轴线_____________时，梁的轴线在_________________内被弯曲成一条___________，这种弯曲称为平面弯曲。

3. 平面弯曲时，梁某横截面上剪力的大小等于___________________________的代数和；梁某横截面上弯矩的大小等于___________________________的代数和。

4. 一般情况下，直梁平面弯曲时，对于整个梁来说___________上的正应力为零，对于梁的任意横截面来说__________上的正应力为零。

5. 梁弯曲时，危险截面一般可能发生在_________截面上，危险点一般发生在_______截面上的_________________________点上。

6. 对于梁的跨度与截面高度之比大于 5 的梁，影响其强度的主要因素是___________产生的________应力。

7. 当钢梁弯曲时，应采用______形状的截面才合理；当铸铁梁弯曲时，应采用______形状的截面才合理。

8. 横截面面积相等时，矩形、圆形、工字形截面，以选择________截面作为梁的截面最为合理。

9. 梁变形后的位移主要有挠度和转角，挠度是指_______________________________位移；转角是指____位移。

10. 挠度和转角之间的关系是_______________________________________。

11. 直梁弯曲的刚度条件是：_______________________________________。

7-2　试判断以下说法是否正确。

1. 横截面上只有正应力的变形必定是轴向拉压变形。　（　　）

2. 梁弯曲时，其横截面上的内力不仅与作用在梁上的外力有关，还与梁的支承有关。　（　　）

3. 简支梁上作用有一集中力偶，该力偶无论置于何处，梁的简力图都是一样的。　（　　）

4. 弯矩图表示梁的各横截面上弯矩沿轴线变化的情况，是分析梁的危险截面的依据之一。　（　　）

5. 弯曲正应力计算公式由于是在梁纯弯曲下导出的，因此，在使用中该公式只适用于纯弯曲梁。　（　　）

6. 材质相同、长度相同、用料相同的空心圆截面梁与实心圆截面梁的承载能力必相同。　（　　）

7. 要提高梁的强度必须加大梁的截面尺寸或采用高强度的材料。　（　　）

8. 弯曲变形梁上，最大挠度发生处必定是最大转角发生处。　（　　）

9. 正弯矩产生正挠度，负弯矩产生负挠度。　（　　）

10. 弯矩最大的地方挠度最大，弯矩为零的地方挠度为零。　（　　）

7-3　选择题。

1. 在梁的某一段上有均布向下的载荷作用时，该段梁上的剪力图是一条（　　），弯矩图是一条（　　）。

A. 水平直线　　B. 向右下斜直线　　C. 向右上斜直线

D. 上凸抛物线　　E. 下凸抛物线

2. 在梁的集中力作用处，（　　）。

A. 剪力图有突变，弯矩图光滑连续　　B. 剪力图有突变，弯矩图有折角

C. 剪力图无突变，弯矩图有突变　　D. 剪力图无突变，弯矩图有折角

3. 在梁的集中力偶作用处，（　　）。

A. 剪力图有突变，弯矩图无变化　　B. 剪力图有折角，弯矩图有突变

C. 剪力图无变化，弯矩图有突变　　D. 剪力图有折角，弯矩图无变化

4. 在梁的某一段上无载荷作用时，该段梁上的剪力图是一条（　　），弯矩图一般是一条（　　）。

A. 水平直线　　B. 斜直线　　C. 上凸抛物线　　D. 下凸抛物线

5. 若梁在某截面处的剪力 $F_Q = 0$，则该截面处的弯矩为（　　）。

A. 极值　　B. 零值　　C. 最大值　　D. 最小值

6. 题 7-3-6 图所示的 T 形截面梁，其弯矩为 M，则正确的正应力分布图是（　　）。

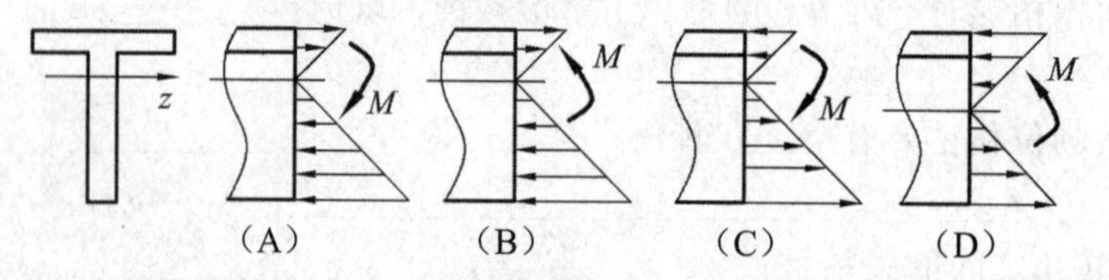

题 7-3-6 图

7. 如题 7-3-7 图所示简支梁的四种受载情况，设 M_1, M_2, M_3, M_4 分别表示梁（1),（2),（3),（4）中的最大弯矩，则下列结论中正确的是：（　　）

A. $M_1 > M_2 = M_3 > M_4$　　B. $M_1 > M_2 > M_3 > M_4$

C. $M_1 > M_2 > M_3 = M_4$　　D. $M_1 > M_2 > M_4 > M_3$

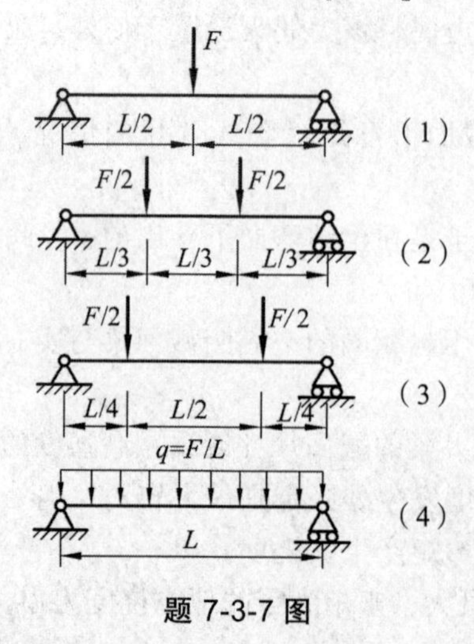

题 7-3-7 图

8. 如题 7-3-8 图所示，梁 3—3 截面上的弯矩等于（　　）。

A. qa^2　　B. $\frac{1}{2}qa^2$　　C. $-\frac{1}{2}qa^2$　　D. 0

9. 题 7-3-9 图示矩形截面梁，其横截面上的弯矩不为零，z 轴为中性轴，该截面上 a、b、c 三点正应力的关系为（　　）。

A. $\sigma_a=\sigma_b$　　B. $\sigma_a=\sigma_c$　　C. $\sigma_b=\sigma_c$　　D. $\sigma_a=\sigma_b=\sigma_c$

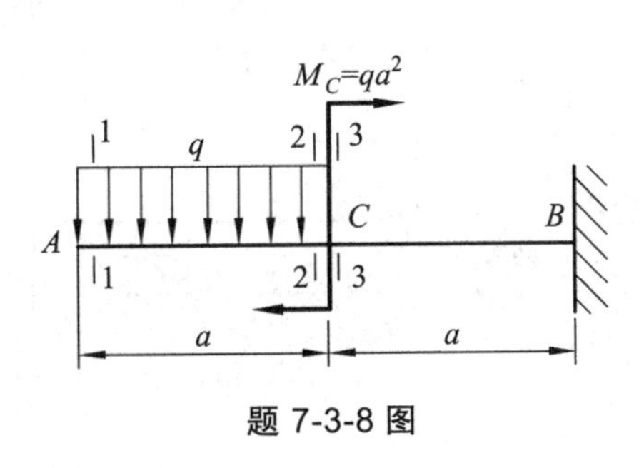

题 7-3-8 图

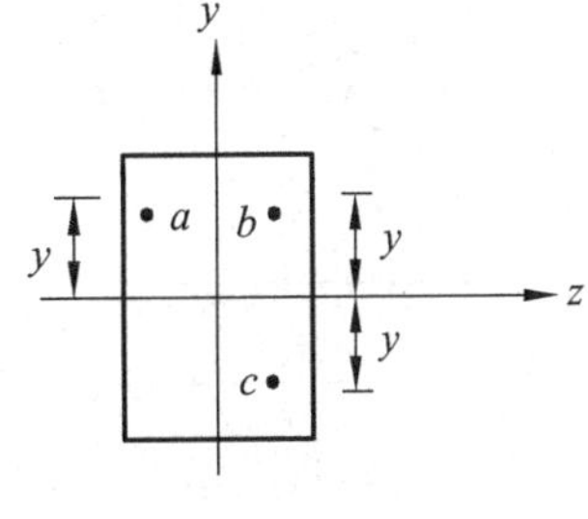

题 7-3-9 图

10. T 形截面铸铁梁如题 7-3-10 图所示。当梁为纯弯曲时，其放置方式最合理的是（　　）。

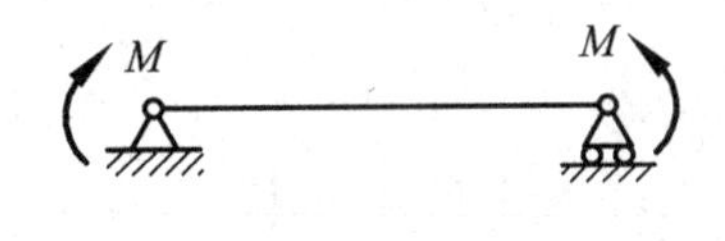

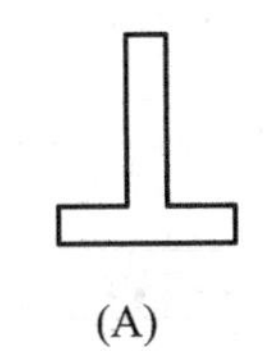

(A)

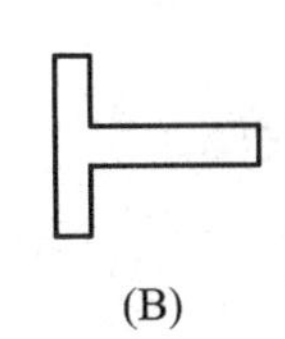

(B)

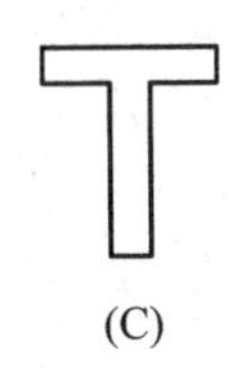

(C)

题 7-3-10 图

11. 梁横截面上最大弯曲拉应力等于压应力的条件是：（　　）。

A. 梁的材料拉压强度相等　　B. 截面形状对称于中性轴

C. 截面形状不对称于中性轴　　D. 必须同时满足上述 A、B 两条

12. 如题 7-3-12 图所示，两根矩形截面悬臂梁的尺寸、载荷分别相同，材料分别为钢和木材。设二梁均在线弹性范围内变形，二梁 C 截面处的最大正应力的关系为（　　），上边缘的最大线应变的关系为（　　）。

A. $\sigma_{a\max}=\sigma_{b\max}$　　B. $\sigma_{a\max}>\sigma_{b\max}$　　C. $\sigma_{a\max}<\sigma_{b\max}$

D. $\varepsilon_{a\max}=\varepsilon_{b\max}$　　E. $\varepsilon_{a\max}>\varepsilon_{b\max}$　　F. $\varepsilon_{a\max}<\varepsilon_{b\max}$

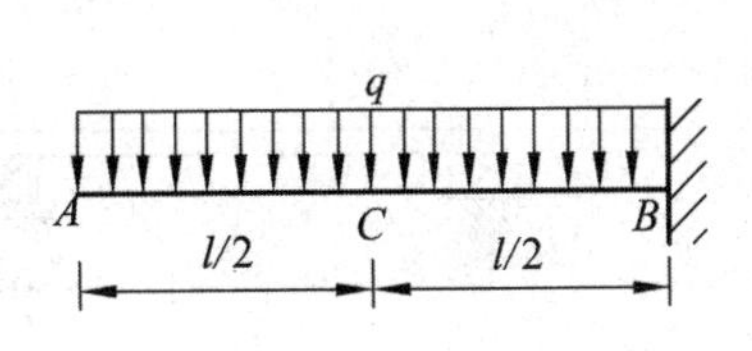

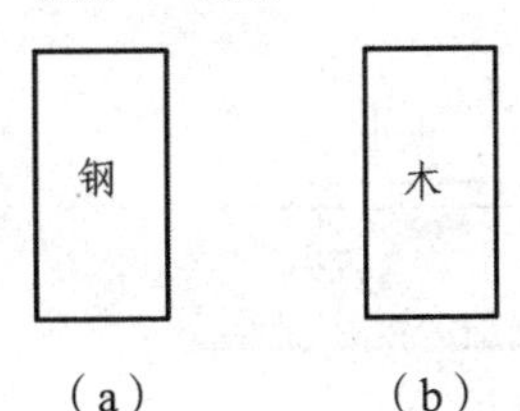

题 7-3-12 图

13. 一般情况下，提高钢制梁刚度的最有效措施有（　　）。

A. 增加梁的横截面面积

B. 用高强度钢代替普通钢

C. 减小梁的跨度或增加支承

D. 保持横截面面积不变，改变截面形状，增大截面对中性轴的惯性矩

7-4　试计算题 7-4 图所示各梁指定横截面的剪力和弯矩。

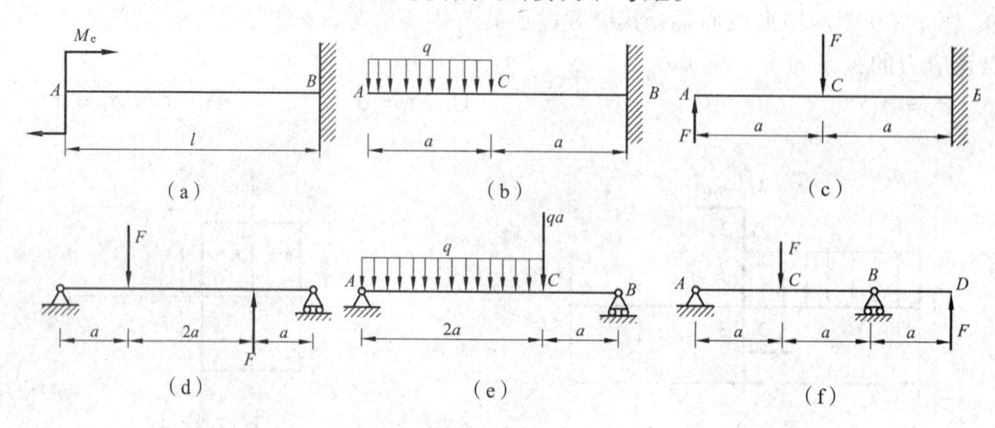

题 7-4 图

7-5　试计算题 7-5 图列出的各梁的剪力及弯矩方程，画出剪力图及弯矩图，并求出最大剪力和最大弯矩。

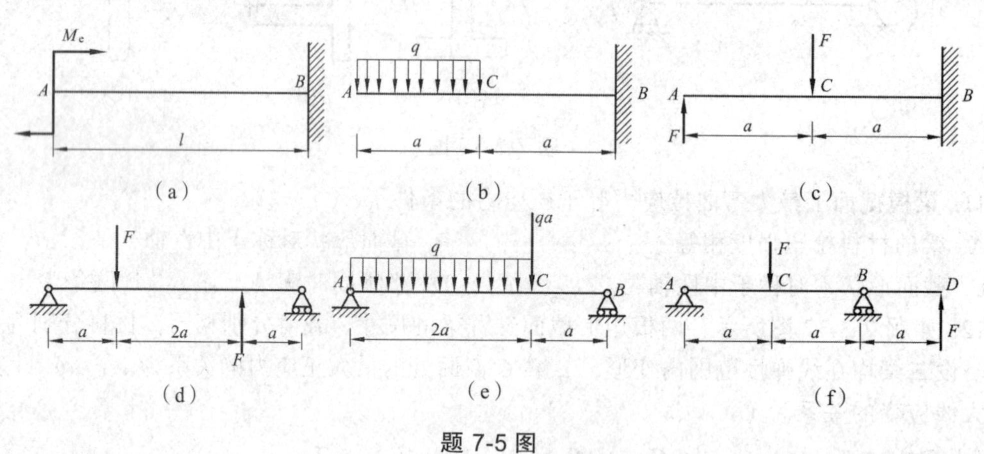

题 7-5 图

7-6　画出题 7-6 图列出的各梁的剪力图及弯矩图。

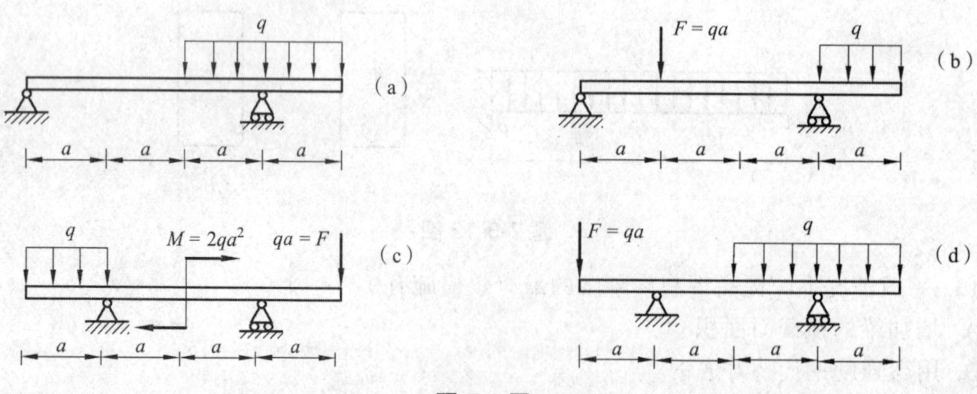

题 7-6 图

7-7　如题 7-7 图所示的简支梁，试求梁的最大正应力，并计算圆截面 A 上 a 点和 b 点的正应力。

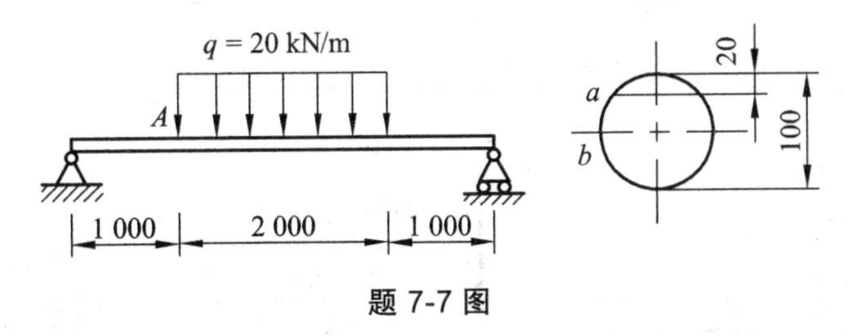

题 7-7 图

7-8　一 T 形铸铁外伸简支梁如题 7-8 图所示，试求梁的最大拉应力和最大压应力。

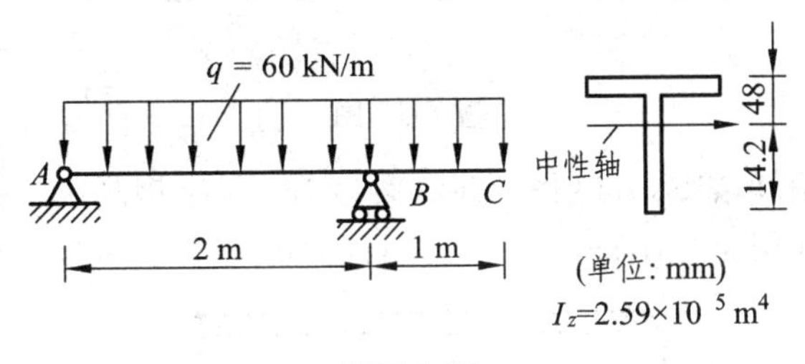

题 7-8 图

7-9　如题 7-9 图所示外伸梁，受集中力 $F = 20$ kN 作用。截面为工字钢，材料许用正应力 $[\sigma] = 160$ MPa。试选择工字钢型号。

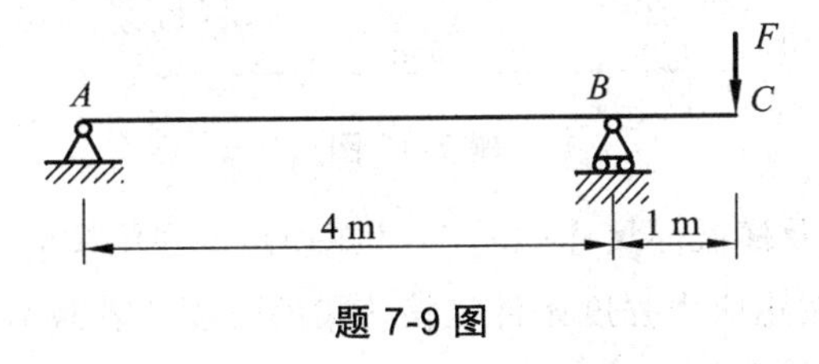

题 7-9 图

7-10　如题 7-10 图所示的梁为 10 号工字钢，测得其下表面 C 点处的正应力 $\sigma = 30$ MPa，$l = 600$ mm，$a = 200$ mm。试确定该梁此时所承受的载荷。

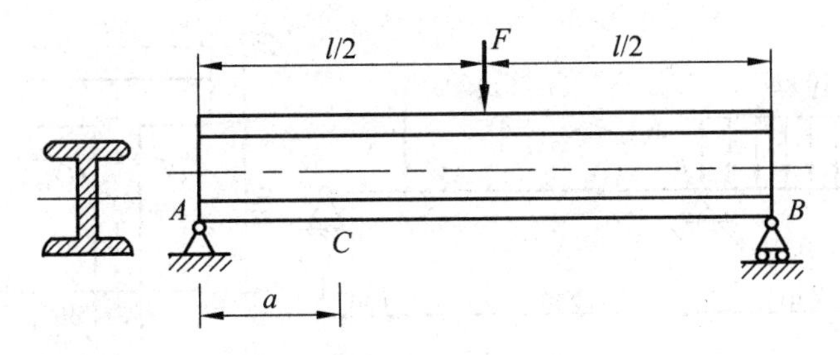

题 7-10 图

7-11　一木制矩形截面梁如题 7-11 图所示。已知：$F = 2$ kN，横截面的高宽比 $h/b = 3$，材料的许用正应力 $[\sigma] = 8$ MPa。试选择横截面的尺寸。

7-12　如题 7-12 图所示为一空心管梁，已知管的外径 $D = 60$ mm，内径 $d = 38$ mm，材料的许用应力 $[\sigma] = 150$ MPa。试校核此梁的强度。

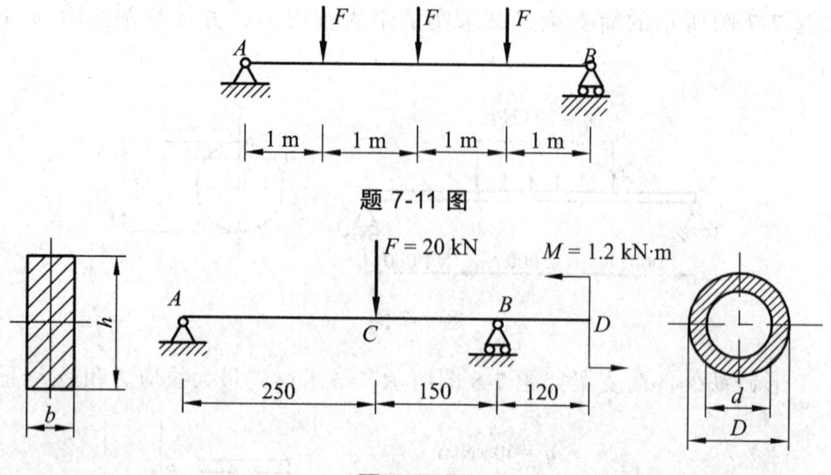

题 7-11 图

题 7-12 图

7-13　一单梁桥式吊车如题 7-13 图所示，梁为 28b 工字钢制成，电动葫芦和起重量的总量 $G = 30$ kN，材料的许用应力 $[\sigma] = 140$ MPa，$[\tau] = 100$ MPa。试校核该梁的强度。

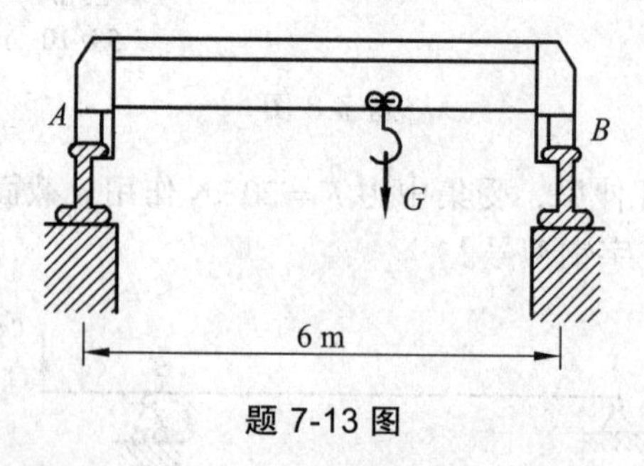

题 7-13 图

7-14　铸铁梁的载荷及横截面尺寸如题 7-14 图所示。许用拉应力 $[\sigma]^{+} = 40$ MPa，许用压应力 $[\sigma]^{-} = 100$ MPa。试按正应力强度条件校核该梁的强度，若载荷不变，但将 T 形横截面倒置，即翼缘在下，问是否合理？为什么？

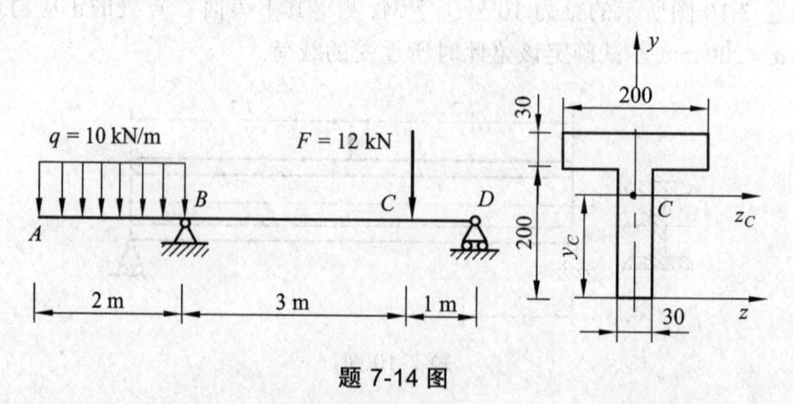

题 7-14 图

7-15　⊥ 形截面铸铁悬臂梁，尺寸及载荷如题 7-15 图所示，已知截面对形心轴 z_C 的惯性矩 $I_z = 10\ 180 \times 10^4\ \text{mm}^4$，截面形心 $h_2 = 153.6$ mm。若材料拉伸许用应力 $[\sigma]^{+} = 40$ MPa，压缩许用应力 $[\sigma]^{-} = 80$ MPa，试确定该梁的许用载荷 $\boldsymbol{F}$。

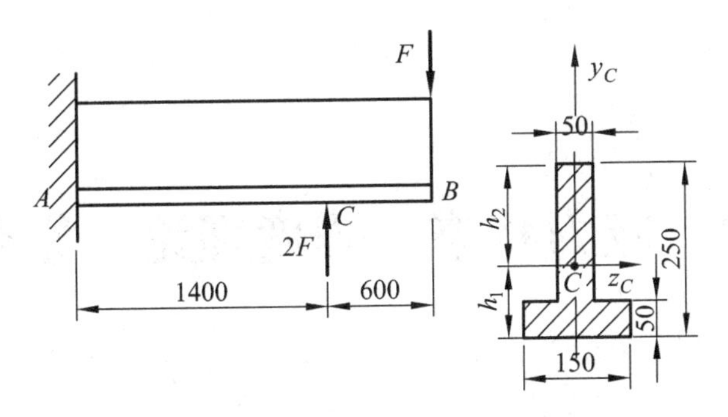

题 7-15 图

7-16　如题 7-16 图所示为一简支梁。当载荷作用于梁 AB 的中点时，梁的最大应力超过其许用应力值 25%，为此，配置一辅助梁 CD，试求在满足梁强度要求条件下的最小跨度 a。

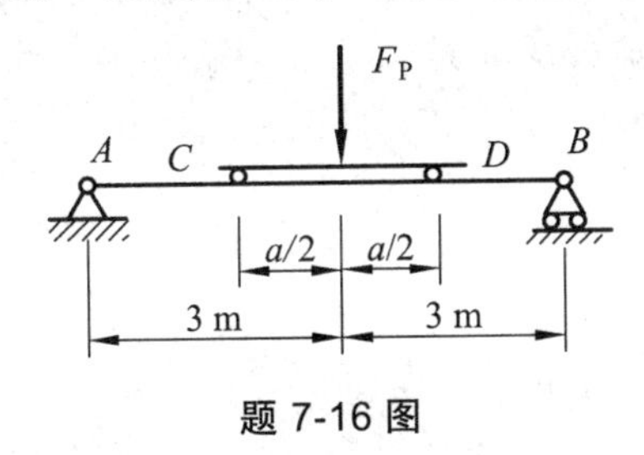

题 7-16 图

7-17　如题 7-17 图所示为简易桥式起重机，其最大载荷 $F=20\ \text{kN}$，起重机大梁为 32a 工字钢，已知材料的弹性模量 $E=20\times10^4\ \text{MPa}$，梁的跨度 $l=8.76\ \text{m}$，规定许用挠度 $[y]=(0.001\sim0.002)l$。若考虑梁的自重，试校核该梁的刚度。

7-18　如题 7-18 图所示为一外伸简支梁，梁的抗弯刚度为 EI，载荷 $F=1\ \text{kN}$，弯矩 $M=1\ \text{N}\cdot\text{m}$，跨度为 l，外伸长 $l/6$。试求截面 C 的挠度 y_C 和支座 B 处的转角 θ_B。

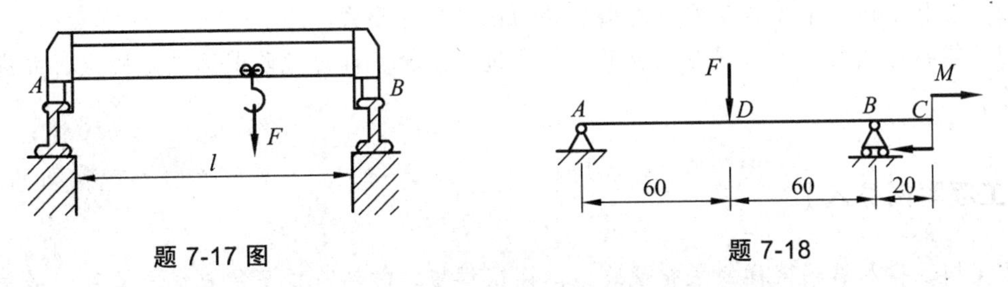

题 7-17 图　　　　题 7-18

7-19　如题 7-19 图所示外伸梁由两根槽钢组成。设材料的弹性模量 $E=200\ \text{GPa}$，许用应力 $[\sigma]=160\ \text{MPa}$，梁的许可挠度 $[y]=5\ \text{mm}$。不计梁的自重，试选择槽钢的型号。

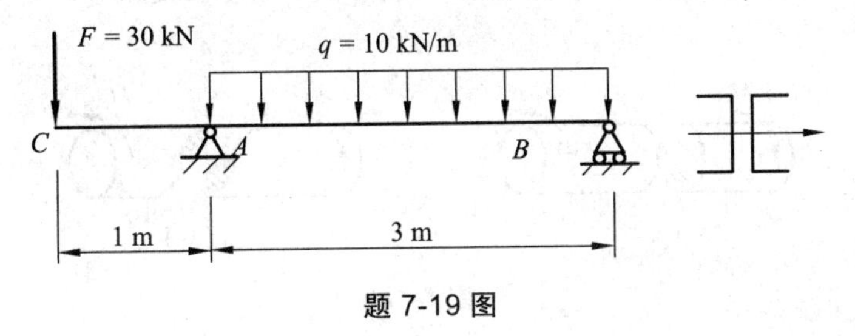

题 7-19 图

第8章　应力状态　强度理论　组合变形

【本章概述】

本章将简要介绍一点的应力状态、单元体以及利用单元体进行应力状态分析，介绍主平面、主应力、主单元体的概念，简要阐述建立强度理论的意义，介绍四种常见强度理论及其适用范围，重点介绍组合变形的强度计算。

【知识目标】

（1）了解点的应力状态。
（2）掌握单元体、主平面、主应力、主单元体的概念。
（3）了解四种常见强度理论。
（4）了解小变形情况下组合变形问题的叠加原理。

【技能目标】

（1）能利用单元体进行平面应力状态分析。
（2）能利用四种常见强度理论解释材料的两种破坏形式。
（3）能熟练利用叠加原理对组合变形问题进行分析，确定危险截面及危险点，并进行强度计算。

【工程案例导入】

低碳钢试样和铸铁试样的扭转试验中，两试样扭转破坏断口形貌有很大差别。低碳钢试样的断面与横截面重合，断面较为平齐，沿横截面发生剪切破坏，如图8-1a所示；铸铁试样的断面是与试样轴线成45°角的螺旋面，断口较为粗糙，实质上是沿45°方向发生拉伸断裂，如图8-1b所示。

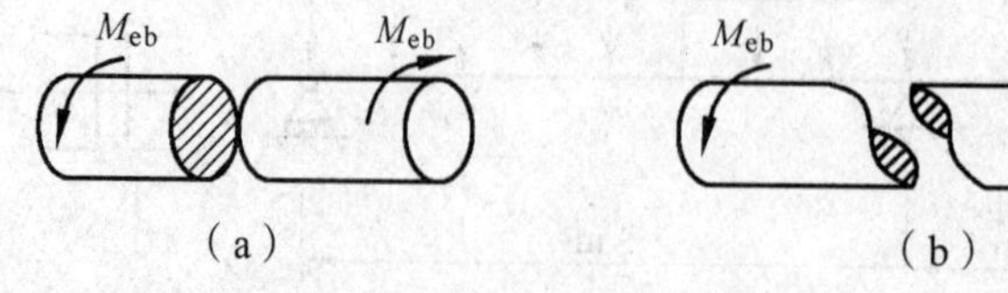

图8-1

【思考1】 过试样中某一点有无数个截面（方位），为什么试样在该点处仅沿图 8-1 所示断面（方位）而不是沿其他截面（方位）发生破坏？这就需要了解过一点任一个面（任一方位）上的应力情况，进而研究过一点所有面的应力之间的内在联系，这就是本章将要介绍的应力状态分析。

【思考2】 材料不同的构件，在相同外力作用下，为什么破坏面形貌不同？这种差别是什么原因造成的？这就需要在进行应力状态分析的同时，还要进一步研究引起材料失效的因素，从而建立相应的强度理论解释复杂应力状态下引起破坏的原因。

8.1　应力状态的概念及其简单分析

8.1.1　点的应力状态及分类

1. 点的应力状态概念

研究某点的应力时，必须明确是**该点哪一个方位截面或哪一个方位截面在该点上的应力。**

构件在同一截面上各点的应力不一定相同，即使同一点因所取截面的方位不同，则相应截面的应力也不相同。构件上任**一点在不同方位截面上的应力集合称为该点的应力状态。**

2. 单元体

（1）单元体的概念。

围绕一点任意截取一个边长趋近于零的微小正六面体，这个微小的正六面体就称为该点的单元体。

（2）单元体各面上的应力规定。

由于单元体十分微小，单元体六个面上的应力可视为均匀分布，同时任意两个相对面的应力大小相等、方向相反并具有相同的正负号。这样，单元体各面上的应力，就代表了该点在相应方位上的应力情况。

（3）单元体的建立。

截取单元体，然后分析并计算出单元体各面的应力，并图示出来，即可建立单元体。虽然单元体可任意截取，为方便单元体的建立，利用前面几章所学的各种基本变形时横截面上的应力计算知识，一般用应力易求出的横截面和应力易分析的纵截面来截取单元体；其次，根据**切应力互等定理，**即过同一点相互垂直的两个面上，切应力总是成对存在且数值相等，两者都垂直于两个平面的交线，方向则共同指向或共同背离这一交线，来简化单元体切应力的确定。

如图 8-2a 所示，发生平面弯曲的矩形悬臂梁，在横截面 m—m 上 A、B、C 三点的应力（图 8-2b）可由应力公式（7-6）、（7-12）确定。由应力沿截面高度的变化规律（图 8-2c）可知，A 点只有正应力，B 点只有切应力，C 点既有正应力又有切应力。围绕 A、B、C 三点截取的单元体如图 8-2d 所示，左右两面为横截面，应力可计算；单元体的前后两面均平行于梁的纵向对称平面，在这些面上没有应力；根据切应力互等定理，单元体 B、C 的上下两面有与横截面在 B、C 处数值相等的切应力。至此，单元体各面的应力均已确定。

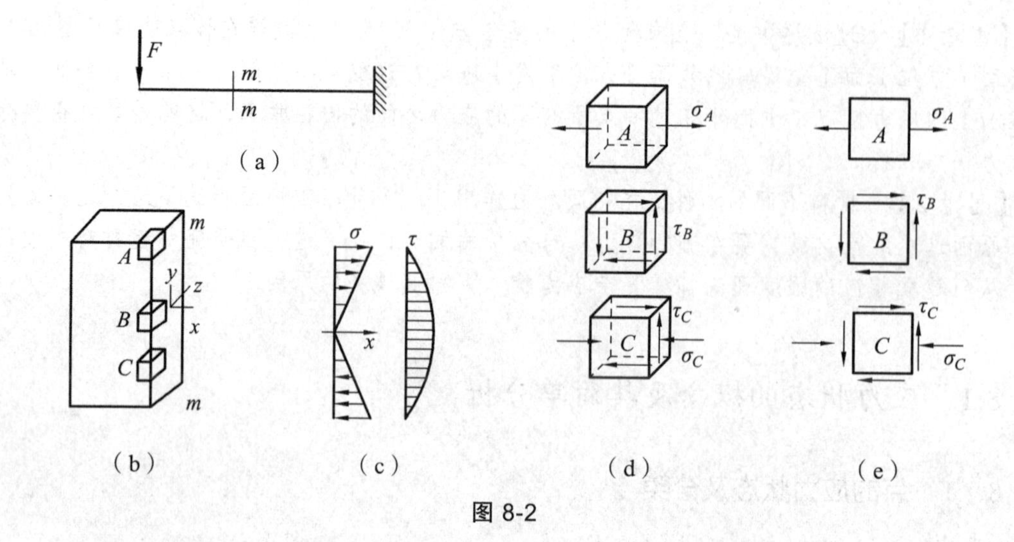

图 8-2

重要提示：

单元体上应力的正、负号规定：正应力以拉应力为正，反之为负；切应力以使单元体顺时针转动为正，反之为负。

3. 主平面、主应力、主单元体的概念

过构件中任意一点有无数个截面，一般每一个面在该点处都有其相应的正应力和切应力，但在该点处总可以找到只有正应力而没有切应力的截面，像这样**切应力等于零的截面**称为**一点的主平面**，主平面上的正应力称为**主应力**。由三对相互垂直的主平面截取的单元体，称为**主单元体**。相应的三个主应力，分别用σ_1、σ_2、σ_3来表示，并按它们的代数值大小排序，即$\sigma_1 \geqslant \sigma_2 \geqslant \sigma_3$。例如某点处的三个主应力分别为 10 MPa、－50 MPa 和 0 MPa，则$\sigma_1 = 10$ MPa、$\sigma_2 = 0$ MPa、$\sigma_3 = -50$ MPa。

4. 应力状态分类

一点的应力状态通常用该点处的三个主应力来表示，按照三个主应力不等于零的数目，可把应力状态分成三类：

（1）单向应力状态：一个主应力不为零的应力状态。

（2）二向应力状态：二个主应力不为零的应力状态。

（3）三向应力状态：三个主应力都不为零的应力状态。

单向应力状态和二向应力状态都属于平面应力状态，平面应力状态下的单元体可简化为平面图形表示，如图 8-2e 所示；而三向应力状态即为空间应力状态。本章主要讨论平面应力状态。

8.1.2 平面应力状态分析

1. 任意斜截面上的应力

应力状态分析就是研究过一点不同方位截面上的应力随截面方位的变化而变化的规律。

为了描述一点的应力状态，常利用单元体法，根据单元体各面的已知应力以及单元体的平衡条件，推导出过该点任意斜截面上的正应力 σ_α 和切应力 τ_α。

如图 8-3a、b 所示的平面应力状态下的单元体，现讨论法线 n 与 x 轴夹角为 α 的任意斜截面 ef 上的应力。为此，可假设沿 ef 斜截面截开单元体如图 8-3c 所示，在 ef 面上作用着所要求出的正应力 σ_α 和切应力 τ_α，设 σ_x、σ_y、τ_x、τ_y 已知，应力和方位角的正负号规定如下：**正应力以拉应力为正，切应力以能使单元体顺时针转动为正；α 角以从 x 轴正向出发逆时针转动到斜截面外法线 n 为正**。现取 ef 截面左侧部分（图 8-3d），研究其静力平衡，可得出：

$$\sigma_\alpha = \frac{\sigma_x + \sigma_y}{2} + \frac{\sigma_x - \sigma_y}{2}\cos 2\alpha - \tau_x \sin 2\alpha \tag{8-1}$$

$$\tau_\alpha = \frac{\sigma_x - \sigma_y}{2}\sin 2\alpha + \tau_x \cos 2\alpha \tag{8-2}$$

式（8-1）、（8-2）为平面应力状态下求任意斜截面上的应力计算公式。公式也表明任意斜截面上的应力随 α 角的改变而变化，σ_α、τ_α 都是 α 的函数。

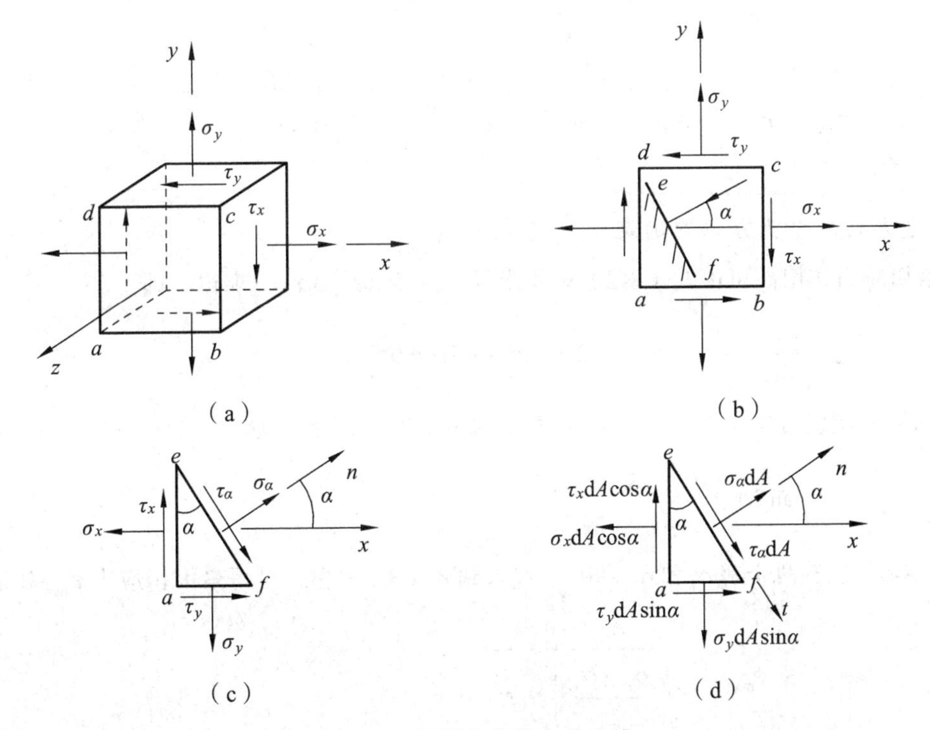

图 8-3　平面应力状态单元体

将 $\alpha_2 = \alpha_1 \pm 90^\circ$ 代入式（8-2），可得出 $\tau_{\alpha 2} = -\tau_{\alpha 1}$，即可验证单元体中过同一点相互垂直的两个面的切应力大小相等，正负号相反——切应力互等定理。

2. 主平面及主应力的确定

将式（8-1）对 α 求导数，并令 $\mathrm{d}\sigma_\alpha / \mathrm{d}\alpha = 0$，则有

$$\frac{\mathrm{d}\sigma_\alpha}{\mathrm{d}\alpha} = -(\sigma_x - \sigma_y)\sin 2\alpha - 2\tau_x \cos 2\alpha = 0$$

以 $\alpha=\alpha_0$ 表示上式的一个解，即 α_0 面是该点的一个正应力极值面，则有

$$\frac{\sigma_x-\sigma_y}{2}\sin 2\alpha_0+\tau_x\cos 2\alpha_0=0 \tag{8-3}$$

比较式（8-2）和式（8-3）可知，正应力极值面 α_0 面的切应力为零。也就是说，**正应力极值面是主平面，极值正应力是主应力**。由式（8-3）又可得

$$\tan 2\alpha_0=-\frac{2\tau_x}{\sigma_x-\sigma_y} \tag{8-4}$$

因为 $\tan 2\alpha_0=\tan 2\left(\alpha_0+\frac{\pi}{2}\right)$，所以该点有两个相互垂直的正应力极值面 α_0 面和 $\alpha_0+90°$ 面，亦即该点的**两个主平面相互垂直**。将式（8-4）的两个解代入式（8-1），可得到该点两个主平面上的正应力极大值 σ_{max} 和正应力极小值 σ_{min}：

$$\begin{matrix}\sigma_{max}\\ \sigma_{min}\end{matrix}=\frac{\sigma_x+\sigma_y}{2}\pm\sqrt{\left(\frac{\sigma_x-\sigma_y}{2}\right)^2+\tau_x^2} \tag{8-5}$$

在平面应力状态下，与 σ_{max}、σ_{min} 作用面垂直的应力为零的平面也是主平面，将三个主平面的正应力 σ_{max}、σ_{min} 和 0 的代数值进行比较，即可得到反映一点应力状态的三个主应力 σ_1、σ_2、σ_3。

3. 最大切应力及方位的确定

极值切应力作用面可由式（8-2）对 α 求导，并令 $\mathrm{d}\tau_\alpha/\mathrm{d}\alpha=0$ 求得，即

$$\frac{\mathrm{d}\tau_\alpha}{\mathrm{d}\alpha}=(\sigma_x-\sigma_y)\cos 2\alpha-2\tau_x\sin 2\alpha=0$$

以 α_1 表示极值切应力作用面，即可解得使 τ_α 取极值的方位角，为

$$\tan 2\alpha_1=\frac{\sigma_x-\sigma_y}{2\tau_x} \tag{8-6}$$

式（8-6）也有两个解 α_1 和 $\alpha_1+90°$，代入到式（8-2）中，可得最大切应力 τ_{max} 和最小切应力 τ_{min}：

$$\begin{matrix}\tau_{max}\\ \tau_{min}\end{matrix}=\pm\sqrt{\left(\frac{\sigma_x-\sigma_y}{2}\right)^2+\tau_x^2} \tag{8-7}$$

它们分别作用在相互垂直的两个平面上。

比较式（8-4）、（8-6）可知，$\tan 2\alpha_1\cdot\tan 2\alpha_2=-1$，即有

$$\alpha_1=\alpha_0\pm 45° \tag{8-8}$$

这说明极值切应力的作用面与主平面成 $45°$ 夹角。

弹性理论分析证明，三向应力状态下最大切应力的值为

$$\tau_{max}=\frac{\sigma_1-\sigma_3}{2} \tag{8-9}$$

其作用平面与主应力 σ_1、σ_3 所在平面均成 45° 角，并且与 σ_2 所在平面垂直，如图 8-4 所示。由于单向和二向应力状态是三向应力状态的特例，上述结论同样适用于单向和二向应力状态。

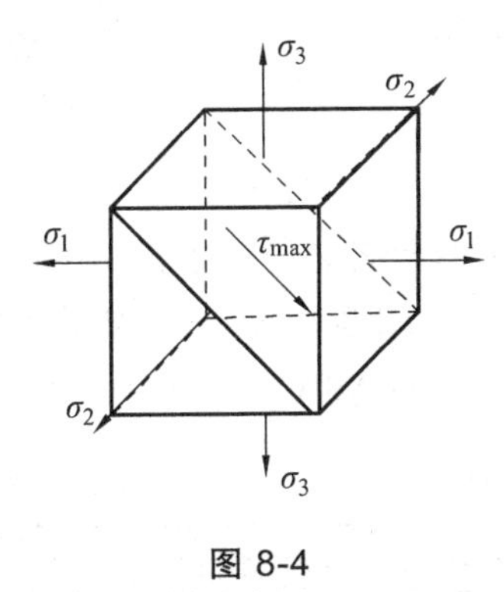

图 8-4

例 8-1　如图 8-5a 所示为一受扭圆轴，试利用应力状态分析理论，说明塑性材料和脆性材料圆轴的扭转破坏现象。

解　圆轴扭转时，在横截面的边缘处切应力最大，取表面上点 A 处的单元体分析（图 8-5b），由图可知，圆轴扭转时表面沿轴向没有切应力，单元体左右一对平行横截面上只有切应力，其值为 $\tau_x = M_x / W_P$。由切应力互等定理可知，上下一对平面也只有切应力 τ_y，$\tau_y = -\tau_x$。这种单元体表面只有切应力而没有正应力的应力状态称为**纯剪切应力状态**。按式（8-5）得

$$\left.\begin{matrix}\sigma_{max}\\ \sigma_{min}\end{matrix}\right\} = \frac{\sigma_x + \sigma_y}{2} \pm \sqrt{\left(\frac{\sigma_x - \sigma_y}{2}\right)^2 + \tau_x^2} = \pm\tau_x$$

故三个主应力分别为 $\sigma_1 = \tau_x$、$\sigma_2 = 0$、$\sigma_3 = -\tau_x$，其中 σ_1 作用面与轴线成 45° 夹角。

当主平面方位确定后，按 σ_1 的作用线位置总是在 τ_x、τ_y 箭头所指那一侧的规则，故可在单元体上标上主应力 σ_1 和 σ_3，如图 8-5b 所示。

脆性材料（如铸铁）圆轴扭转时，由于脆性材料的抗拉强度低于抗剪强度，材料将因拉伸而断裂。根据上述分析可知，表面各点最大拉应力 σ_1 所在的主平面组成与轴线成 45° 角的螺旋面，故试件沿该螺旋面因拉伸而发生断裂破坏，如图 8-5d 所示。

塑性材料（如低碳钢）圆轴，由于塑性材料的抗剪强度低于抗拉强度，扭转时试件发生剪切破坏。由式（8-8）可知，过表面 A 点的横截面就是该点的切应力极值面，故扭转时沿横截面发生破坏，如图 8-5c 所示。

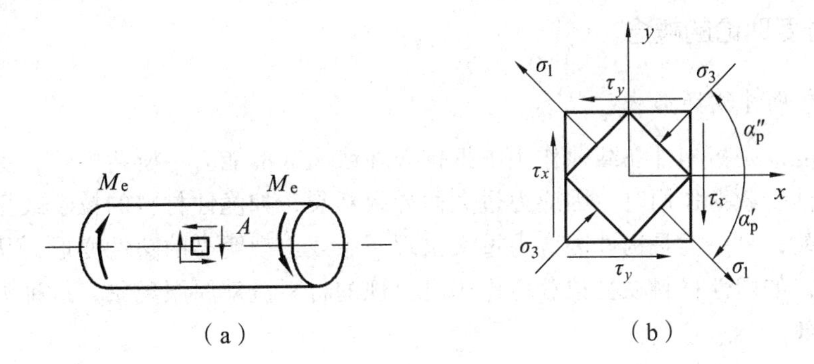

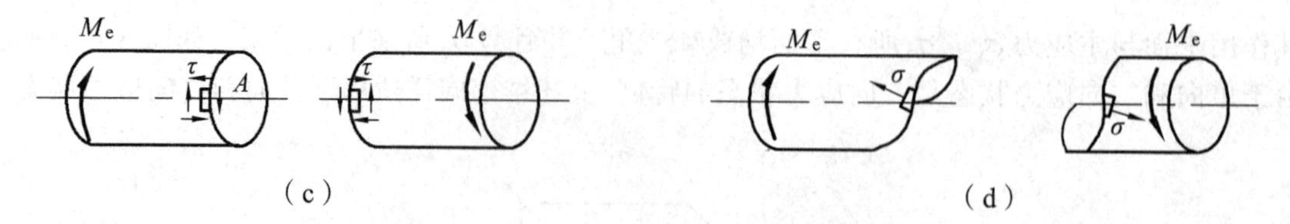

图 8-5

例 8-2 如图 8-6a 所示为一矩形截面梁，横截面 $m—m$ 上一点 A 处的弯曲正应力和切应力分别为 $\sigma=-60\ \text{MPa}$，$\tau=40\ \text{MPa}$（图 8-6b）。求 A 处的主应力及主平面的位置。

解 从 A 点取一单元体，$\sigma_x=-60\ \text{MPa}$，$\sigma_y=0$，$\tau_x=-\tau_y=40\ \text{MPa}$（图 8-6c）。由式（8-5）可得

$$\left.\begin{matrix}\sigma_{\max}\\ \sigma_{\min}\end{matrix}\right\}=\frac{-60\ \text{MPa}+0}{2}\pm\sqrt{\left(\frac{-60\ \text{MPa}-0}{2}\right)^2+(40\ \text{MPa})^2}=\begin{cases}20\ \text{MPa}\\ -80\ \text{MPa}\end{cases}$$

所以 $\sigma_1=20\ \text{MPa}$，$\sigma_2=0$，$\sigma_3=-80\ \text{MPa}$。由式（8-4）可得

$$\tan 2\alpha_0=-\frac{2\times 40\ \text{MPa}}{-60\ \text{MPa}-0}=1.333$$

所以 $\alpha_0=26.6°$，$\alpha_0'=-63.4°$。

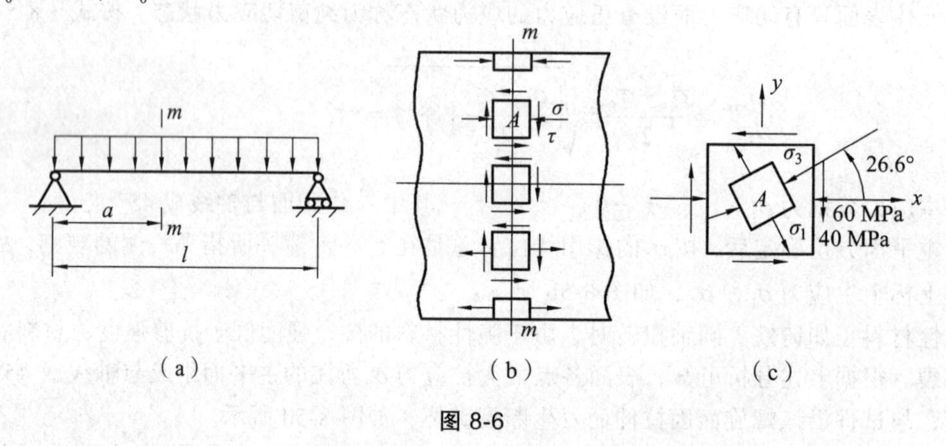

图 8-6

8.2 强度理论简介

8.2.1 强度理论的概念

1. 材料的两种破坏形式

构件的强度，是指构件在载荷作用下抵抗破坏或失效的能力。所谓失效，主要有两种类型：一类是构件受载荷作用时，因应力过大而导致断裂，如脆性材料的拉断或扭断，这种失效称为**断裂失效**；另一类是构件因应力过大出现屈服或出现明显的塑性变形，从而丧失了正常的使用功能，如塑性材料在受拉载荷作用时出现的材料流动屈服现象，这种失效称为**屈服失效或塑性失效**。

2. 建立强度理论的意义

依据材料力学性能实验及基本变形知识所建立起来的强度条件 $\sigma \leqslant [\sigma]$、$\tau \leqslant [\tau]$，是构件受单向应力或纯切应力状态下得到的。其适用的前提是：构件在受载时的应力状态与试验的应力状态相一致。然而，工程中的许多构件在受载时，其危险点经常处于复杂应力状态，即危险点处同时存在正应力和切应力，当需要在这种点处进行强度计算时，是不能将两种应力分开来建立强度条件的，必须考虑两种应力对材料强度的综合影响。并且，由于复杂应力状态下的正应力和切应力可有无数种组合，材料的失效不仅与各个主应力大小有关，还与它们的比值有关，所以，直接用材料试验的方法来建立复杂应力状态下的强度条件，是难以实现的。

长期以来，通过大量的观察、试验、分析与研究发现，尽管材料强度失效现象比较复杂，但失效形式主要有两种类型：一种是**脆性断裂**；另一种是**塑性屈服**。于是设想，对于材料在各种应力状态下的失效现象进行分析与研究时，假设无论是单向应力状态还是复杂应力状态，材料的失效都是由某一因素引起的，从而就可以利用单向应力状态下的试验结果，建立复杂应力状态下的强度条件。这种关于**引起材料失效的原因的假说，**称为**强度理论。**

根据材料强度失效的两种形式，强度理论相应地分为两大类：一类是关于脆性断裂的强度理论；另一类是关于塑性屈服的强度理论。

8.2.2　四种常见强度理论

1. 最大拉应力理论（第一强度理论）

最大拉应力理论认为：最大拉应力是引起材料脆性断裂的主要因素，即不论材料处于何种应力状态，当其最大拉应力 σ_1 达到材料在单向拉伸断裂时的抗拉强度 σ_b 时，材料就发生断裂破坏。所以，材料发生破坏的条件是 $\sigma_1 = \sigma_b$，引入安全系数后，$\sigma_b / n = [\sigma]$，相应的强度条件为

$$\sigma_1 \leqslant \frac{\sigma_b}{n} = [\sigma] \tag{8-10}$$

实践证明，第一强度理论能比较好地解释铸铁等脆性材料的破坏现象，与实验结果比较符合。但它没有考虑另外两个主应力对材料破坏的影响，而且，对于没有拉伸应力的其他情况，如单向或三向受压状时的破坏情况无法解释。因此，这一理论主要适用于铸铁、砖和石料等脆性材料在各种应力状态下发生脆性断裂的情形。

2. 最大拉应变理论（第二强度理论）

最大拉应变理论认为：最大拉应变是材料发生脆性断裂的主要因素，即不论材料处于何种应力状态，只要最大拉应变 ε_1 达到材料在单向拉伸断裂时的最大拉应变值 ε_0 时，材料就会发生断裂破坏。所以，材料破坏的条件是：$\varepsilon_1 = \varepsilon_0$。因为，简单应力状态下线应变的极限值 $\varepsilon_0 = \sigma_b / E$，复杂应力状态下最大伸长线应变 $\varepsilon_1 = [\sigma_1 - \mu(\sigma_2 + \sigma_3)] / E$，则有

$$\sigma_1 - \mu(\sigma_2 + \sigma_3) = \sigma_b$$

引入安全系数，得到最大拉应变理论的强度条件

$$\sigma_1 - \mu(\sigma_2 + \sigma_3) \leqslant \frac{\sigma_b}{n} = [\sigma] \tag{8-11}$$

式中 μ——泊松比。

第二强度理论综合考虑了σ_1、σ_2、σ_3对材料破坏的影响，它能较好地解释石料、混凝土等脆性材料在单向受压时沿纵向发生断裂的现象。但是，这一理论不能解释三向受压应力状态下材料不易破坏这一情形，与许多实验结果不相吻合。

3. 最大切应力理论（第三强度理论）

最大切应力理论认为：最大切应力是引起材料塑性屈服的主要因素，即不论材料处于何种应力状态，只要最大切应力达到材料在单向拉伸屈服时的切应力极限值τ_s，材料就发生屈服破坏，它的破坏条件是$\tau_{max}=\tau_s$。因为$\tau_{max}=(\sigma_1-\sigma_3)/2$，$\tau_s=\sigma_s/2$，所以

$$\sigma_1-\sigma_3=\sigma_s$$

引入安全系数后，其强度条件为

$$\sigma_1-\sigma_3\leqslant\frac{\sigma_s}{n}=[\sigma] \tag{8-12}$$

最大切应力理论能较好地解释塑性材料的屈服现象，但由于它没有考虑中间主应力σ_2的影响，其理论计算偏于安全。

4. 形状改变比能理论（第四强度理论）

构件在外力作用下产生变形，并储存能量于构件内，称为变形能，单位体积内储存的变形能称为比能。比能又分为体积改变比能和形状改变比能。

第四强度理论认为，形状改变比能是引起材料塑性破坏的主要原因，即不论材料处于何种应力状态，只要形状改变比能达到材料在单向拉伸屈服时的极限形状改变比能，材料就发生屈服破坏。

引入安全系数，即可得形状改变比能理论的强度条件：

$$\sqrt{\frac{1}{2}\left[(\sigma_1-\sigma_2)^2+(\sigma_2-\sigma_3)^2+(\sigma_3-\sigma_1)^2\right]}\leqslant\frac{\sigma_s}{n}=[\sigma] \tag{8-13}$$

形状改变比能考虑了三个主应力的影响，所以它比最大切应力理论更加符合试验结果，而且更加节约材料，所以得到广泛应用。

四种强度理论的强度条件可用**相当应力**σ_r表示成统一的形式，即

$$\sigma_{ri}\leqslant[\sigma]\quad(i=1,2,3,4) \tag{8-14}$$

对于不同的强度理论，其所对应的相当应力分别为

$$\sigma_{r1}=\sigma_1$$

$$\sigma_{r2}=\sigma_1-\mu(\sigma_2+\sigma_3)$$

$$\sigma_{r3}=\sigma_1-\sigma_3$$

$$\sigma_{r4}=\sqrt{\frac{1}{2}\left[(\sigma_1-\sigma_2)^2+(\sigma_2-\sigma_3)^2+(\sigma_3-\sigma_1)^2\right]}$$

重要提示：

选用强度理论时要注意的问题：

（1）脆性材料大多发生脆性断裂，宜选用第一或第二强度理论，塑性材料的破坏形式多为塑性屈服，宜选用第三或第四强度理论。

（2）根据第三或第四强度理论可知，材料的强度都与主应力的差值有关。那么，如果材料三向受拉，而 3 个主应力的差值又不随着主应力的增大而增大，则即使是塑性材料，当主应力增大到一定程度时，也将发生脆断。故塑性材料三向受拉时宜选用第一强度理论。

（3）三向受压状态下，正应力对破坏不起直接作用。当切应力达到一定值时，即使脆性材料也会表现出塑性屈服。故脆性材料三向受压时宜选用第三或第四强度理论。

在工程中常有一种二向应力状态如图 8-7 所示，其特点是 $\sigma_y = 0$，所以，这种应力状态的三个主应力分别为

$$\sigma_1 = \frac{\sigma_x}{2} + \sqrt{\left(\frac{\sigma_x}{2}\right)^2 + \tau_x^2}$$
$$\sigma_2 = 0 \qquad (8\text{-}15)$$
$$\sigma_3 = \frac{\sigma_x}{2} - \sqrt{\left(\frac{\sigma_x}{2}\right)^2 + \tau_x^2}$$

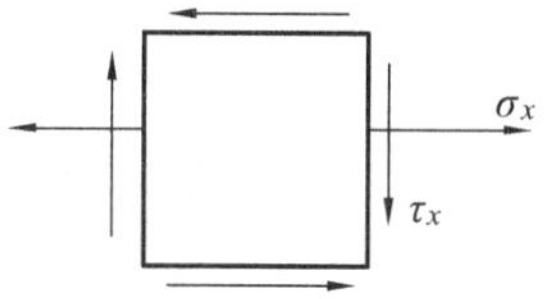

σ_x τ_x

图 8-7

将 σ_1、σ_2、σ_3 分别代入第三和第四强度理论公式的表达式中，可得到如下公式：

第三强度理论的强度条件

$$\sigma_{r3} = \sqrt{\sigma_x^2 + 4\tau_x^2} \leqslant [\sigma] \qquad (8\text{-}16)$$

第四强度理论的强度条件

$$\sigma_{r4} = \sqrt{\sigma_x^2 + 3\tau_x^2} \leqslant [\sigma] \qquad (8\text{-}17)$$

比较第三、四强度理论强度条件发现，在同一个强度问题中应用第三强度理论强度条件比应用第四强度条件强度理论更安全（保守）。

例 8-3　低碳钢构件上危险点处的应力状态如图 8-7 所示，其中 $\sigma_x = 120\ \text{MPa}$，$\tau_x = 45\ \text{MPa}$，材料许用应力 $[\sigma] = 160\ \text{MPa}$，试校核该构件是否安全。

解　低碳钢材料，可选用第三或第四强度理论的强度条件进行校核计算，对应的计算结果分别为

$$\sigma_{r3} = \sqrt{\sigma_x^2 + 4\tau_x^2} = \sqrt{(120\ \text{MPa})^2 + 4\times(45\ \text{MPa})^2} = 150\ \text{MPa} < [\sigma]$$

$$\sigma_{r4} = \sqrt{\sigma_x^2 + 3\tau_x^2} = \sqrt{(120\ \text{MPa})^2 + 3\times(45\ \text{MPa})^2} = 143.1\ \text{MPa} < [\sigma]$$

故此构件的强度能满足安全要求。

8.3　组合变形时的强度计算

前面各章分别讨论了构件的各种基本变形，即构件在拉伸（压缩）、剪切、扭转和弯曲各单一变形情况下的强度计算和刚度计算。但在工程实际中，有些构件的受力情况比较复杂，往往会同时发生两种或两种及以上的基本变形，这种由两种或两种以上的基本变形组合而成的变形形式，称为**组合变形**。如图8-8a所示的烟囱，除因自重引起的轴向压缩外，还有因水平方向风力作用而产生的弯曲变形；图8-8b、c所示的挡土墙和厂房立柱也属于压缩与弯曲的组合变形；图8-9所示为电机轴驱动–皮带轮传动装置，电动机轴产生弯曲和扭转的组合变形。

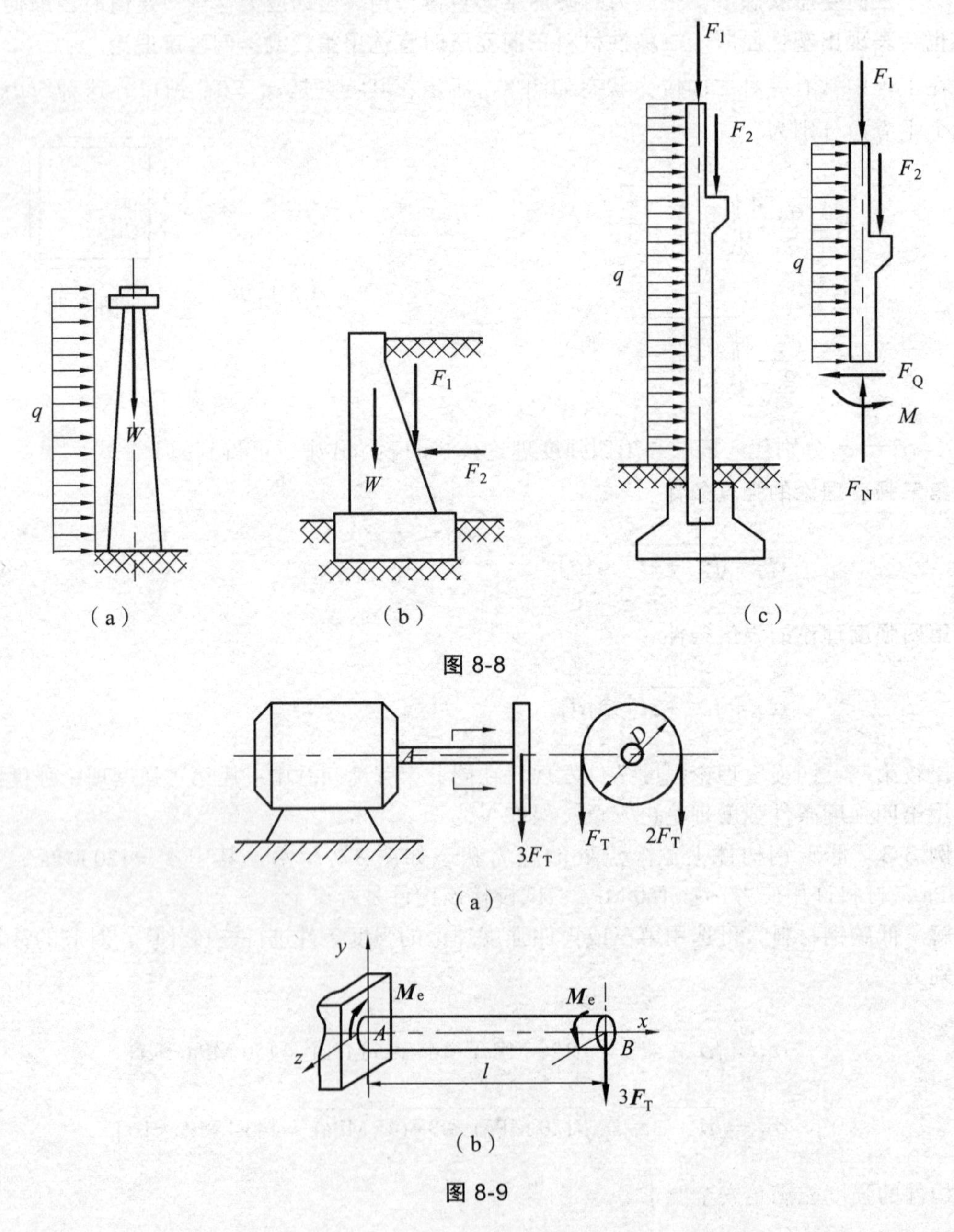

图8-9

构件产生组合变形时的强度计算，常利用叠加原理，即在线弹性范围内小变形条件下，各个基本变形所引起的应力和变形是各自独立、互不影响的。因此，首先将构件上的载荷进行简化或分解，分别计算每组载荷单独作用下产生基本变形时的应力，然后将基本变形的应力叠加，进而得到构件在组合变形时的应力；最后，分析构件危险点处的应力状态，选用相应的强度理论进行强度计算。

下面主要介绍工程中常见的两种组合变形——轴向拉伸（压缩）与弯曲组合变形、弯曲与扭转组合变形的强度计算。

8.3.1　轴向拉伸（压缩）与弯曲组合变形时的强度计算

如图 8-10a 所示一矩形悬臂梁，在自由端受力 $\boldsymbol{F}$ 作用，力 $\boldsymbol{F}$ 位于梁纵向对称平面内，并与梁的轴线成夹角 α 。下面以此为例介绍轴向拉弯组合变形的强度计算方法。

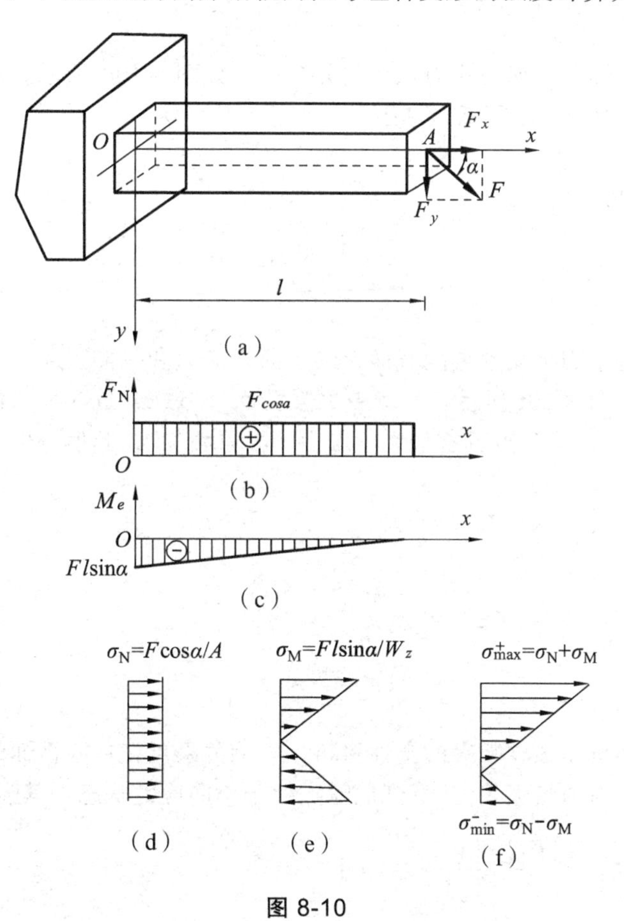

图 8-10

1. 外力分析

将力 $\boldsymbol{F}$ 沿平行轴线方向和垂直轴线方向进行分解，得到分力 $\boldsymbol{F}_x$ 和 $\boldsymbol{F}_y$，其大小分别为

$$F_x = F\cos\alpha$$

$$F_y = F\sin\alpha$$

分力 $\boldsymbol{F}_x$ 使梁产生轴向拉伸变形，分力 $\boldsymbol{F}_y$ 使梁产生平面弯曲，所以，在力 $\boldsymbol{F}$ 作用下，梁将产生拉弯组合变形。

2．内力分析

梁的内力图如图 8-10b、c 所示。因梁各横截面上的轴力相等，均为

$$F_{\mathrm{N}} = F_x = F\cos\alpha$$

梁固定端处的弯矩值最大，其值为

$$M_{\max} = F_y l = Fl\sin\alpha$$

因此，梁的固定端截面 A 为危险截面。

3．应力分析

在危险截面上，轴向拉伸正应力是均匀分布的，如图 8-10d 所示；弯曲正应力则沿截面高度呈线性分布，如图 8-10e 所示。其中

$$\sigma_{\mathrm{N}} = \frac{F_{\mathrm{N}}}{A}$$

$$\sigma_{\mathrm{M}} = \frac{M_{\max}}{W_z}$$

根据叠加原理，可将梁固定端处危险截面上的弯曲正应力和拉伸正应力相叠加，叠加后危险面上的正应力分布如图 8-10f 所示。本例中（假设 $\sigma_{\mathrm{M}} > \sigma_{\mathrm{N}}$），危险面上边缘各点具有最大拉应力（同号叠加），下边缘各点具有最大压应力（异号叠加），其值分别为

$$\sigma_{\max} = \sigma_{\mathrm{N}} + \sigma_{\mathrm{M}} = \frac{F_{\mathrm{N}}}{A} + \frac{M_{\max}}{W_z}$$

$$\sigma_{\min} = \sigma_{\mathrm{N}} - \sigma_{\mathrm{M}} = \frac{F_{\mathrm{N}}}{A} - \frac{M_{\max}}{W_z}$$

4．强度条件

对于抗拉强度和抗压强度相等的塑性材料，本例危险点在危险截面的上边缘处（同号叠加，叠加后正应力绝对值最大），注意到危险点处于单向应力状态，其强度条件为

$$\sigma_{\max} = \frac{|F_{\mathrm{N}}|}{A} + \frac{|M_{\max}|}{W_z} \leqslant [\sigma] \qquad (8\text{-}18)$$

对于抗拉强度与抗压强度不等的脆性材料，本例危险面上边缘各点具有最大拉应力（同号叠加），下边缘各点具有最大压应力（异号叠加），因此上、下边缘各点均为可能的危险点，一般需要分别对可能的危险点进行应力状态分析，选用适合的强度理论，分别进行强度计算。

例 8-4　如图 8-11 所示为简易吊车，其最大起重量为 $G = 15\ \mathrm{kN}$，横梁 AB 采用 16 号工字钢，许用应力 $[\sigma] = 100\ \mathrm{MPa}$。若不计梁自重，试校核梁的强度。

解　（1）外力分析。横梁可简化为简支梁。当吊车沿横梁移动到跨中时，横梁中有最大

弯矩值，且最大弯矩值就在此时的跨中截面处。其受力图如图 8-11b 所示。

将 $\boldsymbol{F}_B$ 沿梁轴线方向和垂直于轴线方向分解为两个分力 $\boldsymbol{F}_{Bx}$ 和 $\boldsymbol{F}_{By}$。力 $\boldsymbol{F}_{Ay}$、$\boldsymbol{G}$ 和 $\boldsymbol{F}_{By}$ 使梁 AB 产生弯曲，而力 $\boldsymbol{F}_{Ax}$ 和 $\boldsymbol{F}_{Bx}$ 使梁 AB 产生轴向压缩。因此，梁 AB 在外力作用下发生轴向压缩和弯曲组合变形。

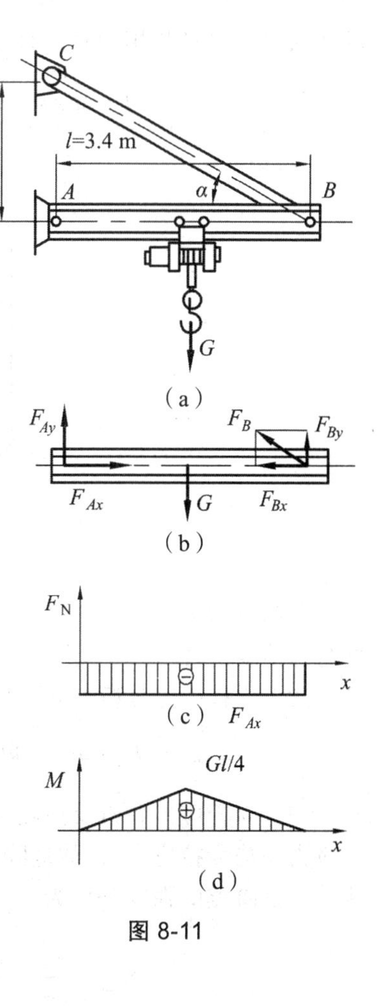

图 8-11

由平衡方程 $\sum M_A(\boldsymbol{F}_i)=0$ 可得到

$$F_B \sin\alpha \times l - G\times l/2 = 0$$

$$F_B = \frac{G}{2\sin\alpha}$$

$$F_{Bx} = F_B\cos\alpha = \frac{G}{2\tan\alpha}$$

$$= \frac{15\ \text{kN}}{2\times 1.5/3.4} = 17\ \text{kN}$$

$$F_{By} = F_B\sin\alpha = \frac{G}{2} = 7.5\ \text{kN}$$

（2）内力分析。绘梁的弯矩图和轴力图分别如图 8-11c、d 所示，梁 AB 跨中截面为危险截面，其上的轴力和弯矩分别为

$$F_{\text{N}} = F_{Bx} = 17\ \text{kN}$$

$$M_{\max} = \frac{Gl}{4} = \frac{15\ \text{kN}\times 3.4\ \text{m}}{4} = 12.75\ \text{kN}\cdot\text{m}$$

（3）应力分析及强度计算。横梁跨中截面（危险面）上，轴力和弯矩在此截面的上边缘引起同号正应力（均为压应力），故危险点在该截面的上边缘处（具有最大压应力），且处于单向应力状态。

对于 16 号工字钢，其 $W_z = 141\ \text{cm}^3 = 141\times10^{-6}\ \text{m}^3$，$A = 26.1\ \text{cm}^2 = 26.1\times10^{-4}\ \text{m}^2$

$$\sigma_{\max} = \frac{F_{\text{N}}}{A} + \frac{M_{\max}}{W_z} = \frac{17\times10^3\ \text{N}}{26.1\times10^{-4}\ \text{m}^2} + \frac{12.75\times10^3\ \text{N}\cdot\text{m}}{141\times10^{-6}\ \text{m}^3}$$

$$= 96.9\times10^6\ \text{Pa} = 96.9\ \text{MPa} \leqslant [\sigma]$$

满足强度要求。

例 8-5　夹具的受力如图 8-12 所示。已知 $F=2\ \text{kN}$，$e=60\ \text{mm}$，$b=10\ \text{mm}$，$h=22\ \text{mm}$，材料的许用应力 $[\sigma]=170\ \text{MPa}$。试校核夹具立杆的强度。

解　外力与立杆轴线平行，但不通过立杆轴线，立杆的这种变形通常为偏心拉伸（或压缩），也是拉伸（压缩）与弯曲的组合变形。

（1）立杆外力分析。由于夹具立杆发生偏心拉伸变形，可将偏心力 $\boldsymbol{F}$ 向立杆轴线简化，

得到轴向力 **F** 和作用面在立杆纵向对称面内的力偶，力偶矩为

$$M_e = Fe = 2\times10^3\ \mathrm{N}\times60\times10^{-3}\ \mathrm{m} = 120\ \mathrm{N\cdot m}$$

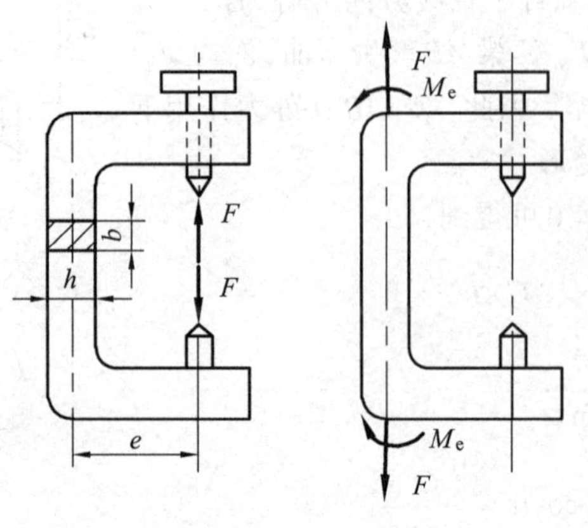

图 8-12

轴向拉力 **F** 使立杆产生轴向拉伸变形，力偶 M_e 使立杆产生平面弯曲变形，故立杆为拉伸与弯曲组合变形。

（2）立杆内力分析。立杆横截面上的轴力 F_N 和弯矩 M 分别为

$$F_N = F = 2\ \mathrm{kN}\ ,\quad M = M_e = 120\ \mathrm{N\cdot m}$$

（3）立杆应力分析及强度计算。立杆横截面上，轴力和弯矩在此截面的右边缘引起同号正应力（均为拉应力），故危险点在该截面的右边缘处（具有最大拉应力），且处于单向应力状态。危险点的强度条件为

$$\sigma_{\max} = \frac{F_N}{A} + \frac{M_{\max}}{W_z} = \frac{2\times10^3\ \mathrm{N}}{0.01\ \mathrm{m}\times0.022\ \mathrm{m}} + \frac{120\ \mathrm{N\cdot m}}{\frac{1}{6}\times0.01\ \mathrm{m}\times(0.022\ \mathrm{m})^2}$$

$$= 157.9\times10^6\ \mathrm{Pa} = 157.9\ \mathrm{MPa} \leqslant [\sigma]$$

故立杆的强度足够。

8.3.2 弯曲与扭转组合变形时的强度计算

工程中的轴类构件，大多发生弯曲和扭转组合变形。现以图 8-13 所示的电动机轴为例，说明圆轴截面在弯曲和扭转组合变形时的应力情况。图中电动机一端装有一带轮，工作时，给电动机轴输入一定的转矩，并通过带轮传递运动给其他设备。

1. 外力分析

如图 8-13b 所示，将电动机轴外伸部分简化为悬臂梁，作用在带轮两侧的拉力分别为紧边拉力 $\boldsymbol{F}_{T2}$ 和松边拉力 $\boldsymbol{F}_T$，$F_{T2} = 2F_T$，又因皮带拉力作用在带轮边缘，需向轴横截面形心简化，故得到一个力 **F** 和矩为 M_e 的力偶，其值分别为

$$F = 3F_T\ ,\qquad M_e = 2F_T\frac{D}{2} - F_T\frac{D}{2} = \frac{1}{2}F_T D$$

力 $\boldsymbol{F}$ 使轴在铅垂平面内发生弯曲变形，力偶 M_e 使圆轴产生扭转变形，所以电动机轴发生弯曲与扭转的组合变形。

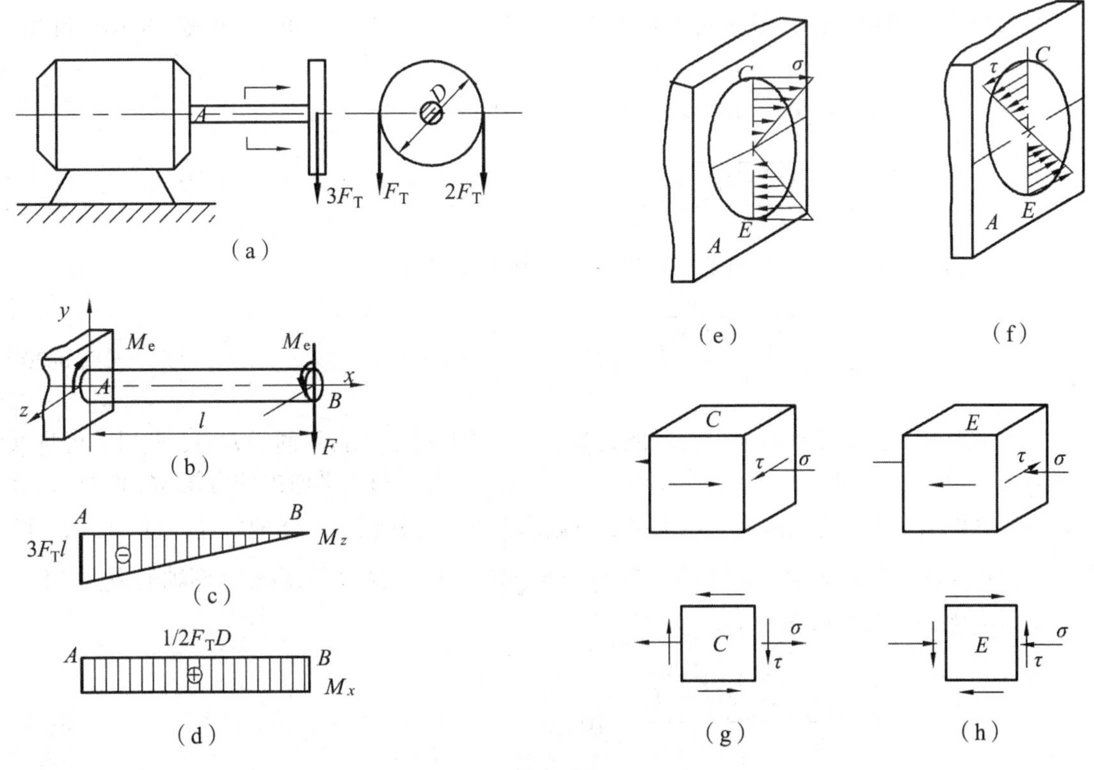

图 8-13

2. 内力分析

圆轴的内力图如图 8-13c、d 所示，由扭矩图可以看出，圆轴各横截面上的扭矩都相同，而从弯矩图中看出，轴上各点弯矩是变化的，在固定端 A 截面上的弯矩值最大，所以横截面 A 为危险截面，其上的弯矩值和扭矩值分别为

$$M_z = Fl = 3F_T l, \qquad M_x = M_e = \frac{1}{2}F_T D$$

3. 应力分析

在危险截面上同时作用着弯矩和扭矩，所以该截面上必然同时存在弯曲正应力和扭转切应力。切应力与危险截面相切，截面外轮廓上各点的切应力最大；弯曲正应力与横截面垂直，截面的上、下两点的弯曲正应力最大。弯曲正应力和切应力分布规律如图 8-14e、f 所示，由图可看出，铅垂直径上、下两端的 C 和 E 点处，为弯矩和扭矩组合变形的危险点，其应力值分别为 $\sigma = \dfrac{M_z}{W_z}$，$\tau = \dfrac{M_x}{W_P}$。

4. 强度条件

在危险截面的 C 或 E 点处，切取一单元体，如图 8-13g、h 所示。可看出 C 点为平面应力状态，其中$\sigma_x=\sigma$，$\sigma_y=0$，$\tau_x=\tau$。由于机械传动中的圆轴一般是用塑性材料制成的，所以C点的强度可采用第三或第四强度理论进行强度计算。

若采用第三强度理论，考虑到圆截面轴$W_z=\dfrac{\pi d^3}{32}$，$W_{\mathrm{P}}=\dfrac{\pi d^3}{16}=2W_z$，由式（8-16）可知

$$\sigma_{\mathrm{r3}}=\sqrt{\sigma_x^2+4\tau_x^2}\leqslant[\sigma]$$

即有
$$\sigma_{\mathrm{r3}}=\frac{\sqrt{M_z^2+M_x^2}}{W_z}\leqslant[\sigma] \tag{8-19}$$

同理，由式（8-17）可得到第四强度理论的强度条件为

$$\sigma_{\mathrm{r4}}=\frac{\sqrt{M_z^2+0.75M_x^2}}{W_z}\leqslant[\sigma] \tag{8-20}$$

一般情况下，轴所受到的横向力可能有若干个，并且可能来自不同的方向，此时，可将这些横向力沿铅垂方向和水平方向进行分解，然后按照铅垂面和水平面内的弯矩M_z和M_y，分别画出其弯矩图，确定危险截面，再求出危险截面上的总弯矩值。对圆轴而言，同一截面上两个作用面相互垂直的弯矩M_z和M_y可以按照$M=\sqrt{M_z^2+M_y^2}$合成，最后建立圆轴的强度条件。

第三强度理论的强度条件为：

$$\sigma_{\mathrm{r3}}=\frac{\sqrt{M_z^2+M_y^2+M_x^2}}{W_z}\leqslant[\sigma] \tag{8-21}$$

第四强度理论的强度条件为

$$\sigma_{\mathrm{r4}}=\frac{\sqrt{M_z^2+M_y^2+0.75M_x^2}}{W_z}\leqslant[\sigma] \tag{8-22}$$

例 8-6 电动机通过联轴器带动一个齿轮轴，如图 8-14a 所示。已知两轴承之间的距离$l=200\ \mathrm{mm}$，齿轮啮合力的切向分力$F_\tau=5\ \mathrm{kN}$，径向分力$F_r=2\ \mathrm{kN}$，齿轮节圆直径$D=200\ \mathrm{mm}$，轴的直径$d=50\ \mathrm{mm}$，材料的许用应力$[\sigma]=55\ \mathrm{MPa}$。试校核此轴的强度。

解 （1）外力分析。将切向力$\boldsymbol{F}_\tau$向轮心平移，绘出轴的受力图，如图 8-14b 所示，得附加力偶矩为

$$M_{\mathrm{e}}=F_\tau\frac{D}{2}=5\ \mathrm{kN}\times\frac{0.2\ \mathrm{m}}{2}=0.5\ \mathrm{kN\cdot m}$$

力$\boldsymbol{F}_r$使轴在铅垂面内产生弯曲变形，平移后的力$\boldsymbol{F}_\tau$使轴在水平面内产生弯曲变形，附加力偶M_{e}使轴产生扭转变形。所以，此轴为弯扭组合变形。

（2）内力分析。画轴的扭矩图，如图 8-14c 所示，扭矩值为

$$M_x=M_{\mathrm{e}}=0.5\ \mathrm{kN\cdot m}$$

画出轴在铅垂平面内的弯矩图，如图 8-14d 所示。最大弯矩发生在C截面，其值为

$$M_{zC}=\frac{F_r l}{4}=\frac{2\ \text{kN}\times 0.2\ \text{m}}{4}=0.1\ \text{kN}\cdot\text{m}$$

画出轴在水平平面内的弯矩图，如图 8-14e 所示。最大弯矩发生在 C 截面，其值为

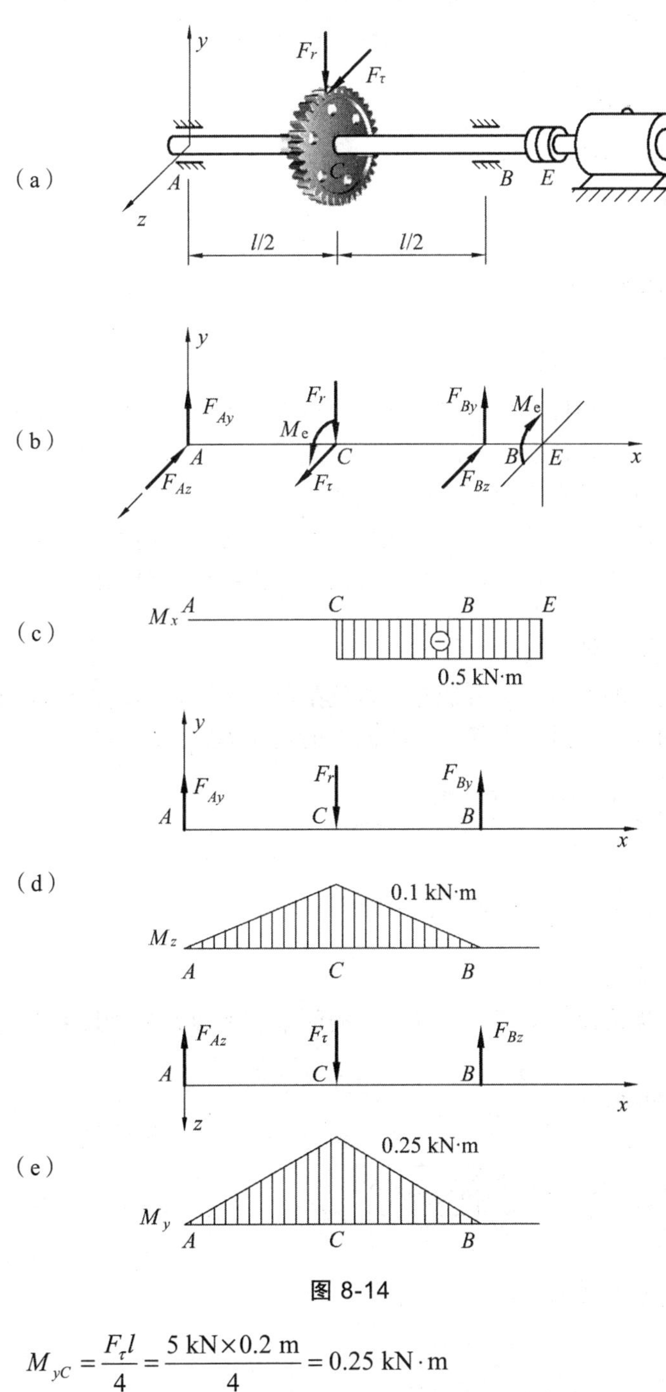

图 8-14

$$M_{yC}=\frac{F_\tau l}{4}=\frac{5\ \text{kN}\times 0.2\ \text{m}}{4}=0.25\ \text{kN}\cdot\text{m}$$

由内力图可见，C 稍右截面为危险截面。

（3）强度校核。按第三强度理论校核轴的强度，由式（8-21）得

$$\sigma_{r3}=\frac{\sqrt{M_z^2+M_y^2+M_x^2}}{W_z}$$

$$=\frac{\sqrt{(0.1\times10^3\ \mathrm{N\cdot m})^2+(0.25\times10^3\ \mathrm{N\cdot m})^2+(0.5\times10^3\ \mathrm{N\cdot m})^2}}{\pi\times(50\times10^{-3}\ \mathrm{m})^3/32}$$

$$=46.3\ \mathrm{MPa}$$

所以 $\sigma_{r3}<[\sigma]=55\ \mathrm{MPa}$

此轴的强度能满足要求。

本章主要内容回顾

1. 点的应力状态及分类

（1）点的应力状态：构件上任一点在不同方位截面上的应力集合称为该点的应力状态。

（2）单元体：围绕一点任意截取的一个边长趋近于零的微小正六面体。一般用应力易求出的横截面和应力易分析的纵截面来截取单元体。

（3）主平面、主应力、主单元体：单元体中切应力等于零的截面称为一点的主平面；主平面上的正应力称为主应力。由三对相互垂直的主平面截取的单元体，称为主单元体。

2. 平面应力状态分析

（1）任意斜截面上的应力：应力状态分析就是研究过一点不同方位截面上的应力随截面方位的变化而变化的规律。过一点任意斜截面上的正应力 σ_α 和切应力 τ_α：

$$\sigma_\alpha=\frac{\sigma_x+\sigma_y}{2}+\frac{\sigma_x-\sigma_y}{2}\cos2\alpha-\tau_x\sin2\alpha$$

$$\tau_\alpha=\frac{\sigma_x-\sigma_y}{2}\sin2\alpha+\tau_x\cos2\alpha$$

（2）主平面及主应力的确定。

主平面是正应力极值面，即切应力等于零的面。主平面方位及其上正应力分别为

$$\tan2\alpha_0=-\frac{2\tau_x}{\sigma_x-\sigma_y}$$

$$\left.\begin{matrix}\sigma_{\max}\\ \sigma_{\min}\end{matrix}\right\}=\frac{\sigma_x+\sigma_y}{2}\pm\sqrt{\left(\frac{\sigma_x-\sigma_y}{2}\right)^2+\tau_x^2}$$

（3）最大切应力及方位的确定。

$$\left.\begin{matrix}\tau_{\max}\\ \tau_{\min}\end{matrix}\right\}=\pm\sqrt{\left(\frac{\sigma_x-\sigma_y}{2}\right)^2+\tau_x^2}$$

它们分别作用在相互垂直的两个平面上，且与主平面成45°夹角。

3. 强度理论

强度理论是关于材料失效原因的假说。材料失效有两种形式，一为屈服失效，一为脆性断裂。工程中四种常用强度理论的强度条件可统一表示为 $\sigma_{\mathrm{r}i} \leqslant [\sigma]$，其中

$$\sigma_{\mathrm{r1}} = \sigma_1$$
$$\sigma_{\mathrm{r2}} = \sigma_1 - \mu(\sigma_2 + \sigma_3)$$
$$\sigma_{\mathrm{r3}} = \sigma_1 - \sigma_3$$
$$\sigma_{\mathrm{r4}} = \sqrt{\frac{1}{2}\left[(\sigma_1 - \sigma_2)^2 + (\sigma_2 - \sigma_3)^2 + (\sigma_3 - \sigma_1)^2\right]}$$

通常第一、第二强度理论适用于脆性材料，第三、第四强度理论适用于塑性材料。至于应用哪一种强度理论更符合工程实际，还要根据构件的具体受力情况来决定。

4. 组合变形的强度计算

构件同时产生两种或两种以上的基本变形，称为组合变形。组合变形的强度计算有四个步骤：外力分析、内力分析、应力分析和强度计算。

（1）拉（压）弯组合变形的强度计算条件。

$$\sigma_{\max} = \frac{|F_{\mathrm{N}}|}{A} + \frac{|M_{\max}|}{W_z} \leqslant [\sigma]$$

（2）弯扭组合变形的强度计算条件。

第三强度理论的强度条件为

$$\sigma_{\mathrm{r3}} = \frac{\sqrt{M_z^2 + M_y^2 + M_x^2}}{W_z} \leqslant [\sigma]$$

第四强度理论的强度条件为

$$\sigma_{\mathrm{r4}} = \frac{\sqrt{M_z^2 + M_y^2 + 0.75M_x^2}}{W_z} \leqslant [\sigma]$$

练习题

8-1　何谓一点处的应力状态？为什么要研究点的应力状态？

8-2　何谓单元体？如何取单元体？

8-3　点的应力状态有几种？试举例说明。

8-4　何谓主应力与主平面？通过受力构件内的任一点有几个主平面？主应力与正应力有何区别？

8-5　单元体上最大正应力的作用面上有无切应力？最大切应力作用面上有无正应力？

8-6　常见的材料的失效形式有哪些？低碳钢和铸铁的拉伸破坏及扭转破坏在破坏形式上有何不同？

8-7　何谓强度理论？常用的强度理论有哪几种？各适用什么情况？

8-8　如题 8-8 图所示各单元体的应力状态（应力单位为 MPa），试求 *a* 截面的正应力和切应力。

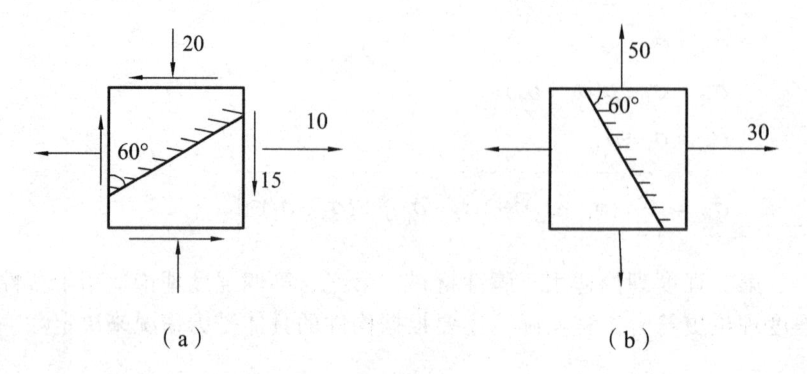

题 8-8 图

8-9　如题 8-9 图所示各单元体的应力状态（应力单位为 MPa），试计算主应力，并分别求第三、第四强度理论的相当应力。

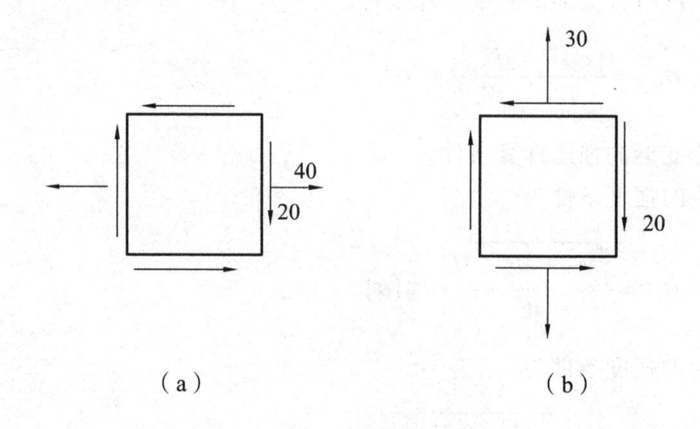

题 8-9 图

8-10　已知单元体的应力状态如题 8-10 图所示。试求：（1）主应力的大小及方位；（2）在图中绘出主单元体；3）最大切应力（应力单位为 MPa）。

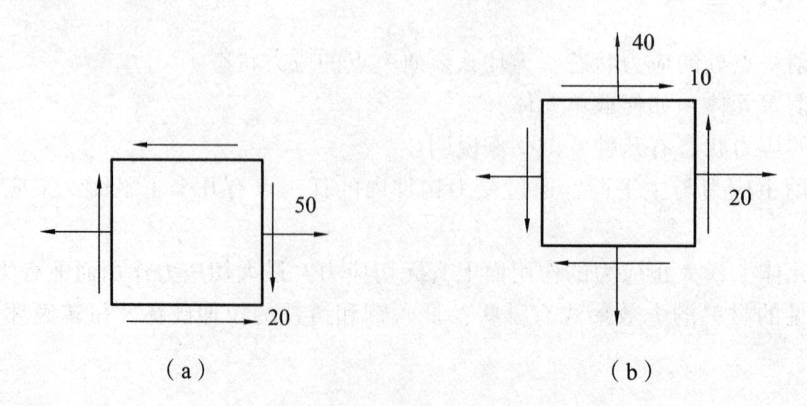

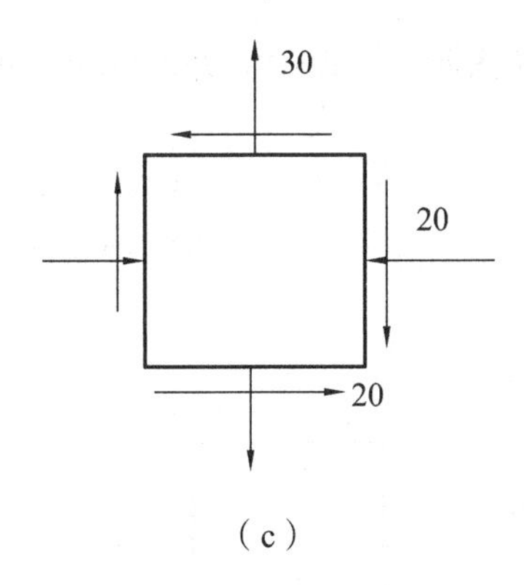

（c）

题 8-10 图

8-11　单元体各方向应力（应力单位为 MPa）如题 8-11 图，求主应力、最大切应力和最大正应力。

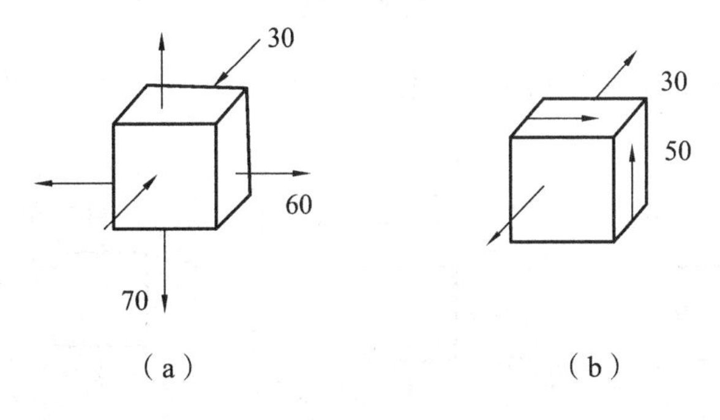

（a）　　　　　　（b）

题 8-11 图

8-12　试分析题 8-12 图中所示 4 个应力状态是否等价，有下列 4 种答案，哪个是正确的？（　　）

A. 四个均等价　　　　　　　　B. 仅（a）和（b）等价

C. 仅（b）和（c）等价　　　　D. 仅（a）和（c）等价

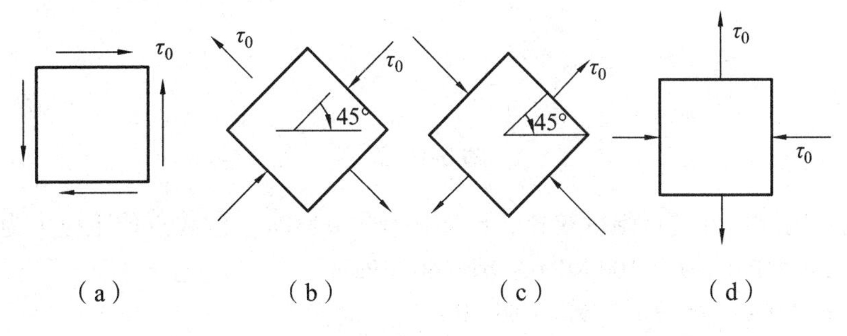

（a）　　（b）　　（c）　　（d）

题 8-12 图

8-13　对于 8-12 题中的四个应力状态，有如下论述，正确的是哪一种？（　　）

A. 其主应力和主方位都相同　　　　B. 其主方位都相同，主应力不相同

C. 其主应力、主方位都不相同　　　D. 其主应力相同，主方位不同

8-14　单元体受力如题 8-14 图所示，图中应力单位为 MPa。试根据不为零主应力数目，判断它是（　　）。

A. 二向应力状态　　　　B. 单向应力状态

C. 三向应力状态　　　　D. 纯切应力状态

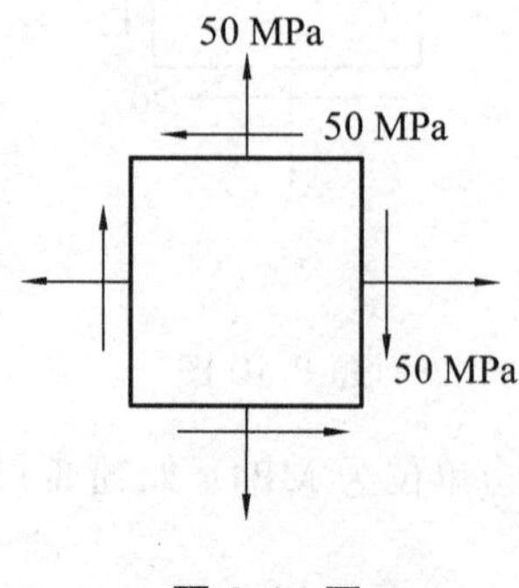

题 8-14 图

8-15　试标出如题 8-15 图中所示单元体的主应力 σ_1、σ_2、σ_3，并指出各属于何种应力状态。

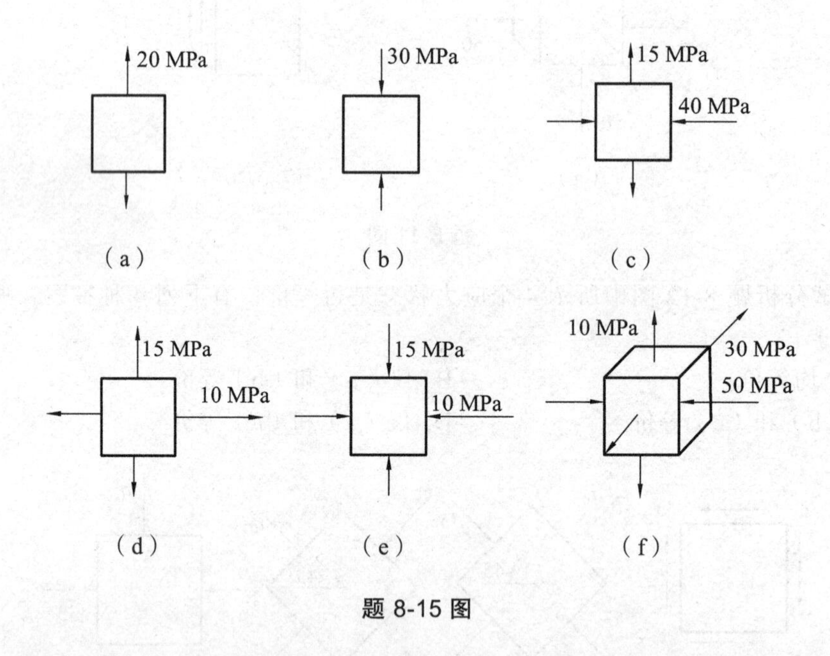

题 8-15 图

8-16　试对钢制构件进行强度校核，已知 $[\sigma]=120$ MPa，危险点的主应力为：

（1）$\sigma_1=140$ MPa，$\sigma_2=100$ MPa，$\sigma_3=40$ MPa；

（2）$\sigma_1=60$ MPa，$\sigma_2=0$，$\sigma_3=-50$ MPa。

8-17　一钢制构件危险点处的应力状态如题 8-17 图所示，其中 $\sigma=115$ MPa，$\tau=45$ MPa，材料许用应力 $[\sigma]=160$ MPa。试校核此构件是否安全。

8-18　一钢制圆轴受力如题 8-18 图所示。已知轴的直径 $d=20$ mm，$[\sigma]=140$ MPa，试用第三、第四强度理论校核该轴的强度。

8-19　如题 8-19 图所示为一直角曲拐，一端固定，已知 $l = 200\ \mathrm{mm}$，$a = 150\ \mathrm{mm}$，直径 $d = 50\ \mathrm{mm}$，材料许用应力 $[\sigma] = 130\ \mathrm{MPa}$。试按最大切应力理论确定曲拐的许可载荷 $[F_P]$。

8-20　手摇绞车如题 8-20 图所示。轴的直径 $d = 35\ \mathrm{mm}$，材料的许用应力 $[\sigma] = 100\ \mathrm{MPa}$，载荷 $F_P = 1000\ \mathrm{N}$。试按最大切应力理论校核轴的强度。

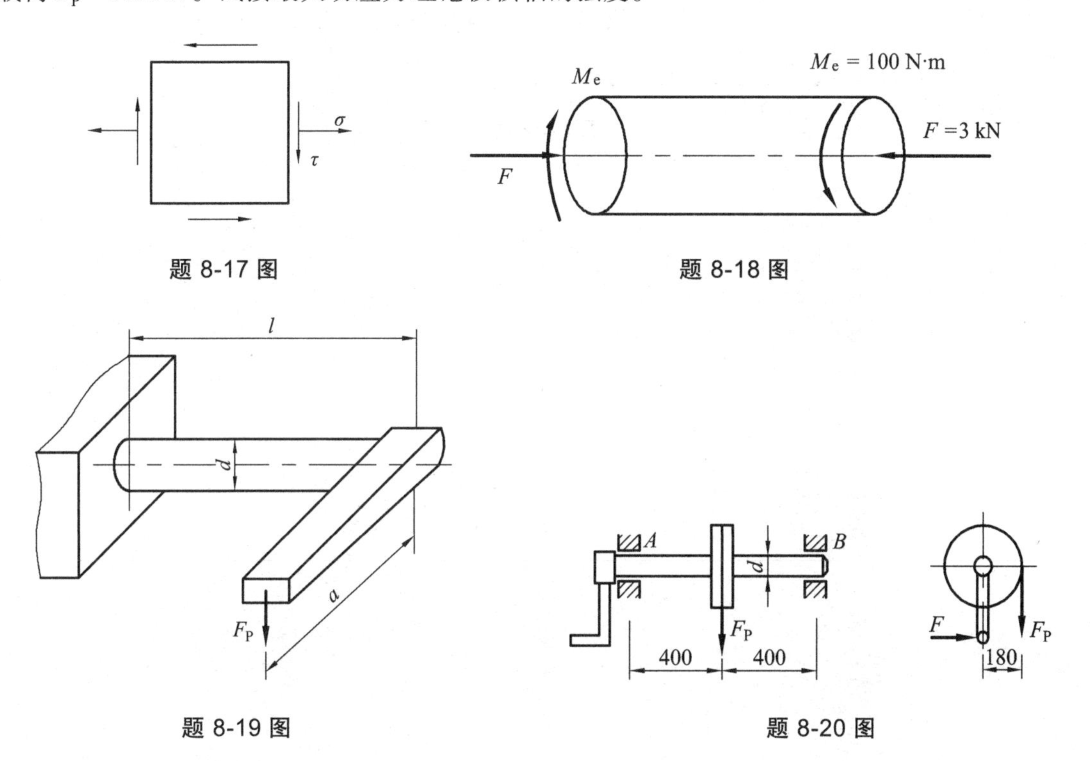

题 8-17 图　　题 8-18 图

题 8-19 图　　题 8-20 图

8-21　如题 8-21 图所示圆片铣刀的切削力 $F_\tau = 2\ \mathrm{kN}$，径向力 $F_r = 0.8\ \mathrm{kN}$，铣刀轴的许用应力 $[\sigma] = 120\ \mathrm{MPa}$。试按的第三强度理论设计铣刀轴的直径 d。

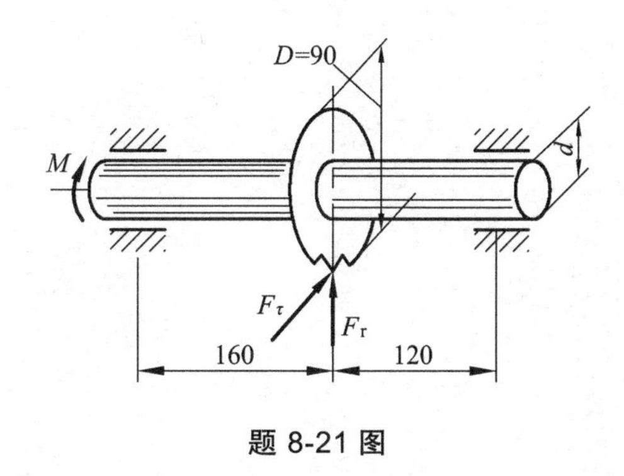

题 8-21 图

8-22　如题 8-22 图所示为一传动轴，其轴径 $d = 50\ \mathrm{mm}$，轴上的 C、D 轮直径分别为 $d_C = 150\ \mathrm{mm}$，$d_D = 300\ \mathrm{mm}$，作用于 C 轮的圆周力 $F_C = 12\ \mathrm{kN}$，轴材料的许用应力 $[\sigma] = 120\ \mathrm{MPa}$。试按第四强度理论校核传动轴的强度。

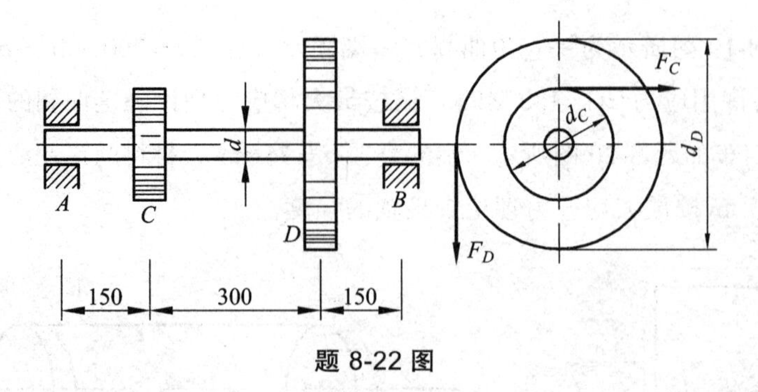

题 8-22 图

第9章　压杆稳定

【本章概述】

我们在前面讨论的受压构件，引起破坏的原因是强度不足，但是实际经验告诉我们，这仅仅对短粗的压杆才是正确的，细长的压杆却表现出性质完全不同的破坏现象。本章阐述了压杆的稳定性、压杆临界力、临界应力、压杆稳定性的计算及提高压杆稳的措施。

【知识目标】

（1）理解压杆稳定、柔度的概念。

（2）掌握压杆临界力及临界应力的应用计算。

（3）掌握压杆稳定性的计算。

【技能目标】

（1）学会对压杆的稳定性进行分析。

（2）学会计算压杆的临界应力以及对压杆进行稳定性计算。

（3）掌握压杆稳定性在生产实际中的应用。

（4）掌握提高压杆稳定性改进措施。

【工程案例导入】

如图9-1所示，工程中大量采用钢结构桁架，很多细长杆件都要受到轴向压缩，当轴向压力远小于杆件的强度极限时，钢结构就可能发生如图9-2所示的失稳破坏。因此，工程实际中要对受压的杆件进行稳定性分析，以确定受压杆件的高度、杆件的型材及其钢结构承受的安全压力。如何选择压杆的临界压力的确定方法、压杆的稳定计算和提高压杆的承载能力的措施，将是本章要讨论的主要问题。

（a）

（b）

图 9-1

图 9-2

9.1 压杆稳定的概念

工程中把承受轴向压力的直杆称为压杆。如图 9-3 所示，取一长为 1 m、横截面尺寸为 30 mm×5 mm 的细长木直杆，材料抗压强度极限 $\sigma_b = 40\ \text{MPa}$，按强度计算的极限承载压力为

$F=\sigma_b A=40\times10^6\times0.03\times0.005=6\,000\ \mathrm{N}$。现沿杆轴线两端施加压力，当载荷加到 30 N 时，杆就会突然弯曲而丧失工作能力，此时细长压杆所承受的轴向压力远小于其极限压力。此例说明细长杆的这种失效形式并非强度不够，而是**由于压杆轴线不能维持原有的直线形状平衡，丧失了稳定性**，这种现象简称为**失稳**。压杆失稳是不同于强度破坏的又一种失效形式，对于细长压杆必须给予足够的重视。为确保细长压杆能正常工作，最重要的承载能力计算便是压杆的稳定性计算。

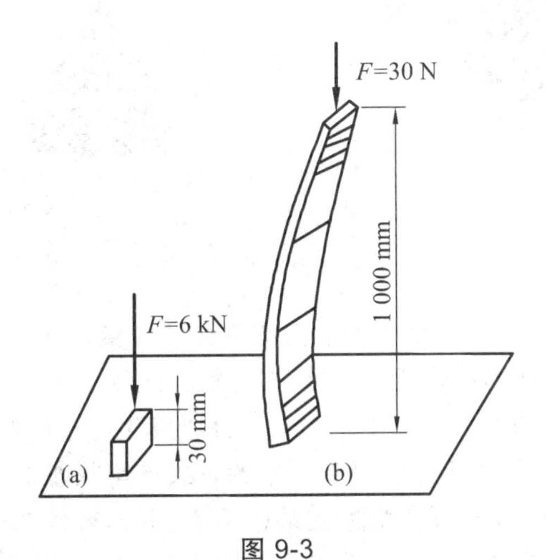

图 9-3

压杆的失稳是突然发生的，因而其后果十分严重，工程中曾多次发生过因为压杆失稳而酿造成的重大事故，如图 9-2、图 9-4 所示。人们对压杆的认识是在实践中不断深化，并在各种事故中寻求和探索它的规律，逐渐认识到压杆的稳定性在保证设备正常使用中的重要作用。在机械工程中，有许多较细长的受压杆，如图 9-5 内燃机中的连杆、活塞杆、起重机的吊臂等，都需要考虑稳定性问题。

图 9-4

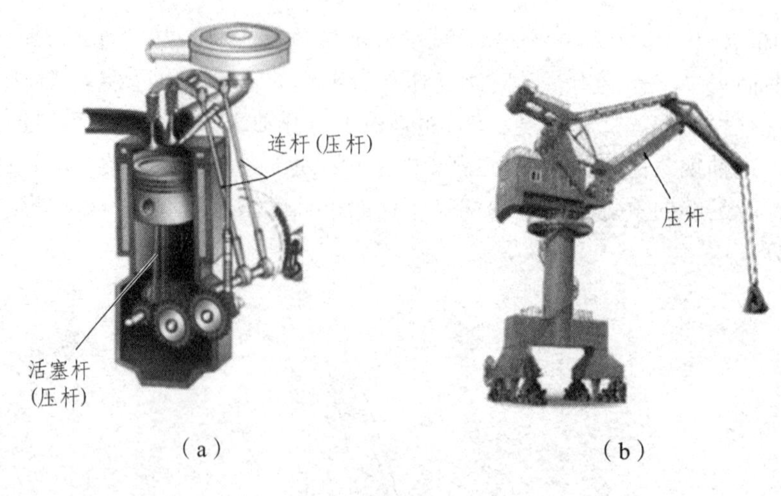

图 9-5

杆件在其原有几何形状下保持平衡的能力称为杆件的稳定性。为研究细长压杆的失稳过程，以图 9-6 所示的细长压杆为例说明。在杆端施加轴向压力 $\boldsymbol{F}$，当 $\boldsymbol{F}$ 较小时，杆件处于直线平衡形式（图 9-6a），若施加一横向干扰力，杆件将发生微小的弯曲变形（图 9-6b），撤掉干扰力，杆件经过几次摆动后，仍能恢复到原来的直线平衡状态（图 9-6c）,这表明此时杆件处于稳定性平衡状态。当压力 $\boldsymbol{F}$ 逐渐增大到某一值 $\boldsymbol{F}_{cr}$ 时，杆件在横向干扰力作用下发生弯曲，撤去横向干扰力后，杆件不能恢复到原来的直线平衡状态，而是处于微弯的平衡状态（图 9-6d），该平衡状态是非稳定的。若压力继续增加，杆件便发生突然显著的弯曲变形而丧失工作能力——稳定性破坏（图 9-6e）。

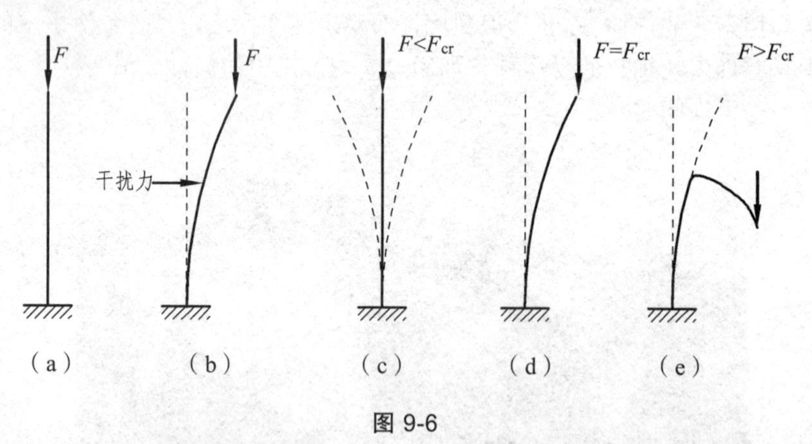

图 9-6

压杆由稳定性平衡过渡到非稳定性平衡状态称为临界状态，与临界状态对应的轴向压力 $\boldsymbol{F}$ 称为**临界压力或临界载荷**，用 $\boldsymbol{F}_{cr}$ 表示。上述分析表明：

当 $F<F_{cr}$ 时，压杆处于稳定平衡状态；

当 $F=F_{cr}$ 时，压杆处于临界平衡状态；

当 $F>F_{cr}$ 时，压杆将发生失稳破坏。

不难看出，压杆能否保持稳定与压力 $\boldsymbol{F}$ 的大小密切相关，临界力 $\boldsymbol{F}_{cr}$ 愈大，压杆愈不宜失稳。因此，解决压杆稳定性的关键是确定临界力 $\boldsymbol{F}_{cr}$ 的大小。

9.2　压杆稳定的临界力和临界应力

9.2.1　压杆的临界力

临界力 $\boldsymbol{F}_{cr}$ 是判断压杆是否稳定的依据。当作用在压杆上的压力 $F=F_{cr}$ 时，压杆受到干扰力作用后将处于微弯临界平衡状态，细长杆的临界力 $\boldsymbol{F}_{cr}$ 是压杆发生弯曲而失稳的最小压力值。当杆内应力不超过材料的比例极限 σ_p 时，临界力的大小与压杆的抗弯刚度成正比，与压杆长度的平方成反比，并与压杆两端的支承情况有关。各种不同约束情况下的临界力公式，可用统一形式表示，称为计算临界力的欧拉公式：

$$F_{cr}=\frac{\pi^2 EI}{(\mu l)^2} \tag{9-1}$$

式中　E——材料的弹性模量；

I——压杆横截面对中性轴的惯性矩（mm^4）；

μ——与杆件横截面两端支承情况有关的长度系数，其值见表 9-1；

l——杆件的长度；

μl——计算长度。

几种理想杆端约束情况下的长度系数见表 9-1。

表 9-1　不同约束情况下的长度系数 μ

杆端约束情况	两端铰支	一端固定 一端自由	两端固定	一端固定 一端铰链
挠度曲线形状	F_{cr}, l	F_{cr}, l, $2l$	F_{cr}, $l/4$, $l/2$, $l/4$, l	F_{cr}, $0.7l$, l
μ	1	2	0.5	0.7

9.2.2　压杆的临界应力

压杆在临界力作用下横截面上的压应力，称为临界应力，以 σ_{cr} 表示。

$$\sigma_{cr}=\frac{F_{cr}}{A}=\frac{\pi^2 E}{(\mu l)^2}\times\frac{I}{A}$$

式中，I 和 A 均与压杆横截面形状和尺寸有关。

设　$$i^2=\frac{I}{A}\quad 或\quad i=\sqrt{\frac{I}{A}}$$

几何量 i 称为截面的惯性半径，代入上式，得

$$\sigma_{\mathrm{cr}}=\frac{F_{\mathrm{cr}}}{A}=\frac{\pi^2 E}{(\mu l)^2}\times i^2=\frac{\pi^2 E}{(\mu l/i)^2} \tag{9-2}$$

令 $\lambda=\dfrac{\mu l}{i}$，则得到临界应力的欧拉公式：

$$\sigma_{\mathrm{cr}}=\frac{\pi^2 E}{\lambda^2} \tag{9-3}$$

式中　λ——压杆的柔度或长细比，是一个无量纲的量。

（9-3）式表明：σ_{cr} 与 λ^2 成反比，λ 愈大，压杆愈细长，其临界应力 σ_{cr} 愈小，压杆愈容易失稳。反之，λ 愈小，压杆愈粗短，其临界应力 σ_{cr} 愈大，压杆愈不易失稳。**λ 综合反映了压杆的长度、截面形状和尺寸以及压杆两端的支承情况等因素对临界应力的影响**。因此，柔度是压杆稳定性计算中的一个重要参数。

例 9-1　如图 9-7a 所示为一端固定，一端自由的自重吊架，用 22a 工字钢制成,压杆长度 $l=4\ \mathrm{m}$，弹性模量 $E=210\ \mathrm{GPa}$，试用欧拉公式求此压杆的临界力。

解　此图可简化为细长压杆，如图 9-7b 所示，压杆一端固定，一端自由，$\mu=2$。由型钢表（附录）可查得 22a 工字钢：$I_z=3\,400\ \mathrm{cm}^4$，$I_y=225\ \mathrm{cm}^4$。故压杆的临界力为

$$F_{\mathrm{cr}}=\frac{\pi^2 EI_{\min}}{(\mu l)^2}=\frac{\pi^2 EI_y}{(\mu l)^2}=\frac{\pi^2\times 210\times 10^9\ \mathrm{Pa}\times 225\times 10^{-8}\ \mathrm{m}^4}{(2\times 4\ \mathrm{m})^2}$$

$$=72.9\times 10^3\ \mathrm{N}=72.9\ \mathrm{kN}$$

讨论：当压杆在各弯曲平面内具有相同的杆端约束时，用工字钢作压杆是否合理？

（a）　　　　（b）

图 9-7

9.2.3　欧拉公式的适用范围

由于欧拉公式是在材料服从于胡克定律的条件下推导得出的，所以，只有当杆内临界应力不超过材料的比例极限 σ_p 时，欧拉公式才能适用，即

$$\sigma_{cr} = \frac{\pi^2 E}{\lambda^2} \leqslant \sigma_p$$

由此可导出对应于比例极限时的柔度 λ_p 为

$$\lambda_p = \sqrt{\frac{\pi^2 E}{\sigma_p}} \tag{9-4}$$

则有欧拉公式的适用范围为

$$\lambda \geqslant \lambda_p$$

将 $\lambda \geqslant \lambda_p$ 的压杆称为**细长杆或大柔度杆**。欧拉公式只适用于细长杆。

λ_p 的数值取决于材料的弹性模量及比例极限 σ_p。各种材料的 E 和 σ_p 不同，其 λ_p 值也是不同的。例如，Q235 钢的 $E = 206\ \text{GPa}$、$\sigma_p = 200\ \text{MPa}$，代入公式（9-4）得

$$\lambda_p = \sqrt{\frac{\pi^2 \times 206 \times 10^3}{200}} \approx 100$$

即，对于 Q235 钢制成的压杆，当实际柔度 $\lambda \geqslant 100$ 时，才能用欧拉公式计算其临界压力。几种常见材料的 λ_p 值见表 9-2。

表 9-2　材料的 a、b 和 λ_p、λ_s 值

材　料	a/MPa	b/MPa	λ_p	λ_s
Q235、10、25 钢	304	1.12	100	61
35 钢	461	2.568	100	60
45、55 钢	578	3.744	100	60
铸　铁	332	1.454	100	
木　材	28.7	0.194	59	

9.2.4　临界应力的经验公式

工程中的压杆柔度往往小于 λ_p，即压杆的工作应力超过材料的比例极限而小于材料的屈服极限，此时仍会发生失稳现象，但欧拉公式已不适用。对于这类压杆的临界应力计算，工程中一般采用以实验结果为依据的经验公式，即

$$\sigma_{cr} = a - b\lambda \tag{9-5}$$

式中，a、b 与材料性质有关的常数（见表 9-2），单位为 MPa。

当压杆的临界应力达到屈服极限时，压杆便由稳定问题转化为强度问题发生强度破坏，即

$$\sigma_{\mathrm{cr}} = a - b\lambda = \sigma_{\mathrm{s}}, \qquad \lambda \leqslant \lambda_{\mathrm{s}} = \frac{a - \sigma_{\mathrm{s}}}{b}$$

的压杆只发生压缩强度破坏。λ_{s} 称为屈服极限柔度，对于常用的钢材其 λ_{s} 为 60 ~ 61。

根据以上分析，可将各类杆的临界应力计算公式归纳如下：

（1）当 $\lambda \geqslant \lambda_{\mathrm{p}}$ 时，压杆是细长杆，采用欧拉公式。

$$\sigma_{\mathrm{cr}} = \frac{\pi^2 E}{\lambda^2}$$

（2）当 $\lambda_{\mathrm{s}} < \lambda < \lambda_{\mathrm{p}}$ 时，压杆是中长杆，采用经验公式。

$$\sigma_{\mathrm{cr}} = a - b\lambda$$

（3）当 $\lambda \leqslant \lambda_{\mathrm{s}}$ 时，压杆是粗短杆，只发生压缩强度破坏，采用压缩强度公式。

$$\sigma_{\mathrm{cr}} = \sigma_{\mathrm{s}} \quad（塑性材料）$$

$$\sigma_{\mathrm{cr}} = \sigma_{\mathrm{b}} \quad（脆性材料）$$

若以柔度 λ 为横坐标，以临界应力 σ_{cr} 为纵坐标，绘制临界应力与柔度之间的关系曲线，即为临界应力总图，如图 9-8 所示。该图表示了临界应力随柔度 λ 的变化规律。

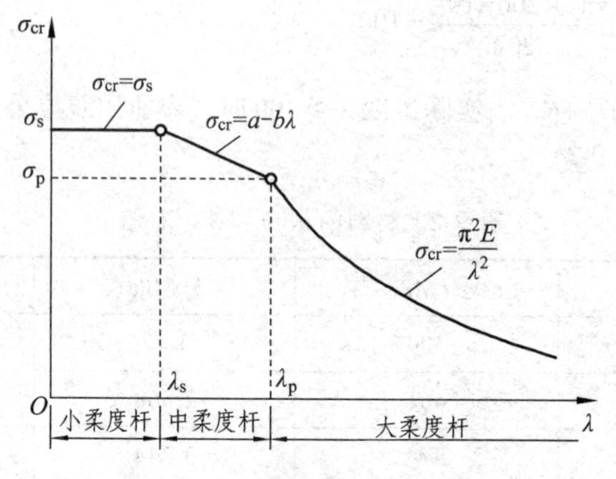

图 9-8

例 9-2 用Q235钢制成桁架结构，如图 9-9 所示。1、2、3 压杆的两端均为铰接，横截面直径为 $d = 50\,\mathrm{mm}$，长度分别为 $l_1 = 2\ \mathrm{m}$、$l_2 = 1\ \mathrm{m}$、$l_3 = 0.5\ \mathrm{m}$。试求三根压杆的临界压力。

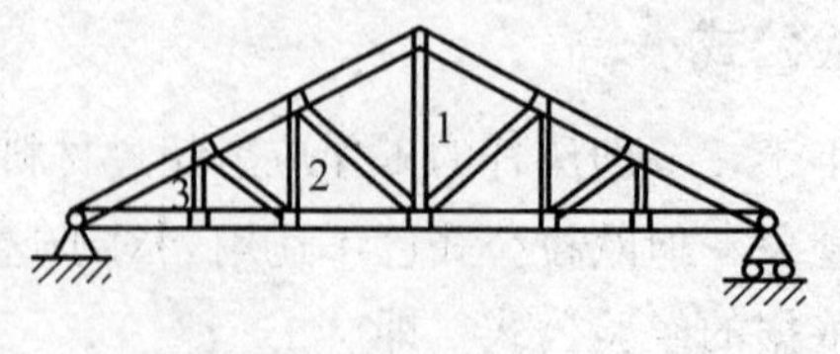

图 9-9

解 （1）计算柔度，确定压杆的临界应力公式。

三根压杆的截面直径相同，$I_z = \dfrac{\pi d^4}{64}$，$A = \dfrac{\pi d^2}{4}$，则其横截面的惯性半径均为 $i = \sqrt{\dfrac{I_z}{A}} = \dfrac{d}{4}$，

代入柔度计算公式得

$$\lambda_1=\frac{\mu l_1}{i}=\frac{\mu l_1}{d/4}=\frac{1\times2\,000\ \text{mm}\times4}{50\ \text{mm}}=160$$

$\lambda_1 \geqslant \lambda_p = 100$，杆 1 为细长杆，用欧拉公式计算临界应力。

$$\lambda_2=\frac{\mu l_2}{i}=\frac{\mu l_2}{d/4}=\frac{1\times1000\ \text{mm}\times4}{50\ \text{mm}}=80$$

$\lambda_s = 60 < \lambda_2 < \lambda_p = 100$，杆 2 为中长杆，用经验公式计算临界应力。

$$\lambda_3=\frac{\mu l_3}{i}=\frac{\mu l_3}{d/4}=\frac{1\times500\ \text{mm}\times4}{50\ \text{mm}}=40$$

$\lambda_3 < \lambda_s = 60$，杆 3 为粗短杆，其屈服点为临界应力。

（2）计算各杆的临界压力。

$$F_1 = A\cdot\sigma_{cr1} = A\times\frac{\pi^2 E}{\lambda_1^2}=\frac{\pi d^2}{4}\times\frac{\pi^2 E}{\lambda_1^2}$$

$$=\frac{\pi^3\times(50\times10^{-3}\ \text{m})^2\times206\times10^9\ \text{Pa}}{4\times160^2}=156\times10^3\ \text{N}=156\ \text{kN}$$

$$F_2 = A(a-b\lambda_2)=\frac{\pi d^2}{4}(a-b\lambda_2)$$

$$=\frac{\pi\times(50\times10^{-3}\ \text{m})^2}{4}\times(304-1.12\times80)\times10^6\ \text{Pa}=421\times10^3\ \text{N}=421\ \text{kN}$$

$$F_3 = A\cdot\sigma_s=\frac{\pi\times(50\times10^{-3}\ \text{m})^2}{4}\times235\times10^6\ \text{Pa}$$

$$=461\times10^3\ \text{N}=461\ \text{kN}$$

9.3　压杆的稳定性计算

为保证压杆具有足够的稳定性，不仅要使压杆上的工作压力小于临界力或工作应力小于临界应力，而且还应有一定的稳定性储备，即

$$F\leqslant\frac{F_{cr}}{[n]_w}\quad 或\quad \sigma\leqslant\frac{\sigma_{cr}}{[n]_w}\tag{9-6}$$

式中　F——压杆工作时的轴向压力；

F_{cr}——压杆的临界力；

$[n]_w$——规定的稳定安全系数。

由于压杆的稳定安全系数的确定与很多因素有关，故压杆稳定性计算一般采用安全系数法。若令 $n_w=\dfrac{F_{cr}}{F}=\dfrac{\sigma_{cr}}{\sigma}$ 为压杆的安全系数，则式（9-6）可表示为

$$n_w = \frac{F_{cr}}{F} \geqslant [n]_w \quad 或 \quad n_w = \frac{\sigma_{cr}}{\sigma} \geqslant [n]_w \tag{9-7}$$

式（9-7）为用安全系数法表示的压杆的稳定条件。

由于压杆失稳大都突然发生，且危害较大，故规定的稳定安全系数要比强度安全系数大。一般情况下，可采用如下数值：钢材 $[n]_w = 1.8 \sim 3.0$，铸铁 $[n]_w = 4.5 \sim 5.5$，木材 $[n]_w = 2.5 \sim 3.5$。

例 9-3　千斤顶如图 9-10 所示。已知丝杆长 $l = 48.5$ cm，$h = 10$ cm，丝杆内径 $d = 4$ cm，材料为 A3 钢，最大起重量要求为 $F = 70$ kN，规定稳定安全系数 $[n]_w = 3$。试校核丝杆的稳定性。

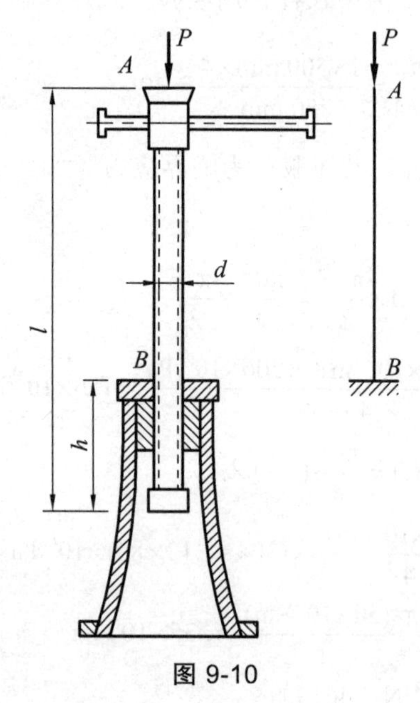

图 9-10

解　丝杆的工作长度为 $l - h = 48.5 - 1.0 = 38.5$ cm。

丝杆可看作 A 端为自由、B 端为固定，故 $\mu = 2$。

$$i = \frac{d}{4} = \frac{40}{4} = 10 \text{ mm}$$

$$A = \frac{\pi d^2}{4} = \frac{\pi \times 40^2}{4} = 1257 \text{ mm}^2$$

$$\lambda = \frac{\mu l}{i} = \frac{2 \times 385}{10} = 77$$

$61 = \lambda_s < \lambda < \lambda_p = 100$，该丝杆为中长杆。

$$F_{cr} = \sigma_{cr} \cdot A = (a - b\lambda) \cdot \frac{\pi d^2}{4} = (304 - 1.12 \times 77) \times \frac{\pi \times 40^2}{4} = 273.5 \text{ kN}$$

$$n = \frac{F_{cr}}{F} = \frac{273.5}{70} = 3.9 \geqslant [\sigma]_w = 3$$

所以该丝杆的稳定性足够。

例 9-4　图 9-11 所示为一根 Q235 钢制成的截面为矩形的压杆 AB，A、B 两端用柱销联结，设联结部分配合精密。已知材料 $E = 200\ \text{GPa}$，$b = 40\ \text{mm}$，$l = 2300\ \text{mm}$，$h = 60\ \text{mm}$，规定稳定安全系数 $[n]_{\text{w}} = 4$，试确定压杆的许用压力。

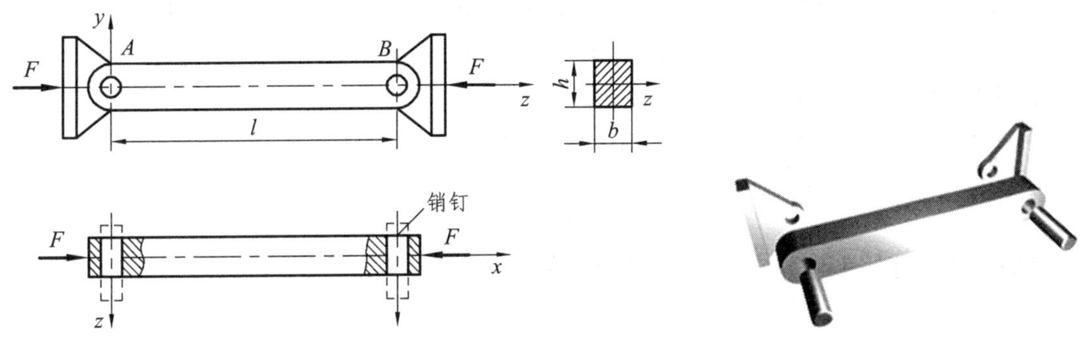

图 9-11

解　（1）计算柔度。

在 x-y 平面内，压杆两端为铰支，$\mu_z = 1$，则有

$$i_z = \sqrt{\frac{I_z}{A}} = \sqrt{\frac{bh^3}{12} \cdot \frac{1}{bh}} = \frac{h}{\sqrt{12}}$$

$$\lambda_z = \frac{\mu_z l}{i_z} = \frac{\mu l \times \sqrt{12}}{h} = \frac{1 \times 2\,300\ \text{mm} \times \sqrt{12}}{60\ \text{mm}} = 133 > \lambda_{\text{p}} = 100$$

在 x-z 平面内，压杆两端为固定端，$\mu_y = 0.5$，则有

$$i_y = \sqrt{\frac{I_y}{A}} = \sqrt{\frac{hb^3}{12} \cdot \frac{1}{bh}} = \frac{b}{\sqrt{12}}$$

$$\lambda_y = \frac{\mu_y l}{i_y} = \frac{\mu l \times \sqrt{12}}{b} = \frac{0.5 \times 2\,300\ \text{mm} \times \sqrt{12}}{40\ \text{mm}} = 100$$

（2）计算临界力 F_{cr}。因 $\lambda_z > \lambda_y$，故压杆在 x-y 平面内先失稳，需按 λ_z 计算临界应力，又因 $\lambda_z > \lambda_{\text{p}} = 100$，则压杆在 x-y 平面内是细长压杆，用欧拉公式计算其临界压力，得

$$F_{\text{cr}} = A \cdot \sigma_{\text{cr}} = A \times \frac{\pi^2 E}{\lambda^2} = bh \times \frac{\pi^2 E}{\lambda^2}$$

$$= 40 \times 10^{-3}\ \text{m} \times 60 \times 10^{-3}\ \text{m} \times \frac{\pi^2 \times 200 \times 10^9\ \text{N/m}^2}{133^2} = 267.5 \times 10^3\ \text{N}$$

$$= 267.5\ \text{kN}$$

（3）确定压杆的许用压力 $\boldsymbol{F}$。由稳定条件可得压杆的许用压力为 $\boldsymbol{F}$。

$$F \leqslant \frac{F_{\text{cr}}}{[n]_{\text{w}}} = \frac{267.5}{4}\ \text{kN} = 66.9\ \text{kN}$$

重要提示：

压杆稳定性计算的分析思路和步骤：

（1）计算压杆的柔度 λ，确定压杆的类别（细长杆、中长杆、短粗杆）。

注意：① 同一压杆不同方向柔度可能不同；② 应按 λ_{min} 来确定压杆的类别。

（2）根据压杆的类别选择相应公式计算临界应力。

（3）应用静力学方法计算压杆所受的压力。

（4）代入压杆稳定条件式（9-7）进行稳定性计算。

9.4 提高压杆稳定性的主要措施

由以上讨论可知，提高压杆的稳定性，关键在于提高压杆的临界力或临界应力。而影响临界应力的因素又与压杆的截面形状和尺寸、压杆的长度和约束条件及压杆的材料性质等有关，因此要提高压杆的稳定性，需从以下几方面予以考虑。

9.4.1 合理选用材料

由欧拉公式可知，细长杆的临界应力与材料的弹性模量成正比，故选用弹性模量 E 值较大的材料，可以提高细长杆的稳定性。但各种钢材的弹性模量大致相同，选用高强度钢并不能显著提高细长压杆的稳定性，因而是不经济的。所以细长压杆一般选用普通碳钢即可。

9.4.2 减小压杆柔度

1. 尽量减少压杆的长度

压杆的柔度与压杆的长度成正比，因此，在结构允许的情况下，尽量减少压杆的实际长度或增加中间支座，以提高压杆的稳定性。

2. 改善支承情况，减少长度系数 μ

压杆两端约束情况不同，长度系数 μ 不同，则临界应力大小就不同。例如，在压杆长度、截面尺寸、截面形状都相同的情况下，两端固定细长压杆（$\mu=0.5$）的临界应力是两端铰支细长压杆（$\mu=1$）临界应力的四倍，是一端固定一端自由的细长压杆（$\mu=2$）临界应力的16倍。由此可见，加固压杆两端的约束，可减小长度系数 μ，并进而减小柔度，提高压杆的临界力。

3. 合理选择截面形状

增大截面的惯性矩可降低压杆的柔度，从而提高压杆的稳定性。这表明在横截面相同的情况下，应使材料尽可能远离截面形心轴，以获得大的轴惯性矩。也就是说，在压杆截面相同的情况下空心截面要比实心截面合理，稳定性更好些，如图 9-12 所示。

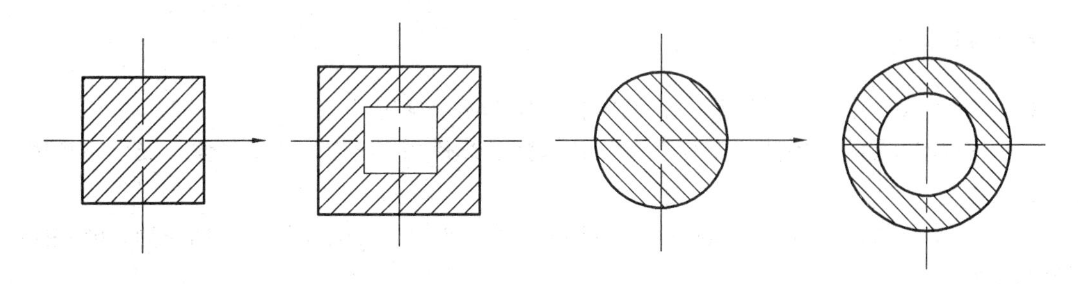

图 9-12

当压杆两端在各个方向的约束条件都相同时，压杆的失稳总是发生在柔度较大的纵向平面内。故此，应尽可能使各个纵向平面内的柔度相等。根据 $\lambda = \mu l / i$ 可知，当压杆在其两个纵向平面内的约束类型不同时，应采用矩形或工字形截面，以使压杆在两个纵向平面内具有相等或近似相等的稳定性，即等稳定性。在工程上常用到的型钢，可以通过适当的组合使压杆在各纵向平面内具有相同的稳定性，如图 9-13b 所示的用两根槽钢组合的截面比图 9-13a 所示的组合截面稳定性好。

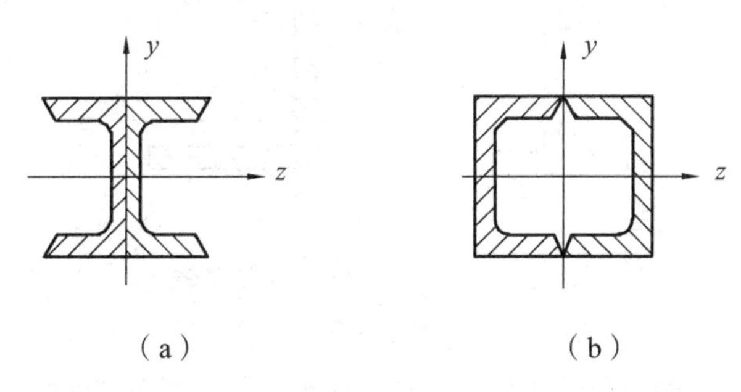

（a）　　（b）

图 9-13

本章主要内容回顾

（1）理解压杆的失稳、稳定平衡和不稳定平衡的概念。

（2）临界力是判断压杆是否失稳的重要依据，确定压杆临界力的大小是解决压杆稳定的关键。

（3）临界力和临界应力是按压杆柔度大小而分别计算的。

（4）细长杆（$\lambda \geqslant \lambda_p$），用欧拉公式 $\sigma_{cr} = \pi^2 E / \lambda^2$ 计算临界应力。

（5）中长杆（$\lambda_s < \lambda < \lambda_p$），用经验公式 $\sigma_{cr} = a - b\lambda$ 计算临界应力。

（6）压杆稳定性计算：

$$n_w = \frac{F_{cr}}{F} = \frac{\sigma_{cr}}{\sigma} \geqslant [n]_w$$

（7）合理选择截面形状。

（8）减小杆长，改善支承情况。

（9）合理选用材料。

练习题

9-1　何谓大、中、小柔度杆？它们的临界应力如何确定？

9-2　欧拉公式的适用范围是什么？如超范围继续使用，则计算结果是偏于安全还是偏于危险？

9-3　两端球铰的压杆，横截面如题 9-3 图所示，试问压杆会在哪个平面失稳，横截面将绕哪根轴转动？

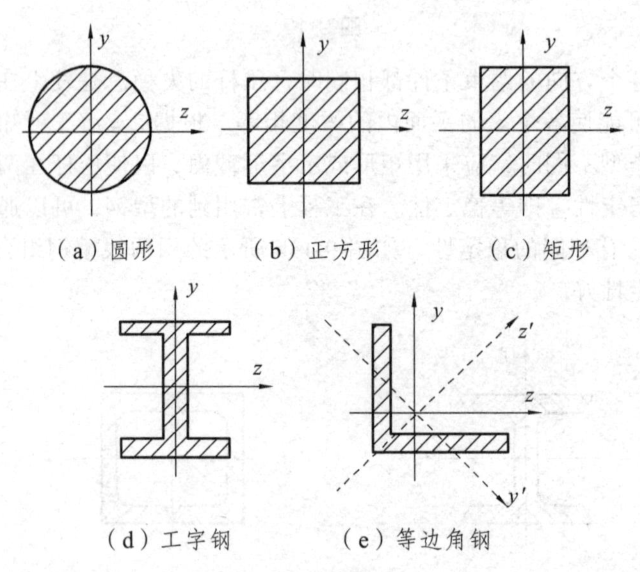

题 9-3 图

9-4　如题 9-4 图所示的三根细长压杆，材料均相同，问哪个杆的临界应力最大？哪个杆最不稳定？

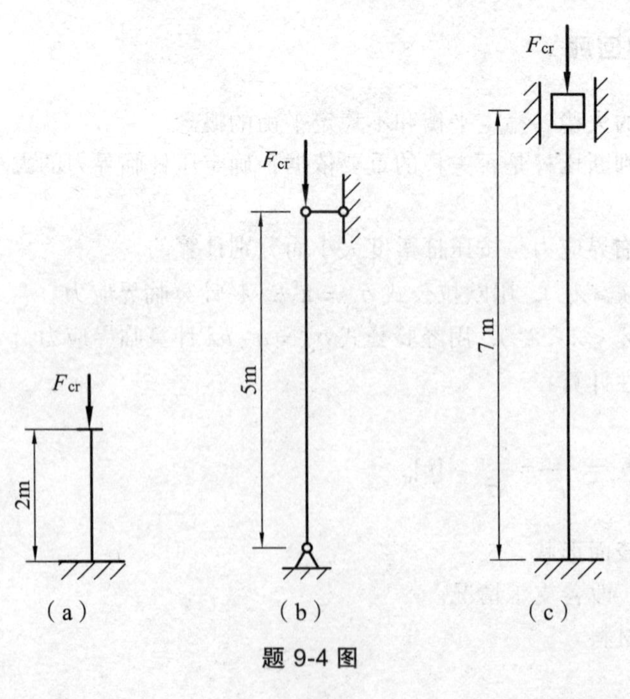

题 9-4 图

9-5　采用 Q235A 钢制成的 20a 号工字钢压杆，两端为铰支，杆长 $L = 4.5\ \text{m}$，$E = 200\ \text{GPa}$。求此压杆的临界力和临界应力。

9-6　如题 9-6 图所示机车连杆，两端是圆柱形铰链约束，材料为 Q235 钢，$E = 206\ \text{GPa}$，已知 $F_{\text{P}} = 300\ \text{kN}$，$l = 350\ \text{cm}$，$A = 44\ \text{cm}^2$，$I_y = 120\ \text{cm}^4$，$I_z = 797\ \text{cm}^4$。若规定稳定安全因数 $[n]_{\text{w}} = 2$，试校核此连杆的稳定性。

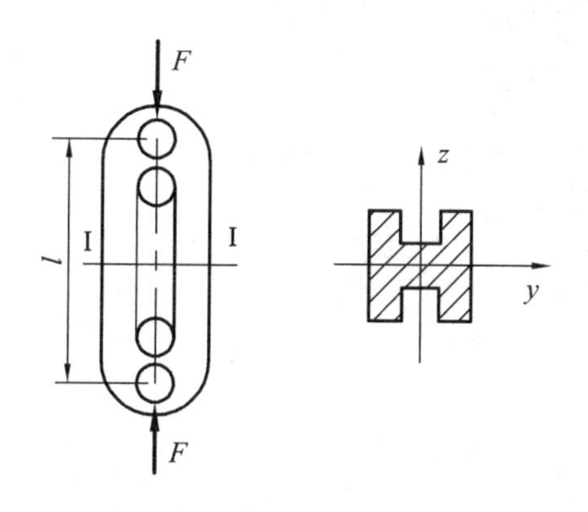

题 9-6 图

9-7　如题 9-7 图所示某油缸的活塞杆 AB，受活塞传给的轴向压力 $F_{\text{P}} = 100\ \text{kN}$ 作用，活塞杆为圆形长 $l = 1\ \text{m}$，直径 $d = 50\ \text{mm}$，材料为 Q235 钢，$E = 206\ \text{GPa}$，规定稳定安全因数 $[n]_{\text{w}} = 4$。试校核此活塞杆的稳定性。

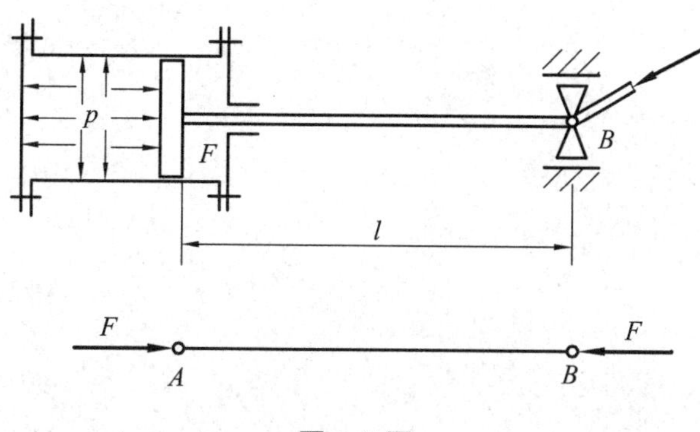

题 9-7 图

9-8　某柴油机的挺杆两端铰接，长 $l = 257\ \text{mm}$，圆形横截面，直径 $d = 8\ \text{mm}$，材料的 $E = 210\ \text{GPa}$，$\sigma_{\text{p}} = 240\ \text{MPa}$。挺杆所受的最大压力 $F_{\text{P}} = 1.76\ \text{kN}$，规定稳定安全因数 $[n]_{\text{w}} = 2.5$。试校核此挺杆的稳定性。

9-9　如题 9-9 图所示托架中，$F = 10\ \text{kN}$，杆 AB 的外径 $D = 50\ \text{mm}$，内径 $d = 40\ \text{mm}$，两端为球铰，材料为 Q235 钢，$E = 200\ \text{GPa}$，规定稳定安全系数 $[n]_{\text{w}} = 3.0$。试校核 AB 杆的稳定性。

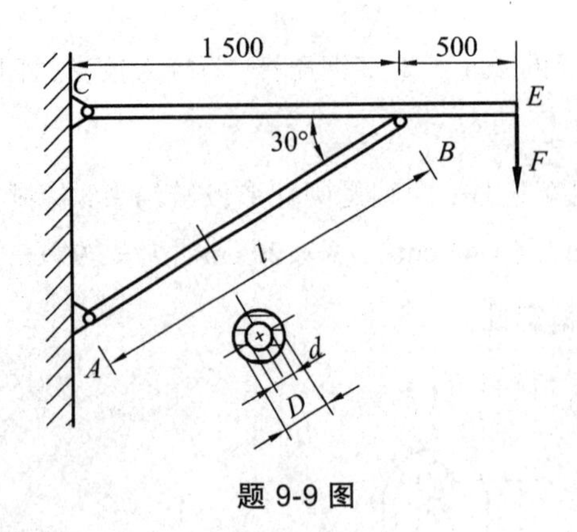

题 9-9 图

第3篇　刚体运动力学

本篇主要研究质点做平面曲线运动，刚体做平行运动、绕定轴转动、平面运动时的运动特征，包括运动方程、运动轨迹、速度、角速度、加速度、角加速度等，以及上述运动与受力间的关系，即动力学问题。同时还以功和动能为基础，介绍一种解决动力学问题常用的方法——动能定理。

第 10 章　质点的运动力学

【本章概述】

本章阐述了运动力学中质点的运动方程、轨迹、速度和加速度的确定方法，以及质点的运动变化和受力之间的关系。

【知识目标】

（1）理解自然坐标法、直角坐标法的概念及使用条件。
（2）理解和掌握运动方程的概念和建立方法。
（3）理解和掌握点的速度、加速度的概念及确定方法。
（4）理解质点动力学方程的物理意义。

【技能目标】

（1）学会用自然坐标法、直角坐标法进行质点的运动分析和计算。
（2）会应用质点动力学方程解决质点动力学问题。

【工程案例导入】

点的运动规律是指点相对于某参考系的几何位置随时间变动的规律,包括点的运动方程、运动轨迹、速度和加速度。为了描述点的运动，必须首先确定点在空间中的几何位置。

如图 10-1，在对铁路线路设计时，对列车运动的特点都要进行质点的运动分析，以确定适合列车运行时的速度和加速度。图 10-2 为列车简化为质点的运动轨迹曲线，如何确定质点在运动轨迹线上每一点的速度及加速都是本章要讨论为问题。

图 10-1

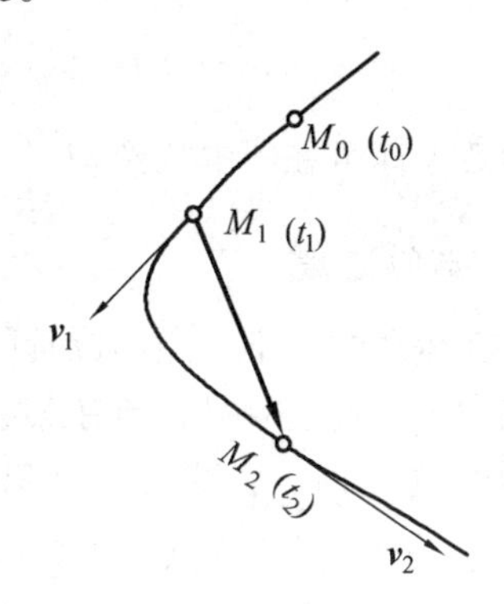

图 10-2

10.1　用自然坐标法确定点的运动

10.1.1　自然坐标法的概念

动点运动时，在空间描画出的曲线称为动点的**轨迹**。当动点的运动轨迹为已知时，**以点的轨迹作为坐标轴来确定动点的位置、速度和加速度**，这种方法，称为**自然坐标法（简称自然法）**。

1．点的运动方程

设动点 l 沿已知轨迹 AB 运动（图 10-3），要确定动点 M 的位置，只需知道任意瞬时 M 点在轨迹曲线上的位置就可以了。在轨迹上任选一点 O 为坐标原点，在原点的两侧规定出正负方向。动点 M 的位置用 s 来表示，显然 s 是个代数量，称为动点 M 的**弧坐标或自然坐标**，因此，自然法又称为弧坐标法。点运动时，其弧坐标随时间而变化，即

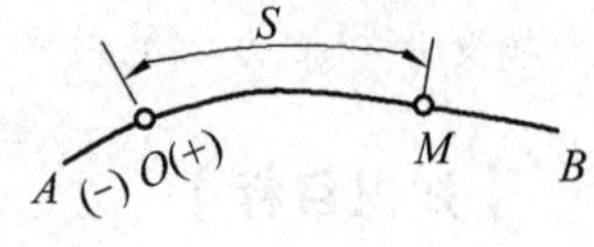

图 10-3

$$s = f(t) \tag{10-1}$$

（10-1）式称为**点的运动方程**。

确定点的运动方程就是求动点在任意时刻的弧坐标（自然坐标）。

显然，用自然法确定点的运动必须已知点的运动轨迹。

例 10-1　点 M 沿半径 $r = 100$ mm 的圆周运动如图　10-4 所示，其运动方程为 $s = 20t^2 - 50t - 30$，弧坐标的单位为 mm，时间 t 的单位为 s，试求：运动初的瞬时及 $t = 1$ s、$t = 1.25$ s、$t = 2$ s、$t = 3$ s 时点的位置。

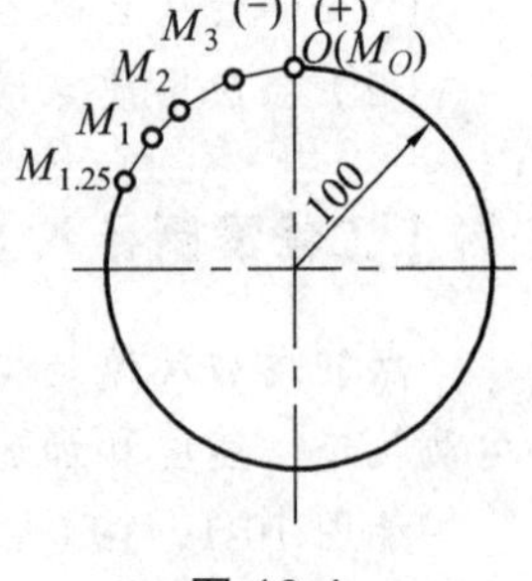

图 10-4

解　将 $t = 0$、1、1.25、2、3 分别代入运动方程中，便可求出各瞬时的弧坐标

$$S_0 = 0 - 0 - 30 = -30\ (\text{mm})$$

$$S_1 = 20 - 50 - 30 = -60\ (\text{mm})$$

$$S_{1.25} = 31.3 - 62.5 - 30 = -61.2\ (\text{mm})$$

$$S_2 = 80 - 100 - 30 = -50\ (\text{mm})$$

$$S_3 = 180 - 150 - 30 = 0\ (\text{mm})$$

由弧坐标可在图中找到 M_0、M_1、$M_{1.25}$、M_2、M_3 各点，即为各瞬时动点 M 的位置。

2．点的速度

点在运动时，不仅点的位置随时间发生变化，而且点运动的快慢与方向也往往在不断变化。点的运动速度就是指**点在某瞬时运动快慢与方向的物理量**。速度是矢量。

如图 10-5 所示，设动点 M 沿平面曲线运动，在瞬时 t 位于 M 点，其弧坐标为 s；经间间隔 Δt 后，位于 M' 点，其弧坐标为 $s' = s + \Delta s$。Δs 是弧坐标增量，动点相应的位移为 $\overline{\boldsymbol{MM'}}$，位移是矢量，它的大小等于割线长 MM'，其方向由 M 点指向 M' 点，位移 $\overline{\boldsymbol{MM'}}$ 与 Δt 的比值

称为 Δt 时间内的**平均速度**，以 v^* 表示，即

$$\boldsymbol{v}^* = \lim_{\Delta t \to 0} \frac{\overrightarrow{MM'}}{\Delta t} \tag{10-2}$$

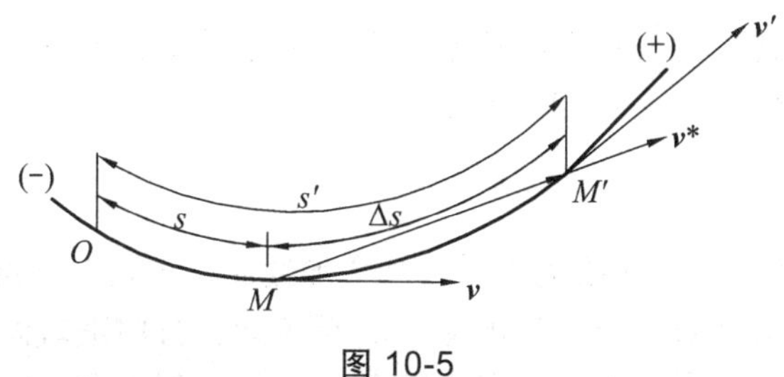

图 10-5

当 Δt 趋近于零时，平均速度 $\boldsymbol{v}^*$ 趋近于一极限矢量，这个矢量称为点在瞬时 t 的**瞬时速度**，它表示点在瞬时 t 的运动快慢和方向，用 $\boldsymbol{v}$ 表示，这时线段 MM' 趋近于弧长 Δs，所以瞬时速度的大小为

$$v = \lim_{\Delta t \to 0} \frac{MM'}{\Delta t} = \lim_{\Delta t \to 0} \frac{\Delta s}{\Delta t} = \frac{\mathrm{d}s}{\mathrm{d}t} \tag{10-3}$$

上述分析表明：**动点作平面曲线运动时，其瞬时速度的代数值等于动点弧坐标对时间的一阶导数，速度方向沿轨迹上该点的切线方向，并指向运动的一方**。若速度的代数值为正，说明点沿弧坐标轴的正向运动；反之，点沿弧坐标负方向运动。

3. 点的加速度

动点沿平面曲线运动时，一般情况下其速度大小和方向都会发生变化。**加速度**就是表示**度量速度大小和方向变化的物理量**。

（1）切向加速度 $\boldsymbol{a}_\tau$：表示动点某瞬时速度大小变化的物理量。

如图 10-5 所示，速度大小的增量为

$$\Delta v = v' - v$$

因此 $\boldsymbol{a}_\mathrm{t}$ 的大小：

$$a_\tau = \lim_{\Delta t \to 0} \frac{\Delta v}{\Delta t} = \frac{\mathrm{d}v}{\mathrm{d}t} = \frac{\mathrm{d}^2 s}{\mathrm{d}t^2} \tag{10-4}$$

$\boldsymbol{a}_\tau$ 的方向：**沿动点 M 点的切线方向**。

小疑问：

切向加速度的正负能作为判断质点是做加速和减速的依据吗？

不能。$\boldsymbol{a}_\tau$ 的正负号仅可以判断 $\boldsymbol{a}_\tau$ 的指向：当 $a_\tau > 0$ 时，它指向弧坐标的正向；当 $a_\tau < 0$ 时，指向弧坐标的负向。所以 $\boldsymbol{a}_\tau$ 的正负号不能判断点作加速运动还是减速运动。只有当 $\boldsymbol{a}_\tau$ 与 $\boldsymbol{v}$ 同号时，点作加速运动；反之，$\boldsymbol{a}_\tau$ 与 v 异号时，点作减速运动。

（2）**法向加速度 $\boldsymbol{a}_n$：表示动点某瞬时速度方向变化的物理量。**

$\boldsymbol{a}_n$ 的大小：

$$a_n = \frac{v^2}{\rho} \tag{10-5}$$

式中，ρ 为轨迹曲线在动点 M 点处的曲率半径。

$\boldsymbol{a}_n$ 的方向：**指向轨迹曲线在该点的曲率中心**。$\boldsymbol{a}_n$ 也称为向心加速度。

（3）动点沿平面曲线运动的全加速度为

$$\boldsymbol{a} = \boldsymbol{a}_\tau + \boldsymbol{a}_n \tag{10-6}$$

式（10-6）表明：**点作平面曲线运动时，其全加速度等于切向加速度 $\boldsymbol{a}_\tau$ 与法向加速度 $\boldsymbol{a}_n$ 的矢量和。$\boldsymbol{a}_\tau$ 反映速度大小随时间的变化率，$\boldsymbol{a}_n$ 反映速度方向随时间的变化率。**

由于 $\boldsymbol{a}_\tau$ 与 $\boldsymbol{a}_n$ 相互垂直，故全加速度的大小与方向可分别由下式确定。

$$a = \sqrt{a_\tau^2 + a_n^2} = \sqrt{\left(\frac{\mathrm{d}v}{\mathrm{d}t}\right)^2 + \left(\frac{v^2}{\rho}\right)^2} \tag{10-7}$$

$$\tan\theta = \frac{|a_\tau|}{a_n} \tag{10-8}$$

式中，θ 为 $\boldsymbol{a}$ 与法向轴正向 $\boldsymbol{n}$ 所夹的锐角，$\boldsymbol{a}$ 在 $\boldsymbol{n}$ 的哪一侧，由 $\boldsymbol{a}_\tau$ 的正负决定，如图 10-6 所示。

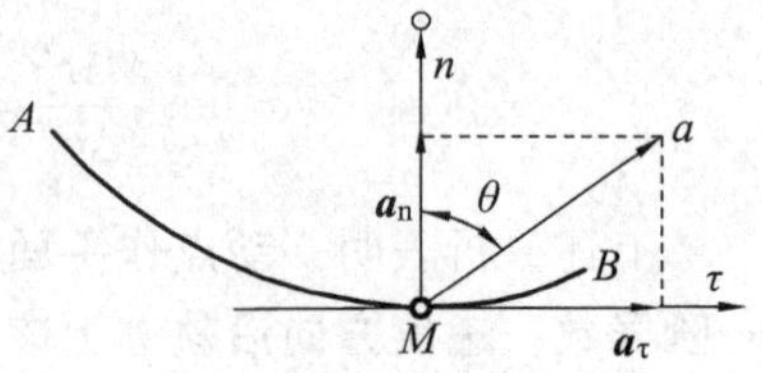

图 10-6

4. 点运动的特殊情况

为了便于学习，现将动点直线运动和曲线运动的情况归纳于表 10-1，以供参考。

表 10-1　动点直线运动与曲线运动的情况

运动状态		运动方程	速度	加速度		
				a_t	a_n	a
直线运动	匀速	$s = s_0 + vt$	$v =$ 常数	0	0	0
	匀变速	$s = s_0 + v_0 t + \frac{1}{2} a_\tau t^2$	$v = v_0 + a_\tau t$	$a_\tau =$ 常数	0	$a = a_\tau$
		$v^2 - v_0^2 = 2a_\tau(s - s_0)$				
曲线运动	匀速	$s = s_0 + vt$	$v =$ 常数	0	$a_n = v^2/\rho$	$a = a_n$
	匀变速	$s = s_0 + v_0 t + \frac{1}{2} a_\tau t^2$	$v = v_0 + a_\tau t$	$a_t =$ 常数	$a_n = v^2/\rho$	$a = \sqrt{a_\tau^2 + a_n^2}$
		$v^2 - v_0^2 = 2a_\tau(s - s_0)$				

注：表中下脚标为“0”者，均为运动参数中的初始值。

例 10-1　图 10-7 为料斗提升机示意图，料斗通过钢丝绳由绕水平轴 O 转动的卷筒提升。已知卷筒的半径 $R = 160\ \text{mm}$，料斗沿铅直方向提升的运动方程为 $y = 20t^2$，y 以 mm 计，t 以 s 计。求卷筒边缘上一点 M 在 $t = 4\ \text{s}$ 时的速度和加速度。

解：（1）运动分析。卷筒边缘上的 M 点做半径为 R 的圆周运动。

（2）列运动方程，求未知量。设 $t=0$ 时，料斗在 A_0 位置，M 点在 M_0 处；某一瞬间 t，料斗到达 A 处，M 点到达 M' 位置。取 M_0 为弧坐标原点，则 M 点的弧坐标为

$$s = M_0M' = y = 20t^2$$

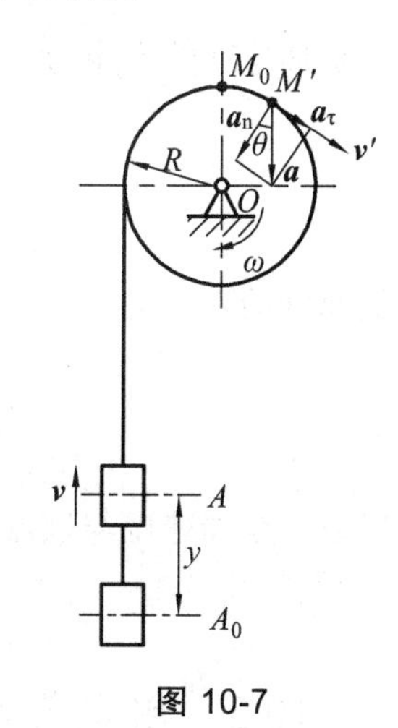

图 10-7

上式为 M 点沿已知轨迹的运动方程。由式（10-3）得

$$v = \frac{\mathrm{d}s}{\mathrm{d}t} = 40t$$

当 $t = 4$ s 时，M 点的速度为

$$v = 40 \times 4 = 160\ (\mathrm{mm/s})$$

这时 M 点的切向加速度为

$$a_\tau = \frac{\mathrm{d}v}{\mathrm{d}t} = 40\ (\mathrm{mm/s^2})$$

而法向加速度为

$$a_\mathrm{n} = \frac{v^2}{R} = \frac{160^2}{160} = 160\ (\mathrm{mm/s^2})$$

所以当 $t = 4$ s 时，M 点的加速度大小为

$$a = \sqrt{a_\tau^2 + a_\mathrm{n}^2} = \sqrt{40^2 + 160^2} = 165\ (\mathrm{mm/s^2})$$

方向为

$$\tan\theta = \frac{a_\tau}{a_\mathrm{n}} = \frac{40}{160} = 0.25$$

$$\theta = 14°2'$$

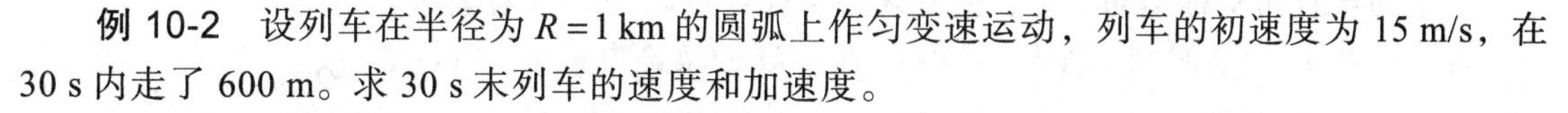

例 10-2　设列车在半径为 $R = 1$ km 的圆弧上作匀变速运动，列车的初速度为 15 m/s，在 30 s 内走了 600 m。求 30 s 末列车的速度和加速度。

解：（1）运动分析。火车作为一动点，在半径 R 为 1 000 m 的圆周上作匀速变速圆周运动。

（2）**列运动方程，求未知量。**先求速度。由题意知 $t = 0$ 时，$s_0 = 0$，$v_0 = 15\ \mathrm{m/s}$；$t = 30$ s 时，$s = 600$ m。由表 10-1 匀变速曲线运动情况可知：$s = s_0 + v_0 t + \frac{1}{2}a_\tau t^2$。

$$600 = 0 + 15 \times 30 + \frac{1}{2} \times 30^2 a_\tau$$

所以

$$a_\tau = \frac{1}{3}\ \mathrm{m/s^2}$$

$$v = 15 + \frac{1}{3} \times 30 = 25\ (\mathrm{m/s})$$

法向加速度为

$$a_{\rm n}=\frac{v^2}{\rho}=\frac{v^2}{R}=\frac{25^2}{1\,000}=0.625\ (\mathrm{m/s^2})$$

于是加速度的大小为

$$a=\sqrt{a_\tau^2+a_{\rm n}^2}=\sqrt{\left(\frac{1}{3}\right)^2+0.625^2}=0.708\ (\mathrm{m/s^2})$$

加速度的方向为

$$\tan\theta=\frac{a_\tau}{a_{\rm n}}=\frac{1/3}{0.625}=0.533$$

所以，全加速度与该点轨迹半径（法向）夹角 $\theta=28.1°$。

10.2　用直角坐标法确定点的运动

点作平面运动时，若其轨迹未知，就不宜用自然法描述其运动，一般采用直角坐标法。

10.2.1　直角坐标法的概念

设动点 M 作平面运动，在其运动平面内建立直角坐标系 Oxy（图 10-8），动点的位置可由其坐标（x，y）来确定，其 x、y 均为时间 t 的单值连续函数，即

$$\left.\begin{aligned}x&=f_1(t)\\y&=f_2(t)\end{aligned}\right\}\tag{10-9}$$

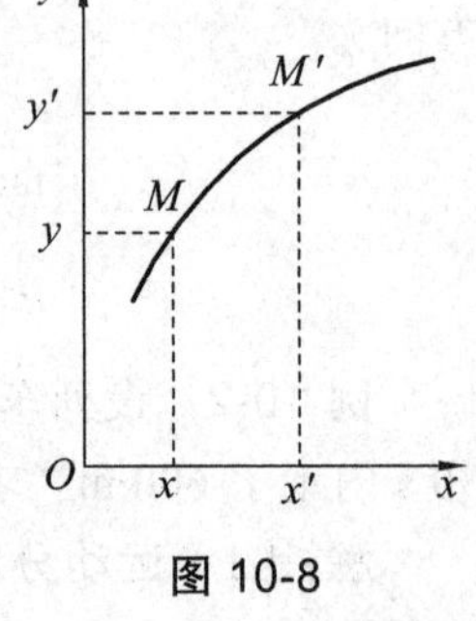

图 10-8

式（10-9）称为点作平面曲线运动的直角坐标方程。

建立动点直角坐标运动方程，就是求动点在任意时刻的直角坐标。

将式（10-9）中的时间 t 消去，可得到动点 M 的轨迹方程 $y=F(x)$。

10.2.2　直角坐标法确定点的速度

如图 10-9 所示，可将速度 $\boldsymbol{v}$ 向坐标轴上投影。

$$\left.\begin{aligned}v_x&=\frac{\mathrm{d}x}{\mathrm{d}t}=f_1'(t)\\v_y&=\frac{\mathrm{d}y}{\mathrm{d}t}=f_2'(t)\end{aligned}\right\}\tag{10-10}$$

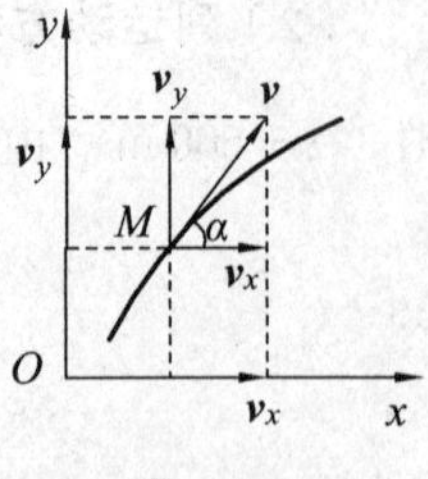

图 10-9

即动点的速度在直角坐标轴上的投影，等于其相应坐标对时间的一阶导数。

其速度可表示为

$$\boldsymbol{v}=\boldsymbol{v}_x+\boldsymbol{v}_y\tag{10-11}$$

若已知以直角坐标表示的动点的运动方程式（10-9），则可求出速度的大小和方向。由图 10-9

可见，其速度的大小为

$$v=\sqrt{v_x^2+v_y^2}=\sqrt{\left(\frac{\mathrm{d}x}{\mathrm{d}t}\right)^2+\left(\frac{\mathrm{d}y}{\mathrm{d}t}\right)^2} \tag{10-12}$$

设速度 $\boldsymbol{v}$ 的方向与 x 轴所夹的锐角为 α，即方向为

$$\tan\alpha=\left|\frac{v_y}{v_x}\right|=\left|\frac{\mathrm{d}y}{\mathrm{d}t}\bigg/\frac{\mathrm{d}x}{\mathrm{d}t}\right| \tag{10-13}$$

速度 $\boldsymbol{v}$ 沿轨迹的切线方向，其指向由速度投影 $\boldsymbol{v}_x$ 与 $\boldsymbol{v}_y$ 的正负号决定。

10.2.3　直角坐标系法确定点的加速度

根据加速度 $\boldsymbol{a}=\dfrac{\mathrm{d}\boldsymbol{v}}{\mathrm{d}t}$，将式（10-11）对时间 t 求一阶导数，得

$$\boldsymbol{a}=\frac{\mathrm{d}\boldsymbol{v}_x}{\mathrm{d}t}+\frac{\mathrm{d}\boldsymbol{v}_y}{\mathrm{d}t}=\boldsymbol{a}_x+\boldsymbol{a}_y \tag{10-14}$$

式中

$$\left.\begin{aligned} a_x&=\frac{\mathrm{d}v_x}{\mathrm{d}t}=\frac{\mathrm{d}^2x}{\mathrm{d}t^2}=f_1''(t)\\ a_y&=\frac{\mathrm{d}v_y}{\mathrm{d}t}=\frac{\mathrm{d}^2y}{\mathrm{d}t^2}=f_2''(t)\end{aligned}\right\} \tag{10-15}$$

即动点的加速度在直角坐标轴上的投影，等于其相应的速度投影对时间的一阶导数，或等于其相应的坐标对时间的二阶导数。

由此可求出加速度 α 的大小和方向，即

$$a=\sqrt{a_x^2+a_y^2}=\sqrt{\left(\frac{\mathrm{d}v_x}{\mathrm{d}t}\right)^2+\left(\frac{\mathrm{d}v_y}{\mathrm{d}t}\right)^2}$$

$$=\sqrt{\left(\frac{\mathrm{d}^2x}{\mathrm{d}t^2}\right)^2+\left(\frac{\mathrm{d}^2y}{\mathrm{d}t^2}\right)^2} \tag{10-16}$$

设加速度 a 的方向与 x 轴所夹的锐角为 β，则

$$\tan\beta=\left|\frac{a_y}{a_x}\right| \tag{10-17}$$

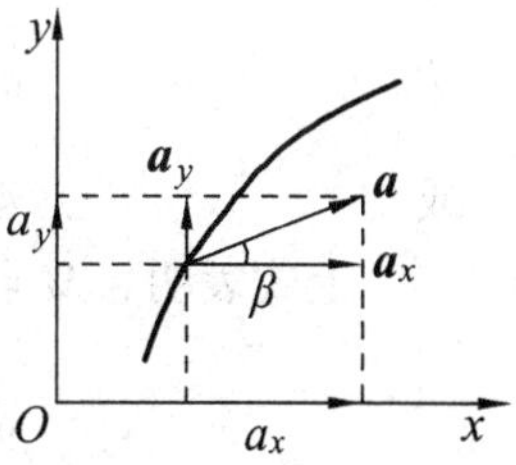

图 10-10

加速度的指向由投影 $\boldsymbol{a}_x$、$\boldsymbol{a}_y$ 的正负号决定，如图 10-10 所示。

例 10-3　椭圆规机构如图 10-11 所示，已知 $\overline{AC}=\overline{CB}=\overline{OC}=r$。曲柄 OC 转动时，$\varphi=\omega t$，带动 AB 尺运动，A、B 分别在铅直和水平槽内滑动。求 BC 中点 M 的速度和加速度。

解：（1）运动分析。曲柄 OC 运动时，带动 AB 尺运动，而 BC 中点 M 作平面曲线运动，M 点的轨迹未知，故需采用直角坐标系法。

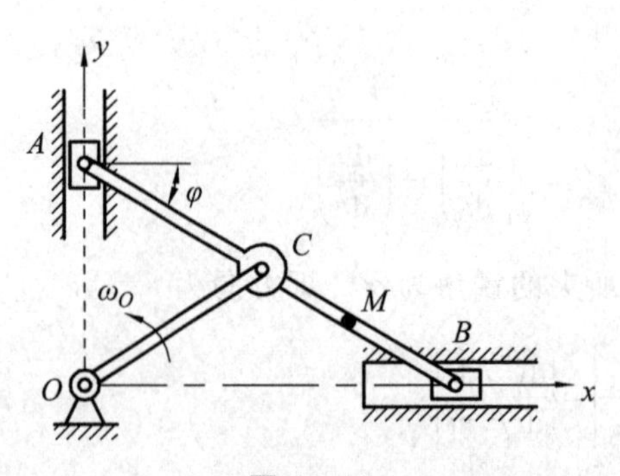

图 10-11

（2）列运动方程，求未知量。选 O 为原点，作直角坐标系 Oxy，根据图示的几何关系，M 点的坐标为

$$\left.\begin{aligned} x &= \overline{OC}\cos\varphi + \overline{CM}\cos\varphi \\ y &= \overline{BM}\sin\varphi \end{aligned}\right\} \qquad ①$$

将 $\varphi = \omega t$ 及 r 代入上式中，得

$$\left.\begin{aligned} x &= \frac{3}{2}r\cos\omega t \\ y &= \frac{1}{2}r\sin\omega t \end{aligned}\right\} \qquad ②$$

这就是 M 点的直角坐标方程。

从运动方程中消去时间 t，得出 M 点的轨迹方程。为此，将上式②改写为

$$\frac{x}{\frac{3}{2}r} = \cos\omega t,\quad \frac{y}{\frac{1}{2}r} = \sin\omega t$$

将上式两边平方得

$$\frac{x^2}{\left(\frac{3}{2}r\right)^2} + \frac{y^2}{\left(\frac{1}{2}r\right)^2} = 1$$

或 $$4x^2 + 36y^2 = 9r^2$$

上式表明，M 点的运动轨迹是一个椭圆。又因

$$v_x = \frac{\mathrm{d}x}{\mathrm{d}t} = -\frac{3}{2}r\omega\sin\omega t$$

$$v_y = \frac{\mathrm{d}y}{\mathrm{d}t} = \frac{1}{2}r\omega\cos\omega t$$

故 M 点的速度大小为

$$v = \sqrt{v_x^2 + v_y^2} = \frac{1}{2}r\omega\sqrt{9\sin^2\omega t + \cos^2\omega t} = \frac{1}{2}r\omega\sqrt{1 + 8\sin^2\omega t}$$

又因

$$a_x = \frac{\mathrm{d}v_x}{\mathrm{d}t} = -\frac{3}{2}r\omega^2\cos\omega t,\ \ a_y = \frac{\mathrm{d}v_y}{\mathrm{d}t} = -\frac{1}{2}r\omega^2\sin\omega t$$

故 M 点的速度大小为

$$a = \sqrt{a_x^2 + a_y^2} = \frac{1}{2}r\omega^2\sqrt{9\cos^2 r\omega + \sin^2 r\omega} = \frac{1}{2}r\omega^2\sqrt{1+8\cos^2 r\omega}$$

例 10-4　列车沿图 10-12 所示的曲线轨道作匀加速运动。在 M_1 点的速度 $v_1 = 18\ \mathrm{km/h}$，曲率半径 $\rho_1 = 600\ \mathrm{m}$；行驶 1 km 后至 M_2 点，速度 $v_2 = 54\ \mathrm{km/h}$，曲率半径 $\rho_2 = 800\ \mathrm{m}$。求由 M_1 至 M_2 点所需的时间和在 M_1、M_2 点的全加速度。

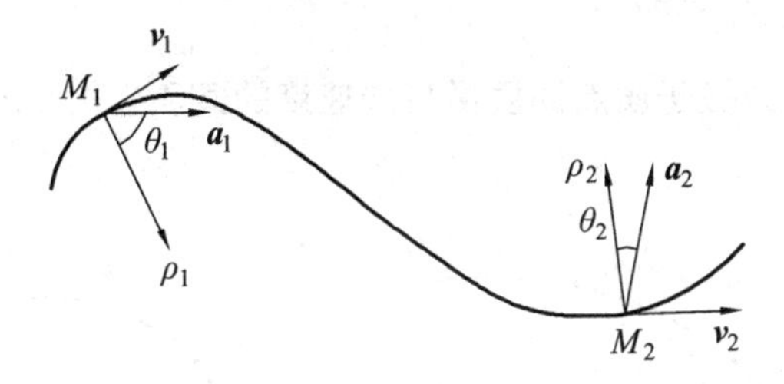

图 10-12

解　火车沿曲线轨道作匀变速运动，a_t = 常量，故可用表 10-1 中的公式求解。已知 $v_1 = 18\ \mathrm{km/h} = 5\ \mathrm{m/s}$，$v_2 = 54\ \mathrm{km/h} = 15\ \mathrm{m/s}$，$s = 1\ \mathrm{km} = 1\ 000\ \mathrm{m}$。由匀变速直线运动的公式可知

$$a_\mathrm{t} = \frac{v_2^2 - v_1^2}{2s} = \frac{(15\ \mathrm{m/s})^2 - (5\ \mathrm{m/s})^2}{2\times 1000\ \mathrm{m}} = 0.1\ \mathrm{m/s^2}$$

由速度公式可知

$$t = \frac{v_2 - v_1}{a_\mathrm{t}} = \frac{15\ \mathrm{m/s} - 5\ \mathrm{m/s}}{0.1\ \mathrm{m/s^2}} = 100\ \mathrm{s}$$

即从 M_1 至 M_2 所需时间为 100 s。

在 M_1 点　　$a_{\mathrm{n}1} = \dfrac{v_1^2}{\rho_1} = \dfrac{(5\ \mathrm{m/s})^2}{600\ \mathrm{m}} = 0.042\ \mathrm{m/s^2}$

在 M_2 点　　$a_{\mathrm{n}2} = \dfrac{v_2^2}{\rho_2} = \dfrac{(15\ \mathrm{m/s})^2}{800\ \mathrm{m}} = 0.281\ \mathrm{m/s^2}$

因为 M_1、M_2 点的切向加速度都是 $a_\mathrm{t} = 0.1\ \mathrm{m/s^2}$，所以列车在 M_1 处的全加速度为

$$a_1 = \sqrt{a_{\mathrm{n}1}^2 + a_{\mathrm{t}1}^2} = \sqrt{(0.042\ \mathrm{m/s^2})^2 + (0.1\ \mathrm{m/s^2})^2} = 0.108\ \mathrm{m/s^2}$$

$$\beta_1 = \arctan\left|\frac{a_{\mathrm{n}1}}{a_{\mathrm{t}1}}\right| = \arctan\frac{0.042\ \mathrm{m/s^2}}{0.1\ \mathrm{m/s^2}} = \arctan 0.42 = 22.78^\circ$$

列车在 M_2 处的全加速度为

$$a_2 = \sqrt{a_{n2}^2 + a_{t2}^2} = \sqrt{(0.281\ \mathrm{m/s^2})^2 + Z^2} = 0.298\ \mathrm{m/s^2}$$

$$\beta_2 = \arctan\left|\frac{a_{n2}}{a_{t2}}\right| = \arctan\frac{0.281\ \mathrm{m/s^2}}{0.1\ \mathrm{m/s^2}} = \arctan 2.81 = 70.41°$$

10.3 质点的动力学基本方程

设质量为 m 的质点 M 在力 $\boldsymbol{F}_1$、$\boldsymbol{F}_2$、…、$\boldsymbol{F}_n$ 作用下运动，作用力的合力为 $\boldsymbol{F}_R$，相对于惯性坐标系的加速度为 a（图 10-13），根据动力学基本方程（牛顿第二定律），有

$$\boldsymbol{F}_R = \sum \boldsymbol{F}_i = m\boldsymbol{a} \tag{10-18}$$

即作用在质点上力系的合力等于质点的质量与加速度的乘积，式（10-18）称为质点动力学基本方程。

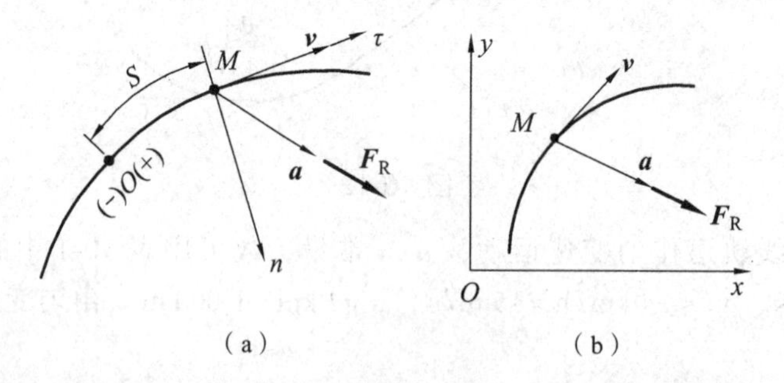

图 10-13

需要指出，质点动力学基本方程给出了质点所受的力与质点加速度之间的瞬时关系，即任意瞬时，质点只有在力的作用下才有加速度。不受力作用（合力为零）的质点，加速度必为零，此时质点将保持原来的静止或匀速直线运动状态。物体的这种运动状态不变的属性称为**惯性**。对于不同的质点，在获得相同的加速度时，质量大的质点所需施加的力大，即质点的质量越大，其惯性也越大。由此可见，**质量是质点惯性大小的度量**。

在具体计算时，常需将上式向某种轴系投影，得到它的标量形式。

10.3.1 自然坐标式

在质点作曲线运动时，可将式（10-18）向轨迹的切线轴 τ 和法线轴 n 上投影（图 10-13a），得到

$$\sum F_{i\tau} = ma_\tau, \quad \sum F_{in} = ma_n \tag{10-19}$$

或者写为

$$\sum F_{i\tau} = m\frac{\mathrm{d}v}{\mathrm{d}t} = m\frac{\mathrm{d}^2 s}{\mathrm{d}t^2}, \quad \sum F_{in} = m\frac{v^2}{\rho} \tag{10-20}$$

式（10-20）就是**自然坐标形式的质点运动微分方程**。式中：s 为质点的弧坐标；v 为质点速

度的代数值；ρ 为质点运动轨迹的曲率半径；$F_{i\tau}$、F_{in} 为力 $\boldsymbol{F}_i$ 在切线轴和法线轴上的投影。当运动轨迹已知时，采用式（10-20）往往较为方便。

10.3.2　直角坐标式

将式（10-19）向直角坐标系投影（图 10-11b），可得

$$\sum F_{ix} = ma_x\ ,\quad \sum F_{iy} = ma_y \tag{10-21}$$

或者写为

$$\sum F_{ix} = m\frac{\mathrm{d}^2 x}{\mathrm{d}t^2}\ ,\quad \sum F_{iy} = m\frac{\mathrm{d}^2 y}{\mathrm{d}t^2} \tag{10-22}$$

式（10-23）就是直角坐标形式的质点运动微分方程。式中，x、y 为质点的坐标；F_{ix}、F_{iy} 为质点所受力 $\boldsymbol{F}_i$ 在坐标轴 x、y 上的投影。

10.3.3　质点动力学的两类基本问题

应用上述坐标形式的质点运动微分方程，可用来解决质点动力学两类基本问题。

1. 第一类问题——已知质点的运动，求质点所受的力

这类问题可用微分法求解。

求解这类问题，只需根据已知的运动规律，通过微分的运算求出质点的加速度，从而由直角坐标形式的质点运动微分方程式（10-20）或式（10-22），求出未知力。

2. 第二类问题——已知质点所受的力，求质点的运动

这类问题可用积分法求解。

求解这类问题，首先要正确列出坐标形式的质点运动微分方程式（10-20）或式（10-22），并进行积分，由运动的初始条件（$t=0$时，质点的位置和速度）来确定积分常数，求得质点的运动规律。

求解质点动力学问题的步骤：

（1）根据题意确定研究对象，进行受力分析，正确画出受力图。

（2）分析研究对象在任意瞬时的速度、加速度情况，并将其速度、加速度标在图上。

（3）选择适当的坐标形式，列出坐标形式的质点运动微分方程，分清是第一类问题还是第二类问题，分别用微分法或积分法求解，如属第二类问题，还需根据运动初始条件来确定积分常数。

例 10-5　如图 10-14a 所示，重 $G = 98\ \mathrm{N}$ 的圆球放在框架内，框架以 $a = 2g$ 的加速度沿水平方向运动。求球对框架铅垂面的压力。设 $\theta = 15°$，接触面间的摩擦不计。

解　这属于质点动力学中的第一类问题。

以圆球为研究对象，视为质点。其受力分析如图 10-14b 所示。

选固定坐标系 Oxy，由式（10-22）可建立圆球直角坐标形式的运动微分方程为

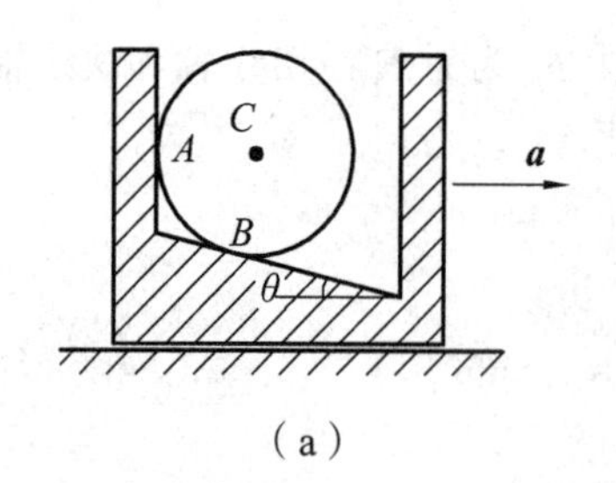

（a）

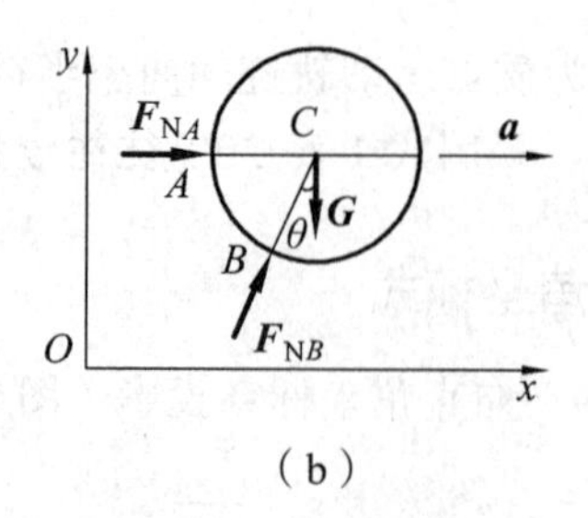

（b）

图 10-14

$$F_{NA}+F_{NB}\sin\theta=\frac{G}{g}\cdot\frac{d^2x}{dt^2}$$

$$F_{NB}\cos\theta-G=\frac{G}{g}\cdot\frac{d^2y}{dt^2}$$

由于 $$\frac{d^2x}{dt^2}=a\ ,\qquad \frac{d^2y}{dt^2}=0$$

则有

$$F_{NA}+F_{NB}\sin\theta=\frac{G}{g}a$$

$$F_{NB}\cos\theta-G=0$$

解得

$$F_{NB}=\frac{G}{\cos\theta}$$

$$F_{NA}=G\left(\frac{a}{g}-\tan\theta\right)=98\left(\frac{2g}{g}-\tan15^\circ\right)=170\ \text{N}$$

例 10-6 桥式起重机如图 10-15 所示。起重机上的小车吊着重量为 G 的重物，沿横梁以 $v_0=5\ \text{m/s}$ 的速度作匀速运动。因故急刹车后，重物由于惯性绕悬挂点 C 向前摆动。已知绳长 $l=3\ \text{m}$，求急刹车后绳子的最大拉力。

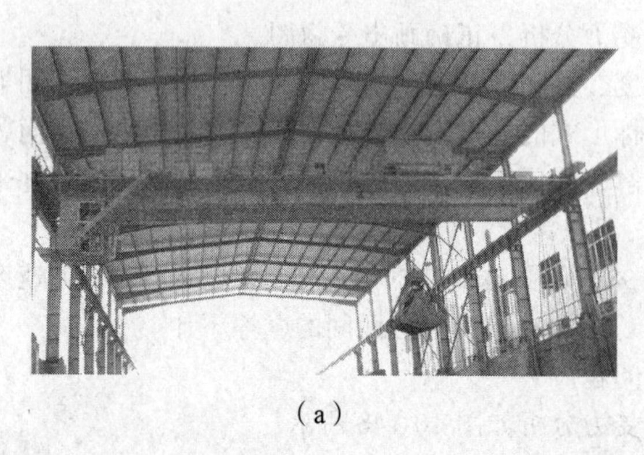
（a）

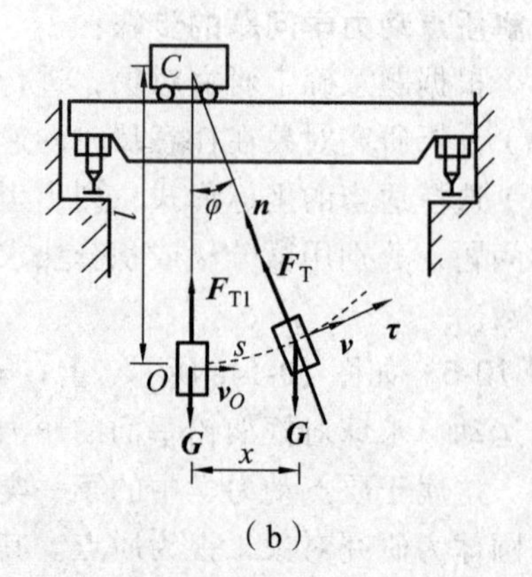

（b）

图 10-15

解　根据题意，已知小车及重物在刹车前的速度以及刹车后重物将沿半径为 l 的圆弧刹车过程中对绳子的最大拉力，故为动力学第一类问题。

以重物为研究对象，画出其在一般位置时的受力图，如图 10-15b 所示。

刹车前重物作匀速直线运动，处于平衡状态，绳子的拉力 $F_{T1}=G$；刹车后，重物绕 C 点摆动，如图 10-15b 所示，根据质点运动微分方程的自然坐标式（10-20），并注意切线轴的正向为 φ 角增加的一方，法线轴的正向为指向圆弧轨迹凹的一方，可得

$$-G\sin\varphi=ma_{t}=\frac{G}{g}\cdot\frac{dv}{dt} \quad ①$$

$$F_{T}-G\cos\varphi=ma_{n}=\frac{G}{g}\cdot\frac{v^{2}}{l} \quad ②$$

由②式得

$$F_{T}=G\cos\varphi+\frac{G}{g}\frac{v^{2}}{l}$$

式中，v 及 $\cos\varphi$ 均为变量由①式知，重物作减速运动，故在初始位置，重物的速度具有最大值 v_0；同时在此位置 $\varphi=0$，$\cos\varphi$ 也取最大值 1，此时绳子的拉力具有最大值，其值为

$$F_{T\max}=G+\frac{Gv_{0}^{2}}{gl}=G+\frac{G\times5^{2}}{9.8\times3}=1.85G$$

由此可知，绳子的拉力可以分为静拉力 G 和附加动拉力 $\frac{Gv_{0}^{2}}{gl}$ 两部分。计算结果表明，最大拉力约为静拉力的两倍。上式还表明：绳子的附加动反力与水平运动速度 v_0 的平方成正比，与绳子的长度 l 成反比。所以起重机吊起重物，小车在横梁上移动时，水平速度不能过大，l 不能过短（即不宜起吊到高位置），以避免急刹车时绳子因受力过大而被拉断。

例 10-7　对图 10-15 所示的桥式起重机，若已知小车沿横梁的运行速度 $v_0=2\ \mathrm{m/s}$，吊绳长 $l=5\ \mathrm{m}$，试求急刹车后，吊绳摆动的最大角度与重物摆动的最大水平距离。

解　由题意可知，此题属于质点动力学第二类问题。

以重物为研究对象，其摆动至一般位置时的受力图如图 10-15b 所示。

由于重物作圆周曲线运动，故取以刹车位置 O 为原点的自然坐标系，弧坐标 $s=l\varphi$。根据式（10-20）列出重物的运动微分方程为

$$-G\sin\varphi=\frac{G}{g}\cdot\frac{dv}{dt} \quad ①$$

$$F_{T}-G\cos\varphi=\frac{G}{g}\cdot\frac{v^{2}}{l} \quad ②$$

因为 $s=l\varphi$，所以 $ds=ld\varphi$，而将 $\frac{dv}{dt}=\frac{dv}{ds}\cdot\frac{ds}{dt}=v\frac{dv}{ld\varphi}$ 代入①式得

$$-G\sin\varphi=\frac{G}{g}\cdot v\cdot\frac{dv}{ld\varphi}$$

即

$$v\,dv=-gl\sin\varphi\,d\varphi$$

对上式等号两边积分得

$$\frac{1}{2}v^2 = gl\cos\varphi + C \qquad ③$$

式中 C 为积分常数，将初始条件，$t=0$ 时，$v=v_0$，$\varphi=0$ 代入③式得

$$\frac{1}{2}v_0^2 = gl + c$$

即

$$c = \frac{1}{2}v_0^2 - gl$$

将积分常数代入③式得

$$\frac{1}{2}v^2 = gl\cos\varphi + \frac{1}{2}v_0^2 - gl$$

解得

$$\cos\varphi = \frac{1}{gl}\left(\frac{1}{2}v^2 - \frac{1}{2}v_0^2 + gl\right) = \frac{v^2 - v_0^2}{2gl} + 1$$

当 $v=0$ 时，吊绳的摆角最大，代入上式得

$$\cos\varphi_{\max} = 1 - \frac{v_0^2}{2gl} = 1 - \frac{2^2}{2\times 9.8\times 5} = 0.959\ 2$$

所以 $\varphi_{\max} = 16°25'$

重物摆动的最大水平距离

$$x_{\max} = l\sin\varphi_{\max} = 5\times\sin 16°25' = 1.413\ \text{m}$$

本章主要内容回顾

（1）表示点的位置、速度和加速度常用的有两种方法：自然坐标法、直角坐标法。总结可下表。

项　目	自然坐标法	直角坐标法
点的运动方程	$s=s(t)$	$x=x(t)$ $y=y(t)$
速　度	$v=\frac{\mathrm{d}s}{\mathrm{d}t}$	$v_x=\frac{\mathrm{d}x}{\mathrm{d}t}$ $v_y=\frac{\mathrm{d}y}{\mathrm{d}t}$
加速度	$a_\tau=\frac{\mathrm{d}v}{\mathrm{d}t}=\frac{\mathrm{d}^2s}{\mathrm{d}t^2}$ $a_n=\frac{v^2}{\rho}$	$a_x=\frac{\mathrm{d}v_x}{\mathrm{d}t}=\frac{\mathrm{d}^2x}{\mathrm{d}t^2}$ $a_y=\frac{\mathrm{d}v_y}{\mathrm{d}t}=\frac{\mathrm{d}^2y}{\mathrm{d}t^2}$

（2）自然坐标法用于动点轨迹已知时的运动分析，而当动点轨迹未知时宜采用直角坐标法。

（3）质点动力学微分方程。

自然坐标形式：

$$\sum F_{i\tau} = m\frac{\mathrm{d}v}{\mathrm{d}t} = m\frac{\mathrm{d}^2 s}{\mathrm{d}t^2} \qquad \sum F_{in} = m\frac{v^2}{\rho}$$

直角坐标式：

$$\sum F_{ix} = m\frac{\mathrm{d}^2 x}{\mathrm{d}t^2}, \qquad \sum F_{iy} = m\frac{\mathrm{d}^2 y}{\mathrm{d}t^2}$$

练习题

10-1　动点在某瞬时的速度和加速度的几种情况如题 10-1 图所示，试指出哪些是加速运动？哪些是减速运动？哪些是不可能出现的运动。

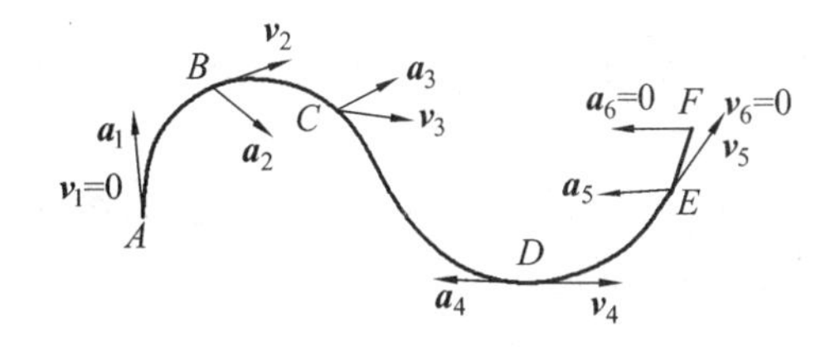

题 10-1 图

10-2　若已知点沿轨迹的运动方程 $s = b + ct$（b、c 为常量），是否可以断定：（1）点的轨迹是直线？（2）点的加速度等于零？

10-3　问动点作何种运动时，出现下述情况之一：（1）切向加速度恒等于零；（2）法向加速度恒等于零；（3）全加速度恒等于零。

10-4　摆动导杆机构如题 10-4 图所示，由摇杆 BC、滑块 A 和曲柄 OA 组成，已知 $OA = OB = r$，BC 杆绕 B 轴转动，并通过滑块 A 在 BC 杆上滑动带动 OA 杆绕 O 轴转动，角度 φ 与时间的关系是 $\varphi = 2t^3$，φ 的单位为 rad，t 的单位为 s。试用自然法写出 A 点的运动方程。

10-5　点沿直线运动，其运动方程为 $s = t^3 - 12t + 2$（式中 s 的单位为 m，t 的单位为 s）。试求：

（1）第 3 s 末的位移。

（2）改变运动方向的时刻和所在的位置。

（3）最初 3 s 内经过的路程。

（4）$t = 3$ s 时的速度和加速度。

（5）点在哪段时间作加速运动，哪段时间作减速运动？

10-6　题 10-6 图示吊车以 1 m/s 的速度沿水平方向行驶，并以 0.5 m/s^2 的加速度由静止开始向上吊起重物。若取重物开始向上运动时的位置为原点，求重物的运动方程、轨迹和第 2 s 末的速度。

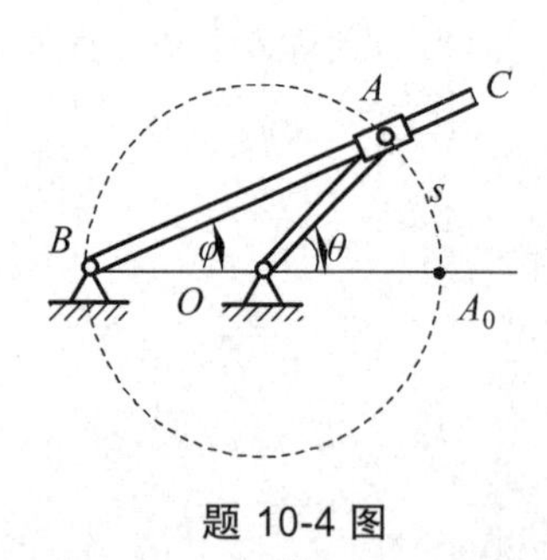

题 10-4 图

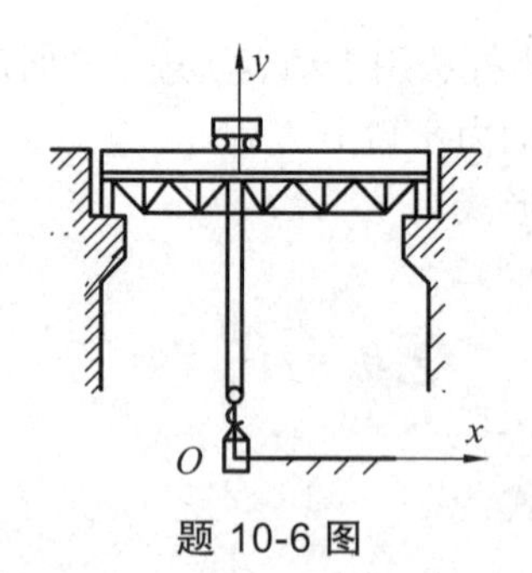

题 10-6 图

10-7　点沿半径 $R=1\,000$ m 的圆弧运动，其运动方程为 $s=40t-t^2$（式中 s 的单位为 m，t 的单位为 s）。求当 $s=400$ m 时，点的速度和加速度。

10-8　列车在半径 $R=300$ m 的轨道上匀加速运动，轨道的曲线长 $s=200$ m，列车开始进入曲线时的速率 $v_0=36$ km/h，离开时的速率 $v=54$ km/h，求列车在离开曲线时的加速度值。

10-9　已知点的运动方程为

（1）$x=3t-6t^2$，$y=2t-4t^2$

（2）$x=4t^2$，$y=3t$

式中，坐标 x、y 的单位为 m，时间 t 的单位为 s。试求运动轨迹和 $t=2$ s 时点的位置、速度和加速度。

10-10　题 10-10 图示机构中，已知尺寸 h 和杆 OA 与铅直线的夹角 $\varphi=\omega t$（ω 为常数），穿过小环 M 的杆 OA 绕 O 轴转动，同时拨动小环沿水平导杆滑动，试求小环 M 的速度和加速度。

10-11　已知重量 $G=960$ N 的物体，在水平推力 $\boldsymbol{F}_{\rm P}$ 作用下，沿 $\alpha=30°$ 的倾斜面按 $x=0.74t^2$ 的规律向上运动（位移 x 的单位为 m，时间 t 的单位为 s），如题 10-11 图所示，并知物体与斜面的动摩擦因数 $f=0.17$，求物体所受推力 $\boldsymbol{F}_{\rm P}$ 的大小。

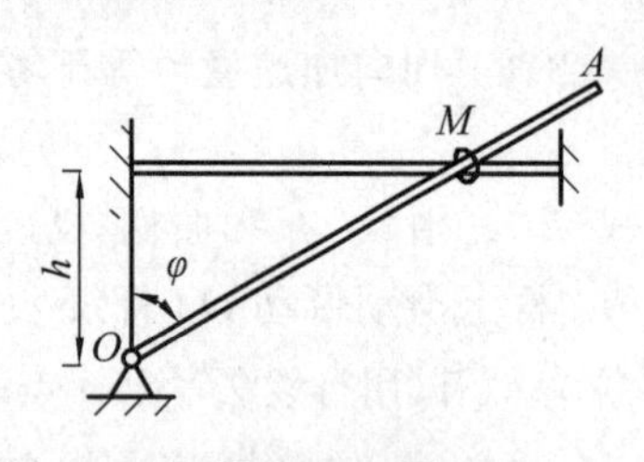

题 10-10 图

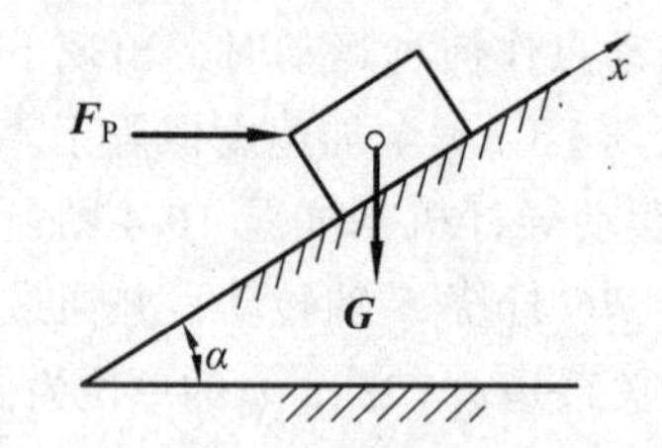

题 10-11 图

第 11 章　刚体的基本运动——平动和绕定轴转动

【本章概述】

本章阐述了刚体运动中两种最常见的基本运动形式——刚体的平动和绕定轴转动的运动方程、速度和加速度。由于刚体的一般运动可以归结为这两种基本运动的组合，因此刚体运动的两种基本形式是分析刚体一般运动的基础。

【知识目标】

（1）理解刚体平动的特点及其分析处理方法。
（2）理解刚体绕定轴转动的转动方程、角速度、角加速度的概念。
（3）掌握转动刚体上各点的速度、加速度的物理意义及求法。
（4）理解刚体的平动和绕定轴转动的动力学基本方程的物理意义。
（5）理解和掌握转动惯量的概念并应用于工程实际。

【技能目标】

（1）会分析和计算刚体基本运动的运动方程、速度、加速度以及工程应用。
（2）会应用刚体动力学基本方程解决工程实际问题。

【工程案例导入】

刚体的平动和绕定轴转动是刚体最基本的两种运动形式，工程实际中，常见的运动一般是这两种运动的组合。在研究刚体的运动时，首先研究整个刚体的运动，再研究各点的运动。如图 11-1，吊葫芦提升重物时，根据电机的转速如何确定鼓轮上各点的速度和加速度以及提升重物的速度和加速度都是本章要讨论为问题。

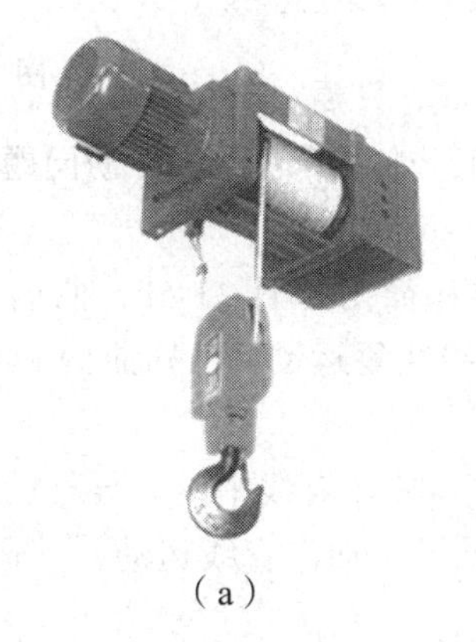
（a）

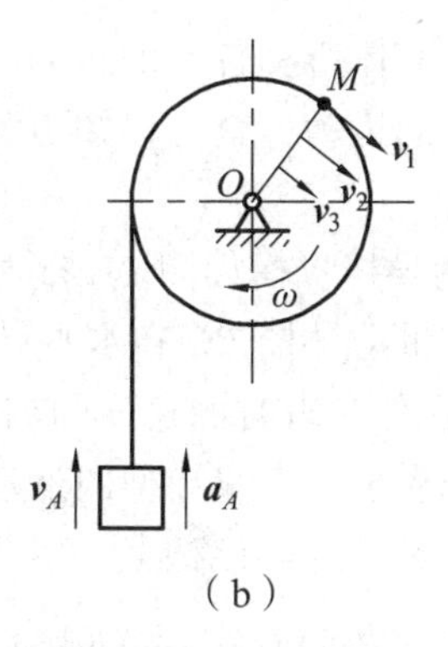

（b）

图 11-1

11.1 刚体的平行移动

刚体在运动过程中，若其上任意直线始终保持与初始位置平行，则这种运动称为刚体的平行移动（简称平动）。刚体平动时，其上各点的轨迹可以是直线，也可以是曲线。例如火车车厢上 AB 各点的运动轨迹是直线（图 11-2）、荡木 AB 上各点的运动（图 11-3）轨迹是曲线。

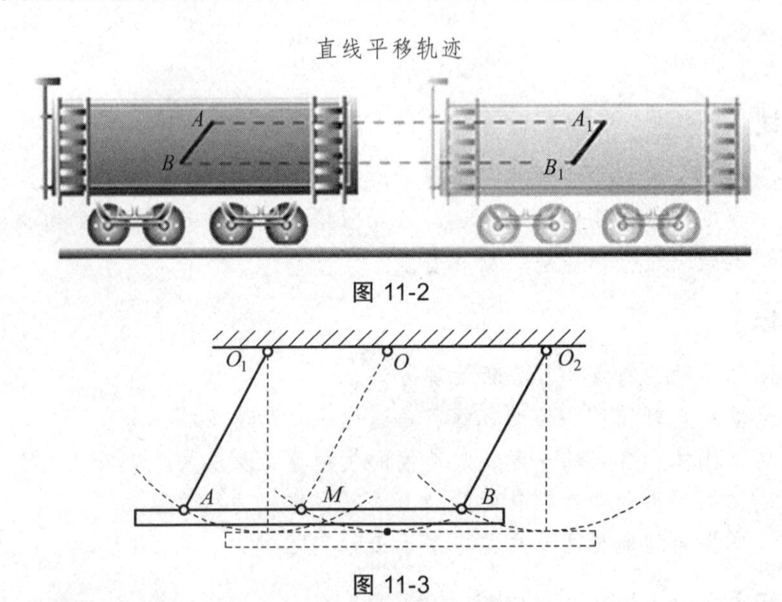

图 11-2

图 11-3

设在作平动的刚体上任取两点 A、B（图 11-4），由于是刚体，A、B 两点的距离保持不变；又由于作平动，当直线 AB 运动到 A_1B_1、A_2B_2、…、A_nB_n 的位置时都保持与 AB 的初始位置平行。因此，A、B 两点的轨迹具有相同的形状且互相平行；在任何相同的时间间隔内，A、B 两点具有相同的位移，从而在任何瞬时两点的速度都相同，两点的加速度也相同。由于 A 和 B 是刚体内的任意两点，由此可得结论：**刚体平动时，其上所有各点的轨迹形状都相同且互相平行；在同一瞬时，所有各点具有相同的速度和加速度。**

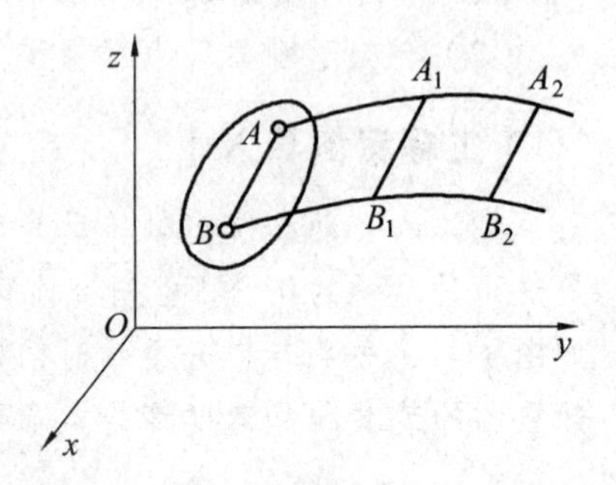

图 11-4

既然作平动的刚体所有各点的运动都相同，因此，只要知道刚体内任一点的运动，就可以知道整个刚体的运动。所以**刚体平动问题可以归结为一个点的运动问题。**

例 11-1 曲柄导杆机构如图 11-5a 所示，其结构简图如图 11-5b，曲柄 OA 绕固定轴 O 转动，通过滑块 A 带动导杆 BC 在水平导槽内作直线往复运动。已知曲柄 $OA=r$，$\varphi=\omega t$（ω 为常数），求导杆在任一瞬时的速度和加速度。

解 由于导杆在水平直线导槽内运动，因此，导杆作直线平动。导杆的运动可以用其上任一点的运动来表示。选取导杆上 M 点研究，M 点沿 x 轴作直线运动，其运动方程为

$$x_M = OA\cos\varphi = r\cos\omega t$$

则 M 点的速度和加速度分别为

$$v_M = \frac{\mathrm{d}x_M}{\mathrm{d}t} = -r\omega\sin\omega t$$

$$a_M = \frac{\mathrm{d}v_M}{\mathrm{d}t} = -r\omega^2\cos\omega t$$

（a）　　　　　　　　　　（b）

图 11-5

11.2　刚体绕定轴转动

刚体在运动过程中，若其上各点绕一固定直线做半径不同的圆周运动，则这种运动称为刚体绕定轴转动（简称**转动**）。固定不动的直线称为**转轴**，轴上各点的速度恒为零。转动是机器中最常见的一种运动，如图 11-6 所示机器中齿轮的运动、公园里摩天轮的转动以及电机转子运动、钟表指针的运动等都是定轴转动的实例。

图 11-6

11.2.1　刚体的转动方程

为了确定转动刚体的位置，过转轴 z 作两个平面如图 11-7 所示：平面Ⅰ是固定的，平面Ⅱ则固连在刚体上随之一起转动。于是，刚体的位置可由这两平面的夹角 φ 确定。φ 角称为刚体的**转角**，以弧度计。φ 角是代数量，可根据右手螺旋法则确定其正负。设由 z 轴的正向朝负向看去，由平面Ⅰ至平面Ⅱ，逆时针转向，φ 角为正值；反之，顺时针转向，φ 角为负

值。当刚体转动时，转角 φ 随时间而变化，它是时间 t 的单值连续函数，即

$$\varphi=\varphi(t) \tag{11-1}$$

式（11-1）称为**刚体定轴转动的运动方程**，简称**转动方程**。它反映转动刚体任一瞬时空间的位置，即刚体转动的规律。

建立刚体绕定轴转动的转动方程就是求刚体在任意时刻的转角。

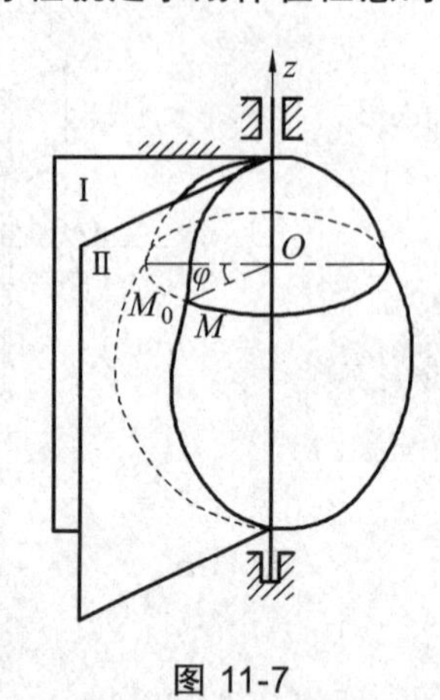

图 11-7

11.2.2 刚体转动的角速度和角加速度

描述刚体转动快慢和转向的量称为**角速度**。如图 11-8 所示，在时间间隔 Δt 中刚体的角位移（即转角的增量）为 $\Delta\varphi$，则刚体的**瞬时角速度**定义为

$$\omega=\lim_{\Delta t\to 0}\frac{\Delta\varphi}{\Delta t}=\frac{\mathrm{d}\varphi}{\mathrm{d}t}=\varphi'(t) \tag{11-2}$$

即刚体的角速度等于转角对时间的一阶导数。

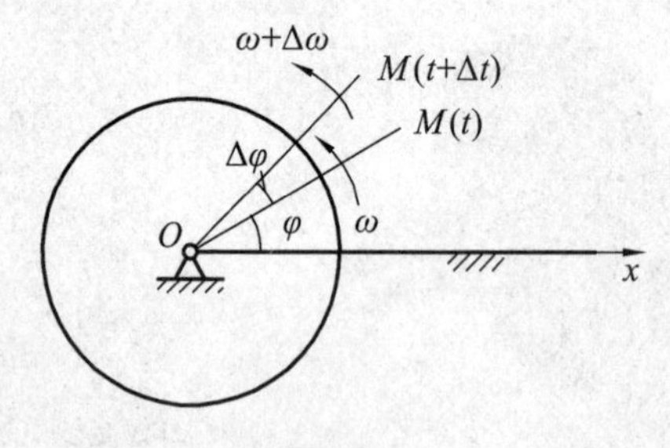

图 11-8

由于转角 φ 是代数量，故角速度 ω 也是代数量。ω 的大小表示转动的快慢，其正负号表示转动的方向：若 $\omega>0$，表明 φ 的代数值随时间而增大，即刚体逆时针转动；若 $\omega<0$，则相反。

角速度的单位是弧度/秒（rad/s）。工程上也常用每分钟内的转数即**转速** n（r/min）来表示转动的快慢。角速度与转速之间的关系是

$$\omega=\frac{2\pi n}{60}=\frac{n\pi}{30} \tag{11-3}$$

描述刚体角速度变化快慢和方向的量称为角加速度。如图 11-8 所示，在时间间隔 Δt 中，刚体角速度的改变量为 $\Delta\omega$，则刚体的**瞬时角加速度**定义为

$$\alpha=\lim_{\Delta t\to 0}\frac{\Delta\omega}{\Delta t}=\frac{\mathrm{d}\omega}{\mathrm{d}t}=\frac{\mathrm{d}^2\varphi}{\mathrm{d}t^2}=\varphi''(t) \tag{11-4}$$

即刚体的角加速度等于角速度对时间的一阶导数，也等于其转角对时间的二阶导数。

角加速度 α 也是代数量，α 的大小表示角速度变化的快慢，其正负号表示变化的方向：若 $\alpha>0$，表示 ω 的代数值随时间增大，α 用逆时针转向表示；若 $\alpha<0$，则相反。**若 α 与 ω 同号**，表明 ω 的绝对值随时间而增大，即**刚体作加速转动**；反之，**若 α 与 ω 异号，刚体作减速转动**。

角加速度的单位是 $\mathrm{rad/s^2}$（弧度/秒^2）。

刚体绕定轴转动的两种特殊情况。

（1）若角速度 $\omega=$常数，则称匀速转动 $\begin{cases}\omega=\dfrac{\mathrm{d}\varphi}{\mathrm{d}t}=\text{常数}\\ \mathrm{d}\varphi=\omega\mathrm{d}t,\quad \varphi=\varphi_0+\omega t\end{cases}$

（2）当角加速度 $\alpha=$常数，则称为匀变速转动 $\begin{cases}\alpha=\dfrac{\mathrm{d}\omega}{\mathrm{d}t}=\text{常数}\\ \omega=\omega_0+\alpha t\\ \varphi=\varphi_0+\omega_0 t+\dfrac{1}{2}\alpha t^2\\ \omega^2=\omega_0^2+2\alpha(\varphi-\varphi_0)\end{cases}$

点的曲线运动和刚体转动之间的对应关系如表 11-1。

表 11-1　点的曲线运动与刚体的定轴转动的对应关系

点的曲线运动		刚体定轴转动	
运动方程	$s=s(t)$	转动方程	$\varphi=\varphi(t)$
切向加速度	$a_\tau=\dfrac{\mathrm{d}v}{\mathrm{d}t}=\dfrac{\mathrm{d}^2s}{\mathrm{d}t^2}$	角加速度	$\alpha=\dfrac{\mathrm{d}\omega}{\mathrm{d}t}=\dfrac{\mathrm{d}^2\varphi}{\mathrm{d}t^2}$
匀速运动	$v=$常数 $s=s_0+vt$	匀速转动	$\omega=$常数 $\varphi=\varphi_0+\omega t$
匀变速运动	$a_\tau=$常数 $v=v_0+a_\tau t$ $s=s_0+v_0t+\dfrac{1}{2}a_\tau t^2$ $v^2=v_0^2+2a_\tau(s-s_0)$	匀变速转动	$\alpha=$常数 $\omega=\omega_0+\alpha t$ $\varphi=\varphi_0+\omega_0t+\dfrac{1}{2}\alpha t^2$ $\omega^2=\omega_0^2+2\alpha(\varphi-\varphi_0)$

例 11-2　已知电动机转子在启动过程中的转动方程为 $\varphi=t^3$，其中 t 的单位是 s，φ 的单位是 rad。试计算转子在 2 s 内转过的圈数和 $t=2$ s 时转子的角速度与角加速度。

解　由转动方程可知，$t=0$ 时，$\varphi_0=0$；$t=2$ s 时，$\varphi_2=8$ rad。故转子在 2 s 内转过的圈

数为

$$N=\frac{\varphi_2-\varphi_0}{2\pi}=1.27\ （圈）$$

由式（11-2）和式（11-4）得转子的角速度和角加速度为

$$\omega=\frac{\mathrm{d}\varphi}{\mathrm{d}t}=3t^2\text{，}\quad \alpha=\frac{\mathrm{d}\omega}{\mathrm{d}t}=6t$$

将 $t=2$ s 代入，得

$$\omega=3\times2^2\ \mathrm{rad/s}=12\ \mathrm{rad/s}\text{，}\quad \alpha=6\times2\ \mathrm{rad/s^2}=12\ \mathrm{rad/s^2}$$

由于 ω 与 α 同号且为正，又因 $\alpha=6t$，故可知转子按逆时针方向作变加速转动。

上例是已知刚体的转动规律（转动方程），通过对时间求导数得出其转动的角速度和角加速度；若已知刚体的角速度或角加速度的变化规律，则可通过积分求出刚体的转动方程，这时要利用初始条件确定积分常数。

11.2.3 转动刚体上各点的速度和加速度

前面研究了转动刚体整体的运动规律，在工程实际中，还往往需要了解刚体上各点的运动情况。如图 11-9 所示，车床切削工件时，为了提高加工精度和表面质量，必须选择合适的切削速度，而切削速度就是转动工件表面上点的速度。下面将讨论转动刚体上各点的速度、加速度与整个刚体的运动之间的关系。

图 11-9

刚体作定轴转动时，其上的各点都在作半径不同的圆周运动，因此，各点的运动可用自然法描述。在图 11-7 所示的转动刚体的平面Ⅱ内任取一点 M 来考察。设点 M 的转动半径为 r，其轨迹是半径为 r 的一个圆，M_0 为弧坐标原点，如图 11-10a 所示。M 点的弧坐标 s 与转角 φ 有如下的关系：

$$s = r \cdot \varphi \tag{11-5}$$

这就是转动刚体上任一点 M 的运动方程。于是，可用自然法求 M 的速度和加速度。

$$v = \frac{ds}{dt} = \frac{d}{dt}(r\varphi) = r\frac{d\varphi}{dt} = r \cdot \omega \tag{11-6}$$

M 点速度的方向沿该点的切线方向指向运动一方，如图 11-10a 所示。

$$a_\tau = \frac{dv}{dt} = \frac{d}{dt}(r\omega) = r\frac{d\omega}{dt} = r \cdot \alpha \tag{11-7}$$

M 点的切向加速度方向沿该点的切线方向，指向与角加速度的转向一致，如图 11-10b 所示。

$$a_n = \frac{v^2}{\rho} = \frac{(r\omega)^2}{\rho} = r \cdot \omega^2 \tag{11-8}$$

M 点法向加速度方向总是沿该点的转动半径指向圆心（转动轴），如图 11-10b 所示。

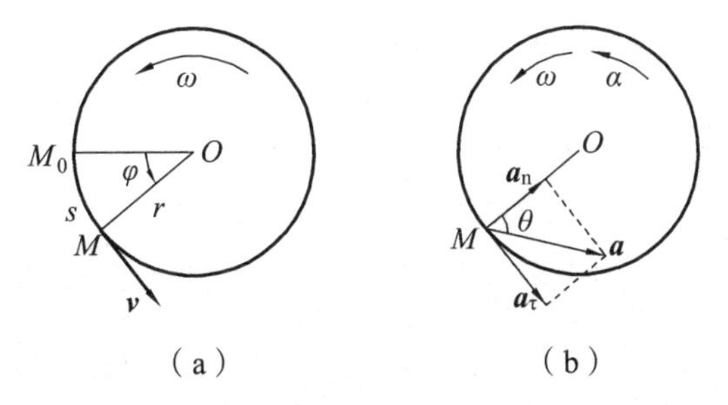

图 11-10

M 点的全加速度的大小与方向可以按下式确定，如图 11-10（b）所示。

$$a = \sqrt{a_\tau^2 + a_n^2} = r\sqrt{\alpha^2 + \omega^4} \tag{11-9}$$

$$\theta = \arctan\frac{|a_\tau|}{a_n} = \arctan\frac{|\alpha|}{\omega^2} \tag{11-10}$$

在某一瞬时，刚体的 ω 和 α 有确定的值，这些值与各点在刚体上的位置无关。因此，**在同一瞬时，刚体上各点的速度大小与其转动半径成正比，其方向与转动半径垂直；各点的全加速度大小与其转动半径成正比，且与转动半径成相同的夹角**。如图 11-11 所示。

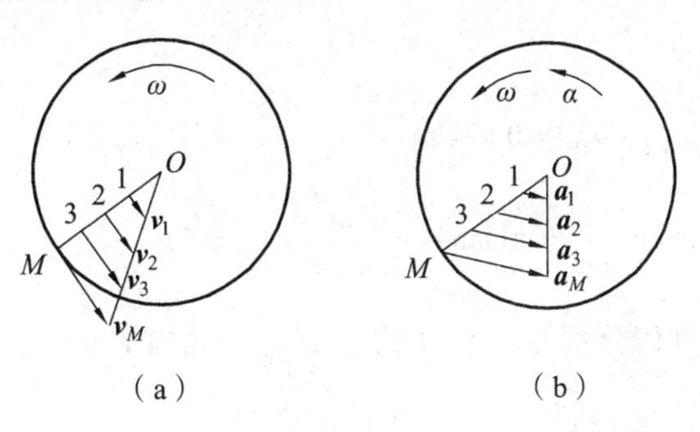

图 11-11

例 11-3 图 11-12 所示的电动铰车的鼓轮，它的半径 $R=0.2\ \text{m}$，在制动的两秒钟内，其转动方程为 $\varphi=-t^2+4t$，其中 φ 以 rad 计，t 以 s 计，绳端是一物体 A。试求当 $t=1\ \text{s}$ 时，图示轮缘上任一点 M 以及物体 A 的速度及加速度。

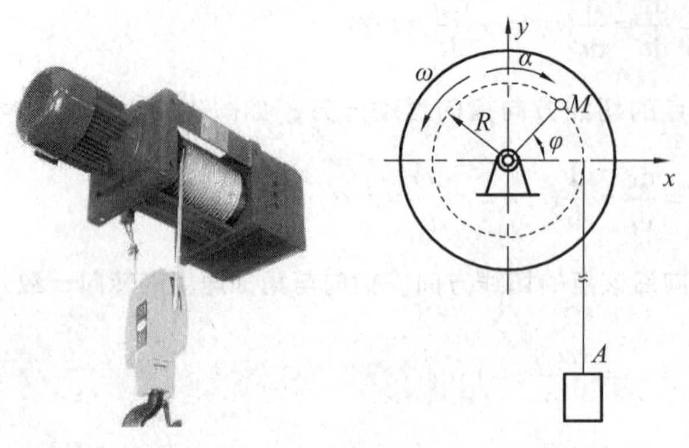

图 11-12

解 鼓轮在转动过程中的角速度和角加速度分别为

$$\omega=\frac{\mathrm{d}\varphi}{\mathrm{d}t}=-2t+4\ (\text{rad/s})$$

$$\alpha=\frac{\mathrm{d}\omega}{\mathrm{d}t}=-2\ \text{rad/s}^2$$

当 $t=1\ \text{s}$ 时：

$$\omega_1=-2\times1+4=2\ \text{rad/s}$$

$$\alpha_1=-2\ \text{rad/s}^2$$

ω 与 α 异号，鼓轮作匀减速转动。这时 M 点的速度和加速度由式（11-6）~ 式（11-10）可得

$$v_M=R\omega_1=0.2\ \text{m}\times2\ \text{rad/s}=0.4\ \text{m/s}$$

$$a_{M\tau}=R\alpha_1=0.2\ \text{m}\times(-2\ \text{rad/s}^2)=-0.4\ \text{m/s}^2$$

$$a_{M\text{n}}=R\omega_1^2=0.2\ \text{m}\times(2\ \text{rad/s})^2=0.8\ \text{m/s}^2$$

M 点的全加速度：

$$a=\sqrt{a_{M\tau}^2+a_{M\text{n}}^2}=0.894\ \text{m/s}^2$$

$$\theta=\arctan\frac{|a_\tau|}{a_\text{n}}=\arctan\frac{|-0.4|\text{m/s}^2}{0.8\ \text{m/s}^2}=26.5^\circ$$

物体 A 的速度值与加速度值分别等于点 M 的速度 v_M 与切向加速度 $a_{M\tau}$，即

$$v_A=0.4\ \text{m/s}\ (\uparrow),\quad a_A=-0.4\ \text{m/s}^2\ (\downarrow)$$

例 11-4　如图 11-13a 所示的车轮运动机构，其结构简图为平行双曲柄机构，如图 11-12b 所示。两曲柄的长度 $O_1A = O_2B = 0.15\ \text{m}$，同以转速 $n = 320\ \text{r/min}$ 分别绕 O_1、O_2 轴转动，求连杆 AB 中点 C 的速度和加速度。

（a）

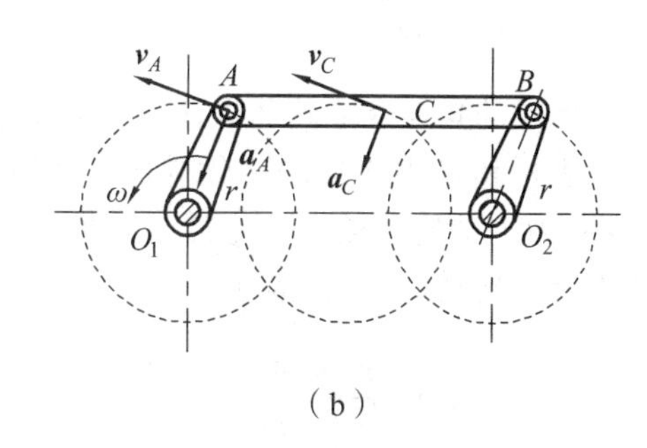

（b）

图 11-13

解　因 $O_1O_2 = AB$，$O_1A = O_2B$，且两曲柄又都分别绕与图面垂直的固定轴 O_1 和 O_2 转动，所以连杆 AB 作平动。根据刚体平动的特点，在同一瞬时，AB 上各点的速度和加速度分别相同。于是

$$v_C = v_A = O_1A \cdot \omega = 0.15\ \text{m} \times \frac{\pi \times 320}{30}\ \text{rad/s} = 5.03\ \text{m/s}$$

$$a_{C\tau} = a_{A\tau} = O_1A \cdot \alpha = 0$$

$$a_C = a_{Cn} = a_{An} = a_A = O_1A \cdot \omega^2 = 0.15\ \text{m} \times \left(\frac{\pi \times 320}{30}\ \text{rad/s}\right)^2 = 168.4\ \text{m/s}^2$$

$\boldsymbol{v}_C$ 和 $\boldsymbol{a}_C$ 的方向分别与 $\boldsymbol{v}_A$ 和 $\boldsymbol{a}_A$ 相同，如图 11-13 所示。

例 11-5　两齿轮啮合传动。已知齿数分别为 z_1 和 z_2，节圆半径为 r_1 和 r_2，如图 11-14 所示。试求两齿轮角速度间的关系。

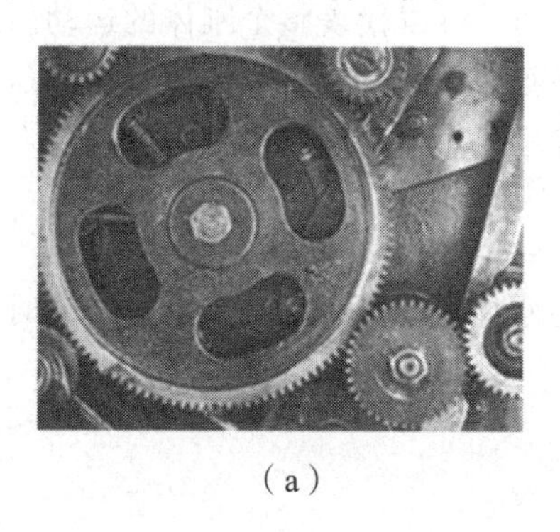

（a）

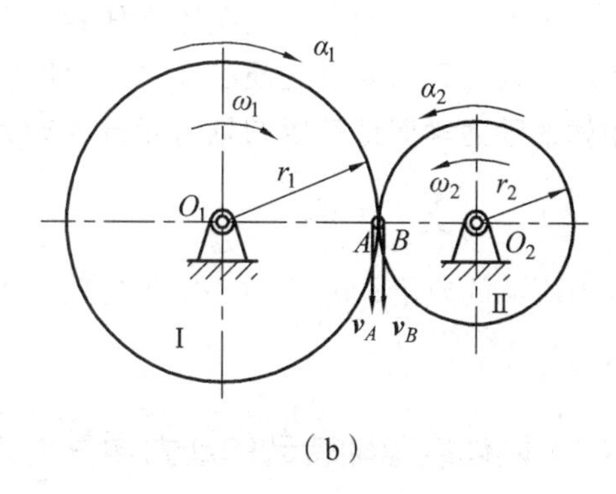

（b）

图 11-14

解　由于两个齿轮相互啮合，因此两齿轮在节圆的接触点 A 和 B 的速度应相同，即

$$v_A = v_B$$

因

$$v_A = r_1\omega_1, \qquad v_B = r_2\omega_2$$

所以
$$\frac{\omega_1}{\omega_2}=\frac{r_2}{r_1} \quad 或 \quad \frac{n_1}{n_2}=\frac{r_2}{r_1}$$
又由于两啮合齿轮的齿数与半径成正比，因此有
$$\frac{\omega_1}{\omega_2}=\frac{z_2}{z_1} \quad 或 \quad \frac{n_1}{n_2}=\frac{z_2}{z_1}$$
即两啮合齿轮的角速度或转速之比等于它们对应的节圆半径或齿数的反比。

为了表示传动中转速的变化规律，工程上常用**传动比**的概念。由原动机直接带动的齿（带）轮称为主动轮，被主动轮带动的齿（带）轮称为从动轮。通常规定**主动轮转速与从动轮转速之比为传动比**，用i表示。即
$$i=\frac{n_{主}}{n_{从}}=\frac{\omega_{从}}{\omega_{主}} \tag{11-11}$$
当$i>1$时为减速传动；当$i<1$时为增速传动。

图 11-14b 中，如齿轮Ⅰ为主动轮，齿轮Ⅱ为从动轮，那么其传动比为
$$i_{12}=\frac{n_1}{n_2}=\frac{\omega_1}{\omega_2}=\frac{r_2}{r_1}=\frac{z_2}{z_1} \tag{11-12}$$
式（11-12）不仅适用于直齿圆柱齿轮传动，也适用于其他一些传动，如斜齿圆柱齿轮传动、圆锥齿轮传动、皮带传动、链传动、摩擦传动等。

11.3 基本运动刚体的动力学基本方程

11.3.1 平动刚体的动力学基本方程

由上一节的分析可知，平动刚体上任意一点的运动，可以代表整个刚体的运动。因此，研究刚体的平动，只需知道其质心 C 的速度 $\boldsymbol{v}_C$ 和加速度 $\boldsymbol{a}_C$ 即可代表刚体内各点的运动，从而**平动刚体的动力学问题可以归结为质点的动力学问题**，其**平动动力学基本方程**为
$$\sum \boldsymbol{F}_i = m\boldsymbol{a}_C \tag{11-13}$$
式中，m为刚体的质量；$\boldsymbol{a}_C$为质心的加速度；$\sum F_i$为刚体所受外力的矢量和。计算时一般采用投影式。

11.3.2 刚体绕定轴转动的动力学基本方程

刚体在外力作用下绕定轴变速转动时，其角加速度与外力矩之间存在着一定的关系。设刚体在外力系$\boldsymbol{F}_1$、$\boldsymbol{F}_2$、$\boldsymbol{F}_3$、…、$\boldsymbol{F}_n$作用下绕定轴 z 转动，某瞬时的角速度为ω，角加速度为α，如图 11-15a 所示。

任取刚体内一个质点M_i，它的质量为m_i，到 z 轴的垂直距离为r_i，所受的合力为$\boldsymbol{F}_i$。

显然，此质点作半径为 r_i 的圆周运动，它的切向加速度为 $a_{i\tau}=r_i\alpha$。将力 F_i 沿切向和法向分解为 $\boldsymbol{F}_{i\tau}$ 和 $\boldsymbol{F}_{in}$（图 11-15b）。由于力对刚体的转动效应可用力对转轴的矩来表示，而法向力指向转轴，这些惯性力对转轴的矩等于零。故力 $\boldsymbol{F}_i$ 对 z 轴的距的大小为

$$M_z(\boldsymbol{F}_i)=m_i r_i^2\alpha \qquad ①$$

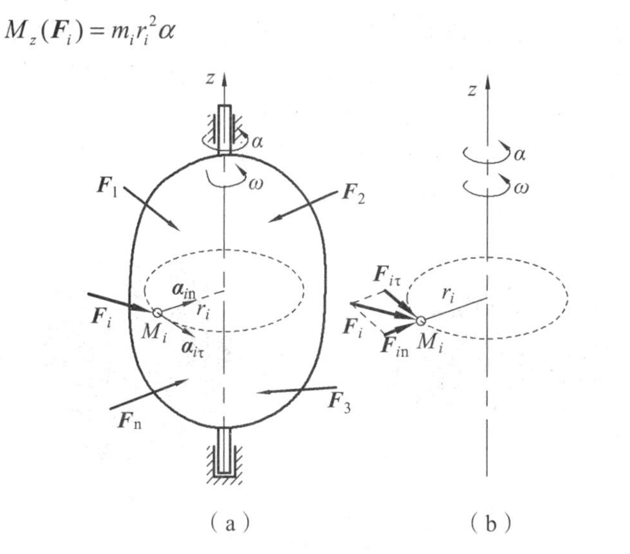

图 11-15

对刚体内每个质点都写出这样的关系式，然后相加，可得

$$\sum M_z(\boldsymbol{F}_i)=(\sum m_i r_i^2)\alpha \qquad ②$$

式②等号左边的 $\sum m_i r_i^2$ 称为**刚体对转轴** z **的转动惯量**，用符号 J_z 表示，即

$$J_z=\sum m_i r_i^2 \qquad (11\text{-}14)$$

对于确定的刚体和转轴，它是一个恒为正值的常量。于是，式②可写成

$$\sum M_z(\boldsymbol{F}_i)=J_z\alpha \qquad (11\text{-}15)$$

即为**刚体绕定轴转动的动力学基本方程**。其微分方程的形式，即

$$\sum M_z(\boldsymbol{F}_i)=J_z\alpha=J_z\frac{\mathrm{d}\omega}{\mathrm{d}t}=J_z\frac{\mathrm{d}^2\varphi}{\mathrm{d}t^2} \qquad (11\text{-}16)$$

式（11-16）表明，**刚体绕定轴转动时，作用于刚体上的外力对于转轴之矩的代数和等于刚体对于转轴的转动惯量与角加速度的乘积**。

将式（11-15）与平动动力学基本方程式

$$\sum \boldsymbol{F}_i=m\boldsymbol{a}$$

相对比，α 与 $\boldsymbol{a}$ 都是表示运动状态变化的量，$\sum M_z(\boldsymbol{F}_i)$ 与 $\sum \boldsymbol{F}_i$ 都是表示机械作用的量；因而与质量 m 处于相同位置上的转动惯量 J_z 则体现了刚体转动时的惯性，即**转动惯量是刚体转动时惯性大小的度量**。

11.3.3 转动惯量

由式（11-14）可知，刚体对某轴 z 的转动惯量等于刚体内各质点的质量与质点到该轴垂直距离的平方的乘积之和。由此可知，**转动惯量不仅和刚体的质量有关，而且和刚体质量的分布情况有关，质量相同的刚体，质量分布距转轴越远，对转轴的转动惯量就越大。**

在工程实际中，对于频繁启动和制动的机械，要求它们的转动惯量小一些，来提高启动、制动的灵敏度，在设计时应使较多的质量靠近转轴并采用轻金属材料，如图 11-16a。与此相反，对于要求稳定运转的机械，可在机械设备上安装转动惯量较大的飞轮，如图 11-16b 所示，当外力矩变化时，可以减少转速的波动。

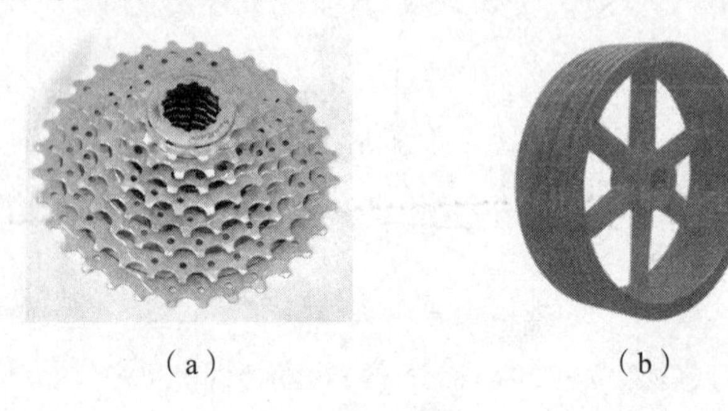

（a）　　　　（b）

图 11-16

显然，刚体的转动惯量只取决于刚体的形状、轴线的位置和质量的分布情况，而与刚体的运动状态无关。

转动惯量的单位为千克二次方米（$\text{kg}\cdot\text{m}^2$）。

1. 回转半径的概念

工程实际中常将刚体的转动惯量 J_z 表示为刚体质量 m 与某一长度 ρ_z 的平方乘积，即

$$J_z = m\rho_z^2 \tag{11-17}$$

ρ_z 称为刚体对于 z 轴的**回转半径**（也称**惯性半径**）。显然：

$$\rho_z = \sqrt{\frac{J_z}{m}} \tag{11-18}$$

式（11-18）说明，如果把刚体的质量全部集中在与 z 轴相距为 ρ_z 的点上，则此集中质量对 z 轴的转动惯量等于原刚体的转动惯量。

2. 简单形状均质刚体转动惯量的计算

对于形状简单、质量连续分布的匀质刚体，其转动惯量可直接利用积分法计算。

$$J_z = \int_M r^2 \mathrm{d}m \tag{11-19}$$

式中，记号 M 表示积分范围遍及整个刚体。

例 11-6 图 11-17 所示为一匀质细直杆，长度为 l，质量为 m。试求该杆对于对称轴 z 的转动惯量及回转半径。

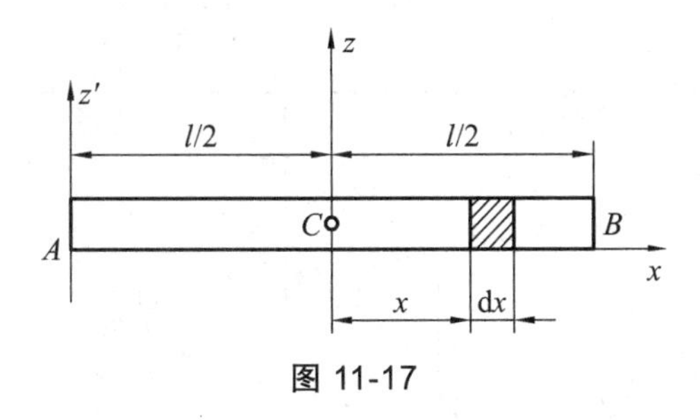

图 11-17

解　将细直杆分为许多微段 dx，任一微段的质量为 $\mathrm{d}m=\frac{m}{l}\mathrm{d}x$，至 z 轴的距离为 x，所以微段对 z 轴的转动惯量为

$$x^2\mathrm{d}m=\frac{m}{l}x^2\mathrm{d}x$$

由式（11-19）可得细直杆对 z 轴的转动惯量为

$$J_z=\int_M x^2\mathrm{d}m=\int_{-\frac{l}{2}}^{\frac{l}{2}}\frac{m}{l}x^2\mathrm{d}x=\frac{1}{12}ml^2$$

由式（11-18）得细长杆对 z 轴的回转半径为

$$\rho_z=\sqrt{\frac{J_z}{m}}=\sqrt{\frac{\frac{1}{12}ml^2}{m}}=\frac{\sqrt{3}}{6}l$$

工程手册中列出了简单形状匀质刚体的转动惯量和回转半径的计算公式（表 11-2），以供引用。

表 11-2　简单形状均质刚体的转动惯量和回转半径

形　状	简　图	转动惯量 J_z	回转半径 ρ_z
细直杆	z; l	$\frac{1}{3}ml^2$	$\frac{\sqrt{3}}{3}l$
细直杆	z; l/2; l/2	$\frac{1}{12}ml^2$	$\frac{\sqrt{3}}{6}l$
薄壁圆筒	z; r	mr^2	

续表

形　状	简　图	转动惯量 J_z	回转半径 ρ_z
圆　柱		$\frac{1}{2}mr^2$	$\frac{\sqrt{2}}{2}r$
圆　柱		$\frac{1}{12}m(l^2+3r^2)$	$\frac{1}{6}\sqrt{3(l^2+3r^2)}$
薄壁球壳		$\frac{2}{3}mr^2$	$\frac{\sqrt{6}}{3}r$
球		$\frac{2}{5}mr^2$	$\frac{\sqrt{10}}{5}r$
圆　环		$m\left(R^2+\frac{3r^2}{4}\right)$	$\frac{1}{2}\sqrt{4R^2+3r^2}$

小疑问：

转动惯量和惯性有何区别？

转动惯量是刚体绕轴转动惯性的度量，只与刚体的质量、质量分布以及转轴的位置有关。而惯性是刚体平动惯性的度量，只与刚体的质量有关。

3. 平行轴定理

从表 11-2 中可以看出，表中给出的都是刚体对于通过质心的轴的转动惯量，当需要知道刚体不通过质心的轴的转动惯量时，可通过查表并结合转动惯量的平行轴定理求得。

平行轴定理：刚体对任一轴 z' 的转动惯量，等于刚体对平行于该轴的质心轴 z 的转动惯量加上刚体质量 m 与两轴间距离 d 的平方的乘积，即

$$J_{z'} = J_z + md^2 \tag{11-20}$$

由此可见，在一组平行轴中，**刚体对质心轴的转动惯量为最小**。

4. 组合匀质刚体的转动惯量

组合匀质刚体对某轴的转动惯量，等于所有各组成部分对该轴的转动惯量的总和。

例 11-7　钟摆简化如图 11-18 所示。已知匀质细直杆和匀质圆盘的质量分别为 m_1 和 m_2，杆长为 l，圆盘直径为 d。求摆对于通过悬挂点 O 并垂直于摆平面的轴的转动惯量。

解　钟摆可看成由匀质细长杆和匀质圆盘两部分组成。

$$J_O = J_{O杆} + J_{O盘}$$

式中

$$J_{O杆} = \frac{1}{3}m_1 l^2$$

再由平行轴定理可得

$$J_{O盘} = J_C + m_2\left(l+\frac{d}{2}\right)^2 = \frac{1}{2}m_2\left(\frac{d}{2}\right)^2 + m_2\left(l+\frac{d}{2}\right)^2$$

$$= m_2\left(\frac{3}{8}d^2 + l^2 + ld\right)$$

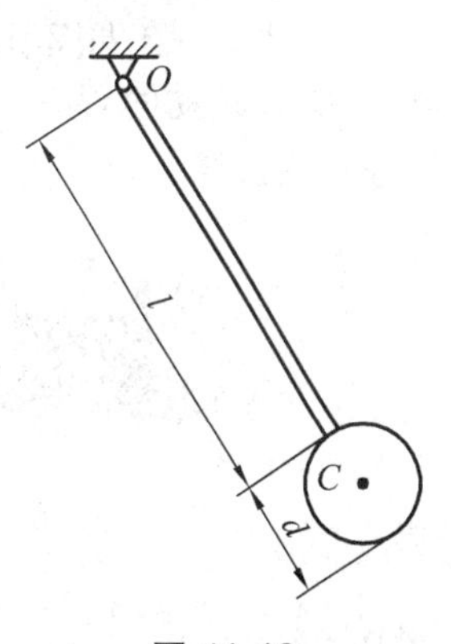

图 11-18

于是得

$$J_O = \frac{1}{3}m_1 l^2 + m_2\left(\frac{3}{8}d^2 + l^2 + ld\right)$$

11.3.4　刚体绕定轴转动动力学方程的应用

刚体绕定轴转动的动力学方程与质点动力学方程一样，可用来求解刚体绕定轴转动的两类动力学问题，即：已知刚体的转动规律，求作用于刚体上的外力矩；或已知作用于刚体上的外力矩，求刚体的转动规律。

例 11-8　如图 11-19 所示某飞轮以 $n = 600\ \mathrm{r/min}$ 的转速运转，转动惯量 $J_O = 2.5\ \mathrm{kg \cdot m^2}$。要使它在 1 s 内停止转动，设制动力矩 M_T 为常数，求此力矩的大小。

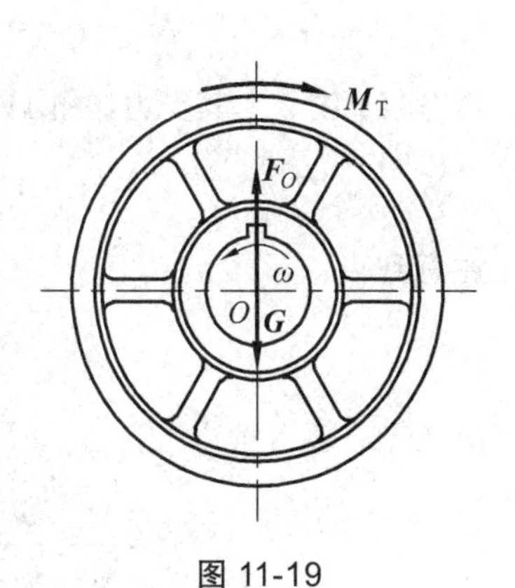

图 11-19

解　本题是已知转动规律，求外力矩的问题。取飞轮为研究对象，飞轮受重力 $\boldsymbol{G}$、轴承反力 $\boldsymbol{F}_O$ 及制动力矩 M_T 的作用（图 11-19）。因 $\boldsymbol{G}$ 和 $\boldsymbol{F}_O$ 通过转轴 O 且 M_T 为常数，故飞轮将作匀变

速转动。初始角速度 $\omega_0 = \dfrac{\pi n}{30}$，在 $t = 1\,\text{s}$ 内制动，由表 11-1 中匀变速转动得角加速度为

$$\alpha = \frac{\omega - \omega_0}{t} = \frac{0 - \omega_0}{t} = -\frac{\pi n}{30t}$$

取角速度的转向为正向，列飞轮的转动动力学方程

$$\sum M_z(F_i) = -M_{\mathrm{T}} = J_O\alpha$$

求得制动力矩为

$$M_{\mathrm{T}} = -J_O\alpha = -J_O\left(-\frac{\pi n}{30t}\right) = \frac{J_O\pi n}{30t} = \frac{2.5\,\text{kg.m}^2 \times \pi \times 600\ \text{rad/s}}{30 \times 1\ \text{s}} = 157\ \text{N}\cdot\text{m}$$

例 11-9　图 11-20a 所示起重设备,其结构简图如 11-20b 所示，由半径为 r、质量为 m、可绕 O 轴转动的卷筒和不计质量的绳索组成。被提升重物 A 的质量为 m_A。若卷筒的质量均匀分布在边缘，由电机传递的主动转矩为 M_O，求重物上升的加速度。

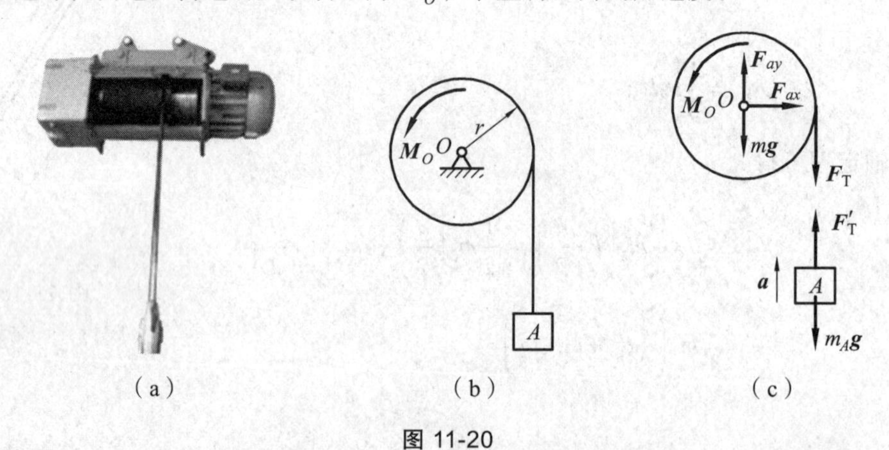

图 11-20

解　本题已知卷筒在转矩 M_O 作用下绕 O 轴转动，带动重物上升，要求重物上升的加速度，属于动力学第二类问题。

先考察卷筒，如图 11-20c 所示。以逆时针的转动方向为正向列其转动动力学方程为

$$M_O - F_{\mathrm{T}} r = J_O\alpha \qquad ①$$

再考察重物 A，其受力如图 11-20c 所示。以向上运动方向为正向，列其平动动力学方程为

$$F'_{\mathrm{T}} - m_A g = m_A a \qquad ②$$

注意到

$$a = r\alpha\ ,\quad F_{\mathrm{T}} = F'_{\mathrm{T}}\ ,\quad J_O = mr^2$$

由式①、②可解得

$$a = \frac{M_O - m_A gr}{(m_A + m)r}$$

本章主要内容回顾

（1）刚体平动时，其上任一直线在每一瞬时的位置都彼此平行。平动刚体上各点的轨迹相同，速度和加速度也相同。

（2）刚体绕定轴转动时，刚体上（或其延伸部分）始终有一条直线位置保持不变，此直线即转轴。

（3）转动刚体的位置用转角方程确定 $\varphi=\varphi(t)$。

转动刚体的角速度 $\omega=\dfrac{\mathrm{d}\varphi}{\mathrm{d}t}$，与转速之间的关系为 $\omega=\dfrac{n\pi}{30}$，角加速度为 $\alpha=\dfrac{\mathrm{d}\omega}{\mathrm{d}t}=\dfrac{\mathrm{d}^2\varphi}{\mathrm{d}t^2}$。

转动刚体上各点的速度、加速度：

$$v=r\omega\,,\quad a_{\tau}=r\alpha\,,\quad a_{\mathrm{n}}=r\omega$$

$$a=r\sqrt{\alpha^2+\omega^4}$$

$$\theta=\arctan\frac{|a_{\tau}|}{a_{\mathrm{n}}}=\arctan\frac{|\alpha|}{\omega^2}$$

（4）刚体绕定轴转动的动力学方程 $\sum M_z(\boldsymbol{F}_{\mathrm{i}})=J_z\alpha$。

（5）微分方程 $\sum M_{\mathrm{z}}(\boldsymbol{F}_i)=J_z\alpha=J_z\dfrac{\mathrm{d}\omega}{\mathrm{d}t}=J_z\dfrac{\mathrm{d}^2\varphi}{\mathrm{d}t^2}$。

（6）对 z 轴的转动惯量 $J_z=\sum m_i r_i^2$。

转动惯量平行轴定理 $J_{z'}=J_z+md^2$。

回转半径 $\rho_z=\sqrt{\dfrac{J_z}{m}}$。

练习题

11-1　绳索紧绕在鼓轮上，绳端系一重物，加速向下运动如题 11-1 图示。试问绳上 A、D 两点与轮缘上对应的 B、C 两点的速度和加速度是否相等？

11-2　题 11-2 图示摩擦传动机构，传动时两轮接触处没有相对滑动，问两轮的角速度之间及角加速度之间各有什么关系？

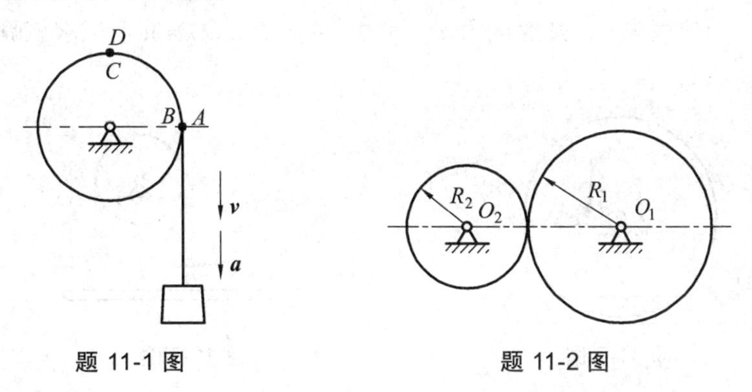

题 11-1 图　　　　题 11-2 图

11-3　题 11-3 图示的四杆机构，某瞬时 A、B 两点的速度大小相同，方向也相同。试问板 AB 的运动是否为平动？

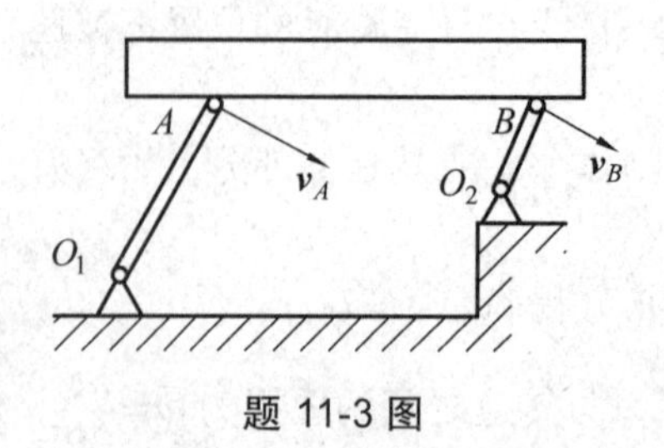

题 11-3 图

11-4　在题 11-4 图中，若已知曲柄 OA 的角速度 ω，角加速度 α 及所注尺寸。试分析刚体上两点 A、B 的速度、加速度的大小和方向。

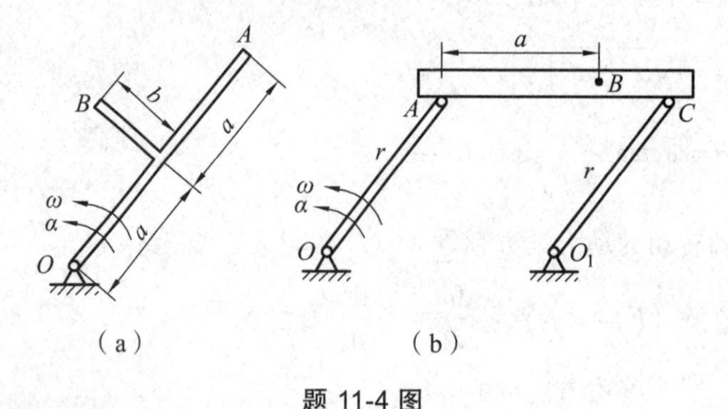

题 11-4 图

11-5　刚体绕定轴转动的运动方程 $\varphi = 4t - 3t^3$（φ 以 rad 计，t 以 s 计）。试求刚体内与转动轴相距 $r = 0.5$ m 的一点，在 $t_0 = 0$ 与 $t = 1$ s 时的速度和加速度的大小，并问刚体在什么时刻改变它的转向？

11-6　砂轮由静止开始作匀加速转动，半分钟后转速达到 $n = 900$ r/min，求砂轮的角加速度和半分钟内转过的圈数。

11-7　汽轮机叶轮由静止开始作匀加速转动，题 11-7 图示轮上点 M 到轴心的距离为 0.4 m，在某瞬时，其加速度的大小为 40 cm/s^2，方向与 M 点的转动半径成 $\theta = 30°$ 角，求叶轮的转动方程，以及 $t = 5$ s 时点 M 的速度和法向加速度。

11-8　如题 11-8 图所示系统，绕过定滑轮的绳索一端吊有重物 M，另一端系在水平杆 OA 上。已知重物 M 的速度为 $\boldsymbol{v}$，加速度为 $\boldsymbol{a}$，尺寸 $OB = 2l$，$OA = 3l$，试求该瞬时杆端 A 点的速度和加速度。

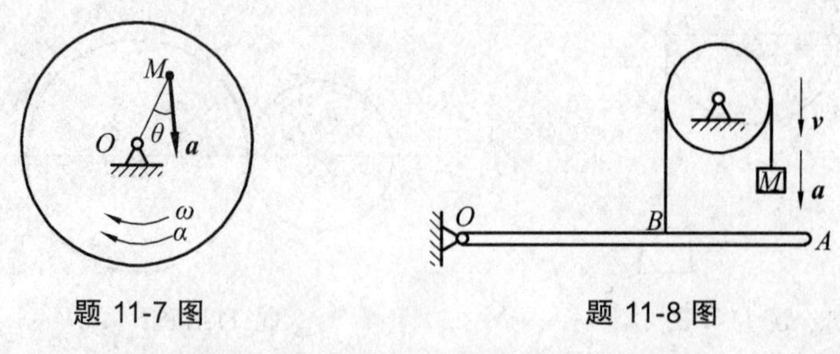

题 11-7 图　　　　题 11-8 图

11-9　如题 11-9 图所示，电动绞车由皮带轮Ⅰ和Ⅱ及鼓轮Ⅲ组成，鼓轮Ⅲ和皮带轮Ⅱ刚连在同一轴上。各轮半径分别为 $r_1 = 30\ \text{cm}$，$r_2 = 75\ \text{cm}$，$r_3 = 40\ \text{cm}$。轮 I 的转速为 $n = 100\ \text{r/min}$。设皮带轮与皮带之间无滑动，试求物块 M 上升的速度和皮带 AB、BC、CD、DA 各段上点的加速度大小。

11-10　如题 11-10 图所示，齿轮 A 以转速 $n = 30\ \text{r/min}$ 旋转，带动另一齿轮 B，刚连于齿轮 B 的鼓轮 D 亦随同转动并带动物体 C 上升。半径 r_1、r_2 与 r_3 各为 0.3 m、0.5 m 与 0.2 m。试求 C 上升的速度。

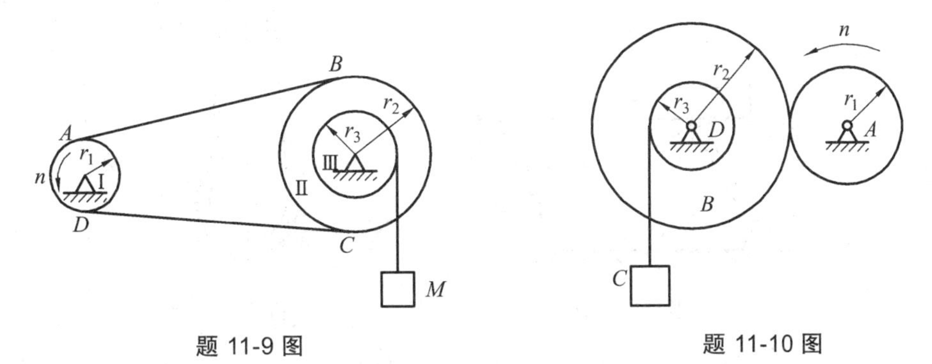

题 11-9 图　　　　题 11-10 图

11-11　如题 11-11 图所示，平行连杆机构中，曲柄 O_1A 以匀转速 $n = 320\ \text{r/min}$ 转动。曲柄长 $O_1A = O_2B = 150\ \text{mm}$，连杆长 $AB = O_1O_2$。求连杆 AB 的中点 C 的速度和加速度。

11-12　题 11-12 图示的两平行摆杆 $O_1B = O_2C = 0.5\ \text{m}$，且 $BC = O_1O_2$。若在某瞬时摆杆的角速度 $\omega = 2\ \text{rad/s}$，角加速度 $\alpha = 3\ \text{rad/s}^2$，试求吊钩尖端 A 点的速度和加速度。

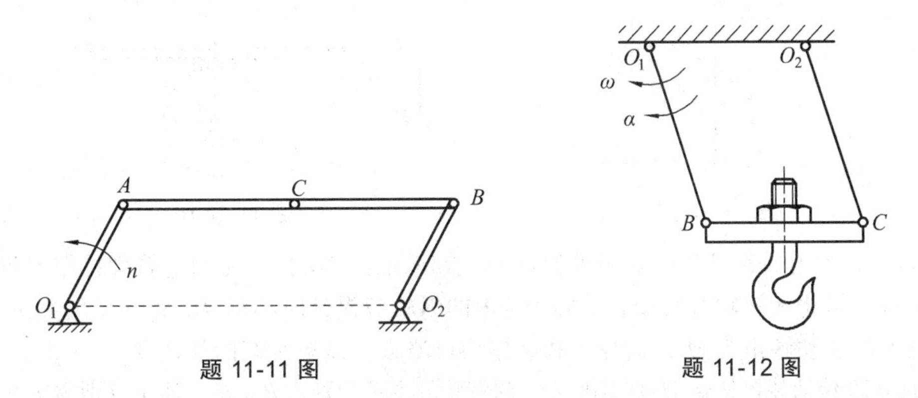

题 11-11 图　　　　题 11-12 图

11-13　如题 11-13 图所示，绕过定滑轮的绳子两端各系重物 M_1 和 M_2，重为 G_1 和 G_2，且 $G_1 < G_2$。设绳与滑轮间不发生相对滑动，并不计绳重，问在下列两种情形中，重物 M_1 的加速度是否相等？并问绳上 A、B 两点的张力是否相等？（1）不计轮重；（2）设滑轮重 G。

11-14　题 11-14 图示连杆的质量为 m，质心在 C 点。若 $AC = a$，$BC = b$，连杆对 B 轴的转动惯量为 J_B，试求连杆对 A 轴的转动惯量。

11-15　题 11-15 图示飞轮 A 的半径 $R = 0.5\ \text{m}$，为了求得它对中心轴的转动惯量而进行如下实验：在飞轮轮缘缠绕细绳，绳端悬挂质量 $m_1 = 8\ \text{kg}$ 的重锤。测得重锤自静止开始下降 $h = 2\ \text{m}$ 距离所需的时间为 $t_1 = 16\ \text{s}$。为了考虑轴承摩擦的影响，再用质量 $m_2 = 4\ \text{kg}$ 的重锤进行同样的试验，测得 $t_2 = 25\ \text{s}$。假定摩擦力矩为常量，与重锤大小无关。试计算飞轮的转动惯量。

11-16　如题 11-16 图所示，轮子的质量 $m = 100\ \text{kg}$，半径 $r = 1\ \text{m}$，可以看成匀质圆盘。

当轮子以转速 $n=120\ \mathrm{r/min}$ 绕定轴 O 转动时，在水平制动杆的 A 端铅直地施加常力 $\boldsymbol{F}$，经过 10 s 轮子停止转动。设轮与闸块间的动摩擦因数 $f=0.1$，试求力 $\boldsymbol{F}$ 的大小。轴承摩擦和闸块的厚度都可以忽略不计。

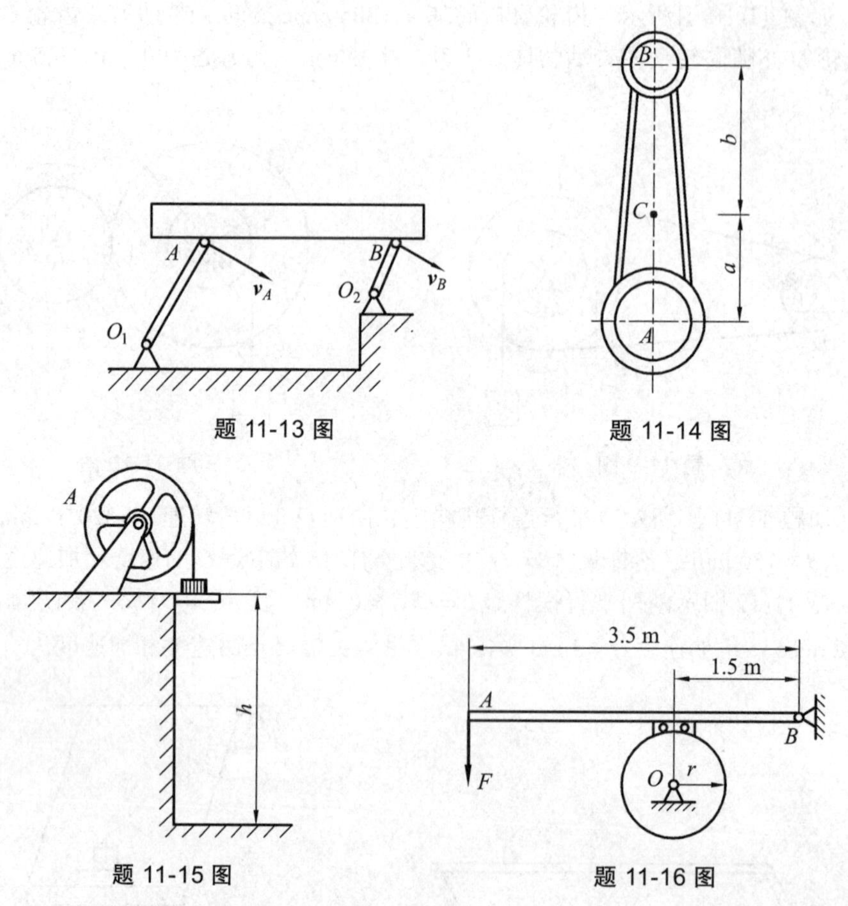

题 11-13 图　　题 11-14 图

题 11-15 图　　题 11-16 图

11-17　高炉上运送矿料的卷扬机如题 11-17 图所示。半径为 R 的卷筒可看作匀质圆柱，其重量为 G，可绕水平轴 O 转动。沿倾角为 θ 的斜轨被提升的小车 A，连同矿料共重 W。作用在卷筒上的主动转矩为 M，设绳重和摩擦均可略去。试求小车的加速度。

11-18　带传动装置如题 11-18 图所示。两带轮的半径分别为 R_1、R_2，质量分别为 m_1、m_2，都可看作匀质圆盘。如对轮Ⅰ作用主动转矩 M，而轮Ⅱ受到的阻力矩为 M'。试求轮Ⅰ的角加速度。

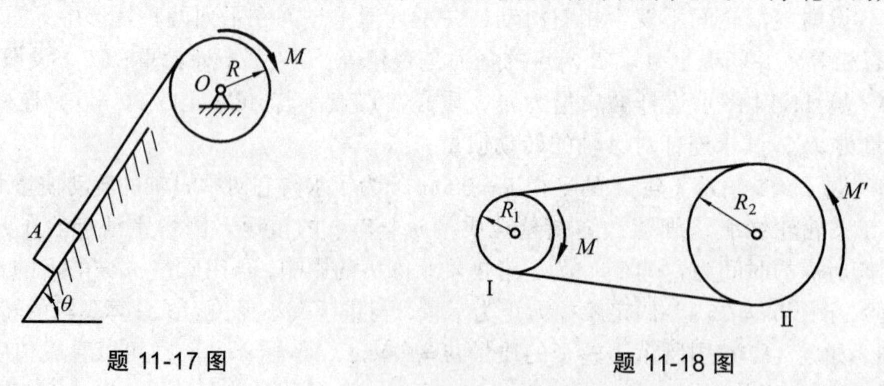

题 11-17 图　　题 11-18 图

11-19　大轮质量 $m_1 = 5\ \text{kg}$，半径 $r_1 = 200\ \text{mm}$，小轮质量 $m_2 = 2\ \text{kg}$，半径 $r_2 = 100\ \text{mm}$，都可看作匀质圆盘，如题 11-19 图所示。两者固连在一起成为塔轮，可绕水平轴 O 转动。用细绳悬挂着的重物 A、B 的质量分别为 $m_A = 20\ \text{kg}$、$m_B = 30\ \text{kg}$。试求塔轮的角加速度和两边细绳的拉力。

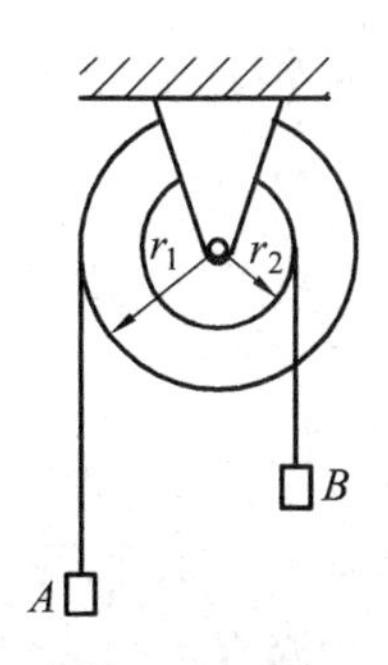

题 11-19 图

11-20　某公路在转弯处的曲率半径为 R，路面水平。有汽车重 $\boldsymbol{G}$，重心高出地面 h，左右两轮间的距离为 s。设路面与车轮的摩擦因数为 f，试求汽车在转弯处行驶时：（1）不致作侧向滑动的最大速度；（2）不致倾覆的最大速度。

第12章　点和刚体的合成运动

【本章概述】

本章阐述了同一物体相对于不同的参考系所表现出的不同运动学特征之间的关系，主要是速度之间的关系（表述为速度合成定理）。本章主要介绍动点的三种运动、三种速度以及点的速度合成定理和应用，刚体平面运动的概念和各点的速度分析。本章是研究点和刚体复杂运动的基础。

【知识目标】

（1）理解动点三种运动和三种速度。

（2）理解动点的三种速度之间的关系。

（3）理解刚体平面运动的基本概念。

（4）理解和掌握刚体平面运动各点的速度分析。

【技能目标】

（1）学会对动点三种运动和三种速度的应用分析。

（2）学会对刚体平面运动的分解。

（3）掌握对平面运动各点的速度分析方法。

【工程案例导入】

在工程实际中，刚体的运动有两种最常见的基本运动形式：刚体的平动和转动。对于复杂刚体的运动一般表现为这两种运动的组合。

如图12-1，车床加工工件时，由于不同的工件材料不同、加工精度要求不同等，必须对

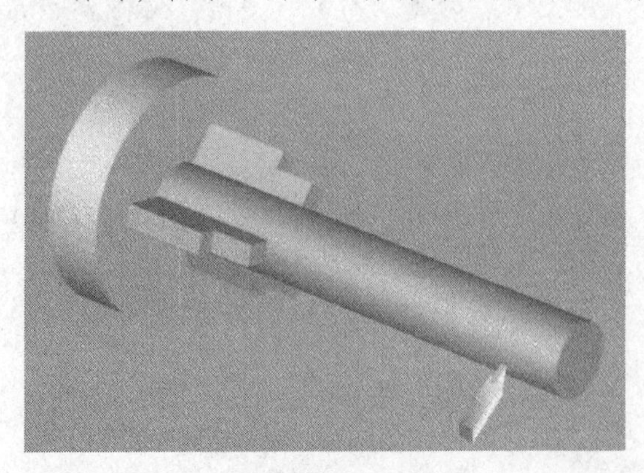

图12-1

加工时的各种运动进行分析，以获得最佳的切削速度和进给速度。而这些运动主要又分为刀尖相对于机架的运动、刀尖相对于工件的运动以及工件对机架的运动，如何确定动点或刚体的这三种运动和对应的三种速度以及应用是本章要讨论主要问题。

12.1　合成运动的基本概念

采用不同的参考系来描述同一点的运动，其结果可以不同，这就是运动描述的相对性。例如，在无风的雨天，站在地面上的人看到的雨点是铅垂下落的，而坐在行驶着的车辆上的人所看到的雨点却是向后倾斜下落的（图 12-2）。又如车间里的桥式起重机，当起重机横梁不动时，起重机小车沿横梁向右运动，同时，小车上的卷扬机提升工件 M 向上运动（图 12-3）。在起重机小车上的观察者看来，工件 M 是铅垂向上运动的，而对地面上的观察者来说，工件 M 不仅铅垂向上运动，而且还随小车向右运动，因此工件 M 是沿曲线 MM_1 运动。

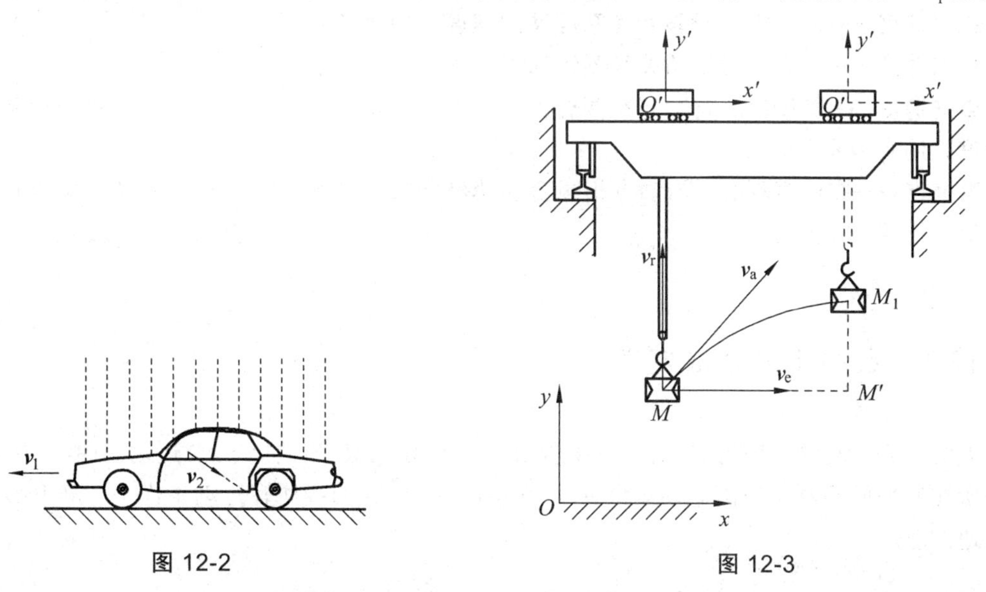

图 12-2　　图 12-3

可见，同一点对不同的参考系所表现的运动并不相同。为了便于研究，将所研究的点称为**动点**，如上述的雨点、工件 M 等；将固连于地面或相对于地面静止的物体上的参考系称为**静参考系**，简称**静系**（用 Oxy 表示）；固连于相对于地面运动的物体上的参考系称为**动参考系**，简称**动系**（用 $O'x'y'$ 表示）。

为了便于研究，我们引入以下三个重要的规定：

绝对运动——动点相对于静参考系的运动。例如雨点铅直向下的运动，起重机上动点 M 沿 $\overset{\frown}{MM_1}$ 的平面曲线运动。

相对运动——动点相对于动参考系的运动。例如从汽车上观看的雨点向后倾斜的曲线运动，起重机上动点 M 铅直向上的直线运动。

牵连运动——动系相对于静系的运动。汽车的直线平移运动，起重机上小车的向右直线平移运动。

可见，只要确定动点、动系与静系，则上述三种运动就随之确定。

由图 12-3 可以看出，动点 M 的绝对运动可以看成是相对运动和牵连运动合成的结果。因此，动点的绝对运动也称为**点的合成运动**。当然，也可以反过来说，动点的绝对运动可以分解为它的牵连运动和相对运动。这种运动的合成和分解，是工程力学中研究问题的常用方法。

小疑问：

质点的绝对运动、相对运动与牵连运动的主体是同一个吗？

不是。由上述三种运动的定义可知，点的绝对运动、相对运动的主体是动点本身，其运动可能是直线运动或曲线运动；而牵连运动的主体却是动系所固连的刚体，其运动可能是平动、转动或其他较为复杂的运动。

由于动点对不同参考系的运动是不同的，因而对不同参考系的运动速度也就不同。

绝对速度——动点相对于静参考系运动的速度，用 $\boldsymbol{v}_\text{a}$ 表示。

相对速度——动点相对于动参考系运动的速度，用 $\boldsymbol{v}_\text{r}$ 表示。

牵连速度——某瞬时，与动点相重合的动坐标系上的点（牵连点）相对于静坐标系运动的速度，用 $\boldsymbol{v}_\text{e}$ 表示。

牵连点——在任意瞬时，与动点相重合的动坐标系上的点。如图 12-2 所示，雨点打在车窗上那一点就是牵连点。

12.2 点的速度合成定理

点的合成运动的一般情况如图 12-4 所示。动点 M 沿某平面曲线 AB 运动，曲线 AB 又随自身所在的平面相对于地面运动。将 $Ax'y'$ 动系固结于 AB 曲线所在运动平面上，静系 Oxy 固结于地面上。

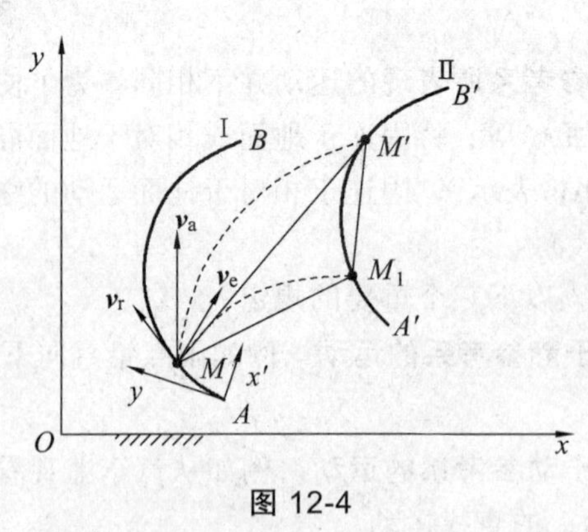

图 12-4

设某瞬时 t，AB 曲线位于Ⅰ位置，动点位于曲线上的 M 点。经过时间间隔 Δt 后，即在瞬时 $t+\Delta t$，AB 曲线运动至位置Ⅱ，动点 M 则沿曲线 AB 运动至 M' 点。

绝对运动位移—— $\overrightarrow{MM'}$，所以 $v_a=\lim\limits_{\Delta t\to 0}\dfrac{\overrightarrow{MM'}}{\Delta t}$；

相对运动位移—— $\overrightarrow{M_1M'}$，所以 $v_r=\lim\limits_{\Delta t\to 0}\dfrac{\overrightarrow{M_1M'}}{\Delta t}$；

牵连运动位移—— $\overrightarrow{MM_1}$，所以 $v_e=\lim\limits_{\Delta t\to 0}\dfrac{\overrightarrow{MM_1}}{\Delta t}$。

由位移矢量△$\boldsymbol{MM_1M'}$可得

$$\overrightarrow{MM'}=\overrightarrow{MM_1}+\overrightarrow{M_1M'}$$

上式表明：动点的绝对位移等于牵连位移与相对位移的矢量的和。而动点在瞬时 t 的绝对速度、牵连速度、相对速度，根据矢量△$\boldsymbol{MM_1M'}$可得

$$\boldsymbol{v}_a=\boldsymbol{v}_e+\boldsymbol{v}_r \tag{12-1}$$

式（12-1）表明：点做合成运动时，**动点的绝对速度等于牵连速度与相对速度的矢量和**，这就是点的**速度合成定理**。

式中包含三个速度矢量，每个矢量又有大小和方向两个要素，因此共有六个量。若已知其中任意四个量，便可求出其余的两个未知量。

例 12-1　如图 12-5 所示，汽车以速度 $v_1=5\ \text{m/s}$ 沿直线行驶，雨点 M 以速度 v_2 铅垂下落，而相对运动的方向与铅直方向 $\varphi=30°$。求雨点相对于汽车的速度大小。

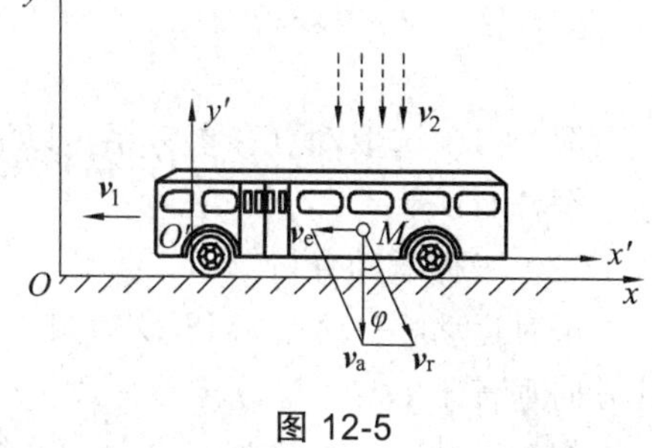

图 12-5

解（1）选取动点和动参考系。取雨点 M 为动点，静系 Oxy 固连于地面上，动系 $O'x'y'$ 固连于汽车上。

（2）分析三种运动和速度。雨点 M 的绝对运动是它相对于地面的铅直下落。绝对速度 $\boldsymbol{v}_a$ 的方向铅垂向下，大小待求。雨点 M 的相对运动是相对于车厢的运动。已知相对速度 $\boldsymbol{v}_r$ 的方向与铅垂线成 $\varphi=30°$，大小未知。牵连运动是汽车相对于地面的运动，是直线平动。雨点的牵连速度 $\boldsymbol{v}_e$ 也即汽车的平动速度，方向水平向左，速度大小 $v_e=v_1=5\ \text{m/s}$。

（3）应用速度合成定理求解未知量。由上述分析可知，共有绝对速度和相对速度大小两个未知量，根据速度合成定理（12-1），画出速度平行四边形或矢量三角形，如图 12-5 所示。由图中几何关系可知

$$v_a=\frac{v_e}{\tan 30°}=\frac{5\ \text{m/s}}{0.577}=8.66\ \text{m/s}$$

$$v_r=\frac{v_e}{\sin 30°}=\frac{5\ \text{m/s}}{0.5}=10\ \text{m/s}$$

应用点的速度合成定理的解题步骤如下：

（1）恰当地选择动点和动系，静系一般都固连于地面或相对于地面静止的物体上。在选取动点和动系时要特别注意，动点相对于动系要有运动，这显然要求动点与动系不能选在同一物体上。

（2）分析绝对运动、相对运动和牵连运动，进而确定在三种速度的大小和方向各要素中，哪些是已知的，哪些是未知的。

（3）按速度合成定理式（12-1），画出速度平行四边形或三角形。利用三角关系或矢量投影定理求解未知量。

例 12-2 图 12-6 所示为一曲柄摆杆机构。当曲柄 OM 以匀角速度 ω 绕 O 轴定轴转动时，滑块 M 可在摆杆 $O'B$ 上滑动，并带动摆杆 $O'B$ 绕 O' 轴摆动，$OM = r = 30$ cm，$OO' = 40$ cm。求 OM 在水平位置时摆杆 $O'B$ 的角速度 ω_1。

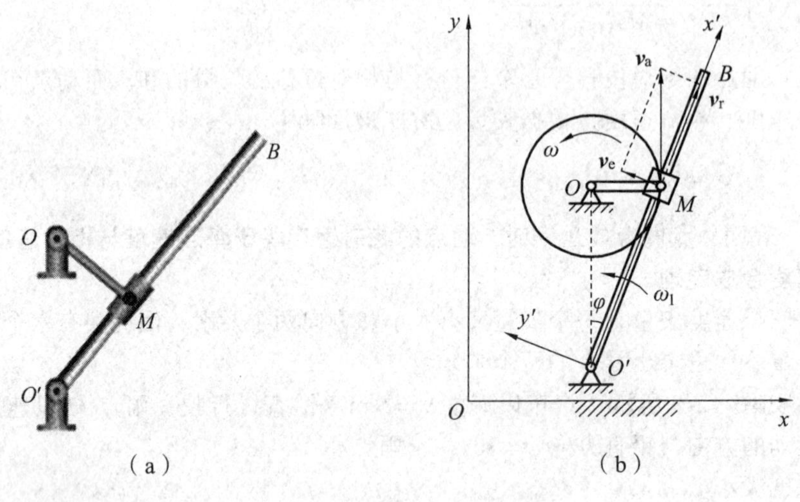

图 12-6

解 （1）选取动点和参考系。以滑块 M 为动点，静系 Oxy 固连于机架上，动系 $O'x'y'$ 固连于摆杆 $O'B$ 上。

（2）三种运动分析。

绝对运动——动点 M 以 O 为圆心，OM 为半径的圆周运动。绝对速度 $\boldsymbol{v}_a$ 的大小为 $OM \cdot \omega$，其方向垂直于 OM，与 ω 转向一致。

相对运动——动点 M 沿摆杆 $O'B$ 的直线运动。相对速度 $\boldsymbol{v}_r$ 的方向沿摆杆 $O'B$，大小未知。

牵连运动——摆杆 $O'B$ 绕 O' 轴的定轴转动。牵连速度 $\boldsymbol{v}_e$ 是摆杆 $O'B$ 上与滑块 M 重合的那一点（牵连点）的速度。在图示瞬时，$\boldsymbol{v}_e$ 的大小为 $v_e = O'M \cdot \omega_1$，方向与摆杆 $O'B$ 垂直，指向与 ω_1 转向一致，大小未知。

（3）应用速度合成定理求解。作出速度平行四边形，从而确定相对速度和牵连速度的指向，如图 12-6 所示。由图中几何关系可求出滑块 M 的牵连速度大小为

$$v_e = v_a \sin\varphi$$

式中，$v_a = OM \cdot \omega$。

由图示几何关系可知　$\sin\varphi = OM / O'M$，

$$O'M = \sqrt{OM^2 + OO'^2} = \sqrt{(30\ \text{cm})^2 + (40\ \text{cm})^2} = 50\ \text{cm}$$

故

$$v_e = OM \cdot \omega \cdot \sin\varphi = 30\ \text{cm} \times 2\ \text{rad/s} \times \frac{30\ \text{cm}}{50\ \text{cm}} = 36\ \text{cm/s}$$

而摆杆的角速度

$$\omega_1 = \frac{v_e}{O'M} = \frac{36\ \text{cm/s}}{50\ \text{cm}} = 0.72\ \text{rad/s}$$

由 $\boldsymbol{v}_e$ 的方向可判定 ω_1 的转向，如图 12-6b 所示。

重要提示：

通过上面各例题的分析，可以归纳出应用点的速度合成定理解题时应注意的要点：

（1）选取动点、动参考系和静参考系。

动点、静系和动系要分别选在三个物体上，且动点和动系不能选在同一个运动的物体上，否则，不能构成复合运动。

对于没有约束联系的系统，例如雨点、矿砂、物料等，可选取所研究的点为动点，动系固定在另一运动的物体如车辆、传送带等上。

对于有约束联系的系统，例如机构传动问题，动点多选在两构件的连接点或接触点，并与其中一个构件固连，动系则固定在另一运动的构件上。

总之，动点相对于动系的相对运动要简单、明显；动系的运动要容易判定。

（2）分析三种运动和三种速度。

相对运动和绝对运动都是点的运动，要分析点的运动轨迹是直线还是圆曲线或是某种曲线。对牵连运动刚体的运动，要分析刚体是作平动还是转动。对各种运动的速度，都要分析它的大小和方向两个要素，弄清已知量和未知量。

分析相对速度时，可设想观察者站在动参考系上，所观察到的运动即为点的相对运动。分析牵连速度时，可假定动点暂不作相对运动，而把它固结在动参考系上，然后根据牵连运动的性质去分析该点的速度，即分析牵连点的速度。

（3）根据点的速度合成定理求解未知量。

按各速度的已知条件，作出速度平行四边形。应注意要使绝对速度的矢量成为平行四边形的对角线，然后根据几何关系求解未知量。

12.3 刚体平面运动的基本概念和运动分解

在第 11 章中，我们讨论了刚体的基本运动——平动与定轴转动。但是，在机械工程中，还常常遇到一种更复杂的运动——刚体的平面运动，它既不是平动也不是定轴转动，而是同时包含着平动和定轴转动这两种基本运动。

12.3.1 刚体平面运动的基本概念

先来观察一些实例，例如，沿直线轨道滚动的车轮的运动（图 12-7），曲柄滑块机构中连杆 *AB* 的运动（图 12-8）。它们的运动都有一个共同的特点：**在运动过程中，刚体内任意一点与某一固定平面的距离始终保持不变。**这种运动称为**刚体的平面运动**。

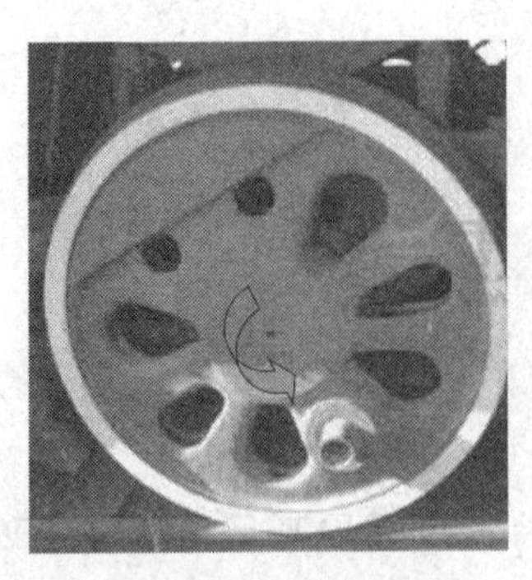

图 12-7

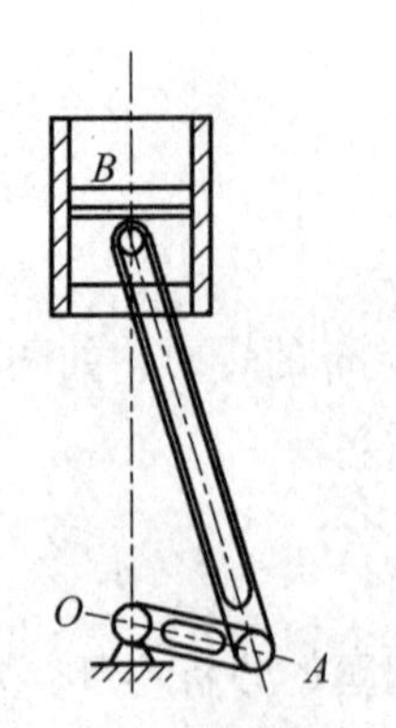

图 12-8

1．刚体的平面运动简化为平面图形的运动

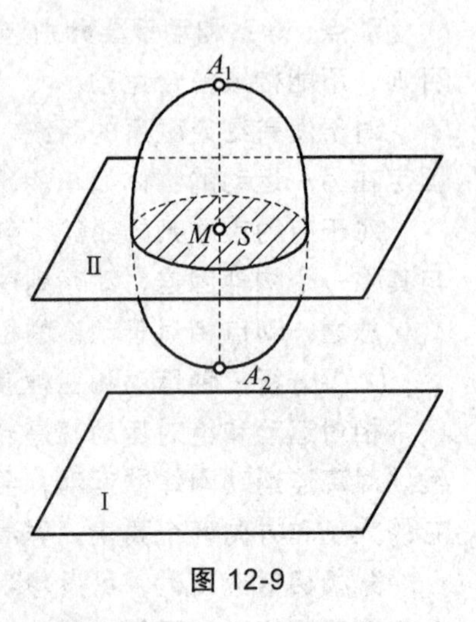

图 12-9

如图 12-9 所示，一刚体作平面运动，刚体上各点到固定平面Ⅰ的距离保持不变。作平面Ⅱ平行于固定平面Ⅰ，平面Ⅱ与刚体相交，在刚体上截出一平面图形 S。按照平面运动的定义，刚体运动时，平面图形 S 始终在平面Ⅱ内运动。又过图形 S 上任意点 M 作一条与固定平面Ⅰ垂直的直线 A_1MA_2，则此直线将作平行于自身的运动，即平动。显然直线上各点的运动与图形 S 上的点 M 的运动完全相同。由此可见，平面图形上各点的运动可以代表刚体内所有点的运动。因此，**刚体的平面运动可以简化为平面图形 S 在自身平面内的运动**。

2．刚体的平面运动方程

如图 12-10 所示，设平面图形在静坐标系 Oxy 内运动。为了确定图形在任意瞬时的位置，只需确定图形内任一条直线 $O'M$ 的位置即可。要研究平面图形的运动规律，就必须首先确定平面图形在任一瞬时的位置。当平面图形 S 运动时，基点 O' 的坐标（$x_{O'}$, $y_{O'}$）和角坐标 φ 都是时间 t 的单值连续函数。

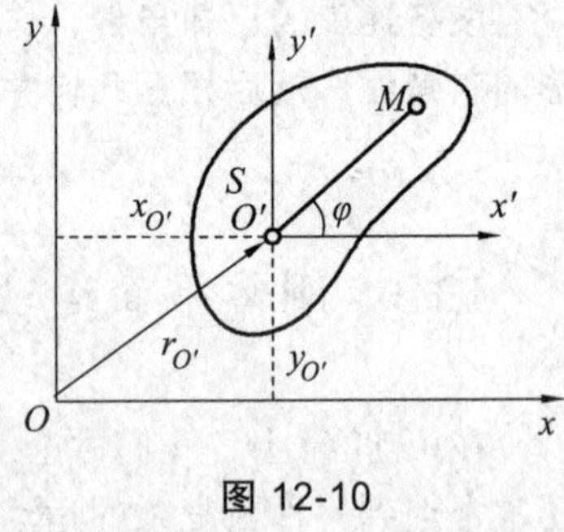

图 12-10

$$\left.\begin{aligned}x_{O'}&=f_1(t)\\y_{O'}&=f_2(t)\\\varphi&=f_3(t)\end{aligned}\right\}\qquad(12\text{-}2)$$

如果这些函数已知，则图形 S 在每一瞬时的位置就可以确定。式（12-2）就是平面图形的运动方程，也就是**刚体平面运动的方程**。

12.3.2 平面运动分解为平动和转动

式（12-2）中若 φ 为常量，平面图形 S 作平动；若 $x_{O'}$, $y_{O'}$ 为常量，即基点 O' 的位置不动，平面图形 S 将绕通过基点 O' 且与图形 S 的平面垂直的轴转动。

结论：刚体平面运动可以分解成随同基点的平动和绕基点的转动。

平面运动的分解也可以用上一节合成运动的观点来解释。以沿直线轨道滚动的车轮为例（图 12-11），取车厢为参考体，以轮心 O'（即车轴中心）为原点建立动系 $O'x'y'$，则动系的平动为牵连运动，车轮绕动系原点 O' 的转动为相对运动，二者的合成就是车轮的平面运动（绝对运动）。

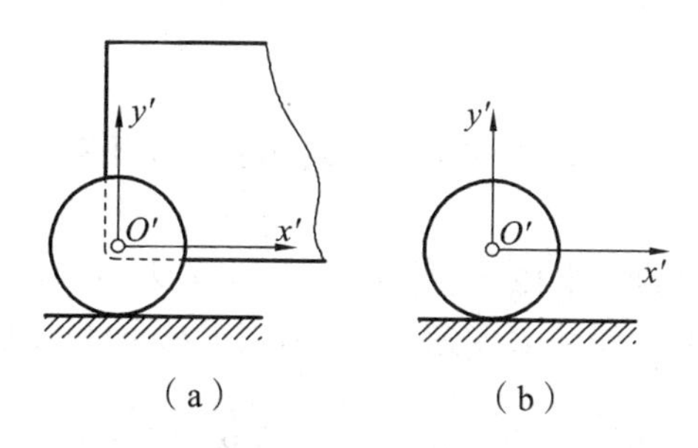

图 12-11

如图 12-12 所示，黑板擦擦黑板的运动，可以简化为平面图形 S 的运动，AB 为黑板擦的一条边。在瞬时 t，黑板擦 S 位于位置Ⅰ，经过时间 Δt 后，运动至位置Ⅱ。若选 A 点为其点，可看作黑板擦 S 先随 A 点从位置Ⅰ平动至位置Ⅱ′（随其点平动），然后绕 A_1 点顺时针转 φ_1 角到位置Ⅱ（绕基点的转动）。若选 B 为基点，则图形 S 可看作先随 B 点从位置Ⅰ平动到位置Ⅱ″，然后绕 B_1 点顺时针转 φ_2 角到位置Ⅱ。在 Δt 时间内，两种情况下基点的位移分别为 $\overline{\boldsymbol{AA}_1}$ 和 $\overline{\boldsymbol{BB}_1}$，显然，这两个位移是不同的，相应的速度也不同，说明**刚体随基点的平动速度与基点的位置有关**；但平面图形绕 A 及 B 转过的角度 φ_1 和 φ_2 的大小和转向完全相同，故相应的角速度也相同，这说明**刚体绕基点的转动角速度与基点位置无关**。

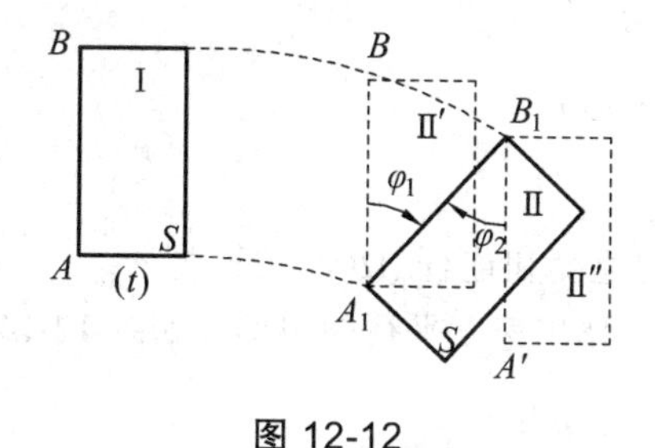

图 12-12

通常是把速度的大小和方向均已知的点作为基点。

12.4　平面运动刚体上各点的速度分析

12.4.1　基点法

基点法是计算平面图形上任意一点速度的基本方法。它实质上是点的速度合成定理的具体应用。

设平面图形 S 做平面运动，如图 12-13 所示，已知其上 A 点的速度为 $\boldsymbol{v}_A$，平面图形的角速度为 ω，现分析图形上任意一点 B 的速度。取点 A 为基点，将动系固结在基点上，则平面

图形 S 的运动可看成随基点的平动和绕基点的转动。B 点的运动则为随同基点的牵连运动和相对基点的相对运动的合成。B 点的牵连速度 $\boldsymbol{v}_{\mathrm{e}}=\boldsymbol{v}_A$，相对速度记为 $\boldsymbol{v}_{\mathrm{r}}$，方向与 AB 连线垂直与 ω 指向一致。将 B 点的绝对速度记为 $\boldsymbol{v}_B$，根据速度合成定理，得

$$\boldsymbol{v}_B=\boldsymbol{v}_A+\boldsymbol{v}_{BA} \tag{12-3}$$

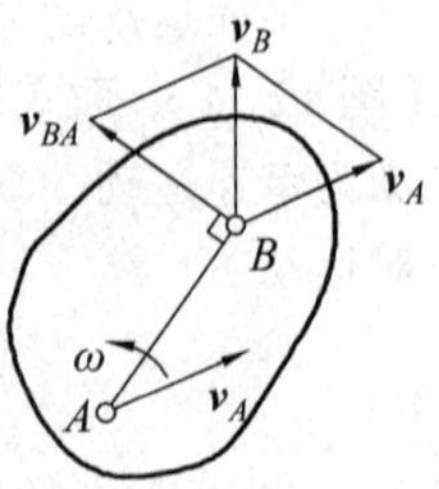

图 12-13

式（12-3）表明：**平面运动图形上任意一点的速度，等于基点的速度与该点绕基点转动速度的矢量和。**

例 12-3 曲柄滑块机构如图 12-14 所示，已知曲柄 $OA=R$，其角速度为 ω。试求当 $\angle BAO=60°$，$\angle BOA=90°$ 时，滑块 B 的速度 v_B 和连杆 AB 的角速度 ω_{AB}。

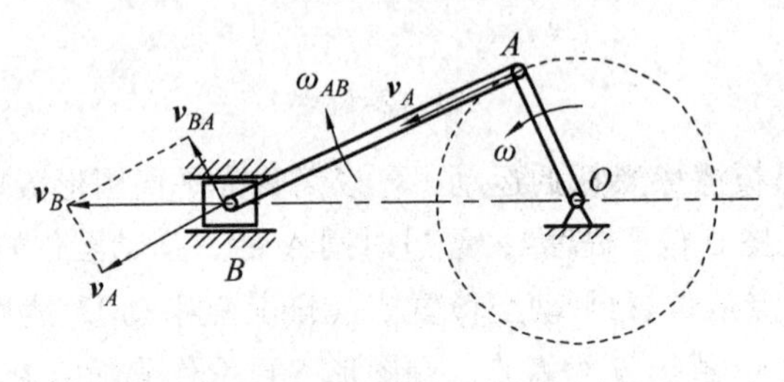

图 12-14

解 （1）分析各构件的运动，选取研究对象及基点。

由已知条件可知，曲柄 OA 做定轴转动，滑块 B 做直线运动，连杆 AB 做平面运动。取连杆 AB 为研究对象。由于点 A 是连杆与曲柄的连接点，其速度容易求得，故取点 A 为基点。其速度根据曲柄 OA 的运动可求得

$$v_A=OA\cdot\omega=R\omega$$

方向如图 12-14 所示。

（2）用基点法求滑块 B 的速度和连杆 AB 的角速度 ω_{AB}。

根据式（12-3）在滑块 B 处作出速度平行四边形，如图 12-14 所示。由图中几何关系，得

$$v_B=\frac{v_A}{\sin 60°}=\frac{R\omega}{\sqrt{3}/2}=1.15R\omega\ (\leftarrow)$$

$$v_{BA}=v_A\cot 60°=\frac{\sqrt{3}}{3}R\omega$$

因为 $$v_{BA}=AB\cdot\omega_{AB}$$

所以 $$\omega_{AB}=\frac{v_{BA}}{AB}=\frac{\frac{\sqrt{3}}{3}R\omega}{\sqrt{3}R}=\frac{1}{3}\omega\ (\circlearrowleft)$$

例 12-4 两齿条间夹一半径 $r=0.5\ \mathrm{m}$ 的齿轮，两齿条分别以 $v_1=6\ \mathrm{m/s}$ 和 $v_2=2\ \mathrm{m/s}$ 的水平速度向同一方向运动，如图 12-15 所示。求齿轮中心 O 点的速度。

解 （1）分析齿条运动。

齿轮在两齿条带动下做平面运动，由于在 A、B 处分别与齿轮啮合，所以 $v_A=v_1=6\ \mathrm{m/s}$，

$v_B = v_2 = 2\ \text{m/s}$，两点的速度方向均水平向右。

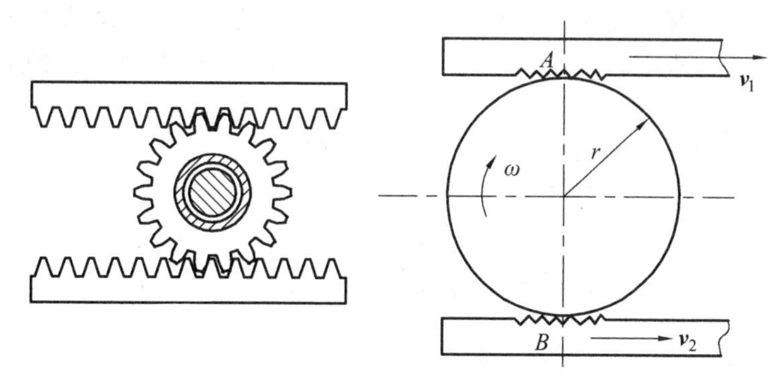

图 12-15

（2）选择基点，求解未知量。

由于 A、B 两点的速度均已知，故均可以作为基点。但无论取哪点为基点，均不能直接求得 O 点的速度，需先求得齿轮的角速度 ω。

取 B 点为基点，分析 A 点的速度，由基点法有

$$\boldsymbol{v}_B = \boldsymbol{v}_A + \boldsymbol{v}_{BA}$$

由于 $v_A > v_B$，所以 ω 为顺时针转向，即 $\boldsymbol{v}_{AB}$ 的方向也水平向右。此时，速度平行四边形各边都在一条直线上，三个速度间的数量关系为

$$v_A = v_B + v_{AB}$$

所以

$$v_{AB} = v_A - v_B = 6\ \text{m/s} - 2\ \text{m/s} = 4\ \text{m/s}$$

齿轮的角速度为

$$\omega = \frac{v_{AB}}{2r} = \frac{4\ \text{m/s}}{2\times 0.5\ \text{m}} = 4\ \text{rad/s}$$

同理，再取 B 为基点，可求得 O 点的速度为

$$v_O = v_B + v_{OB} = v_B + r\omega = 2\ \text{m/s} + 0.5\ \text{m}\times 4\ \text{rad/s} = 4\ \text{m/s}$$

12.4.2　速度投影法

将式（12-3）向 A、B 两点的连线投影，如图 12-16 所示。由于 $\boldsymbol{v}_{BA}$ 的方向总是与 AB 垂直，所以它在 AB 直线上的投影为零，于是有

$$(\boldsymbol{v}_B)_{AB} = (\boldsymbol{v}_A)_{AB} \tag{12-4}$$

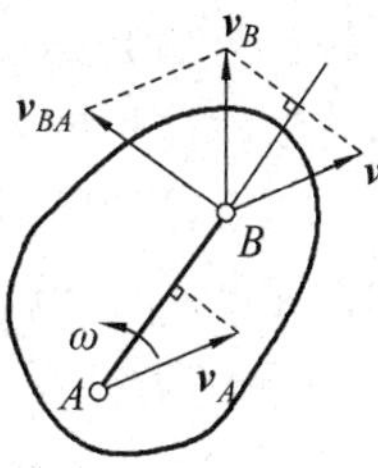

式（12-4）表明：**平面图形上任意两点的速度在这两点连线上的投影相等。此即为速度投影定理。**

该定理实际上是刚体性质的反映。当刚体运动时，由于其上任意两点间的距离保持不变，因此两点的速度必须满足上述关系，否则就意味着两点间的距离将要伸长或缩短。此定理不仅适用于刚体的平面运动，

图 12-16

也适用于刚体的其他运动。

若已知平面图形上某一点速度的大小和方向，同时又知道另一点速度的方向，应用速度投影定理可以很方便地求出另一点的速度。但该方法不能用来求解刚体上两点的相对速度及刚体的角速度。

例如，在例12-3中，若用速度投影法求滑块 B 的速度，则有

$$v_B\cos 30^\circ = v_A$$

所以
$$v_B = \frac{v_A}{\cos 30^\circ} = \frac{R\omega}{\sqrt{3}/2} = 1.15R\omega$$

连杆 AB 的角速度不能通过速度投影法求得。

12.4.3 速度瞬心法

用基点法求平面运动图形上一点的速度时，需将基点的速度与该点绕基点转动的速度进行合成，使得求解过程较为复杂。如果能选取某瞬时速度等于零的点作为基点，则该点的速度就等于其绕基点转动的速度，这就使求解变得非常简捷。那么，某瞬时平面图形上是否存在速度为零的点呢？下面就来讨论这一问题。

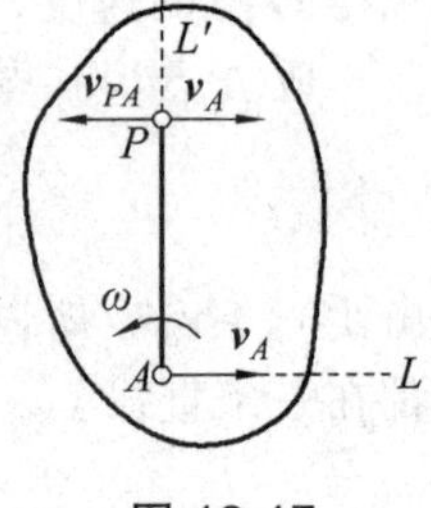

图 12-17

设某一瞬时，平面图形上点 A 的速度为 $\boldsymbol{v}_A$，图形的角速度为 ω，如图12-17所示。由 A 点沿 $\boldsymbol{v}_A$ 的方向作射线 AL，并将其绕 A 点依 ω 的转向转过90°至 AL'。取 A 为基点，则射线上一点 P 的速度为

$$\boldsymbol{v}_P = \boldsymbol{v}_A + \boldsymbol{v}_{PA}$$

由于 $\boldsymbol{v}_{PA}$ 与 AP 垂直，所以 $\boldsymbol{v}_{PA}$ 与 $\boldsymbol{v}_A$ 共线且方向相反。因而 $\boldsymbol{v}_P$ 的大小为

$$v_P = v_A - v_{PA} = v_A - AP\cdot\omega$$

令 $v_P = 0$，则有 $AP = \dfrac{v_A}{\omega}$，由此确定的点 P 就是该瞬时速度为零的点。显然，这样的点在平面图形（或其拓展部分）上存在且是唯一的，称为**瞬时速度中心**，简称**速度瞬心**。

根据瞬心的概念，**平面运动可以看成是平面图形绕瞬心的转动，图形上任一点的速度就等于该点绕瞬心转动的速度。**

下面介绍几种常见情形下速度瞬心的确定方法：

（1）平面图形沿一固定表面做无滑动的滚动，如图12-18a所示。此时，图形与固定面的接触点 P 就是图形的速度瞬心。因为点 P 相对固定面的速度为零，所以它的绝对速度等于零。车轮滚动过程中，轮缘上的各点相继与地面接触而成为车轮在不同时刻的速度瞬心。

（2）已知图形内任意两点 A、B 的速度 $\boldsymbol{v}_A$、$\boldsymbol{v}_B$ 方向如图12-18b所示，则通过这两点分别作速度 $\boldsymbol{v}_A$、$\boldsymbol{v}_B$ 的垂线，这两条垂线的交点 P 就是此瞬时的速度瞬心。

（3）如图12-18c、d所示，A、B 两点的速度 $\boldsymbol{v}_A$、$\boldsymbol{v}_B$ 大小不等、方向互相平行且都垂直于 AB 连线，则瞬心必在 AB 连线或 AB 延长线上。此时，须知道 A、B 两点速度的大小才能确定瞬心的具体位置。如图所示，瞬心 P 位于 $\boldsymbol{v}_A$、$\boldsymbol{v}_B$ 两矢量终点连线与 AB 直线的交点处。

（4）如图 12-18e、f 所示，任意两点 A、B 的速度 $\boldsymbol{v}_A$、$\boldsymbol{v}_B$ 相互平行，且 $\boldsymbol{v}_A=\boldsymbol{v}_B$，则该瞬时图形的瞬心 P 在无穷远处，此时图形的角速度 ω 为零，图形上各点的速度都相同。这种情况称为**瞬时平动**。

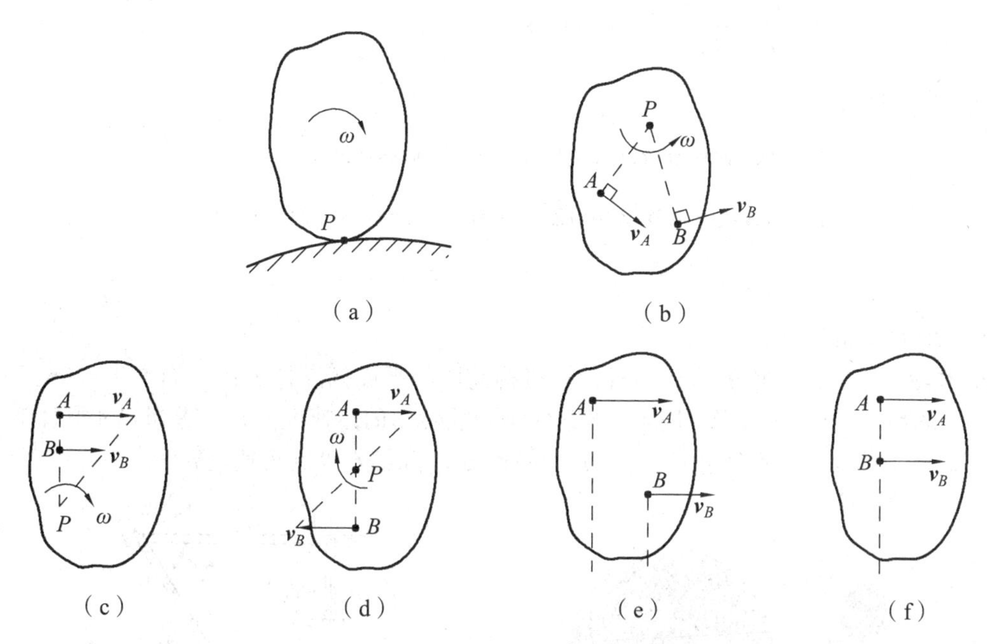

图 12-18

当刚体作瞬时平动时，虽然此瞬时的角速度为零，各点的速度相同，但各点的加速度并不相同，角加速度不等于零，故下一瞬时，各点的速度便不再相同，刚体也不再作瞬时平动，这是它与持续平动本质的区别。

必须指出，刚体在作平面运动的过程中，作为瞬心的那一点的位置不是固定的，而是随时间不断变化的。这是由于该点的速度在此瞬时虽然为零，但其加速度并不为零，故在下一瞬时，该点的速度也不再为零，但与此同时，会有另外一点（该点也可能在无穷远处）的速度变为零，成为新的瞬心。这个瞬心位置不断变换的过程就是刚体平面运动的过程。

例 12-5　如图 12-19 所示，半径 $r=0.4\ \text{m}$ 的车轮，沿直线轨道作无滑动的滚动。已知轮轴以速度 $v_O=15\ \text{m/s}$ 匀速度前进。求轮缘上 A、B、C 和 D 四个点的速度。

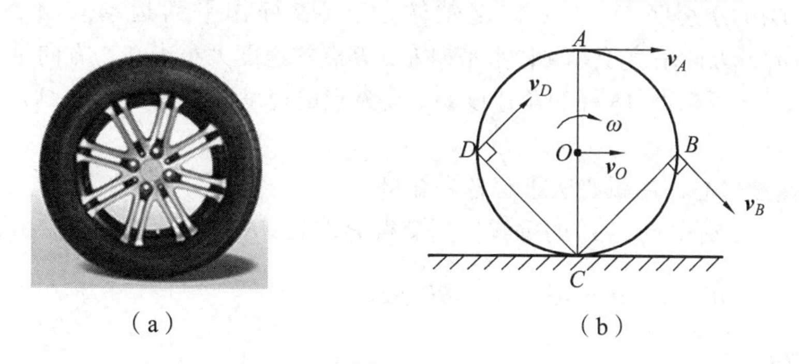

图 12-19

解　车轮作平面运动。因车轮无滑动，故车轮上与轨道相接触的 C 点其速度为零，$v_C=0$。

因此，C 点为速度瞬心。轮轴 O 点的速度又已知，可由此求出车轮的角速度 ω，进而求出 A、B、D 三点的速度。

$$\omega = \frac{v_O}{R} = \frac{15\ \text{m/s}}{0.4\ \text{m}} = 37.5\ \text{m/s}$$

由瞬心法可得

$$v_A = CA \cdot \omega = 2r \cdot \omega = 2 \times 0.4\ \text{m} \times 37.5\ \text{rad/s} = 30\ \text{m/s}$$

$$v_B = CB \cdot \omega = \sqrt{2}r \cdot \omega = \sqrt{2} \times 0.4\ \text{m} \times 37.5\ \text{rad/s} = 21.2\ \text{m/s}$$

$$v_D = CD \cdot \omega = \sqrt{2}r \cdot \omega = \sqrt{2} \times 0.4\ \text{m} \times 37.5\ \text{rad/s} = 21.2\ \text{m/s}$$

各点的速度方向如图所示。

例 12-6 颚式破碎机的运动分析，其机构简图为平面四连杆机构，如图 12-20b 所示。$O_1A = r$，$AB = O_2B = 3r$，已知曲柄 O_1A 绕 O_1 轴匀速转动的角速度为 ω_1。求当 O_1A 垂直于 AB、$\angle ABO_2 = 60°$ 时，AB 杆的角速度 ω_{AB}、B 点的速度 $\boldsymbol{v}_B$ 和杆 O_2B 的角速度 ω_2。

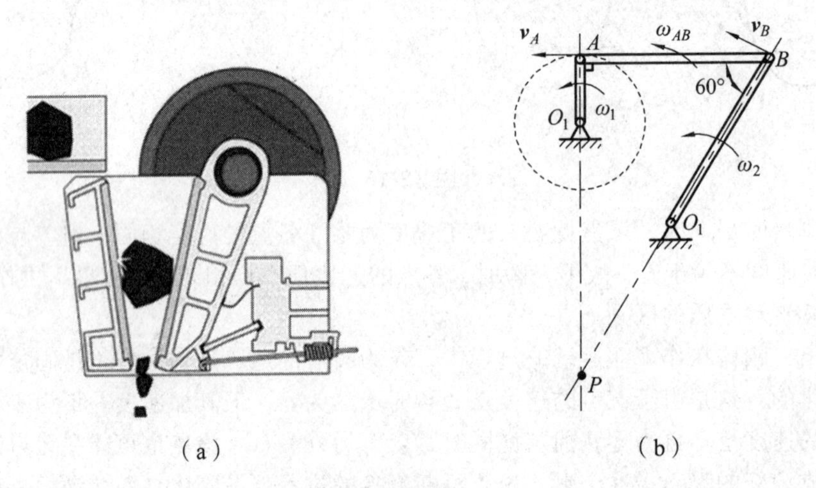

（a）　　（b）

图 12-20

解 （1）分析各杆运动，确定研究对象。

O_1A 杆与 O_2B 分别绕 O_1 与 O_2 作定轴转动，AB 杆作平面运动。A 点的速度大小 $v_A = O_1A \cdot \omega_1 = r\omega_1$，方向垂直于 O_1A，水平向左；B 点的速度大小未知，方向垂直于 O_2B。取 AB 杆为研究对象，可求得 AB 杆的角速度 ω_{AB} 及 B 点的速度 $\boldsymbol{v}_B$，然后再取 O_2B 为研究对象求出其角速度 ω_2。

（2）确定速度瞬心，用瞬心法求解各未知量。

过 A、B 两点分别作 $\boldsymbol{v}_A$、$\boldsymbol{v}_B$ 的垂线，其交点 P 即为 AB 杆的速度瞬心。由△ABP 可得

$$AP = \sqrt{3} \cdot 3r = 3\sqrt{3}r, \qquad BP = 2 \times 3r = 6r$$

由于 $v_A = AP \cdot \omega_{AB}$，故

$$\omega_{AB} = \frac{v_A}{AP} = \frac{r\omega_1}{3\sqrt{3}r} = 0.192\omega_1$$

$$v_B = BP\cdot\omega_{AB} = 6r\cdot\frac{\omega_1}{3\sqrt{3}} = \frac{2r\omega_1}{\sqrt{3}} = 1.15r\omega_1$$

O_2B 杆作定轴转动，其角速度 ω_2 为

$$\omega_2 = \frac{v_B}{O_2B} = \frac{2r\omega_1/\sqrt{3}}{3r} = \frac{2\omega_1}{3\sqrt{3}} = 0.385\omega_1$$

ω_{AB} 及 ω_2 的转向及 $\boldsymbol{v}_B$ 的方向如图 12-20 所示。

本章主要内容回顾

（1）点的绝对运动、相对运动和牵连运动，点的绝对速度、相对速度和牵连速度。

（2）速度合成定理：$\boldsymbol{v}_a = \boldsymbol{v}_e + \boldsymbol{v}_r$。
式中包含三个速度矢量，每个矢量又有大小和方向两个要素，因此共有六个量。若已知其中任意四个量，便可求出其余的两个未知量。作速度平行四边形的要点是绝对速度的矢量成为平行四边形的对角线。

（3）注意动点和动参考系的选取。动点和动参考系不能选在同一个刚体上，且动点相对于动参考系的相对轨迹易于判断。

（4）确定牵连速度首先分析动参考系上该瞬时的牵连点，再由动参考系所固结的运动物体的特征定出牵连速度。这是解决点的速度合成定理问题的难点。

（5）刚体的平面运动简化为平面图形的运动。

（6）刚体平面运动可看成是刚体平动和转动的合成，或者说，刚体平面运动可以分解成平动和转动。

（7）基点法 $\boldsymbol{v}_B = \boldsymbol{v}_A + \boldsymbol{v}_{BA}$（平面运动图形上任意一点的速度，等于基点的速度与该点绕基点转动速度的矢量和）。

（8）速度投影法 $(\boldsymbol{v}_B)_{AB} = (\boldsymbol{v}_A)_{AB}$（平面图形上任意两点的速度在这两点连线上的投影相等。此即为速度投影定理）。

（9）平面图形上任一点的速度就等于该点绕瞬心转动的速度，其大小为 $v_A = AP\cdot\omega$。

练习题

12-1　试在题 12-1 图示机构中恰当地选取动点、动参考系，并作出速度合成矢量图。

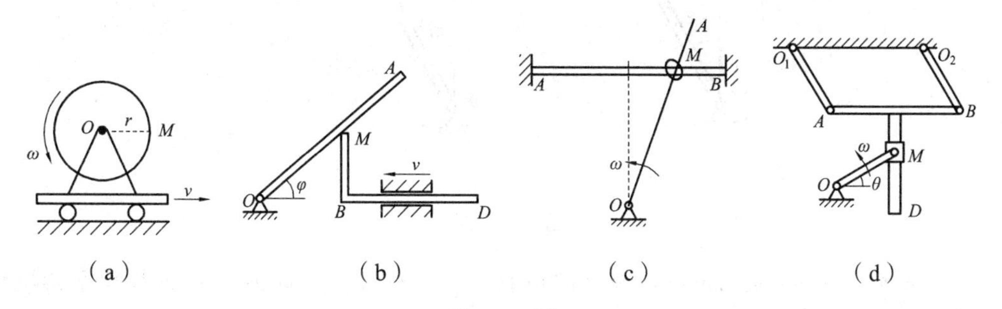

题 12-1 图

12-2　一直线凸轮机构如题 12-2 图所示，凸轮 A 以速度 $v = 0.2\ \text{m/s}$ 向右运动，凸轮斜面与水平面夹角 $\alpha = 10°$，试求从动杆 BC 沿直线上升的速度。

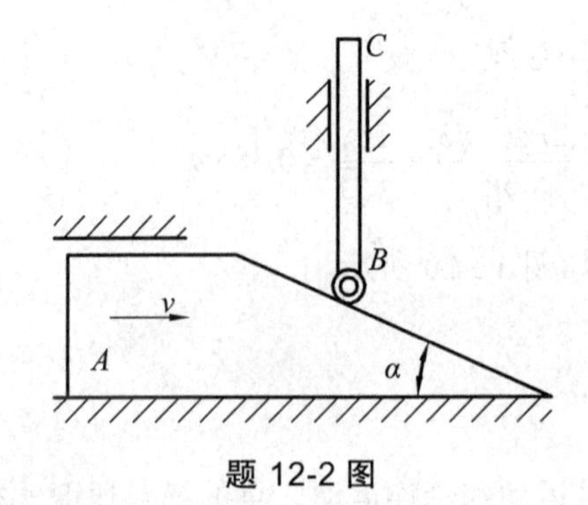

题 12-2 图

12-3　曲柄滑道机构如题 12-3 图所示，曲柄长 $OM = 20\ \text{cm}$，绕 O 轴转动，曲柄一端用铰链与滑块 M 相连，滑块可在滑道中滑动，并带动导杆 AD 上下运动。当曲柄转动到与铅垂线夹角 $\theta = 30°$ 时，其转速为 $n = 90\ \text{r/min}$。求该瞬时导杆的速度。

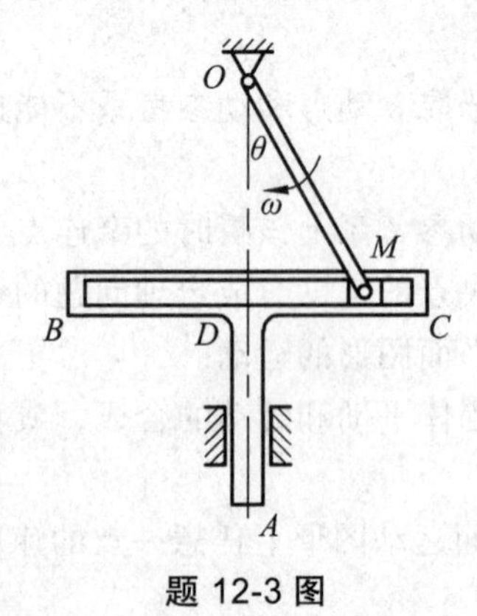

题 12-3 图

12-4　两种曲柄摆杆机构如题 12-4 图所示，已知 $O_1O_2 = 250\ \text{mm}$，$\omega_1 = 0.3\ \text{rad/s}$。试求在图示位置时杆 O_2A 的角速度 ω_2。

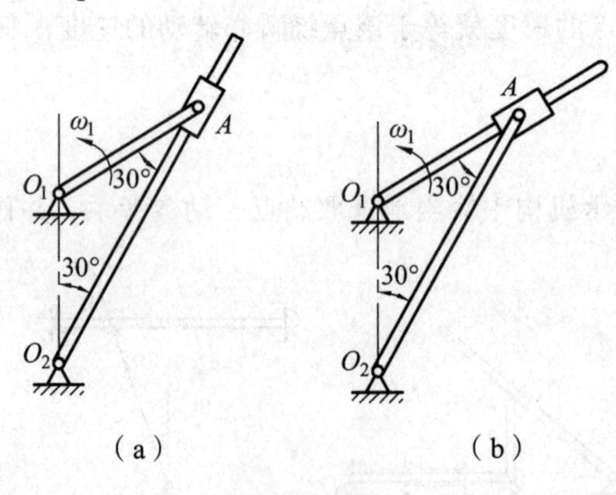

题 12-4 图

12-5　A 船以 $v_1 = 30\sqrt{2}\ \text{km/h}$ 的速度向南航行，B 船以 $v_2 = 30\ \text{km/h}$ 的速度向东南航行。求 B 船相对于 A 船的速度。

12-6　如题 12-6 图所示，四连杆机构 $OABO_1$ 中，$OA = O_1B = AB/2$，曲柄 OA 以角速度 $\omega_0 = 3\ \text{rad/s}$ 转动。在题图示位置 $\varphi = 90°$，而 O_1B 正好与 OO_1 的延长线重合。求在此瞬时杆 AB 和 O_1B 的角速度。

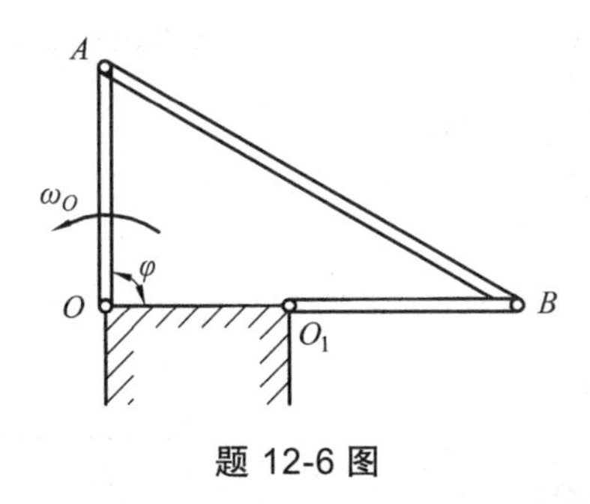

题 12-6 图

12-7　平面机构如题 12-7 图所示。试画出各连杆 AB 的瞬时速度中心。

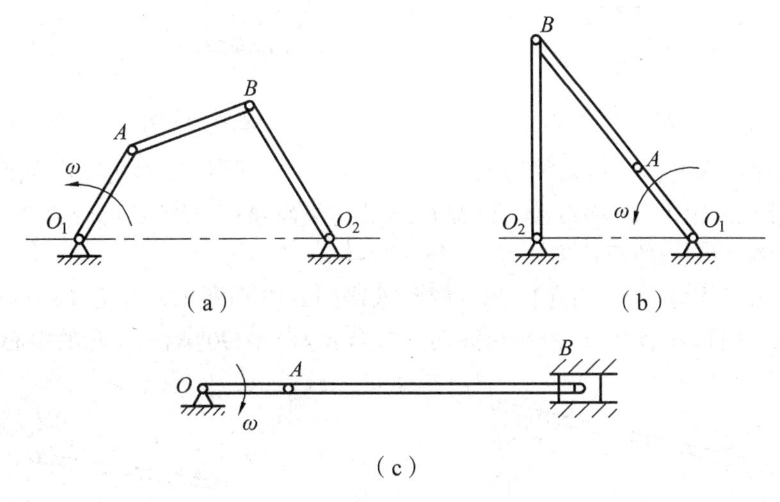

题 12-7 图

12-8　固定齿轮Ⅰ的半径为 $R = 300\ \text{mm}$，行星齿轮Ⅱ的半径为 $r = 200\ \text{mm}$。曲柄 OA 以转速 $n = 60\ \text{r/min}$ 绕 O 轴转动，带动齿轮Ⅱ沿齿轮Ⅰ滚动。求在题 12-8 图示位置，齿轮Ⅱ的角速度以及 B、C、D 三点的速度。

12-9　偏置曲柄连杆机构如题 12-9 图所示，OA 以角速度 $\omega = 1.5\ \text{rad/s}$ 绕 O 轴转动，长度 $OA = r = 0.4\ \text{m}$，$AB = 2\ \text{m}$，$h = 0.5\ \text{m}$，求曲柄在两铅垂位置及两水平位置时，滑块 B 的速度。

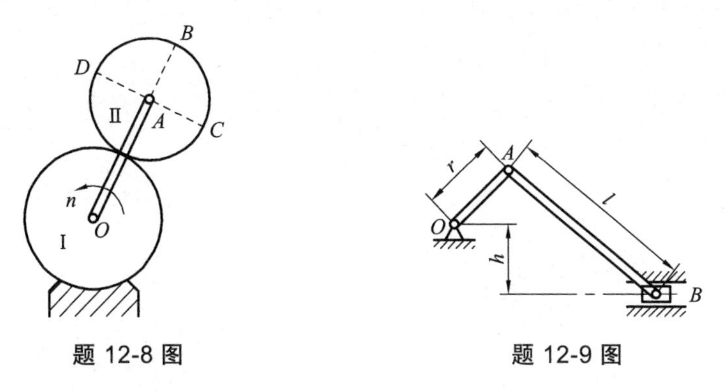

题 12-8 图　　题 12-9 图

12-10　如题12-10图所示，柴油机的曲柄 $OA = r = 80\ \text{cm}$，连杆 $AB = 160\ \text{cm}$，转速 $n = 116\ \text{r/min}$。求当 α 分别为0°和90°时，连杆 AB 的角速度和活塞 B 的速度。

12-11　列车车厢利用车轮的旋转带动发电机，机构如题12-11图所示。车厢以60 km/h匀速前进。已知 $R = 0.5\ \text{m}$，$r = 0.3\ \text{m}$，$r_1 = 0.05\ \text{m}$。试求发电机的转速。

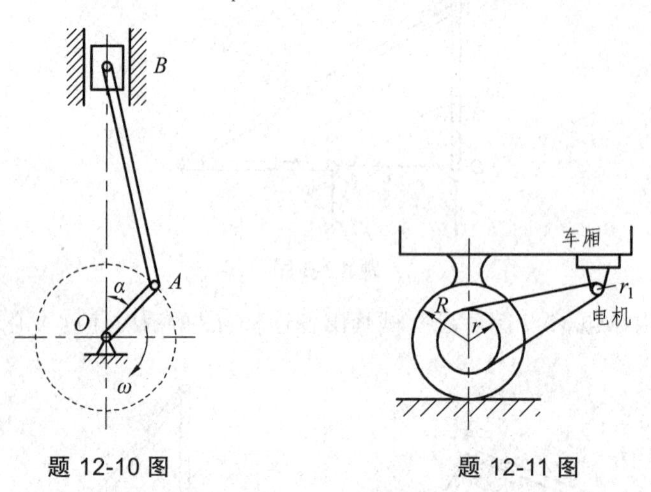

题12-10图　　　　题12-11图

12-12　齿轮刨床的刨刀运动机构如题12-12图所示。曲柄 OA 以角速度 ω_0 绕 O 轴转动，通过齿条 AB 带动齿轮I绕 O_1 轴转动。已知 $OA = R$，齿轮I的半径 $O_1C = r = R/2$。在图示位置 $\alpha = 60°$，求此瞬时齿轮I的角速度。

12-13　两轮半径均为 r，用连杆 BC 连接，如题12-13图所示。设轮 A 的中心速度为 v_A，方向水平向右，并且两轮均沿地面作纯滚动。求当 $\beta = 0°$ 及90°时，B 轮的中心速度 v_B。

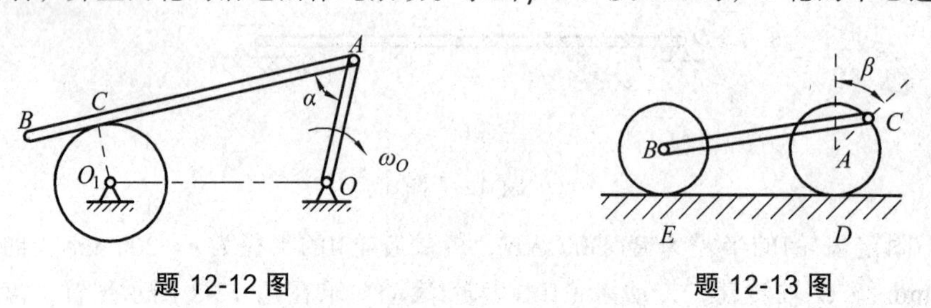

题12-12图　　　　题12-13图

第 13 章　动能定理

【本章概述】

动能定理是解决动力学问题的一种行之有效且比较简便的计算方法，因此，动能定理在动力学中占有十分重要的地位。本章以功和动能为基础，介绍机械运动中，功、功率和动能的概念和计算，动能定理的物理意义及其应用。

【知识目标】

（1）理解机械运动中功和功率的物理意义。

（2）理解刚体平移、转动及平面运动动能的物理意义。

（3）掌握动能定理的物理意义及其应用。

【技能目标】

（1）学会对机械运动中功、功率及机械效率的计算。

（2）学会对刚体各种运动的动能分析和计算。

（3）能够动能定理解决实际问题。

【工程案例导入】

功、功率、机械效率及动能是工程实际中经常需要解决的问题。动能定理是从能量的角度来分析质点或质点系的动力学问题，用其解决工程实际问题方便有效，同时还是建立机械运动和其他形式运动之间联系的桥梁。

如图 13-1a 所示的物料提升机，在工程实际中，是利用电能转化为机械能来提升重物的，其运动简图和受力情况如图 13-1b 所示，该机构的运动受力问题可以应用动能定理来解决。

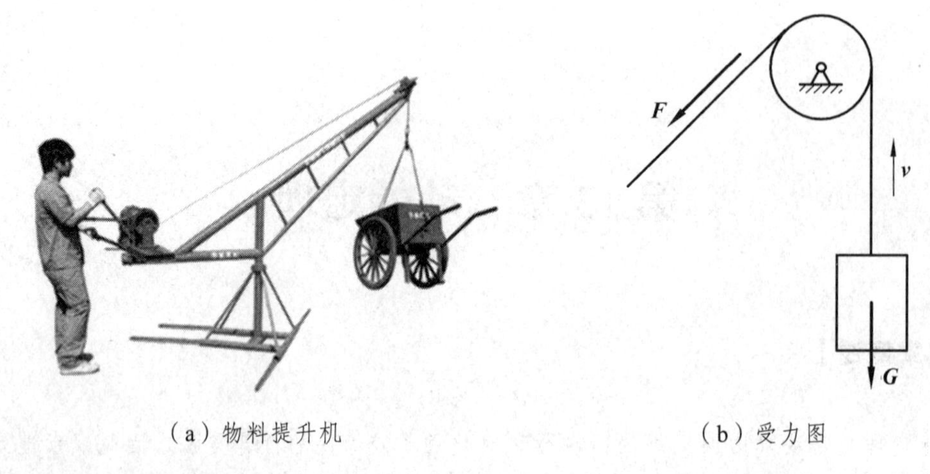

（a）物料提升机　　（b）受力图

图 13-1

13.1　功和功率

13.1.1　功的概念

功是度量力作用的一个物理量。它反映的是力在一段路程上对物体作用的累积效果，其结果是引起物体能量的改变和转化。功的计算方法随力和路程的情况而异，现分述如下。

1．常力所做的功

如图 13-2 所示，设有大小和方向都不变的力 $\boldsymbol{F}$ 作用在物体 M 上，物体 M 向右作直线运动。在某段时间内，M 点的位移 $\boldsymbol{s}=\overline{\boldsymbol{M}_1\boldsymbol{M}_2}$。则此**常力 $\boldsymbol{F}$ 在位移方向的投影 $F\cos\varphi$ 与位移的大小 s 的乘积即为力 $\boldsymbol{F}$ 在位移 s 上所做的功**，即

$$W=Fs\cos\varphi \tag{13-1}$$

式中，φ 是力 $\boldsymbol{F}$ 与位移 s 之间的夹角。

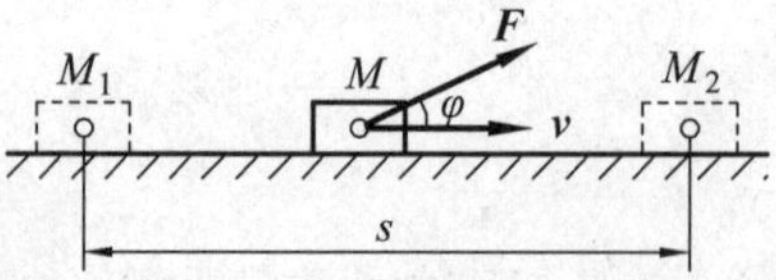

图 13-2

根据功的定义，功是代数量。由式（13-1）可知：当 $\varphi<\dfrac{\pi}{2}$ 时，功为正值；$\varphi>\dfrac{\pi}{2}$ 时，功为负值；$\varphi=\dfrac{\pi}{2}$ 时，功为零。在国际单位制中，功的单位是焦耳（符号为 J）。

$$1\ \mathrm{J}=1\ \mathrm{N\cdot m}=1\ \mathrm{kg\cdot m^2/s^2}$$

小疑问：

焦耳的物理意义？

1 J 等于 1 N 的力作用在物体上，使其在力的方向上移动 1 m 的距离所做的功。

2. 变力所做的功

设变力 $\boldsymbol{F}$ 作用在物体上，在某段时间内，力的作用点 M 沿曲线轨迹从 M_1 运动到 M_2，如图 13-3 所示，将整个路程细分为无数个微段 ds，在微小的路程 ds 上，力 $\boldsymbol{F}$ 的大小和方向皆可视为不变，而 ds 亦可看作直线，如以 d$\boldsymbol{r}$ 表示相应于 ds 的微小位移，当 ds 足够小时，$|\mathrm{d}\boldsymbol{r}|=\mathrm{d}s$，于是，根据功的定义，力 $\boldsymbol{F}$ 在 d$\boldsymbol{r}$ 上所做的微小功（也称为**元功**）为

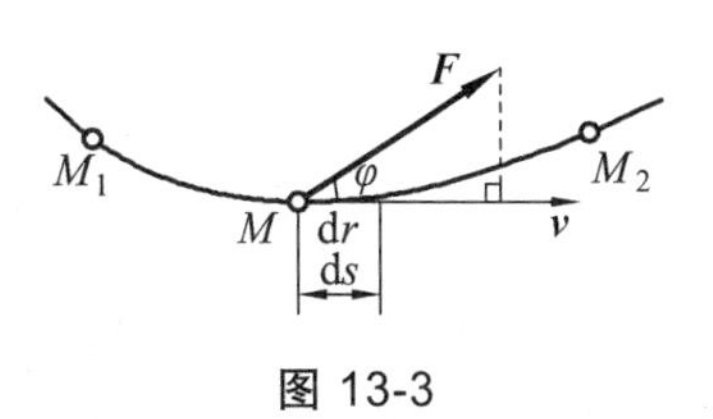

图 13-3

$$\delta W = F\cos\varphi \cdot \mathrm{d}s = F_\tau \cdot \mathrm{d}s \tag{13-2}$$

式中，φ 是力 $\boldsymbol{F}$ 与 M 点位移 d$\boldsymbol{r}$ 之间的夹角，也即力 $\boldsymbol{F}$ 与 M 点速度 v 之间的夹角。

在整个过程中，变力 $\boldsymbol{F}$ 沿曲线 M_1M_2 所作的功等于该力在各微段上所做的元功的总和，即

$$W = \int_{M_1}^{M_2} F_\tau \mathrm{d}s \tag{13-3}$$

上式表明：**变力在曲线路程上所做的功，等于其切向分力的元功沿路程的积分。**

3. 合力所做的功

若物体上同时有几个力作用，则不难证明：**合力在任一路程上所作的功等于各分力在同一路程上所做功的代数和。**即

$$W = W_1 + W_2 + \cdots + W_n = \sum W_i \tag{13-4}$$

13.1.2　常见力的功

1. 重力的功

设重为 G 的物体沿曲线轨迹由位置 M_1 运动到位置 M_2，如图 13-4 所示。取直角坐标系 $Oxyz$ 的 z 轴铅直向上，则重力 G 沿坐标轴的分量分别为

$$F_x = 0,\qquad F_y = 0,\qquad F_z = -G$$

于是，当物体由位置 M_1 运动到位置 M_2 时，重力 G 所做的功为

$$W = \int_{z_1}^{z_2}(-G)\mathrm{d}z = -G(z_2 - z_1)$$

$$= G(z_1 - z_2) = \pm Gh \tag{13-5}$$

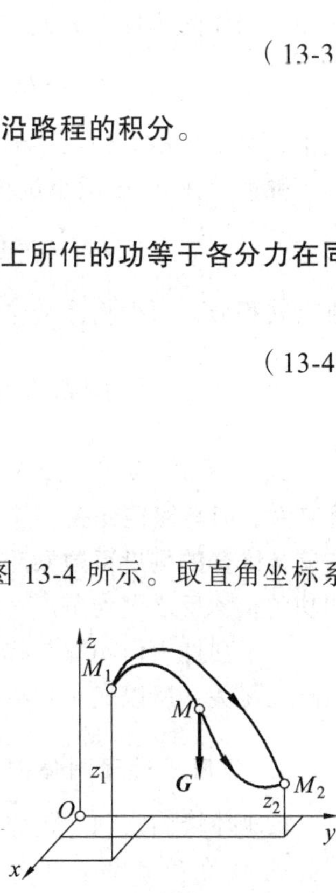

图 13-4

式中，$h = z_1 - z_2$，为物体始末位置的高度差。由此可见：**重力的功只与物体的重量和其重心始末位置的高度差有关，而与物体在其间运动的轨迹无关。**当

物体下降时，重力做正功；当物体上升时，重力做负功。

2．弹性力的功

设物体 M 连接于弹簧的一端，如图 13-5 所示，弹簧原长为 l_0，当弹簧在弹性范围内工作时，它作用于物体上的弹性力 $\boldsymbol{F}$，其大小与弹簧的变形 δ（伸长或缩短）成正比，即 $F=k\delta$，比例系数 k 就是弹簧的刚度系数，其单位为牛顿每米（N/m）。弹性力 $\boldsymbol{F}$ 的方位沿弹簧的轴线，指向变形恢复的一方。

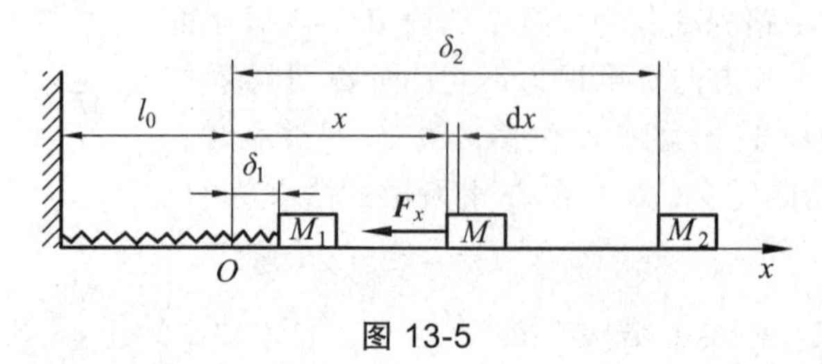

图 13-5

现计算物体由位置 M_1 运动到位置 M_2 的过程中，作用于物体上的弹性力所作的功。取弹簧在自然长度时物体 M 的位置为坐标原点，使 Ox 坐标轴与弹簧的中心线重合，如图 13-5 所示。在过程始末，弹簧分别有初变形 δ_1 和末变形 δ_2。在过程中的任意位置，弹簧的变形为 x，作用于物体的弹性力 $\boldsymbol{F}$ 在 x 轴上的投影为

$$F_x=-kx$$

式中，负号表示力的投影的符号与坐标的符号恒相反。

弹性力在 dx 段微小位移上的元功为

$$\delta W=F_x\mathrm{d}x=-kx\mathrm{d}x$$

将上式积分，可得物体从位置 M_1 到位置 M_2 过程中弹性力所做的功为

$$W=-\int_{\delta_1}^{\delta_2}kx\mathrm{d}x=-\frac{1}{2}k(\delta_2^2-\delta_1^2)=\frac{1}{2}k(\delta_1^2-\delta_2^2) \tag{13-6}$$

式（13-6）表明，**弹性力对质点所作的功只与起始位置和终了位置有关，而与路径无关，并等于起始位置和终了位置弹簧变形量的平方差与弹簧的刚度系数乘积的一半**。由此可知，若变形减小，弹性力的功为正；反之则为负。

由于弹性力作功只与弹簧的始末位置变形量有关，而与物体运动的路径无关，所以式（13-6）在物体作曲线运动时也是正确的。

3．作用于转动刚体的力及力偶的功

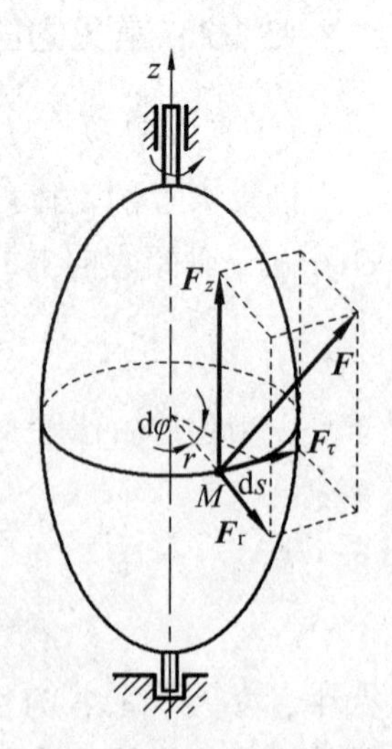

图 13-6

设刚体绕固定轴 z 转动，力 $\boldsymbol{F}$ 作用于其上的 M 点，如图 13-6 所示。点 M 在与 z 轴垂直的平面内作圆周运动。将力 $\boldsymbol{F}$ 分解成相互正交的三个分力：平行于 z 轴的轴向力 $\boldsymbol{F}_z$，沿 M 点运动轨迹（圆周）的切向力 $\boldsymbol{F}_\mathrm{t}$ 和沿圆周半径的径向力 $\boldsymbol{F}_\mathrm{r}$。当刚体有一微小转角 d$\varphi$ 时，力作用点 M 产生的微小位移的大小为 $\mathrm{d}s=r\mathrm{d}\varphi$。其中 r 是 M 点到转轴

的垂直距离。由于 $\boldsymbol{F}_z$ 及 $\boldsymbol{F}_r$ 都垂直于 M 点的运动轨迹，不做功，因而切向力 $\boldsymbol{F}_\tau$ 所做的功就等于力 $\boldsymbol{F}$ 所做的功。而切向力 $\boldsymbol{F}_\tau$ 在位移 $\mathrm{d}s$ 中的元功为

$$\delta W = F_\tau \mathrm{d}s = F_\tau r \mathrm{d}\varphi$$

式中，乘积 $\boldsymbol{F}_\tau r$ 是力 $\boldsymbol{F}_\tau$ 对 z 轴的矩，亦即力 $\boldsymbol{F}$ 对 z 轴的矩（因 $\boldsymbol{F}_z$ 及 $\boldsymbol{F}_r$ 对 z 轴的矩等于零）。因此，用 M_z 代表力 $\boldsymbol{F}$ 对 z 轴的矩，则

$$\delta W = M_z \mathrm{d}\varphi$$

当刚体转过有限转角 φ 时，力 $\boldsymbol{F}$ 所做的功为

$$W = \int_0^{\varphi} M_z \mathrm{d}\varphi \tag{13-7}$$

当力矩 M_z 是常量时，则

$$W = M_z \varphi \tag{13-8}$$

式（13-8）表明，**作用于定轴转动刚体上常力矩的功，等于力矩与转角大小的乘积**。当力矩与刚体转向一致时做正功，相反时做负功。

如果同时有若干个力作用于刚体，只需将 M_z 改成这些力对转轴的矩的代数和 $\sum M_{zi}$，则以上各式仍能成立。

如果作用在刚体上的是一力偶，其作用面垂直于转轴，则用 M_z 表示力偶矩后，式（13-7）和式（13-8）就代表力偶所做的功。

13.1.3　功率和机械效率

1. 功　率

在以上的讨论中，我们只考虑了力作了多少功，却没有考虑这些功是在多少时间之内完成的。但在实际工作中，常常需要计算**力在单位时间内所作的功，即功率**。对机器来说，功率是表示机器工作能力的一个重要指标。通常用 P 表示功率。

设力 $\boldsymbol{F}$ 在 Δt 时间内所做的功为 ΔW，则在这段时间内的平均功率为

$$P^* = \frac{\Delta W}{\Delta t}$$

令 $\Delta t \to 0$，P^* 的极限即为力在瞬时 t 的**瞬时功率**（简称**功率**）。于是

$$P = \lim_{\Delta t \to 0} \frac{\Delta W}{\Delta t} = \frac{\delta W}{\mathrm{d}t} \tag{13-9}$$

根据元功表示式（13-2），式（13-9）又可写成

$$P = \frac{\delta W}{\mathrm{d}t} = \frac{F_\tau \mathrm{d}s}{\mathrm{d}t} = F_\tau v \tag{13-10}$$

式（13-10）表明，**力的功率等于力在作用点速度方向的投影与速度大小的乘积**。

在国际单位制中，功率的单位名称为瓦特（符号为 W），即

$$1\ \mathrm{W}=1\ \mathrm{J/s}=1\ \mathrm{N\cdot m/s}=1\ \mathrm{kg\cdot m^2/s^3}$$

将元功 $\delta W=M_z\mathrm{d}\varphi$ 代入式（13-9），可得作用在定轴转动刚体上的力的功率为

$$P=\frac{\delta W}{\mathrm{d}t}=\frac{M_z\mathrm{d}\varphi}{\mathrm{d}t}=M_z\omega \tag{13-11}$$

式（13-11）表明，**作用于定轴转动刚体上的力或力偶的功率等于该力或力偶对转轴的力矩与刚体角速度的乘积。**

由式（13-10）和式（13-11）可知，当机器的功率一定时，降低速度或转速，即可增大力或转矩，用以克服阻力。这就是上坡时车辆减速以增加牵引力的道理。

若转速 n 的单位用转/分钟（r/min），功率 P 的单位用千瓦（kW），转矩（力矩或力偶矩）M 的单位用牛顿米（N · m），则式（13-11）可写成

$$P=\frac{M\omega}{1\,000}=\frac{M}{1\,000}\cdot\frac{\pi n}{30}=\frac{Mn}{9\,549} \tag{13-12}$$

或
$$M=9\,549\frac{P}{n} \tag{13-13}$$

2. 机械效率

任何机器在工作时，必须输入一定的功率，用以克服工作阻力和摩擦阻力。用于克服工作阻力的功率称为有用功率，用于克服摩擦阻力的功率称为无用功率。当机器稳定运转时，**其有用功率 P_1 与输入功率 P_0 之比称为机械效率**，用 η 表示，即

$$\eta=\frac{P_1}{P_0}\times 100\% \tag{13-14}$$

机械效率是评定机械设备质量优劣的一个重要指标。

一般情况下，机械设备动力从原动机经过若干个传动环节最后到达工作部分，每个传动环节都有一个传动机械效率（η_1、η_2、η_3、…、η_n），那么**机械设备总的机械效率就等于各个传动环节机械效率的连乘积。**

$$\eta=\eta_1\eta_2\cdots\eta_n \tag{13-15}$$

例 13-1 原长为 $\sqrt{2}l$，刚度系数为 k 的弹簧，与长为 l，质量为 m 的均质杆 OA 连接，直立于铅直面内，如图 13-7 所示。当 OA 杆受到常力矩 M 作用，求杆由铅直位置绕 O 轴转动到水平位置时，各力所做的功及合力的功。

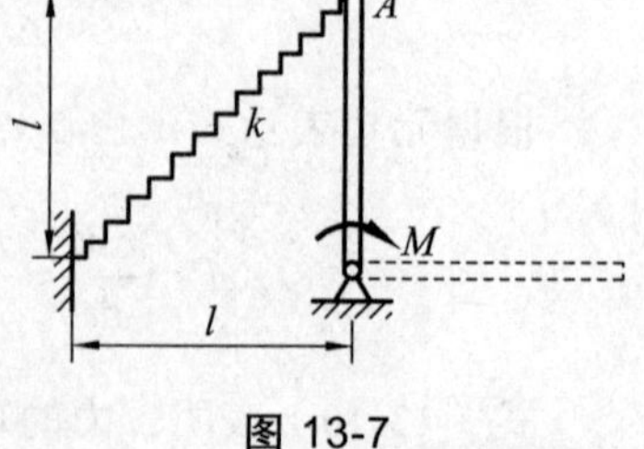

图 13-7

解 以 OA 杆为研究对象，杆在运动过程中，只有重力、弹性力和力矩做功。现分别计算各力的功。

$$W_G=mg\frac{l}{2}$$

$$W_F = \frac{1}{2}k(\delta_1^2 - \delta_2^2) = \frac{1}{2}k[0 - (2l - \sqrt{2}l)^2] = -0.17kl^2$$

$$W_M = M\varphi = M\frac{\pi}{2}$$

合力的功为

$$W = W_G + W_F + W_M = \frac{1}{2}mgl - 0.17kl^2 + \frac{1}{2}M\pi$$

例 13-2　图 13-8 所示为一起重装置，已知吊起重物的重量 $G = 100\ \text{kN}$，上升速度 $v = 15\ \text{m/min}$，齿轮减速箱的机械效率为 $\eta_1 = 0.94$，滑轮组的机械效率为 $\eta_2 = 0.90$。试选择电动机的功率。

解　起重装置的输出功率为吊起重物的功率，输入功率为电机的输出功率，其效率取决于变速箱和滑轮装置的效率。

吊起重物所需的功率

$$P_n = Gv\frac{1}{60} = \frac{100\ \text{kN} \times 15\ \text{m/min}}{60} = 25\ \text{kW}$$

总效率为

$$\eta = \eta_1 \cdot \eta_2 = 0.94 \times 0.90 = 0.846$$

图 13-8

故电动机的功率为

$$P = \frac{P_\eta}{\eta} = \frac{25\ \text{kW}}{0.846} = 29.6\ \text{kW}$$

根据 P 值查机械设计手册，选用适合的电动机型号。

例 13-3　在车床上车削直径 $d = 0.2\ \text{m}$ 的零件外圆，如图 13-9 所示，车床传动系统的传动效率 $\eta = 0.8$，主轴的转矩 $M = 250\ \text{N·m}$，主轴以 $n = 180\ \text{r/min}$ 作匀速转动。求切削力和电动机的输出功率。

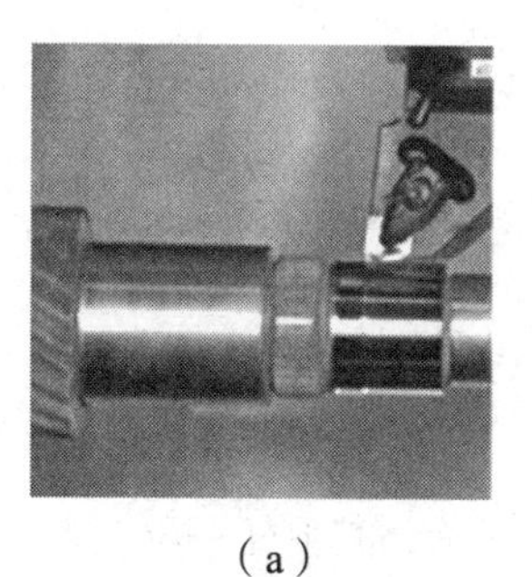

（a）

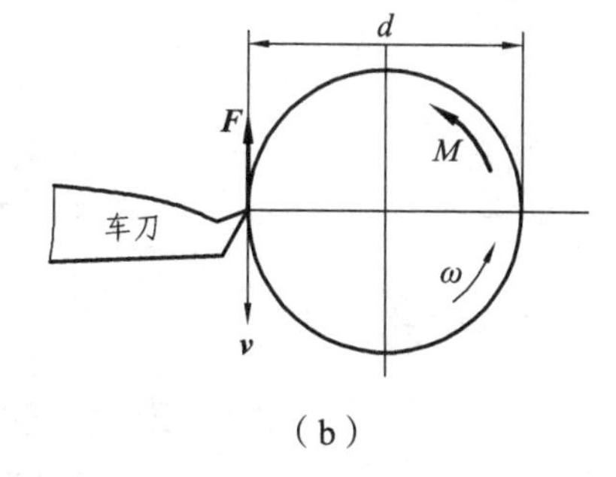

（b）

图 13-9

解　以零件为研究对象，其受力与运动情况如图 13-9b 所示。图中未表示零件的约束反力，因为它们通过旋转中心，对中心不产生力矩。

先求切削力：

$$F=\frac{M}{d/2}=\frac{250\ \mathrm{N\cdot m}}{0.1\ \mathrm{m}}=2\ 500\ \mathrm{N}$$

再求车削时消耗的有用功率：

$$P_1=\frac{Mn}{9549}=\frac{250\ \mathrm{N\cdot m}\times 180\ \mathrm{r/min}}{9549}=4.71\ \mathrm{kW}$$

电动机的输出功率（即车床的输入功率）为

$$P_0=\frac{P_1}{\eta}=\frac{4.71\ \mathrm{kW}}{0.8}=5.89\ \mathrm{kW}$$

13.2　质点和刚体的动能

运动着的物体都具有一定的作功的能力。例如飞行的子弹可以穿透钢板，转动的飞轮可以驱动机构运动等。**物体由于运动而具有的作功的能力**称为**动能**。

13.2.1　质点的动能

设质点的质量为 m，速度值为 v，则质点的动能为

$$E_{\mathrm{k}}=\frac{1}{2}mv^2 \tag{13-16}$$

动能是恒为正值的标量。动能的单位与功的单位相同，也为 J。

13.2.2　平动刚体的动能

当刚体作平动时，在同一瞬时刚体内所有各质点的速度都相等。故各质点的速度可以用刚体质心的速度 v_c 表示。即可得到

$$E_{\mathrm{k}}=\frac{1}{2}mv_c^2 \tag{13-17}$$

式中，$m=\sum m_i$ 为刚体的质量。因此，**平动刚体的动能等于刚体的质量与质心速度平方乘积的一半**。也就是说，平动刚体可以当作一个质点来计算动能。

13.2.3　绕定轴转动刚体的动能

设刚体绕定轴 z 转动，瞬时角速度为 ω，如图 13-10 所示，其上任一质点到转轴 z 的垂直距离为 r_i，则该点的速度值为 $v_i=r_i\omega$。则刚体在该瞬时的动能为

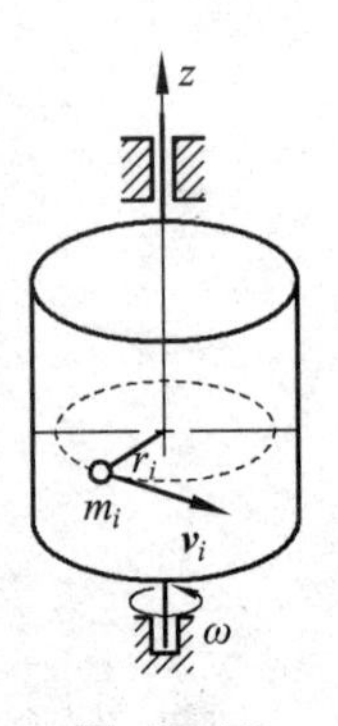

图 13-10

$$E_{\mathrm{k}}=\sum\frac{1}{2}m_iv_i^2=\sum\frac{1}{2}m_i(r_i\omega)^2=\frac{1}{2}(\sum m_ir_i^2)\omega^2$$

即
$$E_{\mathrm{k}}=\frac{1}{2}J_z\omega^2 \tag{13-18}$$

式中 $J_z=\sum m_i r_i^2$ 为刚体对转轴的转动惯量。因此，**绕定轴转动刚体的动能等于刚体对转轴的转动惯量与角速度平方乘积的一半**。

13.2.4　刚体作平面运动时的动能

刚体的平面运动可看成绕速度瞬心 C' 作瞬时转动，如图 13-11 所示。设刚体对通过瞬心 C' 的轴的转动惯量为 $J_{C'}$，转动的角速度为 ω，由式（13-18）得

$$E_{\mathrm{k}}=\frac{1}{2}J_{C'}\omega^2 \quad ①$$

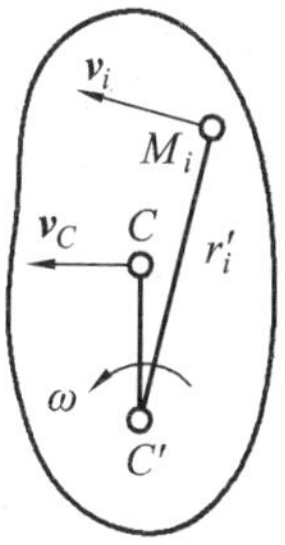

另外，由转动惯量的平行轴定理得出

$$J_{C'}=J_C+md^2 \quad ②$$

图 13-11

式中，C 为刚体的质心；J_C 为刚体对质心轴的转动惯量；m 为刚体的质量。把式②代入式①得

$$E_{\mathrm{k}}=\frac{1}{2}[J_C+md^2]\omega^2=\frac{1}{2}J_C\omega^2+\frac{1}{2}md^2\omega^2$$

又 $v_C=d\omega$，故上式可写成

$$E_{\mathrm{k}}=\frac{1}{2}J_C\omega^2+\frac{1}{2}mv_C^2 \tag{13-19}$$

即**刚体平面运动时的动能等于刚体随质心平动的动能与绕质心转动的动能之和**。

如果一个系统包括几个刚体，那么这个系统的动能等于组成这个系统的各刚体的动能之和。

例 13-4　均质细长杆长为 l，质量为 m，与水平面夹角 $\alpha=30°$，已知端点 B 的瞬时速度为 v_B，如图 13-12 所示，求杆 AB 的动能。

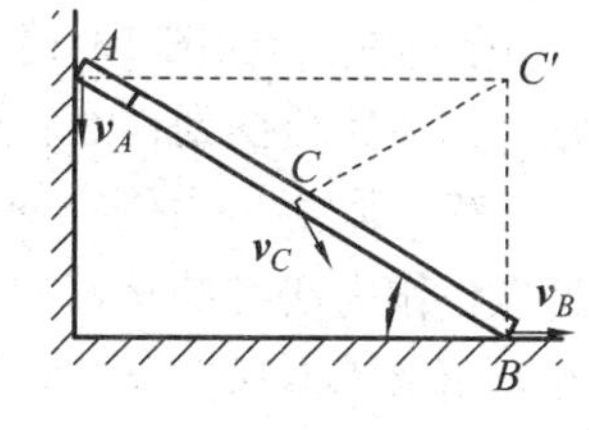

图 13-12

解　杆 AB 作平面运动，速度瞬心为 C'，杆的角速度 $\omega=\dfrac{v_B}{C'B}=\dfrac{2v_B}{l}$，其质心速度为 $v_C=\dfrac{\omega l}{2}=v_B$，则杆的动能为

$$E_{\mathrm{k}}=\frac{1}{2}J_C\omega^2+\frac{1}{2}mv_C^2=\frac{1}{2}mv_B^2+\frac{1}{2}\left(\frac{1}{12}ml^2\right)\left(\frac{2v_B}{l}\right)^2=\frac{2}{3}mv_B^2$$

本题也可用 $E_{\mathrm{k}}=\dfrac{1}{2}J_{C'}\omega^2$ 进行计算，其中 $J_{C'}=J_C+m(CC')^2$。

13.3　动能定理

13.3.1　质点的动能定理

现在来研究质点运动时动能变化的规律。设质量为 m 的质点 M 在合力 $\boldsymbol{F}$ 作用下沿曲线从 M_1 点运动到 M_2 点，如图 13-13 所示。在任一瞬时，根据动力学第二定律有

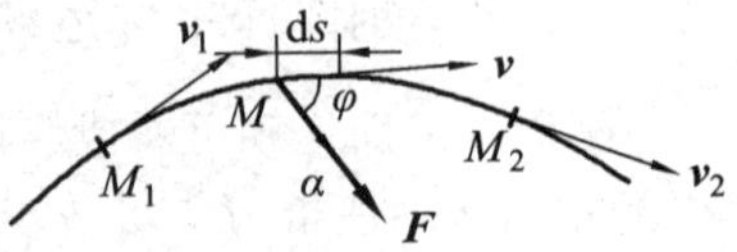

$$\boldsymbol{F}=m\boldsymbol{a}$$

图 13-13

将上式向轨迹的切线方向投影，得到

$$F_\tau = ma_t$$

即

$$F_\tau = m\frac{\mathrm{d}v}{\mathrm{d}t}$$

将上式等号两边同乘以 ds，又 $v=\dfrac{\mathrm{d}s}{\mathrm{d}t}$，则有

$$F_\tau \mathrm{d}s = mv\mathrm{d}v$$

即

$$\delta W=\mathrm{d}\left(\frac{1}{2}mv^2\right) \tag{13-20}$$

式（13-20）表明，质点动能的微分等于所受合力的元功。这就是微分形式的质点动能定理。

设质点在 M_1 和 M_2 处的速度分别为 $\boldsymbol{v}_1$ 和 $\boldsymbol{v}_2$。将式（13-20）沿轨迹 M_1M_2 积分，可得

$$\frac{1}{2}mv_2^2-\frac{1}{2}mv_1^2=W_{12} \tag{13-21}$$

式（13-21）表明，**质点的动能在某一运动过程中的改变量，等于质点所受的合力在此过程中所做的功**。这就是积分形式的**质点动能定理**。

由式（13-21）可知，动能的改变量是由功来度量的。力的功大，动能的改变量就大；反之，动能的改变量就小。若力对质点作正功，质点的动能增加；反之则减少。

动能和功都是标量，动能定理是一个标量方程，因此只是代数运算，所以比较方便。动能定理提供了速度、力与路程之间的数量关系式，可用来求解这三个量中的一个未知量。

例 13-5　如图 13-14 所示，摆锤重为 $\boldsymbol{G}$，摆线长为 l。已知摆锤位于最低位置时的速度为 v_0，求摆锤摆到任意位置时的速度 v 的值。

解　取摆锤为研究对象。将摆锤由最低位置开始到转角为 φ 的位置终止作为研究的运动过程。作用于摆锤上的力有重力 $\boldsymbol{G}$ 和摆线的拉力 $\boldsymbol{F}_\mathrm{T}$（图 13-14），由于拉力 $\boldsymbol{F}_\mathrm{T}$ 始终与运动方向垂直，故拉力 $\boldsymbol{F}_\mathrm{T}$ 不做功，而重力的功为 $-mgl(1-\cos\varphi)$，按式（13-23）有

$$\frac{1}{2}mv^2-\frac{1}{2}mv_0^2=-mgl(1-\cos\varphi)$$

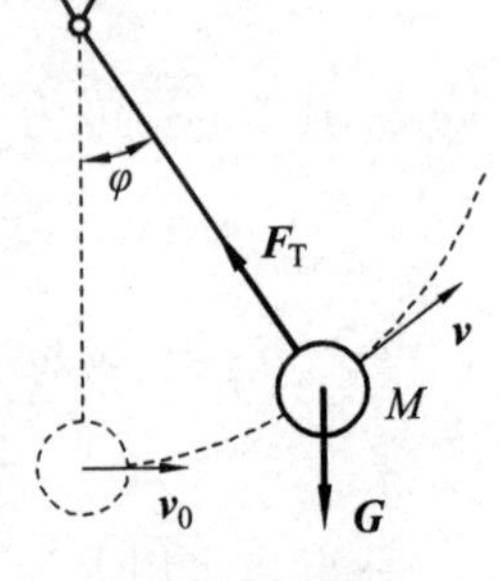

图 13-14

解得

$$v=\sqrt{v_0^2-2gl(1-\cos\varphi)}$$

例 13-6　欲测两材料间的滑动摩擦因数。将一材料做成规定光洁度的物块，设其质量为 m；另一材料做成平面和倾角为 α 的斜面，如图 13-15 所示。物块自 M_1 点以零初速度下滑，运动至水平面上 M_2 处停止，测出两段滑行距离 s_1 与 s_2 即可确定两材料的滑动摩擦因数 f。

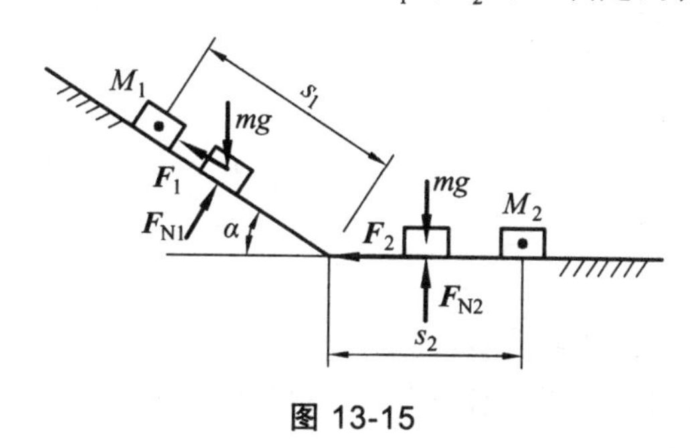

图 13-15

解　以物块为研究对象，分别画出它在斜面上和平面上的受力图，如图 13-15 所示。由于物块在 M_1 处和 M_2 处的速度均为零，因而物块在两处的动能均为零，故只要计算出各力在运动过程中所作的功，即可确定摩擦因数。

在斜面上重力所做的正功为　　$mgs_1\sin\alpha$

摩擦力 $\boldsymbol{F}_1$ 所做的负功为　　$-F_1s_1=-fF_{\mathrm{N1}}s_1=-fmg\cos\alpha_1\cdot s$

$\boldsymbol{F}_{\mathrm{N1}}$ 不做功。

在水平面上重力和法向反力 $\boldsymbol{F}_{\mathrm{N2}}$ 均不作功。摩擦力 $\boldsymbol{F}_2$ 所做的负功为

$$-F_2s_2=-fF_{\mathrm{N2}}s_2=-fmgs_2$$

按式（13-21）得

$$0-0=mgs_1\sin\alpha-fmgs_1\cos\alpha-fmgs_2$$

即
$$0=mg(s_1\sin\alpha-fs_1\cos\alpha-fs_2)$$

解得
$$f=\frac{s_1\sin\alpha}{s_2+s_1\cos\alpha}$$

由以上例题可知，当质点始末两位置的速度已知时，若运动过程中各力的功便于计算，用动能定理解题是比较方便的。

13.3.2　质点系的动能定理

在质点系由起始位置运动到终了位置的过程中，对质点系内任一个质点（其质量为 m_i，速度为 v_i），应用动能定理式（13-2），有

$$\frac{1}{2}m_iv_{i2}^2-\frac{1}{2}m_iv_{i1}^2=W_{i12}$$

将质点系内所有质点的上述方程相加，得

$$\sum\frac{1}{2}m_iv_{i2}^2-\sum\frac{1}{2}m_iv_{i1}^2=\sum W_{i12}$$

即 $$E_{k2}-E_{k1}=\sum W_{i12} \tag{13-24}$$

式中，E_{k1} 和 E_{k2} 分别代表质点系在起始位置和终了位置的动能。

式（13-24）表明，**质点系的动能在某一运动过程中的改变量，等于作用在质点系上所有的力在此过程中所作功的代数和**。此即**质点系动能定理**。

对于刚体来说，由于其中任意两点间的距离保持不变，其内力所作的功之和恒等于零，所以，动能定理应用于刚体时，只须考虑外力的功。

例 13-7 自动送料机构的小车（图 13-16）连同矿石的重量为 G；卷扬机鼓轮的半径为 R，重量为 G_1，可视为匀质圆盘；轨道的倾角为 α。若在鼓轮上作用一常力矩 M 将小车提升，求小车由静止开始，上升距离为 s 时的速度和加速度。略去摩擦及钢丝绳的质量。

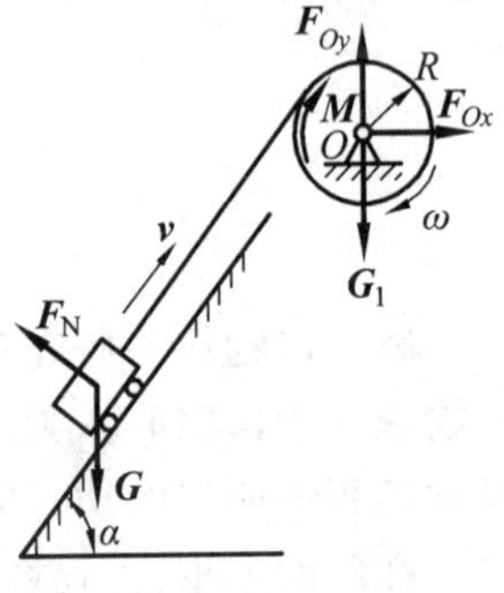

图 13-16

解 取小车和鼓轮构成的系统为研究对象。钢丝绳被看作是不可伸长的，故系统的内力功之和为零。

在初始位置时系统静止，故初动能 $E_{k1}=0$。小车上升了距离 s，同时鼓轮转过了角度 $\varphi=\dfrac{s}{R}$。这时，小车的速度值为 v，则鼓轮的角速度为 $\omega=\dfrac{v}{R}$。因此，系统的末动能为

$$E_{k2}=\frac{1}{2}\cdot\frac{G}{g}v^2+\frac{1}{2}J_O\omega^2=\frac{1}{2}\cdot\frac{G}{g}v^2+\frac{1}{2}\left(\frac{1}{2}\frac{G_1}{g}R^2\right)\left(\frac{v}{R}\right)^2$$

$$=\frac{v^2}{4g}(2G+G_1)$$

考察小车上升的过程。整个系统所受的力中，只有常力矩作功 $M\varphi$ 和小车重力作功 $-Gs\sin\alpha$；轨道对小车的支承反力 $\boldsymbol{F}_N$ 与运动方向垂直，故不做功；鼓轮的轴心 O 系固定不动，所以轴承反力 $\boldsymbol{F}_{Ox}$、$\boldsymbol{F}_{Oy}$ 及鼓轮的重力 $\boldsymbol{G}_1$ 均不做功。根据动能定理 $E_{k2}-E_{k1}=\sum W_{i12}$ 有

$$\frac{v^2}{4g}(2G+G_1)-0=M\frac{s}{R}-Gs\sin\alpha \tag{①}$$

即 $$v^2(2G+G_1)=4(M-GR\sin\alpha)\frac{g}{R}s \tag{②}$$

解得 $$v=2\sqrt{\frac{M-GR\sin\alpha}{R(2G+G_1)}gs} \tag{③}$$

为了求小车的加速度，可将②式中的 v 和 s 看作变量。将②式两端对时间求导，得到

$$2v\frac{dv}{dt}(2G+G_1)=4(M-GR\sin\alpha)\frac{g}{R}\cdot\frac{ds}{dt}$$

因为 $v=\dfrac{ds}{dt}$，$a=\dfrac{dv}{dt}$，即有

$$a=\frac{2(M-GR\sin\alpha)g}{R(2G+G_1)} \quad ④$$

由式④可见，a 与 s 无关。因题设 M 为常数，故 a 也为常量，即小车作匀加速运动。此外，因启动时要求 $a>0$，故应满足条件 $M>GR\sin\alpha$，否则不能实现提升。

重要提示：

应用动能定理解题的步骤：

（1）选取研究对象，一般选整个系统为研究对象。

（2）分析系统的受力，画出系统的受力图，在理想约束的情况下约束力不做功。

（3）分析系统各部分的运动，计算系统各部分在任意位置的动能或在起始和终了位置的动能。

（4）应用动能定理建立系统的动力学方程，求解。

本章主要内容回顾

（1）常力的功：$W=Fs\cos\varphi$

（2）元功的表达式：$\delta W=F_\tau\cdot \mathrm{d}s$

（3）变力在曲线路程上的功：$W=\int_{M_1}^{M_2}F_\tau \mathrm{d}s$ 或 $W=\int_{M_1}^{M_2}(F_x\mathrm{d}x+F_y\mathrm{d}y+F_z\mathrm{d}z)$

（4）常见力的功。

重力的功：$W=\pm Gh$

弹力的功：$W=\frac{1}{2}k(\delta_1^2-\delta_2^2)$

定轴转动刚体上力矩或力偶矩的功：$W=M_z\varphi$

（5）功率：$P=\frac{\delta W}{\mathrm{d}t}$

力的功率：$P=F_\tau v$

定轴转动刚体上的力的功率：$P=M_z\omega$

$$P=\frac{Mn}{9\ 549} \quad \text{或} \quad M=9\ 549\frac{P(\mathrm{kW})}{n(\mathrm{r/min})}$$

（6）机械效率：$\eta=\frac{P_1}{P_0}\times 100\%$

串联机组的总效率：$\eta=\eta_1\eta_2\cdots\eta_n$

（7）质点的动能：$E_\mathrm{k}=\frac{1}{2}mv^2$

（8）平动刚体的动能：$E_\mathrm{k}=\frac{1}{2}mv_C^2$

（9）绕定轴转动刚体的动能：$E_\mathrm{k}=\frac{1}{2}J_z\omega^2$

（10）刚体作平面运动时的动能：$E_{\mathrm{k}}=\dfrac{1}{2}J_C\omega^2+\dfrac{1}{2}mv_C^2$

（11）质点的动能定理：$\dfrac{1}{2}mv_2^2-\dfrac{1}{2}mv_1^2=W_{12}$

（12）质点系的动能定理：$E_{\mathrm{k}2}-E_{\mathrm{k}1}=\sum W_{i12}$

练习题

13-1　如题13-1图所示，一木箱的质量为1 000 kg，宽1.6 m，高2 m，如果要使它绕棱边 E 转动（棱边 E 垂直于图面）后翻倒，最少要对它做多少功?

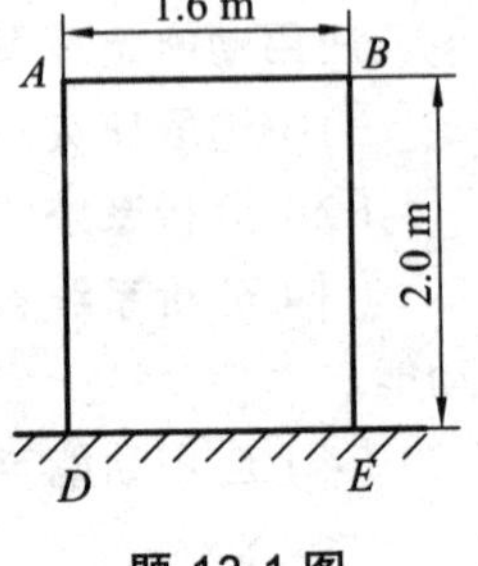

题13-1图

13-2　皮带轮直径为500 mm，皮带拉力分别为1 800 N和600 N，若皮带轮转速为150 r/min，试求1 min内皮带拉力所做的总功。

13-3　质量为10 kg的物块 M 搁在倾角 $\alpha=35°$ 的斜面上，并用刚性系数 $k=120\ \mathrm{N/m}$ 的弹簧系住，如题13-3图所示。物块与斜面间的动摩擦因数 $f=0.2$。试计算物块由弹簧的原长位置 M_0 沿斜面运动到位置 M_1 时，作用于物块的各力在路程 $s=0.5\ \mathrm{m}$ 上的功及合力的功。

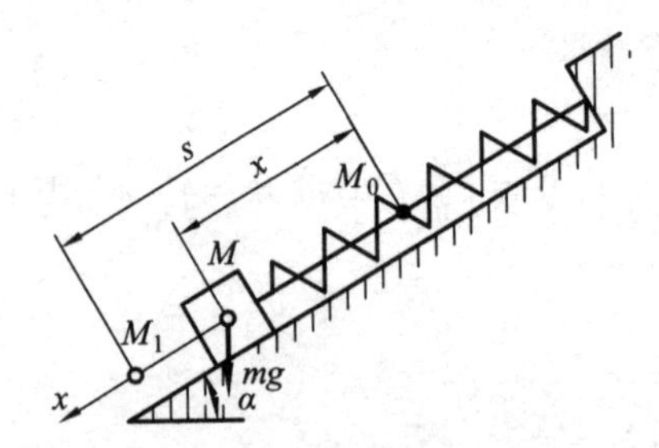

题13-3图

13-4　一电机的转速为 $n=1\,125\ \mathrm{r/min}$，经带轮传动装置带动砂轮，如题13-4图所示。已知砂轮的直径 $d=30\ \mathrm{mm}$，工件与砂轮间的切向摩擦力为 $F=20\ \mathrm{N}$，两带轮的直径分别为 $d_1=24\ \mathrm{cm}$ 和 $d_2=12\ \mathrm{cm}$，传动装置的机械效率为 $\eta=0.9$，求电机的输出功率。

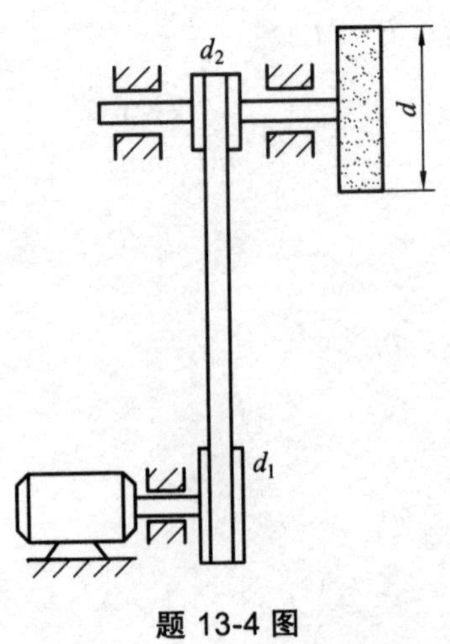

题13-4图

13-5　如题 13-5 图所示，一自动扶梯共有 32 级，满载乘客时，每一级承受的质量为 150 kg，扶梯高 4 m，水平长 8 m，沿斜面上升的速度 $v = 0.6\ \text{m/s}$，求克服重力所需要的功率。

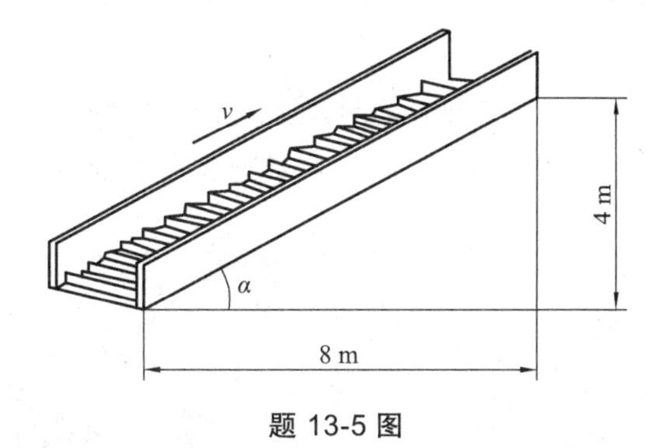

题 13-5 图

13-6　试计算题 13-6 图示各匀质物体的动能。已知各物体的质量均为 m，绕定轴 O 转动的角速度为 ω，尺寸如图所示。

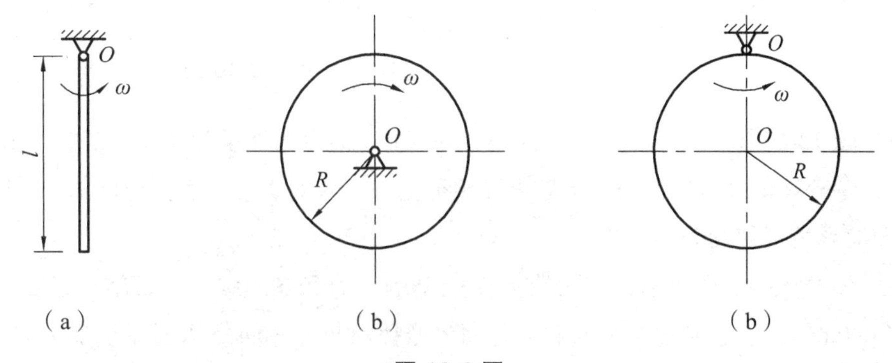

题 13-6 图

13-7　如题 13-7 图所示，已知滑轮的质量为 m，半径为 R，可视为匀质圆盘；物块 A 和 B 的质量分别为 $2m$ 和 m，若不计绳索的质量和变形，试求当滑轮的角速度为 ω 时，整个系统的动能。（设绳索与轮之间无打滑）

13-8　如题 13-8 图所示，链条传动中的大链轮以角速度 ω_1 转动，大链轮半径为 R，对固定轴的转动惯量为 J_1；小链轮的半径为 r，对固定轴的转动惯量为 J_2；链条质量为 m。试计算此系统的动能。

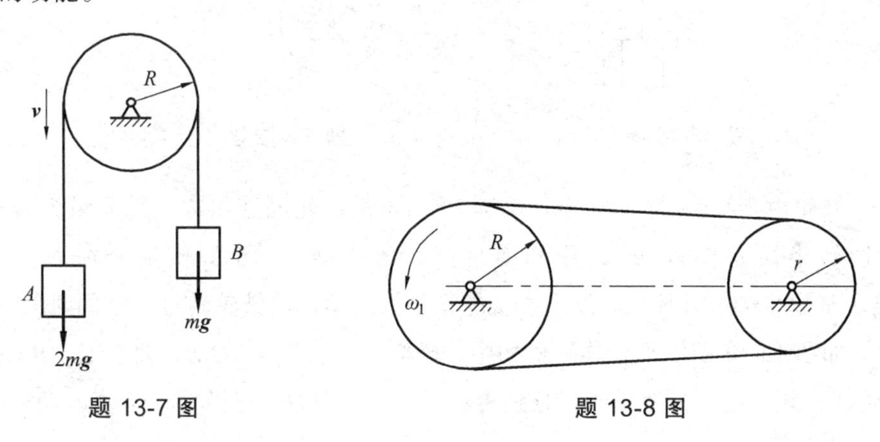

题 13-7 图　　题 13-8 图

13-9　半径为 r 的齿轮Ⅱ与半径为 $R=3r$ 的固定齿轮Ⅰ相啮合，齿轮Ⅱ通过均质杆 OC 带着转动如题 13-9 图所示。杆的质量为 m_1，角速度为 ω，齿轮的质量为 m_2，可视为均质圆盘。求此齿轮机构的动能。

13-10　如题 13-10 图所示，自动弹射器的弹簧在无变形时的长度为 200 mm，其刚度系数 $k=1.96\ \text{N/cm}$。若弹簧被压缩到 100 mm，问质量为 0.03 kg 的小球自弹射器射出的速度为多大？不计摩擦。

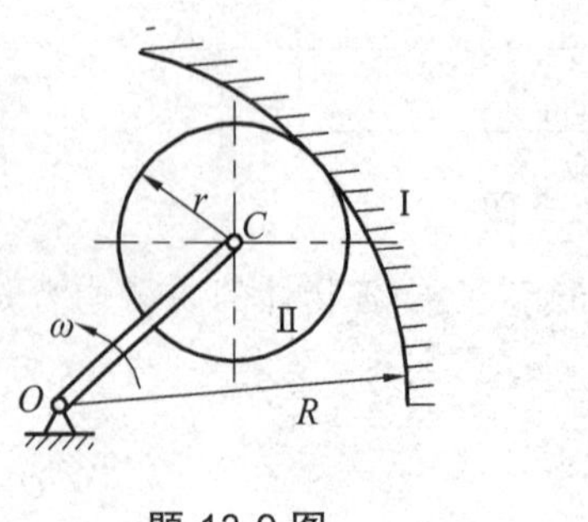

题 13-9 图

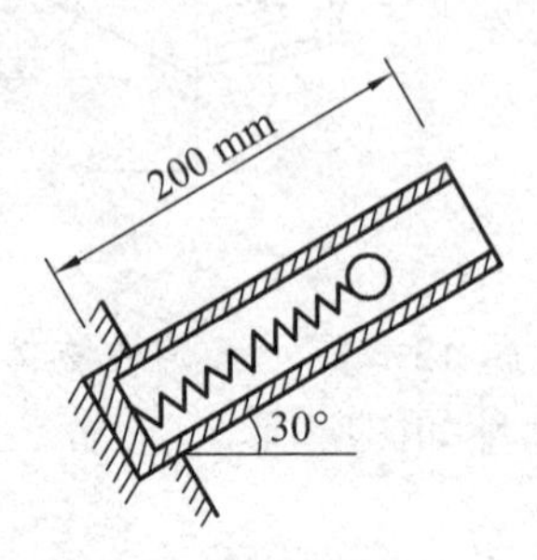

题 13-10 图

13-11　题 13-11 图示鼓轮的半径为 R，对水平轴 O 的转动惯量为 J_O，鼓轮上作用一力偶，其矩 M 为常量，重物的质量为 m，从静止开始被提升。绳索质量和摩擦均可不计。试求当鼓轮转过 φ 角时重物的速度和加速度。

13-12　如题 13-12 图所示，制动轮重 $G=588\ \text{N}$，直径 $d=0.5\ \text{m}$，回转半径 $\rho=0.2\ \text{m}$，转速 $n_0=1\,000\ \text{r/min}$。若制动闸瓦与制动轮间的摩擦因数 $f=0.4$，人对手柄加力 $F=98\ \text{N}$，试求制动后制动轮转过多少圈才停止？

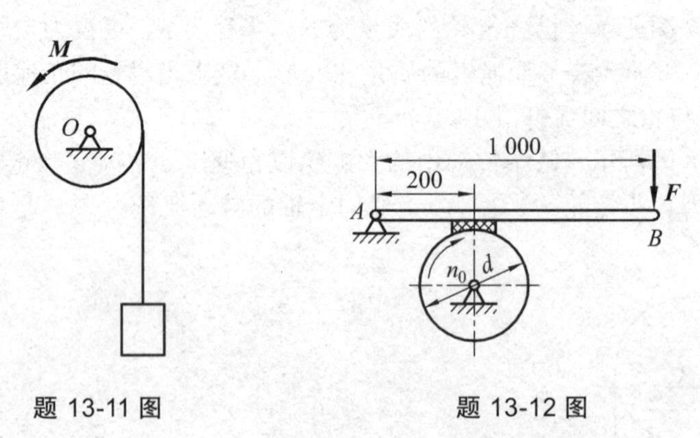

题 13-11 图　　题 13-12 图

13-13　鼓轮由半径为 $R=400\ \text{mm}$ 和 $r=200\ \text{mm}$ 的两轮固连组成，总质量为 $m=10\ \text{kg}$，对转轴的回转半径 $\rho=300\ \text{mm}$，用细绳悬挂着的重物 A、B 的质量分别为 $m_A=9\ \text{kg}$、$m_B=12\ \text{kg}$，如题 13-13 图所示。设系统从静止开始运动，求鼓轮转过两整圈时的角速度。

13-14　如题 13-14 图示平行连杆机构中，已知曲柄长 $O_1A=O_2B$，连杆长 $AB=O_1O_2$，三杆均为均质杆，其质量、长度相同，分别为 m 和 l。求当 O_1A 与铅垂方向成 φ_0 角时无初速释放后，运动至铅垂位置时，O_1A 杆转动的角速度。

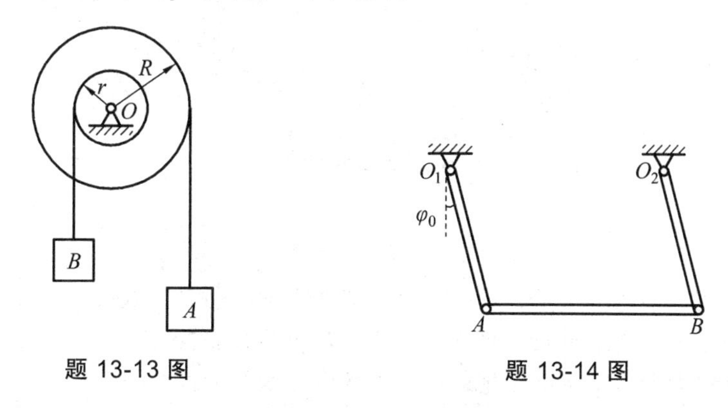

题 13-13 图　　题 13-14 图

参考文献

[1] 徐广民. 工程力学[M]. 2版. 成都：西南交通大学出版社，2008.
[2] 洪嘉振. 理论力学[M]. 4版. 北京：高等教育出版社，2015.
[3] 单辉祖. 材料力学[M]. 4版. 北京：高等教育出版社，2016.
[4] 奚绍中，邱秉权. 工程力学教程[M]. 3版. 北京：高等教育出版社，2016.
[5] 张定华. 工程力学[M]. 3版. 北京：高等教育出版社，2014.
[6] 张秉荣. 工程力学[M]. 4版. 北京：机械工业出版社，2011.
[7] 陈位宫. 工程力学[M]. 3版. 北京：高等教育出版社，2012.
[8] 穆能伶. 工程力学[M]. 2版. 北京：机械工业出版社，2010.

附录 A　热轧型钢的截面图示及截面特性

型钢的截面图示及标注符号见图 A.1 ~ 图 A.4。型钢的截面尺寸、截面面积、理论重量及截面特性参数应分别符合表 A.1 ~ 表 A.4 的规定（GB/T 706—2016）。

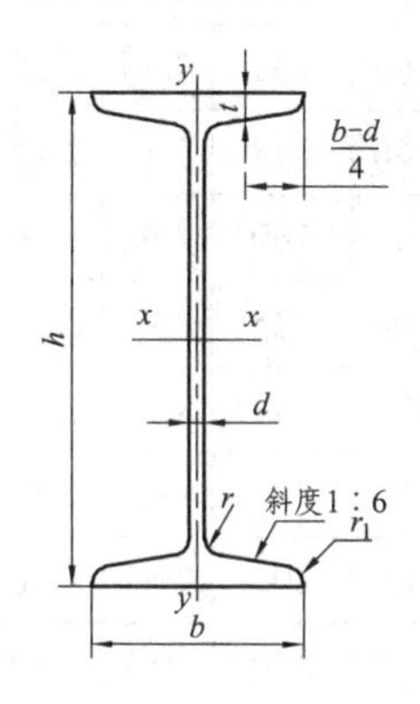

说明：

h——高度；　　b——腿宽度；

d——腰宽度；　　t——腿中间厚度；

r——内圆弧半径；　　r_1——腿端圆弧半径。

图 A.1　工字钢截面图

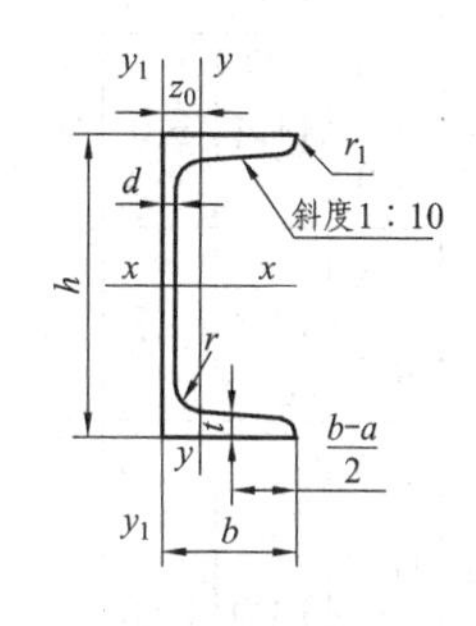

说明：

h——高度；　　b——腿宽度；

d——腰宽度；　　t——腿中间厚度；

r——内圆弧半径；　　r_1——腿端圆弧半径；

z_0——重心距离。

图 A.2　槽钢截面图

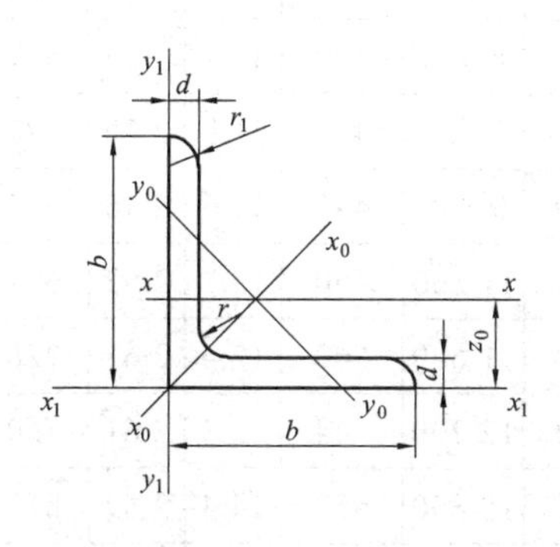

说明：

b——边宽度；　　d——边厚度；

r——内圆弧半径；　　r_1——边端圆弧半径；

z_0——重心距离。

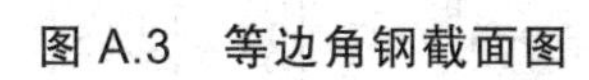

图 A.3　等边角钢截面图

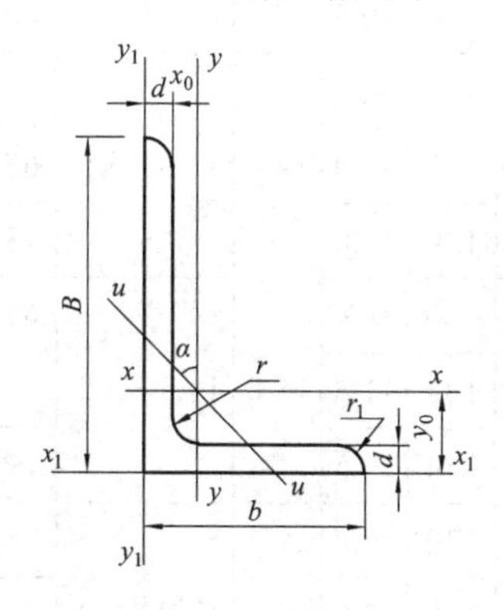

说明：

B——长边宽度；　　b——短边宽度；

d——边厚度；　　r——内圆弧半径；

r_1——边端圆弧半径；　　x_0——重心距离；

y_0——重心距离。

图 A.4　不等边角钢截面图

表 A.1 工字钢截面尺寸、截面面积、理论重量及截面特性 GB/T 706—2016

型号	截面尺寸/mm						截面面积/cm²	理论重量/(kg/m)	外表面积/(m²/m)	惯性矩/cm⁴		惯性半径/cm		截面模数/cm³	
	h	b	d	t	r	r_1				I_x	I_y	i_x	i_y	W_x	W_y
10	100	68	4.5	7.6	6.5	3.3	14.33	11.2	0.432	245	33.0	4.14	1.52	49.0	9.72
12	120	74	5.0	8.4	7.0	3.5	17.80	14.0	0.493	436	46.9	4.95	1.62	72.7	12.7
12.6	126	74	5.0	8.4	7.0	3.5	18.10	14.2	0.505	488	46.9	5.20	1.61	77.5	12.7
14	140	80	5.5	9.1	7.5	3.8	21.50	16.9	0.553	712	64.4	5.76	1.73	102	16.1
16	160	88	6.0	9.9	8.0	4.0	26.11	20.5	0.621	1 130	93.1	6.58	1.89	141	21.2
18	180	94	6.5	10.7	8.5	4.3	30.74	24.1	0.681	1 660	122	7.36	2.00	185	26.0
20a	200	100	7.0	11.4	9.0	4.5	35.55	27.9	0.742	2 370	158	8.15	2.12	237	31.5
20b		102	9.0				39.55	31.1	0.746	2 500	169	7.96	2.06	250	33.1
22a	220	110	7.5	12.3	9.5	4.8	42.10	33.1	0.817	3 400	225	8.99	2.31	309	40.9
22b		112	9.5				46.50	36.5	0.821	3 570	239	8.78	2.27	325	42.7
24a	240	116	8.0	13.0	10.0	5.0	47.71	37.5	0.878	4 570	280	9.77	2.42	381	48.4
24b		118	10.0				52.51	41.2	0.882	4 800	297	9.57	2.38	400	50.4
25a	250	116	8.0				48.51	38.1	0.898	5 020	280	10.2	2.40	402	48.3
25b		118	10.0				53.51	42.0	0.902	5 280	309	9.94	2.40	423	52.4
27a	270	122	8.5	13.7	10.5	5.3	54.52	42.8	0.958	6 550	345	10.9	2.51	485	56.6
27b		124	10.5				59.92	47.0	0.962	6 870	366	10.7	2.47	509	58.9
28a	280	122	8.5				55.37	43.5	0.978	7 110	345	11.3	2.50	508	56.6
28b		124	10.5				60.97	47.9	0.982	7 480	379	11.1	2.49	534	61.2
30a	300	126	9.0	14.4	11.0	5.5	61.22	48.1	1.031	8 950	400	12.1	2.55	597	63.5
30b		128	11.0				67.22	52.8	1.035	9 400	422	11.8	2.50	627	65.9
30c		130	13.0				73.22	57.5	1.039	9 850	445	11.6	2.46	657	68.5
32a	320	130	9.5	15.0	11.5	5.8	67.12	52.7	1.084	11 100	460	12.8	2.62	692	70.8
32b		132	11.5				73.52	57.7	1.088	11 600	502	12.6	2.61	726	76.0
32c		134	13.5				79.92	62.7	1.092	12 200	544	12.3	2.61	760	81.2
36a	360	136	10.0	15.8	12.0	6.0	76.44	60.0	1.185	15 800	552	14.4	2.69	875	81.2
36b		138	12.0				83.64	65.7	1.189	16 500	582	14.1	2.64	919	84.3
36c		140	14.0				90.84	71.3	1.193	17 300	612	13.8	2.60	962	87.4
40a	400	142	10.5	16.5	12.5	6.3	86.07	67.6	1.285	21 700	660	15.9	2.77	1 090	93.2
40b		144	12.5				94.07	73.8	1.289	22 800	692	15.6	2.71	1 140	96.2
40c		146	14.5				102.1	80.1	1.293	23 900	727	15.2	2.65	1 190	99.6

续表

型号	截面尺寸/mm						截面面积/cm²	理论重量/(kg/m)	外表面积/(m²/m)	惯性矩/cm⁴		惯性半径/cm		截面模数/cm³	
	h	b	d	t	r	r_1				I_x	I_y	i_x	i_y	W_x	W_y
45a	450	150	11.5	18.0	13.5	6.8	102.4	80.4	1.411	32 200	855	17.7	2.89	1 430	114
45b		152	13.5				111.4	87.4	1.415	33 800	894	17.4	2.84	1 500	118
45c		154	15.5				120.4	94.5	1.419	35 300	938	17.1	2.79	1 570	122
50a	500	158	12.0	20.0	14.0	7.0	119.2	93.6	1.539	46 500	1 120	19.7	3.07	1 860	142
50b		160	14.0				129.2	101	1.543	48 600	1 170	19.4	3.01	1 940	146
50c		162	16.0				139.2	109	1.547	50 600	1 220	19.0	2.96	2 080	151
55a	550	166	12.5	21.0	14.5	7.3	134.1	105	1.667	62 900	1 370	21.6	3.19	2 290	164
55b		168	14.5				145.1	114	1.671	65 600	1 420	21.2	3.14	2 390	170
55c		170	16.5				156.1	123	1.675	68 400	1 480	20.9	3.08	2 490	175
56a	560	166	12.5				135.4	106	1.687	65 600	1 370	22.0	3.18	2 340	165
56b		168	14.5				146.6	115	1.691	68 500	1 490	21.6	3.16	2 450	174
56c		170	16.5				157.8	124	1.695	71 400	1 560	21.3	3.16	2 550	183
63a	630	176	13.0	22.0	15.0	7.5	154.6	121	1.862	93 900	1 700	24.5	3.31	2 980	193
63b		178	15.0				167.2	131	1.866	98 100	1 810	24.2	3.29	3 160	204
63c		180	17.0				179.8	141	1.870	102 000	1 920	23.8	3.27	3 300	214

注：表中 r、r_1 的数据用于孔型设计，不做交货条件。

表 A.2 槽钢截面尺寸、截面面积、理论重量及截面特性 GB/T 706—2016

型号	截面尺寸/mm						截面面积/cm²	理论重量/(kg/m)	外表面积/(m²/m)	惯性矩/cm⁴			惯性半径/cm		截面模数/cm³		重心距离/cm
	h	b	d	t	r	r_1				I_x	I_y	I_{y1}	i_x	i_y	W_x	W_y	Z_0
5	50	37	4.5	7.0	7.0	3.5	6.925	5.44	0.226	26.0	8.30	20.9	1.94	1.10	10.4	3.55	1.35
6.3	63	40	4.8	7.5	7.5	3.8	8.446	6.63	0.262	50.8	11.9	28.4	2.45	1.19	16.1	4.50	1.36
6.5	65	40	4.3	7.5	7.5	3.8	8.292	6.51	0.267	55.2	12.0	28.3	2.54	1.19	17.0	4.59	1.38
8	80	43	5.0	8.0	8.0	4.0	10.24	8.04	0.307	101	16.6	37.4	3.15	1.27	25.3	5.79	1.43
10	100	48	5.3	8.5	8.5	4.2	12.74	10.0	0.365	198	25.6	54.9	3.95	1.41	39.7	7.80	1.52
12	120	53	5.5	9.0	9.0	4.5	15.36	12.1	0.423	346	37.4	77.7	4.75	1.56	57.7	10.2	1.62
12.6	126	53	5.5	9.0	9.0	4.5	15.69	12.3	0.435	391	38.0	77.1	4.95	1.57	62.1	10.2	1.59
14a	140	58	6.0	9.5	9.5	4.8	18.51	14.5	0.480	564	53.2	107	5.52	1.70	80.5	13.0	1.71
14b		60	8.0				21.31	16.7	0.484	609	61.1	121	5.35	1.69	87.1	14.1	1.67
16a	160	63	6.5	10.0	10.0	5.0	21.95	17.2	0.538	866	73.3	144	6.28	1.83	108	16.3	1.80
16b		65	8.5				25.15	19.8	0.542	935	83.4	161	6.10	1.82	117	17.6	1.75

续表

型号	截面尺寸/mm						截面面积/cm^2	理论重量/(kg/m)	外表面积/(m^2/m)	惯性矩/cm^4			惯性半径/cm		截面模数/cm^3		重心距离/cm
	h	b	d	t	r	r_1				I_x	I_y	I_{y1}	i_x	i_y	W_x	W_y	Z_0
18a	180	68	7.0	10.5	10.5	5.2	25.69	20.2	0.596	1 270	98.6	190	7.04	1.96	141	20.0	1.88
18b		70	9.0				29.29	23.0	0.600	1 370	111	210	6.84	1.95	152	21.5	1.84
20a	200	73	7.0	11.0	11.0	5.5	28.83	22.6	0.654	1 780	128	244	7.86	2.11	178	24.2	2.01
20b		75	9.0				32.83	25.8	0.658	1 910	144	268	7.64	2.09	191	25.9	1.95
22a	220	77	7.0	11.5	11.5	5.8	31.83	25.0	0.709	2 390	158	298	8.67	2.23	218	28.2	2.10
22b		79	9.0				36.23	28.5	0.713	2 570	176	326	8.42	2.21	234	30.1	2.03
24a	240	78	7.0	12.0	12.0	6.0	34.21	26.9	0.752	3 050	174	325	9.45	2.25	254	30.5	2.10
24b		80	9.0				39.01	30.6	0.756	3 280	194	355	9.17	2.23	274	32.5	2.03
24c		82	11.0				43.81	34.4	0.760	3 510	213	388	8.96	2.21	293	34.4	2.00
25a	250	78	7.0				34.91	27.4	0.722	3 370	176	322	9.82	2.24	270	30.6	2.07
25b		80	9.0				39.91	31.3	0.776	3 530	196	353	9.41	2.22	282	32.7	1.98
25c		82	11.0				44.91	35.3	0.780	3 690	218	384	9.07	2.21	295	35.9	1.92
27a	270	82	7.5	12.5	12.5	6.2	39.27	30.8	0.826	4 360	216	393	10.5	2.34	323	35.5	2.13
27b		84	9.5				44.67	35.1	0.830	4 690	239	428	10.3	2.31	347	37.7	2.06
27c		86	11.5				50.07	39.3	0.834	5 020	261	467	10.1	2.28	372	39.8	2.03
28a	280	82	7.5				40.02	31.4	0.846	4 760	218	388	10.9	2.33	340	35.7	2.10
28b		84	9.5				45.62	35.8	0.850	5 130	242	428	10.6	2.30	366	37.9	2.02
28c		86	11.5				51.22	40.2	0.854	5 500	268	463	10.4	2.29	393	40.3	1.95
30a	300	85	7.5	13.5	13.5	6.8	43.89	34.5	0.897	6 050	260	467	11.7	2.43	403	41.1	2.17
30b		87	9.5				49.89	39.2	0.901	6 500	289	515	11.4	2.41	433	44.0	2.13
30c		89	11.5				55.89	43.9	0.905	6 950	316	560	11.2	2.38	463	46.4	2.09
32a	320	88	8.0	14.0	14.0	7.0	48.50	38.1	0.947	7 600	305	552	12.5	2.50	475	46.5	2.24
32b		90	10.0				54.90	43.1	0.951	8 140	336	593	12.2	2.47	509	49.2	2.16
32c		92	12.0				61.30	48.1	0.955	8 690	374	643	11.9	2.47	543	52.6	2.09
36a	360	96	9.0	16.0	16.0	8.0	60.89	47.8	1.053	11 900	455	818	14.0	2.73	660	63.5	2.44
36b		98	11.0				68.09	53.5	1.057	12 700	497	880	13.6	2.70	703	66.9	2.37
36c		100	13.0				75.29	59.1	1.061	13 400	536	948	13.4	2.67	746	70.0	2.34
40a	400	100	10.5	18.0	18.0	9.0	75.04	58.9	1.144	17 600	592	1 070	15.3	2.81	879	78.8	2.49
40b		102	12.5				83.04	65.2	1.148	18 600	640	1 114	15.0	2.78	932	82.5	2.44
40c		104	14.5				91.04	71.5	1.152	19 700	688	1 220	14.7	2.75	986	86.2	2.42

注：表中r、r_1的数据用于孔型设计，不做交货条件。

表 A.3　等边角钢截面尺寸、截面面积、理论重量及截面特性　GB/T 706—2016

型号	截面尺寸/mm			截面面积/cm^2	理论重量/(kg/m)	外表面积/(m^2/m)	惯性矩/cm^4				惯性半径/cm			截面模数/cm^3			重心距离/cm
	b	d	r				I_x	I_{x1}	I_{x0}	I_{y0}	i_x	i_{x0}	i_{y0}	W_x	W_{x0}	W_{y0}	Z_0
2	20	3	3.5	1.132	0.89	0.078	0.40	0.81	0.63	0.17	0.59	0.75	0.39	0.29	0.45	0.20	0.60
		4		1.459	1.15	0.077	0.50	1.09	0.78	0.22	0.58	0.73	0.38	0.36	0.55	0.24	0.64
2.5	25	3		1.432	1.12	0.098	0.82	1.57	1.29	0.34	0.76	0.95	0.49	0.46	0.73	0.33	0.73
		4		1.859	1.46	0.097	1.03	2.11	1.62	0.43	0.74	0.93	0.48	0.59	0.92	0.40	0.76
3.0	30	3	4.5	1.749	1.37	0.117	1.46	2.71	2.31	0.61	0.91	1.15	0.59	0.68	1.09	0.51	0.85
		4		2.276	1.79	0.117	1.84	3.63	2.92	0.77	0.90	1.13	0.58	0.87	1.37	0.62	0.89
3.6	36	3		2.109	1.66	0.141	2.58	4.68	4.09	1.07	1.11	1.39	0.71	0.99	1.61	0.76	1.00
		4		2.756	2.16	0.141	3.29	6.25	5.22	1.37	1.09	1.38	0.70	1.28	2.05	0.93	1.04
		5		3.382	2.65	0.141	3.95	7.84	6.24	1.65	1.08	1.36	0.70	1.56	2.45	1.00	1.07
4	40	3	5	2.359	1.85	0.157	3.59	6.41	5.69	1.49	1.23	1.55	0.79	1.23	2.01	0.96	1.09
		4		3.086	2.42	0.157	4.60	8.56	7.29	1.91	1.22	1.54	0.79	1.60	2.58	1.19	1.13
		5		3.791	2.98	0.156	5.53	10.7	8.76	2.30	1.21	1.52	0.78	1.96	3.10	1.39	1.17
4.5	45	3		2.659	2.09	0.177	5.17	9.12	8.20	2.14	1.40	1.76	0.89	1.58	2.58	1.24	1.22
		4		3.486	2.74	0.177	6.65	12.2	10.6	2.75	1.38	1.74	0.89	2.05	3.32	1.54	1.26
		5		4.292	3.37	0.176	8.04	15.2	12.7	3.33	1.37	1.72	0.88	2.51	4.00	1.81	1.30
		6		5.076	3.99	0.176	9.33	18.4	14.8	3.89	1.36	1.70	0.80	2.95	4.64	2.06	1.33
5	50	3	5.5	2.971	2.33	0.197	7.18	12.5	11.4	2.98	1.55	1.96	1.00	1.96	3.22	1.57	1.34
		4		3.897	3.06	0.197	9.26	16.7	14.7	3.82	1.54	1.94	0.99	2.56	4.16	1.96	1.38
		5		4.803	3.77	0.196	11.2	20.9	17.8	4.64	1.53	1.92	0.98	3.13	5.03	2.31	1.42
		6		5.688	4.46	0.196	13.1	25.1	20.7	5.42	1.52	1.91	0.98	3.68	5.85	2.63	1.46
5.6	56	3	6	3.343	2.62	0.221	10.2	17.6	16.1	4.24	1.75	2.20	1.13	2.48	4.08	2.02	1.48
		4		4.390	3.45	0.220	13.2	23.4	20.9	5.46	1.73	2.18	1.11	3.24	5.28	2.52	1.53
		5		5.415	4.25	0.220	16.0	29.3	25.4	6.61	1.72	2.17	1.10	3.97	6.42	2.98	1.57
		6		6.420	5.04	0.220	18.7	35.3	29.7	7.73	1.71	2.15	1.10	4.68	7.49	3.40	1.61
		7		7.404	5.81	0.219	21.2	41.2	33.6	8.82	1.69	2.13	1.09	5.36	8.49	3.80	1.64
		8		8.367	6.57	0.219	23.6	47.2	37.4	9.89	1.68	2.11	1.09	6.03	9.44	4.16	1.68
6	60	5	6.5	5.829	4.58	0.236	19.9	36.1	31.6	8.21	1.85	2.33	1.19	4.59	7.44	3.48	1.67
		6		6.914	5.43	0.235	23.4	43.3	36.9	9.60	1.83	2.31	1.18	5.41	8.70	3.98	1.70
		7		7.977	6.26	0.235	26.4	50.7	41.9	10.96	1.82	2.29	1.17	6.21	9.88	4.45	1.74
		8		9.020	7.08	0.235	29.5	58.0	46.7	12.28	1.81	2.27	1.17	6.98	11.00	4.88	1.78

续表

型号	截面尺寸/mm			截面面积/cm²	理论重量/(kg/m)	外表面积/(m²/m)	惯性矩/cm⁴				惯性半径/cm			截面模数/cm³			重心距离/cm
	b	d	r				I_x	I_{x1}	I_{x0}	I_{y0}	i_x	i_{x0}	i_{y0}	W_x	W_{x0}	W_{y0}	Z_0
6.3	63	4	7	4.978	3.91	0.248	19.0	33.4	30.2	7.89	1.96	2.46	1.26	4.13	6.78	3.29	1.70
		5		6.143	4.82	0.248	23.2	41.7	36.8	9.57	1.94	2.45	1.25	5.08	8.25	3.90	1.74
		6		7.288	5.72	0.247	27.1	50.1	43.0	11.2	1.93	2.43	1.24	6.00	9.66	4.46	1.78
		7		8.412	6.60	0.247	30.9	58.6	49.0	12.8	1.92	2.41	1.23	6.88	10.99	4.98	1.82
		8		9.515	7.47	0.247	34.5	67.1	54.6	14.3	1.90	2.40	1.23	7.75	12.25	5.47	1.85
		10		11.66	9.15	0.246	41.1	84.3	64.9	17.3	1.88	2.36	1.22	9.39	14.56	6.36	1.93
7	70	4	8	5.570	4.37	0.275	26.4	45.7	41.8	11.0	2.18	2.74	1.40	5.14	8.44	4.17	1.86
		5		6.857	5.40	0.275	32.2	57.2	51.1	13.3	2.16	2.73	1.39	6.32	10.3	4.95	1.91
		6		8.160	6.41	0.275	37.8	68.7	59.9	15.6	2.15	2.71	1.38	7.48	12.1	5.67	1.95
		7		9.424	7.40	0.275	43.1	80.3	68.4	17.8	2.14	2.69	1.38	8.59	13.8	6.34	1.99
		8		10.67	8.37	0.274	48.2	91.9	76.4	20.0	2.12	2.68	1.37	9.68	15.4	6.98	2.03
7.5	75	5	9	7.412	5.82	0.295	40.0	70.6	63.3	16.6	2.33	2.92	1.50	7.32	11.9	5.77	2.04
		6		8.797	6.91	0.294	47.0	84.6	74.4	19.5	2.31	2.90	1.49	8.64	14.0	6.67	2.07
		7		10.16	7.98	0.294	53.6	98.7	85.0	22.2	2.30	2.89	1.48	9.93	16.0	7.44	2.11
		8		11.50	9.03	0.294	60.0	113	95.1	24.9	2.28	2.88	1.47	11.2	17.9	8.19	2.15
		9		12.83	10.1	0.294	66.1	127	105	27.5	2.27	2.86	1.46	12.4	19.8	8.89	2.18
		10		14.13	11.1	0.293	72.0	142	114	30.1	2.26	2.84	1.46	13.6	21.5	9.56	2.22
8	80	5		7.912	6.21	0.315	48.8	85.4	77.3	20.3	2.48	3.13	1.60	8.34	13.7	6.66	2.15
		6		9.397	7.38	0.314	57.4	103	91.0	23.7	2.47	3.11	1.59	9.87	16.1	7.65	2.19
		7		10.86	8.53	0.314	65.6	120	104	27.1	2.46	3.10	1.58	11.4	18.4	8.58	2.23
		8		12.30	9.66	0.314	73.5	137	117	30.4	2.44	3.08	1.57	12.8	20.6	9.46	2.27
		9		13.73	10.8	0.314	81.1	154	129	33.6	2.43	3.06	1.56	14.3	22.7	10.3	2.31
		10		15.13	11.9	0.313	88.4	172	140	36.8	2.42	3.04	1.56	15.6	24.8	11.1	2.35
9	90	6	10	10.64	8.35	0.354	82.8	145	131	34.3	2.79	3.51	1.80	12.6	20.6	9.95	2.44
		7		12.30	9.66	0.354	94.8	170	150	39.2	2.78	3.50	1.78	14.5	23.6	11.2	2.48
		8		13.94	10.9	0.353	106	195	169	44.0	2.76	3.48	1.78	16.4	26.6	12.4	2.52
		9		15.57	12.2	0.353	118	219	187	48.7	2.75	3.46	1.77	18.3	29.4	13.5	2.56
		10		17.17	13.5	0.353	129	244	204	53.3	2.74	3.45	1.76	20.1	32.0	14.5	2.59
		12		20.31	15.9	0.352	149	294	236	62.2	2.71	3.41	1.75	23.6	37.1	16.5	2.67

续表

型号	截面尺寸/mm			截面面积/cm^2	理论重量/(kg/m)	外表面积/(m^2/m)	惯性矩/cm^4				惯性半径/cm			截面模数/cm^3			重心距离/cm
	b	d	r				I_x	I_{x1}	I_{x0}	I_{y0}	i_x	i_{x0}	i_{y0}	W_x	W_{x0}	W_{y0}	Z_0
10	100	6	12	11.93	9.37	0.393	115	200	182	47.9	3.10	3.90	2.00	15.7	25.74	12.7	2.67
		7		13.80	10.8	0.393	132	234	209	54.7	3.09	3.89	1.99	18.1	29.6	14.3	2.71
		8		15.64	12.3	0.393	148	267	235	61.4	3.08	3.88	1.98	20.5	33.2	15.8	2.76
		9		17.46	13.7	0.392	164	300	260	68.0	3.07	3.86	1.97	22.8	36.8	17.2	2.80
		10		19.26	15.1	0.392	180	334	285	74.4	3.05	3.84	1.96	25.1	40.3	18.5	2.84
		12		22.80	17.9	0.391	209	402	331	86.8	3.03	3.81	1.95	29.5	46.8	21.1	2.91
		14		26.26	20.6	0.391	237	471	374	99.0	3.00	3.77	1.94	33.7	52.9	23.4	2.99
		16		29.63	23.3	0.390	263	540	414	111	2.98	3.74	1.94	37.8	58.6	25.6	3.06
11	110	7	12	15.20	11.9	0.433	177	311	281	73.4	3.41	4.30	2.20	22.1	36.1	17.5	2.96
		8		17.24	13.5	0.433	199	355	316	82.4	3.40	4.28	2.19	25.0	40.7	19.4	3.01
		10		21.26	16.7	0.432	242	445	384	100	3.38	4.25	2.17	30.6	49.4	22.9	3.09
		12		25.20	19.8	0.431	283	535	448	117	3.35	4.22	2.15	36.1	57.6	26.2	3.16
		14		29.06	22.8	0.431	321	625	508	133	3.32	4.18	2.14	41.3	65.3	29.1	3.24
12.5	125	8	14	19.75	15.5	0.492	297	521	471	123	3.88	4.88	2.50	32.5	53.3	25.9	3.37
		10		24.37	19.1	0.491	362	652	574	149	3.85	4.85	2.48	40.0	64.9	30.6	3.45
		12		28.91	22.7	0.491	423	783	671	175	3.83	4.82	2.46	41.2	76.0	35.0	3.53
		14		33.37	26.2	0.490	482	916	764	200	3.80	4.78	2.45	54.2	86.4	39.1	3.61
		16		37.74	29.6	0.489	537	1 050	851	224	3.77	4.75	2.43	60.9	96.3	43.0	3.68
14	140	10		27.37	21.5	0.551	515	915	817	212	4.34	5.46	2.78	50.6	82.6	39.2	3.82
		12		32.51	25.5	0.551	604	1 100	959	249	4.31	5.43	2.76	59.8	96.9	45.0	3.90
		14		37.57	29.5	0.550	689	1 280	1 090	284	4.28	5.40	2.75	68.8	110	50.5	3.98
		16		42.54	33.4	0.549	770	1 470	1 220	319	4.26	5.36	2.74	77.5	123	55.6	4.06
15	150	8		23.75	18.6	0.592	521	900	827	215	4.69	5.90	3.01	47.4	78.0	38.1	3.99
		10		29.37	23.1	0.591	638	1 130	1 010	262	4.66	5.87	2.99	58.4	95.5	45.5	4.08
		12		34.91	27.4	0.591	749	1 350	1 190	308	4.63	5.84	2.97	69.0	112	52.4	4.15
		14		40.37	31.7	0.590	856	1 580	1 360	352	4.60	5.80	2.95	79.5	128	58.8	4.23
		15		43.06	33.8	0.590	907	1 690	1 440	374	4.59	5.78	2.95	84.6	136	61.9	4.27
		16		45.74	35.9	0.589	958	1 810	1 520	395	4.58	5.77	2.94	89.6	143	64.9	4.31

续表

型号	截面尺寸/mm			截面面积/cm^2	理论重量/(kg/m)	外表面积/(m^2/m)	惯性矩/cm^4				惯性半径/cm			截面模数/cm^3			重心距离/cm
	b	d	r				I_x	I_{x1}	I_{x0}	I_{y0}	i_x	i_{x0}	i_{y0}	W_x	W_{x0}	W_{y0}	Z_0
16	160	10	16	31.50	24.7	0.630	780	1 370	1 240	322	4.98	6.27	3.20	66.7	109	52.8	4.31
		12		37.44	29.4	0.630	917	1 640	1 460	377	4.95	6.24	3.18	79.0	129	60.7	4.39
		14		43.30	34.0	0.629	1 050	1 910	1 670	432	4.92	6.20	3.16	91.0	147	68.2	4.47
		16		49.07	38.5	0.629	1 180	2 190	1 870	485	4.89	6.17	3.14	103	165	75.3	4.55
18	180	12		42.24	33.2	0.710	1 320	2 330	2 100	543	5.59	7.05	3.58	101	165	78.4	4.89
		14		48.90	38.4	0.709	1 510	2 720	2 410	622	5.56	7.02	3.56	116	189	88.4	4.97
		16		55.47	43.5	0.709	1 700	3 120	2 700	699	5.54	6.98	3.55	131	212	97.8	5.05
		18		61.96	48.6	0.708	1 880	3 500	2 990	762	5.50	6.94	3.51	146	235	105	5.13
20	200	14	18	54.64	42.9	0.788	2 100	3 730	3 340	864	6.20	7.82	3.98	145	346	112	5.46
		16		62.01	48.7	0.788	2 370	4 270	3 760	971	6.18	7.79	3.96	164	266	124	5.54
		18		69.30	54.4	0.787	2 620	4 810	4 160	1 080	6.15	7.75	3.94	182	294	136	5.62
		20		76.51	60.1	0.787	2 870	5 350	4 550	1 180	6.12	7.72	3.93	200	322	147	5.69
		24		90.66	71.2	0.785	3 340	6 460	5 290	1 380	6.07	7.64	3.90	236	374	167	5.87
22	220	16	21	68.67	53.9	0.866	3 190	5 680	5 060	1 310	6.81	8.59	4.37	200	326	154	6.03
		18		76.75	60.3	0.866	3 530	6 400	5 620	1 450	6.79	8.55	4.35	223	361	168	6.11
		20		84.76	66.5	0.865	3 870	7 110	6 150	1 590	6.76	8.52	4.34	245	395	182	6.18
		22		92.68	72.8	0.865	4 200	7 830	6 670	1 730	6.73	8.48	4.32	267	429	195	6.26
		24		100.5	78.9	0.864	4 520	8 550	7 170	1 870	6.70	8.45	4.31	289	461	208	6.33
		26		108.3	85.0	0.864	4 830	9 280	7 660	2 000	6.68	8.41	4.30	310	492	220	6.41
25	250	18	24	87.84	69.0	0.985	5 270	9 380	8 370	2 170	7.74	9.76	4.97	290	473	224	6.84
		20		97.05	76.2	0.984	5 780	10400	9180	2 380	7.72	9.73	4.95	320	519	243	6.92
		22		106.2	83.3	0.983	6 280	11500	9970	2 580	7.69	9.69	4.93	349	564	261	7.00
		24		115.2	90.4	0.983	6 770	12500	10700	2 790	7.66	9.66	4.92	378	608	278	7.07
		26		124.2	97.5	0.982	7 240	13600	11500	2 980	7.63	9.62	4.90	406	650	295	7.15
		28		133.0	104	0.982	7 700	14600	12200	3 180	7.61	9.58	4.89	433	691	311	7.22
		30		141.8	111	0.981	8 160	15700	12900	3 380	7.58	9.55	4.88	461	731	327	7.30
		32		150.5	118	0.981	8 600	16800	13600	3 570	7.56	9.51	4.87	488	770	342	7.37
		35		163.4	128	0.980	9 240	18400	14600	3 850	7.52	9.46	4.86	527	827	364	7.48

注：截面图中的 $r_1 = 1/3d$ 及表中 r 的数据用于孔型设计，不做交货条件。

表 A.4　不等边角钢截面尺寸、截面面积、理论质量及截面特性　GB/T 706—2016

型号	截面尺寸/mm				截面面积/cm^2	理论重量/(kg/m)	外表面积/(m^2/m)	惯性矩/cm^4					惯性半径/cm			截面模数/cm^3			$\tan\alpha$	重心距离/cm	
	B	b	d	r				I_x	I_{x1}	I_y	I_{y1}	I_u	i_x	i_y	i_u	W_x	W_y	W_u		X_0	Y_0
2.5/1.6	25	16	3	3.5	1.162	0.91	0.080	0.70	1.56	0.22	0.43	0.14	0.78	0.44	0.34	0.43	0.19	0.16	0.392	0.42	0.86
			4		1.499	1.18	0.079	0.88	2.09	0.27	0.59	0.17	0.77	0.43	0.34	0.55	0.24	0.20	0.381	0.46	1.86
3.2/2	32	20	3		1.492	1.17	0.102	1.53	3.27	0.46	0.82	0.28	1.01	0.55	0.43	0.72	0.30	0.25	0.382	0.49	0.90
			4		1.939	1.52	0.101	1.93	4.37	0.57	1.12	0.35	1.00	0.54	0.42	0.93	0.39	0.32	0.374	0.53	1.08
4/2.5	40	25	3	4	1.890	1.48	0.127	3.08	5.39	0.93	1.59	0.56	1.28	0.70	0.54	1.15	0.49	0.40	0.385	0.59	1.12
			4		2.467	1.94	0.127	3.93	8.53	1.18	2.14	0.71	1.36	0.69	0.54	1.49	0.63	0.52	0.381	0.63	1.32
4.5/2.8	45	28	3	5	2.149	1.69	0.143	4.45	9.10	1.34	2.23	0.80	1.44	0.79	0.61	1.47	0.62	0.51	0.383	0.64	1.37
			4		2.806	2.20	0.143	5.69	12.1	1.70	3.00	1.02	1.42	0.78	0.60	1.91	0.80	0.66	0.380	0.68	1.47
5/3.2	50	32	3	5.5	2.431	1.91	0.161	6.24	12.5	2.02	3.31	1.20	1.60	0.91	0.70	1.84	0.82	0.68	0.404	0.73	1.51
			4		3.177	2.49	0.160	8.02	16.7	2.58	4.45	1.53	1.59	0.90	0.69	2.39	1.06	0.87	0.402	0.77	1.60
5.6/3.6	56	36	3	6	2.743	2.15	0.181	8.88	17.5	2.92	4.70	1.73	1.80	1.03	0.79	2.32	1.05	0.87	0.408	0.80	1.65
			4		3.590	2.82	0.180	11.5	23.4	3.76	6.33	2.23	1.79	1.02	0.79	3.03	1.37	1.13	0.408	0.85	1.78
			5		4.415	3.47	0.180	13.9	29.3	4.49	7.94	2.67	1.77	1.01	0.78	3.71	1.65	1.36	0.404	0.88	1.82
6.3/4	63	40	4	7	4.058	3.19	0.202	16.5	33.3	5.23	8.63	3.12	2.02	1.14	0.88	3.87	1.70	1.40	0.398	0.92	1.87
			5		4.993	3.92	0.202	20.0	41.6	6.31	10.9	3.76	2.00	1.12	0.87	4.74	2.07	1.71	0.396	0.95	2.04
			6		5.908	4.64	0.201	23.4	50.0	7.29	13.1	4.34	1.96	1.11	0.86	5.59	2.43	1.99	0.393	0.99	2.08
			7		6.802	5.34	0.201	26.5	58.1	8.24	15.5	4.97	1.98	1.10	0.86	6.40	2.78	2.29	0.389	1.03	2.12
6.3/4	63	40	4	7	4.058	3.19	0.202	16.5	33.3	5.23	8.63	3.12	2.02	1.14	0.88	3.87	1.70	1.40	0.398	0.92	1.87
			5		4.993	3.92	0.202	20.0	41.6	6.31	10.9	3.76	2.00	1.12	0.87	4.74	2.07	1.71	0.396	0.95	2.04
			6		5.908	4.64	0.201	23.4	50.0	7.29	13.1	4.34	1.96	1.11	0.86	5.59	2.43	1.99	0.393	0.99	2.08
			7		6.802	5.34	0.201	26.5	58.1	8.24	15.5	4.97	1.98	1.10	0.86	6.40	2.78	2.29	0.389	1.03	2.12

续表

型号	截面尺寸/mm				截面面积/cm^2	理论重量/(kg/m)	外表面积/(m^2/m)	惯性矩/cm^4					惯性半径/cm			截面模数/cm^3			$\tan\alpha$	重心距离/cm	
	B	b	d	r				I_x	I_{x1}	I_y	I_{y1}	I_u	i_x	i_y	i_u	W_x	W_y	W_u		X_0	Y_0
7/4.5	70	45	4	7.5	4.547	3.57	0.226	23.2	45.9	7.55	12.3	4.40	2.26	1.29	0.98	4.86	2.17	1.77	0.410	1.02	2.15
			5		5.609	4.40	0.225	28.0	57.1	9.13	15.4	5.40	2.23	1.28	0.98	5.92	2.65	2.19	0.407	1.06	2.24
			6		6.647	5.22	0.225	32.5	68.4	10.6	18.6	6.35	2.21	1.26	0.98	6.95	3.12	2.59	0.404	1.09	2.28
			7		7.657	6.01	0.225	37.2	80.0	12.0	21.8	7.16	2.20	1.25	0.97	8.03	3.57	2.94	0.402	1.13	2.32
7.5/5	75	50	5	8	6.125	4.81	0.245	34.9	70.0	12.6	21.0	7.41	2.39	1.44	1.10	6.83	3.30	2.74	0.435	1.17	2.36
			6		7.260	5.70	0.245	41.1	84.3	14.7	25.4	8.54	2.38	1.42	1.08	8.12	3.88	3.19	0.435	1.21	2.40
			8		9.467	7.43	0.244	52.4	113	18.5	34.2	10.9	2.35	1.40	1.07	10.5	4.99	4.10	0.429	1.29	2.44
			10		11.59	9.10	0.244	62.7	141	22.0	43.4	13.1	2.33	1.38	1.06	12.8	6.04	4.99	0.423	1.36	2.52
8/5	80	50	5		6.375	5.01	0.255	42.0	85.2	12.8	21.1	7.66	2.56	1.42	1.10	7.78	3.32	2.74	0.388	1.14	2.60
			6		7.560	5.94	0.255	49.5	103	15.0	25.4	8.85	2.56	1.41	1.08	9.25	3.91	3.20	0.387	1.18	2.65
			7		8.724	6.85	0.255	56.2	119	17.0	29.8	10.2	2.54	1.39	1.08	10.6	4.48	3.70	0.384	1.21	2.69
			8		9.867	7.75	0.254	62.8	136	18.9	34.3	11.4	2.52	1.38	1.07	11.9	5.03	4.16	0.381	1.25	2.73
9/5.6	90	56	5	9	7.212	5.66	0.287	60.5	121	18.3	29.5	11.0	2.90	1.59	1.23	9.92	4.21	3.49	0.385	1.25	2.91
			6		8.557	6.72	0.286	71.0	146	21.4	35.6	12.9	2.88	1.58	1.23	11.7	4.96	4.13	0.384	1.29	2.95
			7		9.880	7.76	0.286	81.0	170	24.4	41.7	14.7	2.86	1.57	1.22	13.5	5.70	4.72	0.382	1.33	3.00
			8		11.18	8.78	0.286	91.0	194	27.2	47.9	16.3	2.85	1.56	1.21	15.3	6.41	5.29	0.380	1.36	3.04
10/6.3	100	63	6	10	9.617	7.55	0.320	99.1	200	30.9	50.5	18.4	3.21	1.79	1.38	14.6	6.35	5.25	0.394	1.43	3.24
			7		11.11	8.72	0.320	113	233	35.3	59.1	21.0	3.20	1.78	1.38	16.9	7.29	6.02	0.394	1.47	3.28
			8		12.58	9.88	0.319	127	266	39.4	67.9	23.5	3.18	1.77	1.37	19.1	8.21	6.78	0.391	1.50	3.32
			10		15.47	12.1	0.319	154	333	47.1	85.7	28.3	3.15	1.74	1.35	23.3	9.98	8.24	0.387	1.58	3.40

续表

型号	截面尺寸/mm				截面面积/cm^2	理论重量/(kg/m)	外表面积/(m^2/m)	惯性矩/cm^4					惯性半径/cm			截面模数/cm^3			$\tan\alpha$	重心距离/cm	
	B	b	d	r				I_x	I_{x1}	I_y	I_{y1}	I_u	i_x	i_y	i_u	W_x	W_y	W_u		X_0	Y_0
10/8	100	80	6	10	10.64	8.35	0.354	107	200	61.2	103	31.7	3.17	2.40	1.72	15.2	10.2	8.37	0.627	1.97	2.95
			7		12.30	9.66	0.354	123	233	70.1	120	36.2	3.16	2.39	1.72	17.5	11.7	9.60	0.626	2.01	3.00
			8		13.94	10.9	0.353	138	267	78.6	137	40.6	3.14	2.37	1.71	19.8	13.2	10.8	0.625	2.05	3.04
			10		17.17	13.5	0.353	167	334	94.7	172	49.1	3.12	2.35	1.69	24.2	16.1	13.1	0.622	2.13	3.12
11/7	110	70	6		10.64	8.35	0.354	133	266	42.9	69.1	25.4	3.54	2.01	1.54	17.9	7.90	6.53	0.403	1.57	3.53
			7		12.30	9.66	0.354	153	310	49.0	80.8	29.0	3.53	2.00	1.53	20.6	9.09	7.50	0.402	1.61	3.57
			8		13.94	10.9	0.353	172	354	54.9	92.7	32.5	3.51	1.98	1.53	23.3	10.3	8.45	0.401	1.65	3.62
			10		17.17	13.5	0.353	208	443	65.9	117	39.2	2.48	1.96	1.51	28.5	12.5	10.3	0.397	1.72	3.70
12.5/8	125	80	7	11	14.10	11.1	0.403	228	455	74.4	120	43.8	4.02	2.30	1.76	26.9	12.0	9.92	0.408	1.80	4.01
			8		15.99	12.6	0.403	257	520	83.5	138	49.2	4.01	2.28	1.75	30.4	13.6	11.2	0.407	1.84	4.06
			10		19.71	15.5	0.402	312	650	101	173	59.5	3.98	2.26	1.74	37.3	16.6	13.6	0.404	1.92	4.14
			12		23.35	18.3	0.402	364	780	117	210	69.4	3.95	2.24	1.72	44.0	19.4	16.0	0.400	2.00	4.22
14/9	140	90	8	12	18.04	14.2	0.453	366	731	121	196	70.8	4.50	2.59	1.98	38.5	17.3	14.3	0.411	2.04	4.50
			10		22.26	17.5	0.452	446	913	140	246	85.8	4.47	2.56	1.96	47.3	21.2	17.5	0.409	2.12	4.58
			12		26.40	20.7	0.451	522	1 100	170	297	100	4.44	2.54	1.95	55.9	25.0	20.5	0.406	2.19	4.66
			14		30.46	23.9	0.451	594	1 280	192	349	114	4.42	2.51	1.94	64.2	28.5	23.5	0.403	2.27	4.74
15/9	150	90	8	12	18.84	14.8	0.473	442	898	123	196	74.1	4.84	2.55	1.98	43.9	17.5	14.5	0.364	1.97	4.92
			10		23.26	18.3	0.472	539	1 120	149	246	89.9	4.81	2.53	1.97	54.0	21.4	17.7	0.362	2.05	5.01
			12		27.60	21.7	0.471	632	1 350	173	297	105	4.79	2.50	1.95	63.8	25.1	20.8	0.359	2.12	5.09
			14		31.86	25.0	0.471	721	1 570	196	350	120	4.76	2.48	1.94	73.3	28.8	23.8	0.356	2.20	5.17
			15		33.95	26.7	0.471	764	1 680	207	376	127	4.74	2.47	1.93	78.0	30.5	25.3	0.354	2.24	5.21
			16		36.03	28.3	0.470	806	1 800	217	403	134	4.73	2.45	1.93	82.6	32.3	26.8	0.352	2.27	5.25

续表

型号	截面尺寸/mm				截面面积/cm^2	理论重量/(kg/m)	外表面积/(m^2/m)	惯性矩/cm^4					惯性半径/cm			截面模数/cm^3			$\tan\alpha$	重心距离/cm	
	B	b	d	r				I_x	I_{x1}	I_y	I_{y1}	I_u	i_x	i_y	i_u	W_x	W_y	W_u		X_0	Y_0
16/10	160	100	10	13	25.32	19.9	0.512	669	1 360	205	337	122	5.14	2.85	2.19	62.1	26.6	21.9	0.390	2.28	5.24
			12		30.05	23.6	0.511	785	1 640	239	406	142	5.11	2.82	2.17	73.5	31.3	25.8	0.388	2.36	5.32
			14		34.71	27.2	0.510	896	1 910	271	476	162	5.08	2.80	2.16	84.6	35.8	29.6	0.385	0.43	5.40
			16		29.28	30.8	0.510	1 000	2 180	302	548	183	5.05	2.77	2.16	95.3	40.2	33.4	0.382	2.51	5.48
18/11	180	110	10	14	28.37	22.3	0.571	956	1 940	278	447	167	5.80	3.13	2.42	79.0	32.5	26.9	0.376	2.44	5.89
			12		33.71	26.4	0.571	1 120	2 330	325	539	195	5.78	3.10	2.40	93.5	38.3	31.7	0.374	2.52	5.98
			14		38.97	30.6	0.570	1 290	2 720	370	632	222	5.75	3.08	2.39	108	44.0	36.3	0.372	2.59	6.06
			16		44.14	34.6	0.569	1 440	3 110	412	726	249	5.72	3.06	2.38	122	49.4	40.9	0.369	2.67	6.14
20/12.5	200	125	12		37.91	29.8	0.641	1 570	3 190	483	788	286	6.44	3.57	2.74	117	50.0	41.2	0.392	2.83	6.54
			14		43.69	34.4	0.640	1 800	3 730	551	922	327	6.41	3.54	2.73	135	57.4	47.3	0.390	2.91	6.62
			16		49.38	39.0	0.639	2 020	4 260	615	1 060	366	6.38	3.52	2.71	152	64.9	53.3	0.388	2.99	6.70
			18		55.53	43.6	0.639	2 240	4 790	677	1 200	405	6.35	3.49	2.70	169	71.7	59.2	0.385	3.06	6.78

注：截面图中的 $r_1 = 1/3d$ 及表中 r 的数据用于孔型设计，不做交货条件。